U0393412

高职高专计算机任务驱动模式教材

计算机应用基础教程
（Windows 7＋Office 2010）

罗亚玲　主　编
陈建华　李　艳　曾　杰　副主编

清华大学出版社
北　京

内容简介

本书从实际工作应用中所遇到的问题出发，采用“边学边做、案例导向”的编写方式，体现“教、学、做”一体化的教学理念和实践。本书以 Windows 7 和 Office 2010 为平台，全书共分为 6 章，包括计算机基础知识、Windows 7 操作系统、文字处理、表格处理、制作演示文稿、计算机网络与 Internet。

本书可作为高等职业院校和高等专科院校“计算机应用基础”课程的教学用书，也可作为成人高等院校、各类培训、计算机从业人员和爱好者的参考用书。

图书在版编目(CIP)数据

计算机应用基础教程：Windows 7＋Office 2010/罗亚玲主编. --北京：清华大学出版社，2014(2018.8 重印)
高职高专计算机任务驱动模式教材
ISBN 978-7-302-37135-9

Ⅰ. ①计… Ⅱ. ①罗… Ⅲ. ①Windows 操作系统－高等职业教育－教材 ②办公自动化－应用软件－高等职业教育－教材 Ⅳ. ①TP316.7 ②TP317.1

中国版本图书馆 CIP 数据核字(2014)第 146002 号

责任编辑：张龙卿
封面设计：徐日强
责任校对：袁 芳
责任印制：刘祎淼

出版发行：清华大学出版社
网 址：http://www.tup.com.cn，http://www.wqbook.com
地 址：北京清华大学学研大厦 A 座 **邮 编**：100084
社 总 机：010-62770175 **邮 购**：010-62786544
投稿与读者服务：010-62776969，c-service@tup.tsinghua.edu.cn
质量反馈：010-62772015，zhiliang@tup.tsinghua.edu.cn
印 装 者：三河市少明印务有限公司
经 销：全国新华书店
开 本：185mm×260mm **印 张**：24.5 **字 数**：561 千字
版 次：2014 年 8 月第 1 版 **印 次**：2018 年 8 月第 6 次印刷
定 价：39.50 元

产品编号：060574-01

前　言

随着科学技术的进步和社会的发展，计算机技术的应用已经渗透到社会的各行各业，计算机应用已经成为职场人士的基本能力之一，计算机应用能力的强弱直接关系到求职的成功与否，以及就业后对工作的适应情况。

本书是按广东省高校计算机基础课程教学改革的要求编写的。在内容上，力求软件版本和知识得到更新、基础教学内容广泛、操作贴近实际应用，重点章节添加技能训练环节，充分巩固所学知识；在形式上，力求深入浅出、图文并茂，并兼顾全国高等学校计算机水平考试Ⅰ级——《计算机应用》考试的内容。

全书共分6章，内容包括计算机基础知识、Windows 7操作系统、文字处理、表格处理、制作演示文稿、计算机网络与Internet。

通过对本书的学习，使学生初步掌握计算机系统、文档的编辑、数据统计、网上信息的搜索和资源利用，以及幻灯片制作基础等基本计算机操作技能，并具有较强的实际使用能力和数据分析统计能力。

本书由罗亚玲担任主编，陈建华、李艳、曾杰担任副主编。其中，第1、6章由曾杰编写，第2、5章由罗亚玲编写，第3章由陈建华编写，第4章由李艳编写。本书由罗亚玲编写大纲并统誊成稿。

本书的编写得到广东松山职业技术学院各级领导和同行专家的大力支持和帮助，在此表示衷心的感谢。

由于编者水平有限，书中不足之处在所难免，敬请广大读者批评、指正。

编　者

2014年4月于韶关

目录

第 1 章　计算机基础知识

计算机的诞生、发展和应用的普及是 20 世纪科学技术的卓越成就，是人类历史上的伟大发明，是新技术革命的基础。在信息时代，计算机的应用必将加速信息革命的进程。当前，计算机不仅渗透到各行各业，而且步入千家万户，已成为现代人类活动不可缺少的工具。

1.1　计算机概述

计算机（Computer）俗称电脑，是一种用于高速计算的电子计算机器，既可以进行数值计算，又可以进行逻辑计算，还具有存储记忆功能，是能够按照程序运行，并能自动、高速处理海量数据的现代化智能电子设备。

1.1.1　计算机的发展

计算机的发明标志着信息时代的开始。半个世纪以来，计算机技术一直处于发展和变革之中。至今，计算机的发展经历了 6 个重要阶段。

1. 大型机阶段（20 世纪四五十年代）

1946 年，美国宾夕法尼亚大学研制的第一台计算机 ENIAC 被认为是大型机的鼻祖。它采用电子管作为基本逻辑部件，有体积大、耗电多、成本高等缺点。大型机的发展经历了以下几代。

（1）第 1 代计算机：采用电子管制作。

（2）第 2 代计算机：采用晶体管制作。

（3）第 3 代计算机：采用中、小规模集成电路制作。

（4）第 4 代计算机：采用大规模、超大规模集成电路制作，如 IBM 360 等。

2. 小型机阶段（20 世纪六七十年代）

小型机又称小型计算机，是对大型主机进行的第一次“缩小化”，通常用于满足中小型企业的需要，如 DEC 公司的 VAX 系列。

3. 微型机阶段(20世纪七八十年代)

微型机又称个人计算机(PC),它面向个人和家庭,价格便宜,应用相当普及,如Apple Ⅱ、IBM PC系列机。

4. 客户机/服务器阶段(C/S阶段)

1964年,IBM与美国航空公司建立第一个全球联机订票系统,把美国当时2 000多个订票终端用电话线连接在一起,这标志着计算机进入客户机/服务器阶段,这种模式至今仍在大量使用。在客户机/服务器网络中,服务器是网络的核心,而客户机是网络的基础,客户机依靠服务器获得所需要的网络资源,而服务器为客户机提供网络必须的资源。客户机/服务器结构的优点是能充分发挥客户机的处理能力,很多工作可以在客户机处理后再提交给服务器,大大减轻了服务器的压力。

5. 互联网阶段

互联网即广域网、局域网及单机按照一定的通信协议组成的国际计算机网络。互联网始于1969年,是遵循ARPA(美国国防部研究计划署)制定的协定,将美国西南部的大学(加利福尼亚大学洛杉矶分校、斯坦福大学研究学院、加利福尼亚大学和犹他州大学)的4台主要计算机连接起来。此后经历了文本到图片、语音、视频等阶段,宽带越来越快,功能越来越强。互联网的特征是:全球性、海量性、匿名性、交互性、成长性、扁平性、即时性、多媒体性、成瘾性、喧哗性。互联网的意义不应低估,它是人类迈向"地球村"坚实的一步。

6. 云计算时代

从2008年起,云计算(Cloud Computing)的概念逐渐流行起来,它正在成为一个通俗和大众化(Popular)的词语。云计算被视为"革命性的计算模型",它使超级计算能力通过互联网自由流通成为可能。企业与个人用户无须再投入昂贵的硬件购置成本,只需要通过互联网来购买租赁计算力,只用为自己需要的功能付钱,同时消除传统软件在硬件、软件、专业技能方面的花费。云计算让用户脱离技术与部署上的复杂性而获得应用。云计算囊括了开发、架构、负载平衡和商业模式等,是软件业的未来模式。云计算基于Web的服务,也是以互联网为中心的。

1.1.2 计算机的特点

一般计算机具有以下几个特点。

1. 运算速度快

快速运算是计算机最显著的特点。当今计算机系统的运算速度已达到每秒万亿次,微机也可达每秒亿次以上,使大量复杂的科学计算问题得以解决。例如,卫星轨道的计算、天气预报的计算等，过去人工计算需要几年、几十年，而现在用计算机只需几天甚至几分钟就可完成。

2. 计算精确度高

科学技术的发展特别是尖端科学技术的发展，需要高度精确的计算。计算机控制的导弹之所以能准确地击中预定的目标，是与计算机的精确计算分不开的。一般计算机可以有十几位甚至几十位有效数字，计算精度可达几百位，是任何计算工具所望尘莫及的。

3. 记忆能力强

计算机中的存储器能够存储大量信息，能把参加运算的数据、程序以及中间结果和最后结果保存起来，供用户随时调用。

4. 可靠的逻辑判断能力

可靠的逻辑判断能力是计算机的一个重要特点，是计算机能实现信息处理自动化的重要原因。冯·诺依曼结构计算机的基本思想就是将程序预先存储在计算机内，在程序执行过程中，计算机会根据上一步的执行结果，运用逻辑判断方法自动确定下一步该做什么，应执行哪一条指令。能进行逻辑判断，使计算机不仅能对数值数据进行计算，也能对非数值数据进行处理，使计算机能广泛地应用于非数值数据处理领域，如信息检索、图形识别以及各种多媒体应用等。

5. 有自动控制能力

计算机内部操作是根据人们事先编好的程序自动控制进行的。用户根据需要，事先设计好相关程序，计算机十分严格地按程序规定的步骤操作，整个过程不需人工干预。

1.1.3 计算机的应用

计算机的应用已渗透到人类社会生活的各个领域。它不仅在科学研究和工业、农业、林业、医学等自然科学领域得到广泛的应用，还进入社会科学各个领域及人们的日常生活，计算机已成为未来信息社会的强大支柱。据统计，计算机已应用于5 000多个领域，并且还在不断地扩大。计算机的应用范围，按其应用特点，可以划分为以下几个方面。

1. 科学计算(或称为数值计算)

早期的计算机主要用于科学计算。如今，科学计算仍然是计算机应用的一个重要领域，如高能物理、工程设计、地震预测、气象预报、航天技术等。由于计算机具有高运算速度、精度以及逻辑判断能力，因此，出现了计算力学、计算物理、计算化学、生物控制论等新的学科。例如，人造卫星轨迹的测算、火箭的研究设计都离不开计算机的精确计算。在工业、农业以及人类社会的各领域中，计算机的应用都取得了许多重大突破，就连我们每天收听、收看的天气预报都离不开计算机的科学计算。

2. 过程检控

利用计算机对工业生产过程中的某些信号自动进行检测，并把检测到的数据存入计算机，再根据需要对这些数据进行处理，这样的系统称为计算机检测系统。特别是引进计算机技术后所构成的智能化仪器仪表，将工业自动化推向了一个更高的水平。

3. 信息管理(或称数据处理)

信息管理是目前计算机应用最广泛的一个领域。该应用利用计算机来加工、管理与操作任何形式的数据资料，如企业管理、物资管理、报表统计、账目计算、信息情报检索等。国内许多机构纷纷建设自己的管理信息系统(MIS)，生产企业也开始采用物料资源计划软件(MRP)，商业流通领域则逐步使用电子信息交换系统(EDI)，即无纸贸易。

4. 辅助系统

(1) 计算机辅助设计、制造、测试(CAD/CAM/CAT)。用计算机辅助进行工程设计、产品制造、性能测试。

(2) 经济管理。具体包括国民经济管理，企业经济信息管理、计划与规划、分析统计、预测、决策，以及物资、财务、劳资、人事等管理。

(3) 情报检索。具体包括建立各种信息系统，进行图书资料、历史档案、科技资源、环境等信息的自动化检索。

(4) 自动控制。具体包括工业生产过程综合自动化、工艺过程最优控制、武器控制、通信控制、交通信号控制等。

(5) 模式识别。应用计算机对一组事件或过程进行鉴别和分类，它们可以是文字、声音、图像等具体对象，也可以是状态、程度等抽象对象。

5. 人工智能

开发一些具有人类某些智能的应用系统，用计算机来模拟人的思维判断、推理等智能活动，使计算机具有自学习适应和逻辑推理功能，如计算机推理、智能学习系统、专家系统、机器人等，帮助人们学习和完成某些推理工作。

6. 语言翻译

1947 年，美国数学家、工程师沃伦·韦弗与英国物理学家、工程师安德鲁·布思提出了以计算机进行翻译(简称“机译”)的设想，机译从此步入历史舞台，并走过了一条曲折而漫长的发展道路。机译分为文字机译和语音机译。机译消除了不同文字和语言间的隔阂，堪称高科技造福人类之举。但机译的质量长期以来一直是个问题，尤其是译文质量离理想目标仍相差甚远。

1.2　计算机常用的数制与编码

数制也称进位计数制，是指用一组固定的符号和统一的规则来表示数值的方法。编码是采用少量的基本符号，选用一定的组合原则，以表示大量复杂多样的信息的技术。计算机是信息处理的工具，任何信息必须转换成二进制数据后才能被计算机处理、存储和传输。

1.2.1　数制

我们习惯使用的十进制数由 0、1、2、3、4、5、6、7、8、9 十个不同的符号组成，每一个符号处于十进制数中不同的位置时，所代表的实际数值是不一样的。例如，1976 可表示成：

$$1\times1\,000+9\times100+7\times10+6\times1=1\times10^3+9\times10^2+7\times10^1+6\times10^0$$

式中，每个数字符号的位置不同，所代表的数值也不同，这就是通常所说的个位、十位、百位、千位等的意思。数位是指数码在一个数中所处的位置；基数是数制所使用的数码个数。例如，二进制数的基数是 2，每个数位上所能使用的数码为 0 和 1。在数制中有一个规则，如果是 N 进制数，必须是逢 N 进 1。对于多位数，处在某一位上的“1”所表示的数值的大小称为该位的位权。例如，二进制数第 2 位的位权为 2，第 3 位的位权为 4。十进制数第 2 位的位权为 10，第 3 位的位权为 100。

例如，二进制数 1011 表示为十进制数为 11，具体如下：

$$(1011)_2=1\times2^3+0\times2^2+1\times2^1+1\times2^0=8+0+2+1=11$$

1. 二进制

二进制具有两个不同的数码符号——0、1，其基数为 2。二进制数的特点是逢二进一，一个二进制数各位的权是以 2 为底的幂。例如：

$$(1101.11)_2=1\times2^3+1\times2^2+0\times2^1+1\times2^0+1\times2^{-1}+1\times2^{-2}$$

2. 八进制

八进制具有 8 个不同的数码符号——0、1、2、3、4、5、6、7，其基数为 8。八进制数的特点是逢八进一，一个八进制数各位的权是以 8 为底的幂。例如：

$$(1101)_8=1\times8^3+1\times8^2+0\times8^1+1\times8^0$$

3. 十六进制

十六进制具有 16 个不同的数码符号——0～9、A～F，其基数为 16。十六进制数的特点是逢十六进一，十六进制的权是以 16 为底的幂。例如：

$$(1B01)_{16}=1\times16^3+11\times16^2+0\times16^1+1\times16^0$$

表 1-1 是二进制与其他进制的对比。

表 1-1　二进制与其他进制的对比

十进制	二进制	八进制	十六进制	十进制	二进制	八进制	十六进制
0	0	0	0	9	1001	11	9
1	1	1	1	10	1010	12	A
2	10	2	2	11	1011	13	B
3	11	3	3	12	1100	14	C
4	100	4	4	13	1101	15	D
5	101	5	5	14	1110	16	E
6	110	6	6	15	1111	17	F
7	111	7	7	16	10000	20	10
8	1000	10	8				

1.2.2　数制转换

用计算机处理十进制数，必须先把它转化成二进制数才能被计算机所接受，同理，计算机处理的结果应将二进制数转换成十进制数供人们使用。这就产生了不同进制数之间的转换问题。

1. 十进制数与二进制数之间的转换

(1) 十进制数转换成二进制数

采用“除 2 取余法”，把被转换的十进制整数反复地除以 2，直到商为 0，所得的余数(从末位读起)就是这个数的二进制表示。例如，将$(215)_{10}$转换成二进制整数(见图 1-1)的方法如下：

$$(215)_{10}=(11010111)_2$$

同理，将十进制整数转换成八进制整数的方法是“除 8 取余法”或“十进制→二进制→八进制”，十进制整数转换成十六进制整数的方法是“除 16 取余法”或“十进制→二进制→十六进制”。

(2) 十进制小数转换成二进制小数

采用“乘 2 取整法”，将十进制小数连续乘以 2，选取进位整数，直到满足精度要求为止。例如，将十进制小数$(0.6875)_{10}$转换成二进制小数的方法如图 1-2 所示。

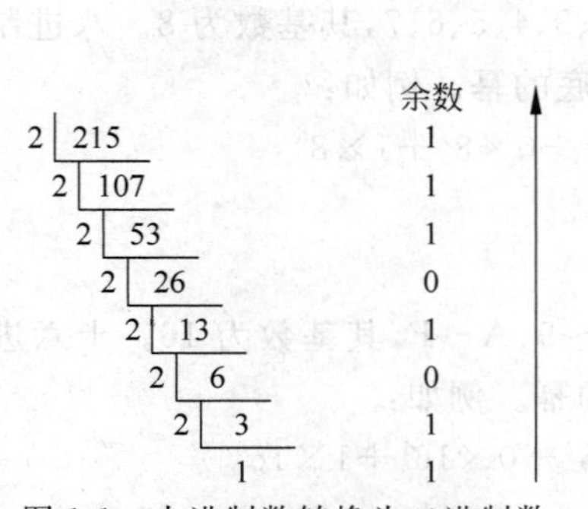

图 1-1　十进制数转换为二进制数

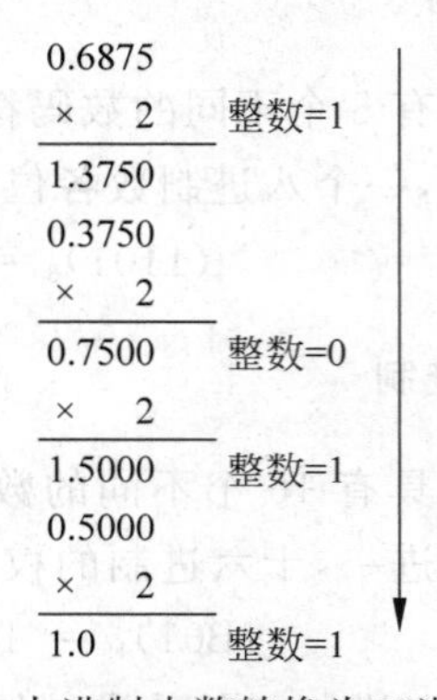

图 1-2　十进制小数转换为二进制小数

将十进制小数 0.6875 连续乘以 2，把每次所进位的整数，按从上向下的顺序写出，即 $(0.6875)_{10}=(0.1011)_2$。

同理，十进制小数转换成八进制小数的方法是“乘 8 取整法”或“十进制→二进制→八进制”，十进制小数转换成十六进制小数的方法是“乘 16 取整法”或“十进制→二进制→十六进制”。

（3）二进制数转换成十进制数

将二进制数按权展开求和的方法可以将二进制数转换成十进制数。同理，非十进制数转换成十进制数的方法是把各个非十进制数按权展开求和即可。

2. 二进制数与八进制数之间的转换

（1）二进制数转换成八进制数

采用“三位一并法”，将二进制数从小数点开始，整数部分从右向左 3 位一组，小数部分从左向右 3 位一组，不足 3 位用 0 补足即可，每组对应一位八进制数即可得到八进制数。

例如，将二进制数 $(100011101110.1011)_2$ 化为八进制数的方法如下：

100 011 101 110.101 100

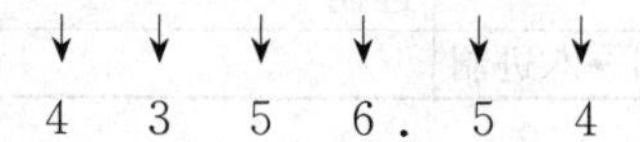

4　3　5　6 .　5　4

于是，$(100011101110.1011)_2=(4356.54)_8$。

（2）八进制数转换成二进制数

采用“一分为三法”，以小数点为界，向左或向右每一位八进制数用相应的三位二进制数取代，然后将其连在一起即可。

例如，将八进制数 $(4237.432)_8$ 转换为二进制数的方法如下：

4　2　3　7　.　4　3　2

↓　↓　↓　↓　　↓　↓　↓

100 010 011 111 . 100 011 010

于是，$(4237.432)_8=(100010011111.100011010)_2$。

3. 二进制数与十六进制数之间的转换

（1）二进制数转换成十六进制数

采用“四位一并法”，将二进制数从小数点开始，整数部分从右向左 4 位一组，小数部分从左向右 4 位一组，不足 4 位用 0 补足即可，每组对应一位十六进制数即可得到十六进制数。

例如，将二进制数 $(100011101110.1011)_2$ 转换为十六进制数的方法如下：

1000 1110 1110.1011

8　E　E .　B

于是，$(100011101110.1011)_2=(8EE.B)_{16}$。

（2）十六进制数转换成二进制数

采用“一分为四法”，以小数点为界，向左或向右每一位十六进制数用相应的四位二进制数取代,然后将其连在一起即可。

例如,将$(4AB.E1)_{16}$转换成二进制数的方法如下:

4 A B . E 1

↓ ↓ ↓ ↓ ↓

0100 1010 1011 . 1110 0001

于是,$(4AB.E1)_{16}=(10010101011.11100001)_2$。

表1-2为不同数制转换方法的对照。

表1-2 不同数制转换方法的对照

数制转换	十进制	二进制	八进制	十六进制
十进制(整数)		除2取余法	除8取余法或十进制→二进制→八进制	除16取余法或十进制→二进制→十六进制
十进制(小数)		乘2取整法	乘8取整法或十进制→二进制→八进制	乘16取整法或十进制→二进制→十六进制
二进制	按权展开求和		三位一并法	四位一并法
八进制	按权展开求和	一分为三法		八进制→二进制→十六进制
十六进制	按权展开求和	一分为四法	十六进制→二进制→八进制	

1.2.3 计算机系统中的数据计量单位

(1) 位。计算机存储数据时的最小单位是位(bit),一个位可以存储一个二进制数。

(2) 字节。8个二进制位构成1个字节(Byte),它是存储空间的基本计量单位。1个字节可以存储1个英文字母或者半个汉字,换句话说,1个汉字占据2个字节的存储空间。

(3) 字。"字"由若干字节构成,字的位数叫作字长,不同档次的机器有不同的字长。例如,一台8位机中,1个字就等于1个字节,字长为8位。如果是一台16位机,那么,它的1个字就由2个字节构成,字长为16位。字是计算机进行数据处理和运算的单位。

(4) KB。在一般的计量单位中,通常k表示1 000。例如,1公里=1 000米,经常被写为1km;1公斤=1 000克,写为1kg。同样,K在二进制中也有类似的含义。只是这时K为大写,表示1 024,也就是2^{10}。1KB表示1K个Byte,也就是1 024个字节。

(5) MB。计量单位中的M(兆)是10^6,见到M自然想起要在该数值的后边续上6个0,即扩大100万倍。在二进制中,MB也表示到了百万的数量级,但1MB不是正好等于1 000 000字节,而是1 048 576字节,即1MB=2^{20}Byte=1 048 576Byte。

在数据存储容量计算中,一般又结合公制的进制和二进制的数据计算方法来计算(二进制)。

1Byte(B)=8bit(b)字节=8个二进制位

1KB=2^{10}Byte=1 024Byte(千字节)

1MB=2^{20}Byte=1 048 576Byte(兆字节)

1GB=2^{30}Byte=1 073 741 824Byte(千兆字节)

1TB=2^{40}Byte=1 099 511 627 776Byte(吉字节)

1.3　常见的信息编码

我们已经知道,计算机中的数据是用二进制表示的,而人们习惯用十进制数,那么输入/输出时,数据就要进行十进制和二进制之间的转换处理,因此,必须采用一种编码的方法,由计算机自己来承担这种识别和转换工作。

1.3.1　字符编码

计算机中,对非数值的文字和其他符号进行处理时,要对文字和符号进行数字化处理,即用二进制编码来表示文字和符号。字符编码(Character Code)是指用二进制编码来表示字母、数字以及专门符号。在计算机系统中,有两种重要的字符编码方式:ASCII 和 EBCDIC。目前计算机中普遍采用的是 ASCII 码(American Standard Code for Information Interchange),即美国信息交换标准代码。ASCII 码有 7 位版本和 8 位版本两种,国际上通用的是 7 位版本,7 位版本的 ASCII 码有 128 个元素,只需用 7 个二进制位表示,其中,控制字符 34 个,阿拉伯数字 10 个,大小写英文字母 52 个,各种标点符号和运算符号 32 个。除控制字符外,其他字符可以从计算机键盘中读入并且可以显示和打印。在计算机中实际用 8 位表示一个字符,最高位为"0"。例如,字母 B 的 ASCII 码为 01000010(十进制为 66),字母 b 的 ASCII 码为 01100010(十进制为 98),控制字符 BEL 称为报警字符,编码为 00000111,是通信用的字符,它可以使报警装置或类似的装置发出报警信号。表 1-3 给出了所有 ASCII 码字符的编码。

表 1-3　ASCII 码字符编码

b6 b5 b4 b3 b2 b1 b0	000	001	010	011	100	101	110	111
0 0 0 0	NUL	DC0	SP	0	@	P	、	p
0 0 0 1	SOH	DC1	!	1	A	Q	a	q
0 0 1 0	STX	DC2	"	2	B	R	b	r
0 0 1 1	ETX	DC3	#	3	C	S	c	s
0 1 0 0	EOT	DC4	$	4	D	T	d	t
0 1 0 1	ENQ	NAK	%	5	E	U	e	u
0 1 1 0	ACK	SYN	&	6	F	V	f	v
0 1 1 1	BEL	ETB	`	7	G	W	g	w
1 0 0 0	BS	CAN	(	8	H	X	h	x
1 0 0 1	HT	EM	)	9	I	Y	i	y
1 0 1 0	LF	SUB	*	:	J	Z	j	z
1 0 1 1	VT	ESC	+	;	K	[	k	{
1 1 0 0	FF	FS	,	<	L	\	l	|
1 1 0 1	CR	GS	—	=	M	]	m	}
1 1 1 0	SO	RS	.	>	N	↑	n	~
1 1 1 1	SI	US	/	?	O	←	o	DEL

1.3.2 汉字编码

汉字也是字符，与西文字符比较，汉字数量大、字形复杂、同音字多，这就给汉字在计算机内部的存储、传输、交换、输入、输出等带来了一系列的问题。为了能直接使用西文标准键盘输入汉字，必须为汉字设计相应的编码，以适应计算机处理汉字的需要。

1. 区位码和国标码

20 世纪 80 年代，我国制定了“中华人民共和国国家标准信息交换汉字编码”，代号为 GB 2312—1980，是国家规定的用于汉字信息处理使用的代码依据，这种编码称为国标码。国标码字符集中共收录了 6 763 个常用汉字和 682 个图形符号，其中一级汉字 3 755 个，以汉语拼音为序排列；二级汉字 3 008 个，按部首进行排列。

国标 GB 2312—1980 规定，所有的国标汉字与符号组成一个 94×94 的矩阵，在此方阵中，每一行称为一个“区”(区号为 01～94)，每一列称为一个“位”(位号为 01～94)，该方阵实际组成了 94 个区，每个区内有 94 个位的汉字字符集，每一个汉字或符号在码表中都有一个唯一的位置编码，叫该字符的区位码。使用区位码方法输入汉字时，必须先在表中查找汉字并找出对应的代码，才能输入。区位码输入汉字的优点是无重码，而且输入码与内部编码的转换方便。例如，汉字“禅”的区位码为 7688(该汉字处于 76 区的 88 位)。

国标码又叫交换码，它是在不同汉字处理系统间进行汉字交换时使用的编码。国标码采用两个字节来表示，它与区位码的关系(H 表示十六进制)如下：

$$\text{国标码高位字节}=(\text{区号})_{16}+20H$$

$$\text{国标码低位字节}=(\text{位号})_{16}+20H$$

例如，汉字“中”的区位码为 5448，转换成十六进制为 3630H(区号和位号分别转换)，则国标码为 5650H。

2. 机内码

汉字的机内码是计算机系统内部对汉字进行存储、处理、传输统一使用的代码，又称为汉字内码。由于汉字数量多，一般用 2 字节来存放汉字的内码。在计算机内汉字字符必须与英文字符区别开，以免造成混乱。英文字符的机内码是用一个字节来存放 ASCII 码，一个 ASCII 码占一个字节的低 7 位，最高位为“0”，为了区分，汉字机内码中两个字节的最高位均置“1”。

$$\text{机内码高位字节}=(\text{区号})_{16}+A0H$$

$$\text{机内码低位字节}=(\text{位号})_{16}+A0H$$

例如，汉字“中”的机内码为 D6D0H。

3. 汉字输入码

汉字输入码是指直接从键盘输入的各种汉字输入方法的编码，属于外码。一种好的汉字输入方法应该既容易掌握、输入速度快，又便于记忆、码长短、重码少。

按照编码原理，汉字输入码主要分为三类：数字码、音码和形码。还有结合汉字的音和形的音形码和形音码。

4. 汉字的字形码

每一个汉字的字形都必须预先存放在计算机内，例如，GB 2312 国标汉字字符集的所有字符的形状描述信息集合在一起，称为字形信息库，简称字库。通常分为点阵字库和矢量字库。目前汉字字形的产生方式大多是用点阵方式形成汉字，即是用点阵表示的汉字字形代码。根据汉字输出精度的要求，有不同密度点阵。汉字字形点阵有 16 点阵×16 点阵、24 点阵×24 点阵、32 点阵×32 点阵等。汉字字形点阵中每个点的信息用一位二进制码来表示，“1”表示对应位置处是黑点，“0”表示对应位置处是空白。字形点阵的信息量很大，所占存储空间也很大，如 16 点阵×16 点阵，每个汉字就要占 32 字节（16×16÷8＝32）；24 点阵×24 点阵的字形码需要用 72 字节（24×24÷8＝72），因此字形点阵只能用来构成“字库”，而不能用来替代机内码用于机内存储。字库中存储了每个汉字的字形点阵代码，不同的字体（如宋体、楷体、黑体等）对应不同的字库。在输出汉字时，计算机要先到字库中去找到该汉字的字形描述信息，再把字形送去输出。

1.4　计算机系统的组成

1.4.1　计算机系统

完整的计算机系统包括两大部分，即硬件系统和软件系统。硬件系统是指构成计算机的物理设备，它包括计算机系统中一切电子、机械、光电等设备。软件系统是指计算机运行时所需的各种程序、数据及有关资料。我们平时讲到“计算机”一词，都是指含有硬件和软件的计算机系统。

1.4.2　计算机的基本结构

计算机由运算器、控制器、存储器、输入设备和输出设备 5 个基本部分组成，也称计算机的五大部件，其结构如图 1-3 所示。

1. 运算器

运算器又称算术逻辑单元（Arithmetic Logic Unit，ALU），是计算机对数据进行加工处理的部件，它的主要功能是对二进制数码进行加、减、乘、除等算术运算和与、或、非等基本逻辑运算，实现逻辑判断。运算器在控制器的控制下实现其功能，运算结果由控制器指挥送入内存储器。

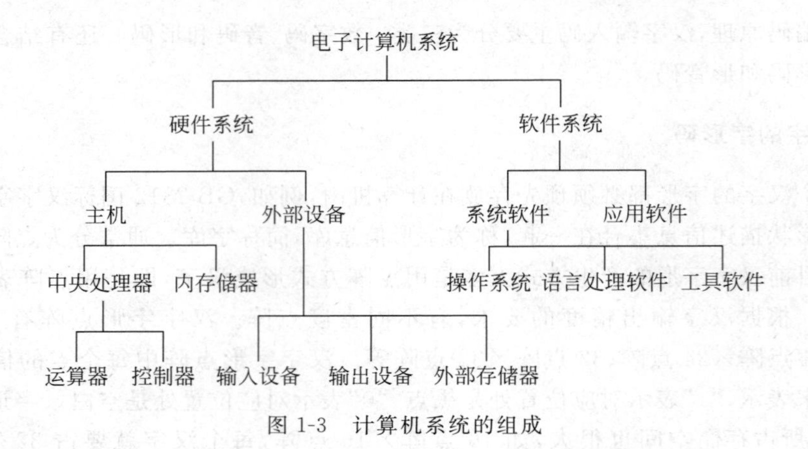

图 1-3 计算机系统的组成

2. 控制器

控制器主要由指令寄存器、译码器、程序计数器和操作控制器等组成,用来控制计算机各部件协调工作,并使整个处理过程有条不紊地进行。控制器的基本功能就是从内存中取指令和执行指令,即控制器按程序计数器指出的指令地址从内存中取出该指令进行译码,然后根据该指令功能向有关部件发出控制命令,执行该指令。另外,控制器在工作过程中,还要接受各部件反馈回来的信息。

3. 存储器

存储器(Memory)是计算机系统中的记忆设备,用来存放程序和数据。计算机中全部信息,包括输入的原始数据、计算机程序、中间运行结果和最终运行结果都保存在存储器中。它根据控制器指定的位置存入和取出信息。有了存储器,计算机才有记忆功能,才能保证正常工作。按用途,存储器可分为主存储器和辅助存储器,也有分为外部存储器(简称外存)和内部存储器(简称内存)的分类方法。外存通常是磁性介质或光盘等,能长期保存信息。内存指主板上的存储部件,用来存放当前正在执行的数据和程序,但仅用于暂时存放程序和数据,若关闭电源或断电,数据会丢失。

(1) 内存

内存也称主存储器,它直接与 CPU 相连接,存储容量较小,但速度快,用来存放当前运行程序的指令和数据,并直接与 CPU 交换信息。内存由许多存储单元组成,每个单元能存放一个二进制数,或一条由二进制编码表示的指令。存储器的存储容量以字节为基本单位,每个字节都有自己的编号,称为“地址”,如要访问存储器中的某个信息,就必须知道它的地址,然后按地址存入或取出信息。为了度量信息存储容量,将 8 位二进制码(8bit)称为 1 字节(Byte,简称 B),字节是计算机中数据处理和存储容量的基本单位。1 024 字节称为 1K 字节,1 024K 字节称 1 兆字节(1MB),1 024M 字节称为 1G 字节(1GB),1 024G 字节称为 1TB,现在微型计算机主存容量大多在兆字节以上。

计算机处理数据时,一次可以运算的数据长度称为一个“字”(Word)。字的长度称为字长。一个字可以是一个字节,也可以是多个字节。常用的字长有 8 位、16 位、32 位、

64 位等。如某一类计算机的字由 4 个字节组成，则字的长度为 32 位，相应的计算机称为 32 位机。

(2) 外存

外存又称辅助存储器（简称辅存），它是内存的扩充。外存的存储容量大、价格低，但存储速度较慢，一般用来存放大量暂时不用的程序、数据和中间结果，需要时，可成批地和内存进行信息交换。外存只能与内存交换信息，不能被计算机系统的其他部件直接访问。常用的外存有磁盘、磁带、光盘等。

4. 输入/输出设备

输入/输出设备简称 I/O(Input/Output)设备。用户通过输入设备将程序和数据输入计算机，输出设备将计算机处理的结果（如数字、字母、符号和图形）显示或打印出来。常用的输入设备有键盘、鼠标器、扫描仪、数字化仪等。常用的输出设备有显示器、打印机、绘图仪等。

这 5 个部分的工作方式如图 1-4 所示。

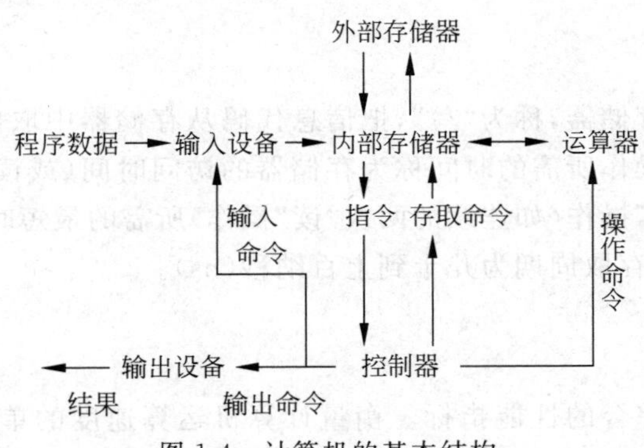

图 1-4　计算机的基本结构

人们通常把内存、运算器和控制器合称为计算机主机。而把运算器、控制器做在一个大规模集成电路块上称为中央处理器，又称 CPU(Central Processing Unit)。也可以说主机是由 CPU 与内存组成的，而主机以外的装置称为外部设备，外部设备包括输入/输出设备、外存等。

1.4.3　计算机的性能指标

评价计算机的性能指标是一个复杂的问题，早期只用字长、运算速度和存储容量 3 个指标来衡量。实际上，只考虑这 3 个指标是很不够的。计算机的主要技术性能指标有以下几点。

1. 主频

主频即时钟频率，是指计算机的 CPU 或内存在单位时间内发出的脉冲数。它在很大程度上决定了计算机的运行速度。现在 CPU 主频的单位是 GHz，如 2.5GHz 等，内存的主频单位是 MHz,如 1 333MHz、1 600MHz 等。

2. 字长

字长是指计算机的运算部件能同时处理的二进制数据的位数,它与计算机的功能和用途有很大的关系。字长决定了计算机的运算精度,字长越长,计算机的运算精度越高。因此,高性能计算机的字长较长,而性能较差的计算机字长相对要短一些。另外,字长决定了指令直接寻址的能力。一般机器的字长都是字节的 1、2、4、8 倍,如早期的 16 位计算机到现在的 64 位计算机。字长也影响机器的运算速度,字长越长,计算机的运算速度越快。

3. 内存容量

内存中能存储的信息总字节数称为内存容量。内存容量是用户在购买计算机时关注的一项重要指标,同一型号的机器,内存容量可大可小,内存容量越大,处理数据的范围就越广,运算速度一般也越快,但成本也就越高。

4. 存取周期

把信息代码存入存储器,称为“写”,把信息代码从存储器中取出,称为“读”。存储器进行一次“读”或“写”操作所需的时间称为存储器的访问时间(或读写时间),而连续启动两次独立的“读”或“写”操作(如连续的两次“读”操作)所需的最短时间,称为存取周期(或存储周期)。微型机的存取周期为几十到上百纳秒(ns)。

5. 运算速度

运算速度是一项综合的性能指标。衡量计算机运算速度的单位是 Mb/s(百万条指令/秒)。因为每种指令的类型不同,执行不同指令所需的时间也不一样。过去以执行定点加法指令作标准来计算运算速度,现在用一种等效速度或平均速度来衡量。等效速度是由各种指令平均执行时间以及相对应的指令运行比例计算得出来的,即用加权平均法求得。影响机器运算速度的因素很多,主要是 CPU 的主频和存储器的存储周期。

衡量一台计算机系统的性能指标有很多,除上面列举的 5 项主要指标外,还应考虑机器的兼容性、系统的可靠性、系统的可维护性、机器允许配置的外部设备的最大数目、计算机系统的汉字处理能力、数据库管理系统及网络功能等。性能/价格比是一项综合性评价计算机性能的指标。

1.4.4 微型计算机中的硬件系统

微型计算机(简称微机)是计算机的一种。微机系统的硬件系统是指计算机系统中可以看得见摸得着的物理装置,即机械器件、电子线路等设备,如图 1-5 所示。

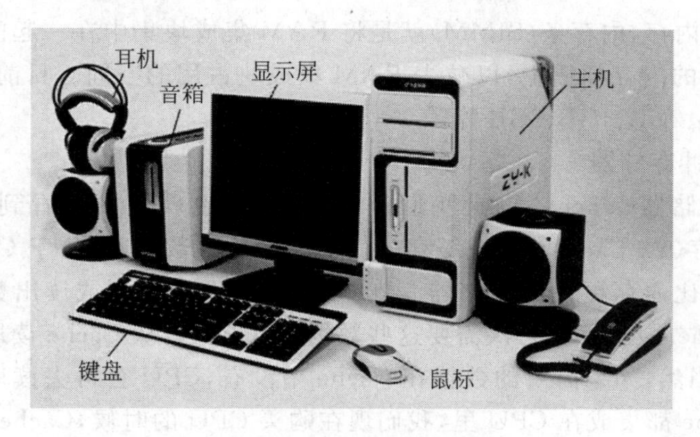

图 1-5 微机硬件的基本配置

1. CPU

在个人计算机中，运算器和控制器通常被整合在一块集成电路芯片上，称为中央处理器(CPU)。CPU 的主要功能是从内存中取出指令、解释并执行指令。

CPU 是计算机硬件系统的核心，它决定了计算机的性能和速度，代表计算机的档次，所以人们通常把 CPU 形象地比喻为计算机的心脏。

CPU 的运行速度通常用主频表示，以赫兹(Hz)为计量单位。在评价 PC 时，首先看其 CPU 是哪一种类型，在同一档次中还要看其主频的高低。CPU 的主要生产厂商有 Intel 公司、AMD 公司等。图 1-6 为 Intel 公司生产的 CPU。

图 1-6 Intel i3 处理器

2. 内存

内存是计算机的重要部件之一，它是与 CPU 进行沟通的桥梁。计算机中所有程序的运行都是在内存中进行的，因此，内存的性能对计算机的影响非常大。内存的作用是暂时存放 CPU 中的运算数据、与硬盘等外存交换的数据。只要计算机在运行中，CPU 就会把需要运算的数据调到内存中进行运算，运算完成后 CPU 再将结果传送出来，内存的运行也决定了计算机的稳定运行。内存是由内存芯片、电路板、金手指等部分组成的。

(1) 只读存储器

在制造只读存储器(Read Only Memory，ROM)的时候，信息(数据或程序)就被存入并永久保存。这些信息只能读出，一般不能写入，即使机器停电，这些数据也不会丢失。ROM 一般用于存放计算机的基本程序和数据，如 BIOS ROM。其物理外形一般是双列直插式(DIP)的集成块。

(2) 随机存储器

随机存储器(Random Access Memory，RAM)表示既可以从中读取数据，也可以写入数据。当机器电源关闭时，存于其中的数据就会丢失。我们通常购买或升级的内存条就是用作计算机的内存,内存条(SIMM)就是将 RAM 集成块集中在一起的一小块电路板,它插在计算机中的内存插槽上,以减少 RAM 集成块占用的空间。目前市场上常见的内存条容量有 1GB、2GB、4GB、8GB 等。

(3) 高速缓冲存储器

高速缓冲存储器(Cache)也是我们经常用到的,也就是平常看到的一级缓存(L1 Cache)、二级缓存(L2 Cache)、三级缓存(L3 Cache)这些数据,它位于 CPU 与内存之间,是一个读写速度比内存更快的存储器。当 CPU 向内存中写入或读出数据时,这个数据也被存储进 Cache。当 CPU 再次需要这些数据时,CPU 就从 Cache 读取数据,而不是访问较慢的内存,当然,如果需要的数据在 Cache 中没有,CPU 会再去读取内存中的数据。从 P3 开始,Cache 都集成在 CPU 里,我们现在购买 CPU 的时候,Cache 也是一个评价计算机的性能指标。

3. 主板

每台 PC 的主机机箱内部都有一块比较大的电路板,称为主板。主板是连接 CPU 内存及各种适配器(如显卡、声卡、网卡等)和外围设备的中心枢纽。主板为 CPU、内存等提供安装插槽;为各种外部存储器、打印和扫描等 I/O 设备提供连接的接口。实际上,计算机通过主板将 CPU 等各种器件和外设有机地结合起来形成一套完整的硬件系统。

目前的主流主板按板型结构标准可分为 ATX、Micro-ATX 和 BTX 几种。

对于主板而言,芯片组几乎决定了这块主板的功能,其中 CPU 的类型、主板的系统总线频率、内存型等是由芯片组中的北桥芯片决定的;而扩展槽的种类与数量、接口类型等是由芯片组中的南桥芯片决定的。芯片组性能的优势,决定了主板性能的好坏与组别的高低。目前 CPU 的型号与种类繁多、功能特点不一,如果芯片组不能与 CPU 良好地协同工作,将严重影响计算机的整体性能甚至不能正常工作。除了目前最通用的南北桥结构外,芯片组已经向更高级的加速集线架构发展。

图 1-7 为主流机型主板布局示意。

4. 显卡

显卡是个人计算机最基本组成部件之一。显卡的用途是将计算机系统所需要的显示信息进行转换驱动,并向显示器提供行扫描信号,控制显示器的正确显示,是连接显示器和个人计算机主板的重要元件,是"人机对话"的重要设备之一。显卡作为计算机主机里的一个重要组成部分,承担输出显示图形的任务,对于从事专业图形设计的人来说显卡比较重要。

民用显卡图形芯片供应商主要包括 AMD(超威半导体)和 NVIDIA(英伟达)。目前显卡的接口一般是采用的老式 VGA 接口(模拟信号接口),近年来也出现了很多使用 AVI 接口(数字信号接口)和 HDMI 高清接口的显卡。老式显卡是利用计算机的 CPU 和内存进行运算,目前的显卡自带了运算系统(GPU)和存储单元(显存)。显卡的基本结构如下。

(1) GPU

GPU 全称是 Graphic Processing Unit,中文翻译为"图形处理器"。GPU 是相对于

图 1-7 主板结构

CPU 的一个概念，由于在现代的计算机中（特别是家用系统、游戏的发烧友）图形的处理变得越来越重要，需要一个专门的图形核心处理器。NVIDIA 公司在发布 GeForce 256 图形处理芯片时首先提出 GPU 的概念。GPU 减少了显卡对 CPU 的依赖，并进行部分原本 CPU 的工作，尤其是在 3D 图形处理时。GPU 所采用的核心技术有硬件 T&L（几何转换和光照处理）、立方环境材质贴图和顶点混合、纹理压缩和凹凸映射贴图、双重纹理四像素 256 位渲染引擎等，而硬件 T&L 技术可以说是 GPU 的标志。

（2）显存

显存是显示内存的简称。其主要功能就是暂时存储显示芯片要处理的数据和处理完毕的数据。图形核心的性能越强，需要的显存也就越多。以前的显存主要是 SDR 的，容量也不大。市面上的显卡大部分是 DDR5 显存。

（3）BIOS

保存了与驱动程序相关的控制程序，另外还存储有显示卡的型号、规格、生产厂家及出厂时间等信息。打开计算机时，通过显示 BIOS 内的一段控制程序，将这些信息反馈到屏幕上。

早期显卡中的 BIOS 是固化在 ROM 中的，不可以修改，而截至 2012 年年底，多数显卡采用了大容量的 EPROM，即所谓的 Flash BIOS，可以通过专用的程序进行改写或升级。

（4）PCB 板

PCB 板就是显卡的电路板，它把显卡上的各个部件连接起来，功能类似于主板。

5. 外存

外存主要由磁表面存储器和光盘存储器等设备组成。磁表面存储器可分为磁盘、磁带两大类。

(1) 硬盘

硬盘分为机械硬盘和固态硬盘。

机械硬盘由涂有磁性材料的合金圆盘组成,是微机系统的主要外存储器。硬盘有一个重要的性能指标是存取速度。影响存取速度的因素有平均寻道时间、数据传输率、盘片的旋转速度和缓冲存储器容量等。一般来说,转速越高的硬盘寻道时间越短,而且数据传输率也越高。

一个硬盘一般由多个盘片组成,盘片的每一面都有一个读写磁头。硬盘在使用时,要对盘片格式化成若干个磁道(称为柱面),每个磁道再划分为若干个扇区。硬盘的存储容量按如下公式计算。

存储容量=磁头数×柱面数×扇区数×每扇区字节数(512B)

图 1-8 为机械硬盘的外观。

图 1-8　西部数据 2TB 机械硬盘

固态硬盘(Solid State Drives)简称固盘,是用固态电子存储芯片阵列而制成的硬盘,其芯片的工作温度范围很宽,商规产品为 0～70℃,工规产品为 -40～85℃。虽然成本较高,但也正在逐渐普及到 DIY 市场。由于固态硬盘技术与传统机械硬盘技术不同,所以产生了不少新兴的存储器厂商。厂商只需购买 NAND 存储器,再配合适当的控制芯片,就可以制造固态硬盘了。新一代的固态硬盘普遍采用 SATA-2 接口、SATA-3 接口、MSATA 接口和 CFast 接口。

固态硬盘相较于机械硬盘有如下优点。

① 读写速度快。采用闪存作为存储介质,读取速度相对机械硬盘更快。固态硬盘不用磁头,寻道时间几乎为 0;其持续写入的速度非常惊人,固态硬盘厂商大多会宣称自家的固态硬盘持续读写速度超过了 500Mb/s! 固态硬盘的快绝不仅仅体现在持续读写上,随机读写速度快才是固态硬盘的终极奥义,这最直接体现在绝大部分的日常操作中。与之相关的还有极低的存取时间,最常见的 7 200 转机械硬盘的寻道时间一般为 12～14ms,而固态硬盘可以轻易达到 0.1ms 甚至更低。

② 防震抗摔。传统硬盘都是磁碟型的,数据存储在磁碟扇区里。而固态硬盘是使用闪存颗粒(即 MP3、U 盘等存储介质)制作而成,所以 SSD 固态硬盘内部不存在任何机械部件,这样即使在高速移动甚至伴随翻转倾斜的情况下也不会影响到正常使用,而且在发生碰撞和震荡时能够将数据丢失的可能性降到最小。相较传统硬盘,固态硬盘占有绝对优势。

③ 低功耗。固态硬盘的功耗要低于传统硬盘。

④ 无噪声。固态硬盘没有机械马达和风扇,工作时噪音值为 0dB。基于闪存的固态硬盘在工作状态下能耗和发热量较低(但高端或大容量产品能耗会较高)。内部不存在任何机械活动部件,不会发生机械故障,也不怕碰撞、冲击、振动。由于固态硬盘采用无机械部件的闪存芯片,所以具有发热量小、散热快等特点。

⑤ 工作温度范围大。典型的硬盘驱动器只能在 5～55℃范围内工作。而大多数固态硬盘可在 −10～70℃范围内工作。固态硬盘比同容量机械硬盘体积小、重量轻。固态硬盘的接口规范和定义、功能及使用方法与机械硬盘相同,在产品外形和尺寸上也与机械硬盘一致。其芯片的工作温度范围很宽(−40～85℃)。

⑥ 轻便。固态硬盘更轻,与常规 1.8 英寸的机械硬盘相比,重量轻 20～30g。

图 1-9 固态硬盘

图 1-9 为固态硬盘的外观。

(2) 移动硬盘

顾名思义,移动硬盘(Mobile Hard Disk)是以硬盘为存储介质,在计算机间交换大容量数据,强调便携性的存储产品。市场上绝大多数的移动硬盘都是以标准硬盘为基础的,但价格因素决定着主流移动硬盘还是以标准笔记本硬盘为基础。因为采用硬盘为存储介质,因此移动硬盘在数据的读写模式与标准 IDE 硬盘是相同的。移动硬盘多采用 USB、IEEE 1394 等传输速度较快的接口,可以较高的速度与系统进行数据传输。截至 2009 年,主流 2.5 英寸品牌移动硬盘的读取速度为 15～25Mb/s,写入速度为 8～15Mb/s。

(3) U盘

U盘的全称为USB闪存驱动器。它是一种使用USB接口的无须物理驱动器的微型高容量移动存储产品,通过USB接口与计算机连接,实现即插即用。U盘的称呼最早来源于朗科科技生产的一种新型存储设备,名曰“优盘”,使用USB接口进行连接。U盘连接到计算机的USB接口后,U盘的资料可与计算机交换。而之后生产的类似技术的设备由于朗科已进行专利注册,而不能再称为“优盘”,而改称谐音的“U盘”。后来,U盘这个称呼因其简单易记而广为人知,是移动存储设备之一。

(4) 光盘

光盘(Optical Disk)存储器是一种利用激光技术存储信息的装置。目前用于计算机系统的光盘有三类:只读型光盘、一次写入型光盘和可擦写光盘。

只读型光盘(CD-ROM)是一种小型光盘只读存储器。它的特点是只能写一次,而且是在制造时由厂家用冲压设备把信息写入的。写好后信息将永久保存在光盘上,用户只能读取,不能修改和写入。CD-ROM最大的特点是存储容量大,一张CD-ROM光盘的容量为700MB左右。计算机上用的CD-ROM有一个数据传输速率的指标:倍速。一倍速的数据传输速率是150Kb/s;24倍速的数据传输速率是150Kb/s×24=3.6Mb/s。CD-ROM适合存储容量固定、信息量大的内容。

一次写入型光盘(Write Once Read Memory,WORM)可由用户写入数据,但只能写一次,写入后不能擦除、修改。一次写入多次读出的WORM适用于存储可随意更改的文档。

可擦写光盘(Magnetic Optical,MO)是能够重写的光盘,它的操作完全和硬盘相同,故称磁光盘。MO可反复使用一万次,可保存50年以上。MO磁光盘具有可换性、高容量和随机存取等优点,但速度较慢,一次性投资较高。

CD光盘的最大容量大约是700MB,DVD盘片单面4.7GB,最多能刻录约4.59GB的数据(因为DVD的1GB=1 000MB,而硬盘的1GB=1 024MB,双面8.5GB,约能刻8.3GB的数据),蓝光(BD)的则比较大,其中HD DVD单面单层为15GB、双层为30GB;BD单面单层为25GB、双面为50GB、三层为75GB、四层为100GB。

1.4.5 基本输入/输出设备

1. 键盘

键盘(Keyboard)是用户与计算机进行交流的主要工具,是计算机最重要的输入设备,也是微型计算机必不可少的外部设备。

通常键盘由三部分组成:主键盘、小键盘、功能键,参见图1-9。主键盘即通常的英文打字机用键(键盘中部)。小键盘即数字键组(键盘右侧,与计算器类似)。功能键组(键盘上部,标F1～F12)。

(1) 主键盘

主键盘一般与通常的英文打字机键相似。它包括字母键、数字键、符号键和控制键等,如图1-10所示。

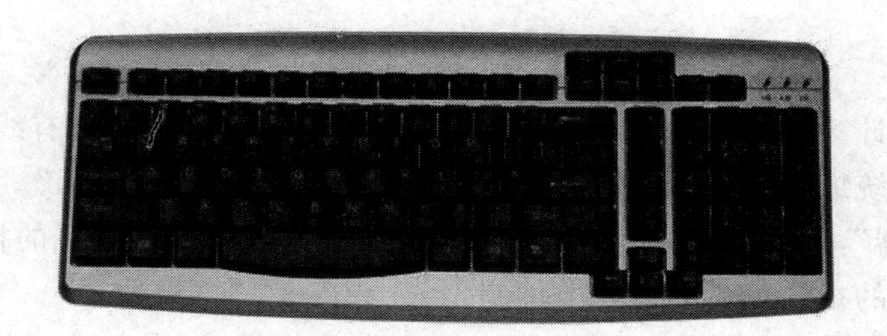

图 1-10　键盘的结构

① 字母键。字母键上印着对应的英文字母，虽然只有一个字母，但也有上档和下档字符之分。

② 数字键。数字键的下档为数字，上档字符为符号。

③ Shift(↑)键。这是一个换档键(上档键)，用来选择某键的上档字符。操作方法是先按住本键再按具有上下档符号的键时，则输入该键的上档字符，否则输入该键的下档字符。

④ CapsLock 键。这是大小写字母锁定转换键，若原输入的字母为小写(或大写)时，按一下此键后，再输入的字母为大写(或小写)。

⑤ Enter (↓或 Return 键)。这是回车键，按此键表示一个命令行结束。每输入完一行程序、数据或一条命令，均需按此键通知计算机。

⑥ Backspace (←)键。这是退格键，每按一下此键，光标向左回退一个字符位置并把所经过的字符擦去。

⑦ Space 键。这是空格键，每按一次产生一个空格。

⑧ PrtScn(或 Print Screen)键。这是屏幕复制键，利用此键可以实现将屏幕上的内容在打印机上输出。方法是：把打印机电源打开并与主机相连，再按本键即可。

⑨ Ctrl 和 Alt 键。这是两个功能键，它们一般和其他键搭配使用才能起特殊的作用。

⑩ Esc 键。这是一个功能键，一般用于退出某一环境或废除错误操作。在各个软件应用中，它都有特殊作用。

⑪ Pause/Break 键。这是一个暂停键，一般用于暂停某项操作，或中断命令、程序的运行(一般与 Ctrl 键配合使用)。

(2) 小键盘

小键盘上的 10 个键印有上档符(数码 0、1、2、3、4、5、6、7、8、9 及小数点)和相应的下档符(Ins、End、↓、PgDn、←、→、Home、↑、PgUp、Delete)。下档符用于控制全屏幕编辑时的光标移动；上档符全为数字。由于小键盘上的这些数码键相对集中，所以用户需要大量输入数字时，锁定数字键(NumLock)更方便。NumLock 键是数字小键盘锁定转换键。当指示灯亮时，上档字符即数字字符起作用；当指示灯灭时，下档字符起作用。

(3) 功能键

功能键一般设置成常用命令的字符序列，即按某个键就是执行某条命令或完成某个功能。在不同的应用软件中，相同的功能键可以具有不同的功能。

2. 鼠标

鼠标是一种计算机输入设备,根据与主机的连接方式,鼠标可分有线和无线两种。也是计算机显示系统纵横坐标定位的指示器,因形似老鼠而得名“鼠标”。“鼠标”的标准称呼应该是“鼠标器”,英文名为“Mouse”。鼠标的使用是为了使计算机的操作更加简便,来代替键盘那烦琐的指令。

按工作原理及其内部结构的不同,鼠标可以分为机械式、光电式。

(1) 机械鼠标。其底部有一个可四向滚动的胶质小球。这个小球在滚动时会带动一对转轴转动(分别为 X 转轴、Y 转轴),在转轴的末端都有一个圆形的译码轮,译码轮上附有金属导电片与电刷直接接触。当转轴转动时,这些金属导电片与电刷就会依次接触,出现“接通”或“断开”两种形态,前者对应二进制数“1”、后者对应二进制数“0”。接下来,这些二进制信号被送交鼠标内部的专用芯片作解析处理并产生对应的坐标变化信号。只要鼠标在平面上移动,小球就会带动转轴转动,进而使译码轮的通断情况发生变化,产生一组组不同的坐标偏移量,反映到屏幕上,就是鼠标指针可随着鼠标的移动而移动。

但由于机械鼠标采用纯机械结构,其 X 轴和 Y 轴以及小球经常附着一些灰尘等脏物,导致定位精度难如人意,加上频频接触的电刷和译码轮磨损得较为厉害,直接影响了机械鼠标的使用寿命。机械鼠标如图 1-11 所示。

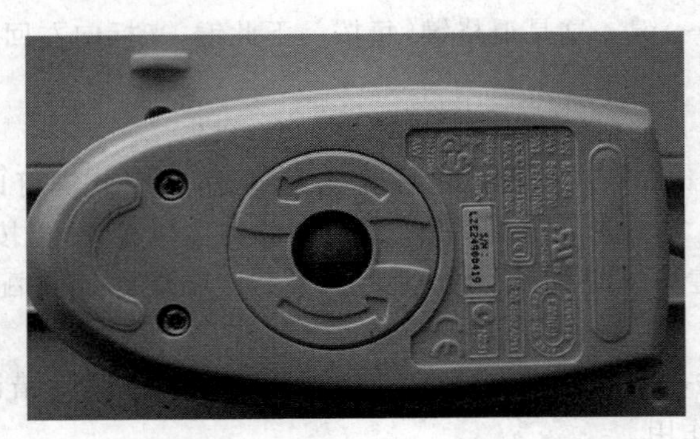

图 1-11 机械鼠标

(2) 光学鼠标。光学鼠标采用 NTELLIEYE 技术,在鼠标底部的小洞里有一个小型感光头,面对感光头的是一个发射红外线的发光管,这个发光管每秒钟向外发射 1 500 次,然后感光头就将这 1 500 次的反射回馈给鼠标的定位系统,以此来实现准确的定位。所以,这种鼠标可在任何地方无限制地移动。

毫无疑问,集各项完美指标于一身的光学鼠标自诞生起就注定它将具有光明的前途,尽管在最初几年光学鼠标因价格昂贵而鲜有人问津,但在 2001 年之后情况逐渐有了转变,各鼠标厂商纷纷推出光学鼠标产品,消费者也认识到其优点所在。此后,在厂商的大力推动下,消费者的观念也逐渐发生转变,花费较多的资金购买一款光学鼠标的用户不断增加。同时,光学鼠标的技术也不断向前发展,分辨率提高到 800dpi、刷新频率高达每秒 6 000 次,在激烈的竞技游戏中也可灵活自如地应用。加上顺利的量产工作让其成本不断下滑，百元左右便可买到一款相当不错的光学鼠标(廉价型产品可能只要 30～40 元)，光学鼠标之后进入爆发式的成长期，绝大多数装机用户都将它作为首选装置。光学鼠标如图 1-12 所示。

图 1-12 光学鼠标

3. 显示器

显示器通常也被称为监视器。显示器是属于计算机的 I/O 设备(输入/输出设备)，可以分为 CRT、LCD 等多种。显示器是一种将一定的电子文件通过特定的传输设备显示到屏幕上再反射到人眼的显示工具。

CRT 显示器是一种使用阴极射线管的显示器，阴极射线管主要由五部分组成——电子枪(Electron Gun)、偏转线圈(Deflection Coils)、荫罩(Shadow Mask)、荧光粉层(Phosphor)及玻璃外壳。CRT 纯平显示器具有可视角度大、无坏点、色彩还原度高、色度均匀、可调节的多分辨率模式、响应时间极短等 LCD 显示器难以超过的优点，如图 1-13(a)所示。

LCD 显示器即液晶显示器，优点是机身薄、占地小、辐射小，但液晶显示屏不一定可以保护到眼睛，这需要看各人使用计算机的习惯。

LCD 液晶显示器内部有很多液晶粒子，它们有规律地排列成一定的形状，并且它们的每一面的颜色都不同，分为红色、绿色、蓝色。这三原色能还原成任意的其他颜色，当显示器收到计算机显示数据的时候会控制每个液晶粒子转动到不同颜色的面，来组合成不同的颜色和图像。也因为这样，液晶显示屏的缺点是色彩不够艳、可视角度不高等，如图 1-13(b)所示。

(a) CRT显示器

(b) 液晶显示器

图 1-13 显示器

LED(Light Emitting Diode，发光二极管)显示屏是一种通过控制半导体发光二极管的显示方式来显示文字、图形、图像、动画、行情、视频、录像信号等信息的显示屏幕。

LED 的技术进步是扩大市场需求及应用的最大推动力。最初，LED 只是作为微型指示灯，在计算机、音响和录像机等高档设备中使用，随着大规模集成电路和计算机技术的不断进步，LED 显示器正在迅速崛起，逐渐扩展到证券行情股票机、数码相机、PDA 及手机领域。

4. 打印机

打印机(Printer)是计算机产生硬拷贝输出的一种设备，提供用户保存计算机处理的结果。打印机的种类很多，按工作原理可大体分为击打式打印机和非击打式打印机。目前微机系统中常用的针式打印机(又称点阵打印机)属于击打式打印机，喷墨打印机和激光打印机属于非击打式打印机。

(1) 针式打印机

针式打印机打印的字符和图形是以点阵的形式构成的。它的打印头由若干根打印针和驱动电磁铁组成。打印时使相应的针头接触色带并击打纸面来完成。目前使用较多的是 24 针打印机，如图 1-14(a)所示。针式打印机的主要特点是价格便宜、使用方便，但打印速度较慢、噪声大。

(2) 喷墨打印机

喷墨打印机(见图 1-14(b))是直接将墨水喷到纸上来实现打印。喷墨打印机价格低廉、打印效果较好，较受用户欢迎，但喷墨打印机使用的纸张要求较高，墨盒消耗较快。

(3) 激光打印机

激光打印机(见图 1-14(c))是激光技术和电子照相技术的复合产物。激光打印机的技术来源于复印机，但复印机的光源是灯光，激光打印机用的是激光。由于激光光束能聚焦成很细的光点，因此，激光打印机能输出分辨率很高且色彩很好的图形。激光打印机正以速度快、分辨率高、无噪声等优势而广受用户的欢迎，其缺点是价格稍高。

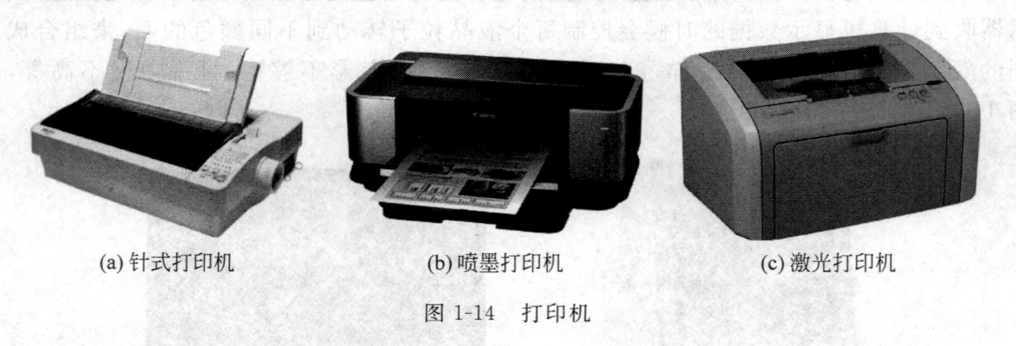

(a) 针式打印机　　(b) 喷墨打印机　　(c) 激光打印机

图 1-14　打印机

5. 扫描仪

扫描仪(Scanner)是一种高精度的光电一体化的高科技产品，它是将各种形式的图像信息输入计算机的重要工具，是继键盘和鼠标之后的第三代计算机输入设备，如图 1-15 所示。扫描仪是功能极强的一种输入设备。人们通常将扫描仪用于计算机图像的输入，而图像这种信息形式是一种信息量最大的形式。从最直接的图片、照片、胶片到各类图纸图形以及各类文稿资料都可以用扫描仪输入计算机进而实现对这些图像形式的信息的处理、管理、使用、存储、输出等。

图 1-15　扫描仪

(1) 扫描仪的分类

扫描仪的外形差别很大,可以分为四大类——笔式、手持式、平台式、滚筒式,它们的尺寸、精度、价格不同,用在不同的场合,其精度(分辨率)可以从每英寸几百点到几千点。笔式和手持式精度不太高,但携带方便,一般用于个人计算机和笔记本式电脑。平台式扫描仪,又叫平板式扫描仪,精度居于中间,可用于办公和桌面出版。最高档的要算滚筒式扫描仪了,它用于专业印刷领域。

从处理信息后输出的颜色上分,扫描仪又可以分为黑白(灰阶)和彩色两种。彩色扫描仪输入和输出的信息最多,价格也在不断降低,现在越来越普及了。

(2) 扫描仪的发展趋势

目前扫描仪已广泛应用于各类图形图像处理、出版、印刷、广告制作、办公自动化、多媒体、图文数据库、图文通信、工程图纸输入等许多领域,极大地促进了这些领域的技术进步,甚至使一些领域的工作方式发生了革命性的变革。

6. 手写笔

手写笔的出现是为了输入中文,使用者不需要再学习其他输入法就可以很轻松地输入中文,当然这还需要专门的手写识别软件。同时手写笔还具有鼠标的作用,可以代替鼠标操作,如图1-16所示。

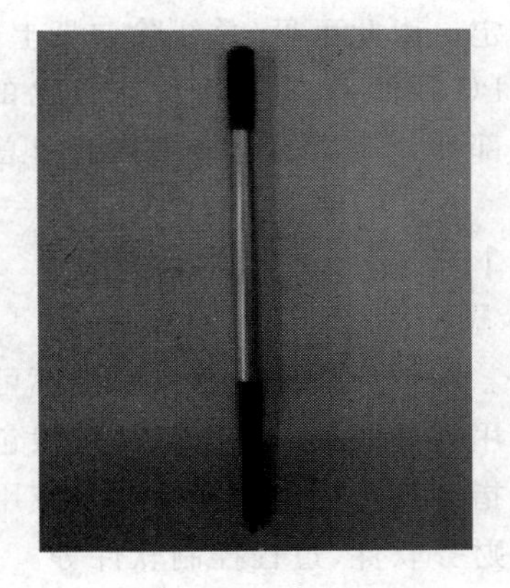

图1-16 手写笔

手写笔分为电阻式和感应式两种。电阻式的手写笔必须充分接触才能写出字,这在某种程度上限制了手写笔代替鼠标的功能;感应式手写笔又分"有压感"和"无压感"两种,其中有压感的输入板能感应笔画的粗细、着色的浓淡,在Photoshop中画图时,会有不小的作用,但感应式手写板容易受一些电器设备的干扰。

目前还有直接用手指来输入文字的手写系统,它采用的是新型的电容式触摸板,书写面板的尺寸大体有以下几种:3.0英寸×2.0英寸(1英寸=2.54厘米)、3.0英寸×4.5英寸、4.0英寸×5.0英寸和4.5英寸×6.0英寸。手写板区域越大,书写的回旋余地就越大,运笔也就更加灵活。

手写笔一般都由两部分组成,一部分是与计算机相连的写字板,另一部分是在写字板上写字的笔。手写板上有连接线,接在计算机的串口,有些还要使用键盘孔获得电源,即将其上面的键盘口的一头接键盘,另一头接计算机的PS/2输入口。

7. 数码相机

数码相机也叫数字式相机(Digital Camera,DC),如图1-17所示。数码相机是集光学、机械、电子一体化的产品。它集成了影像信息的转换、存储和传输等部件,具有数字化存取模式、与计算机交互处理和实时拍摄等特点。数码相机最早出现在美国,20多年前,美国曾利用它通过卫星向地面传送照片,后来数码摄影转为民用并不断拓展应用范围。

与普通相机不同，数码相机并不使用胶片，而是使用固定的或者是可拆卸的半导体存储器来保存获取的图像。数码相机可以直接连接到计算机、电视机或者打印机上。在一定条件下，数码相机还可以直接接到移动式电话机或者手持 PC 上。由于图像是内部处理的，所以使用者可以马上检查图像是否正确，而且可以立刻打印出来或是通过电子邮件传送出去。

图 1-17　数码相机

8. 总线

总线是 PC 硬件系统用来连接 CPU 等各种部件的公共信息通道，通常由数据总线、地址总线和控制总线三部分组成。数据总线在 CPU 与内存或 I/O 设备之间传递数据，地址总线用来传送存储单元或输入/输出接口的地址信息，控制总线则用来传送控制和命令信号。其工作方式一般是：由发送数据的部件分时地将信息发往总线，再由总线将这些数据同时发往各个接收信息的部件，但究竟由哪个部件接收数据，则由地址总线来决定。由此可见，总线除包括上述的三组信号线外，还必须包括相关的控制和驱动电路。在 PC 硬件系统中，总线有自己的主频、数据位数与数据传输速率，已成为一个重要的独立部件。典型的总线结构有单总线结构和多总线结构两种。

1.4.6　软件系统

软件是计算机系统必不可少的组成部分。微型计算机系统的软件分为系统软件和应用软件两类。系统软件一般包括操作系统、语言编译程序、数据库管理系统。应用软件是指计算机用户为某一特定应用而开发的软件，如文字处理软件、表格处理软件、绘图软件、财务软件、过程控制软件等。下面简单介绍微机软件的基本配置。

1. 操作系统

操作系统(Operating System，OS)是管理和控制计算机硬件与软件资源的计算机程序，是直接运行在“裸机”上的最基本的系统软件，任何其他软件都必须在操作系统的支持下才能运行。

操作系统是用户和计算机的接口，同时也是计算机硬件和其他软件的接口。操作系统的功能包括管理计算机系统的硬件、软件及数据资源，控制程序运行，改善人机界面，为其他应用软件提供支持等，使计算机系统所有资源最大限度地发挥作用。操作系统提供了各种形式的用户界面，使用户有一个好的工作环境，为其他软件的开发提供必要的服务和相应的接口。

从应用领域来说，操作系统可以分为以下几类。

(1) 桌面操作系统

桌面操作系统主要用于个人计算机。个人计算机市场从硬件架构上来说主要分为两大阵营——PC 与 Mac 机；从软件上可主要分为两大类——UNIX 操作系统和 Windows

操作系统。UNIX和类似UNIX的操作系统有Mac OS X、Linux发行版(如Debian、Ubuntu、Linux Mint、openSUSE、Fedora等);Windows操作系统有Windows 98、Windows XP、Windows Vista、Windows 7、Windows 8、Windows 8.1等。

(2) 服务器操作系统

服务器操作系统一般指的是安装在大型计算机上的操作系统,比如Web服务器、应用服务器和数据库服务器等。服务器操作系统主要集中在如下三大类。

UNIX系列:SUNSolaris、IBM-AIX、HP-UX、FreeBSD、OS X Server等。

Linux系列:Red Hat Linux、CentOS、Debian、Ubuntu Server等。

Windows系列:Windows NT Server、Windows Server 2003、Windows Server 2008、Windows Server 2008 R2、Windows Server 2012、Windows Server 2012 R2等。

(3) 嵌入式操作系统

嵌入式操作系统是应用在嵌入式系统的操作系统。嵌入式操作系统广泛应用在生活的各个方面,涵盖范围从便携设备到大型固定设施,如数码相机、手机、平板电脑、家用电器、医疗设备、交通灯、航空电子设备和工厂控制设备等,越来越多嵌入式系统安装有实时操作系统。

在嵌入式领域常用的操作系统有嵌入式Linux、Windows Embedded、VxWorks等,以及广泛使用在智能手机或平板电脑等消费电子产品的操作系统,如Android、iOS、Symbian、Windows Phone和BlackBerry OS等。

2. 计算机语言处理程序

计算机的程序就是用某种特定的符号系统(语言)对被处理的数据和实现算法的过程进行的描述。它是由一系列指令或语句组成的,是为解决某一问题而设计的一系列排列有序的指令或语句的集合。指令是指挥计算机如何工作的命令,它通常由一串二进制数码组成,即由操作码和地址码两部分组成。操作码规定了操作的类型,即进行什么样的操作;地址码规定了要操作的数据存放在哪个地址中,以及操作结果存放到什么地址中去。因此,指令就是由操作码和地址码组成的一串二进制数码。

计算机语言指的是程序设计语言。要使用计算机解决某一实际问题,就需要编写程序。编写计算机程序,就必须掌握计算机的程序设计语言。程序设计语言通常分为机器语言、汇编语言和高级语言三类。

(1) 机器语言

机器语言是一种用二进制代码“0”和“1”形式表示的,能被计算机直接识别和执行的语言。用机器语言编写的程序,称为计算机机器语言程序。它是一种低级语言,用机器语言编写的程序不便于记忆、阅读和书写,通常不用机器语言直接编写程序。

(2) 汇编语言

汇编语言是一种用助记符表示的面向机器的程序设计语言。汇编语言的每条指令对应一条机器语言代码,不同类型的计算机系统一般有不同的汇编语言。用汇编语言编制的程序称为汇编语言程序,机器不能直接识别和执行,必须由“汇编程序”(或汇编系统)翻译成机器语言程序才能运行。这种“汇编程序”就是汇编语言的翻译程序。汇编语言适用于编写直接控制机器操作的低层程序,它与机器密切相关,不容易使用。

(3) 高级语言

高级语言是一种比较接近自然语言和数学表达式的一种计算机程序设计语言。一般用高级语言编写的程序称为“源程序”,计算机不能识别和执行,要把用高级语言编写的源程序翻译成机器指令,通常有编译和解释两种方式。编译方式是将源程序整个编译成目标程序,然后通过链接程序将目标程序链接成可执行程序。解释方式是将源程序逐句翻译,翻译一句执行一句,边翻译边执行,不产生目标程序。由计算机执行解释程序自动完成。如 BASIC 语言和 Perl 语言。常用的高级语言程序如下:

① BASIC 语言。它是一种简单易学的计算机高级语言。尤其是 Visual Basic 语言,具有很强的可视化设计功能。给用户在 Windows 环境下开发软件带来了方便,是重要的多媒体编程工具语言。

② Fortran。它是一种适合科学和工程设计计算的语言,它具有大量的工程设计计算程序库。

③ Pascal 语言。它是结构化程序设计语言,适用于教学、科学计算、数据处理和系统软件的开发。

④ C 语言。它是一种具有很高灵活性的高级语言,适用于系统软件、数值计算、数据处理等。

⑤ Java 语言。它是近几年发展起来的一种新型的高级语言。它简单、安全、可移植性强。Java 适用于网络环境的编程,多用于交互式多媒体应用。

3. 数据库管理系统

数据库管理系统(Database Management System,DBMS)的作用是管理数据库。数据库管理系统是有效地进行数据存储、共享和处理的工具。目前,微机系统常用的单机数据库管理系统有 DBASE、FoxBase、Visual FoxPro 等,适合于网络环境的大型数据库管理系统有 Sybase、Oracle、DB2、SQL Server 等。

当今数据库管理系统主要用于档案管理、财务管理、图书资料管理、仓库管理、人事管理等数据处理。

4. 联网及通信软件

网络上的信息和资料管理比单机上要复杂得多。因此,出现了许多专门用于联网和网络管理的系统软件。例如,局域网操作系统 Novell NetWare、Microsoft Windows NT;通信软件有 Internet 浏览器软件,如 Netscape 公司的 Navigator、Microsoft 公司的 IE 等。

5. 应用软件

(1) 文字处理软件

文字处理软件主要用于用户对输入到计算机的文字进行编辑并将输入的文字以多种字形、字体及格式打印出来。目前常用的文字处理软件有 Word、WPS 等。

(2) 表格处理软件

表格处理软件是根据用户的要求处理各式各样的表格并存盘打印出来。目前常用的表格处理软件有 Excel 等。

(3) 实时控制软件

用于生产过程自动控制的计算机一般都是实时控制的。它对计算机的速度要求不高但可靠性要求很高。用于控制的计算机,其输入信息往往是电压、温度、压力、流量等模拟量,将模拟量转换成数字量后计算机才能进行处理或计算。这类软件一般统称 SCADA(Supervisory Control And Data Acquisition,监察控制和数据采集)软件。目前 PC 上流行的 SCADA 软件有 FIX、INTOUCH、LOOKOUT 等。

1.5 多 媒 体

多媒体是在计算机系统中,组合两种或两种以上媒体的一种人机交互式信息交流和传播媒体。使用的媒体包括文字、图片、照片、声音(包含音乐、语音旁白、特殊音效)、动画和影片,以及程序所提供的互动功能。

1.5.1 多媒体概述

在计算机和通信领域,我们所指的信息的正文、图形、声音、图像、动画都可以称为媒体。从计算机和通信设备处理信息的角度来看,我们可以将自然界和人类社会原始信息存在的式——数据、文字、有声的语言、音响、绘画、动画、图像(静态的照片和动态的电影、电视和录像)等,归结为 3 种最基本的媒体:声、图、文。传统的计算机只能够处理单媒体——"文",电视能够传播声、图、文集成信息,但它不是多媒体系统。通过电视,我们只能单向被动地接受信息,不能双向地、主动地处理信息,没有所谓的交互性。可视电话虽然有交互性,但我们仅仅能够听到声音,见到谈话人的形象,也不是多媒体。多媒体是指能够同时采集、处理、编辑、存储和展示两个或以上不同类型信息媒体的技术,这些信息媒体包括文字、声音、图形、图像、动画和活动影像等。

从概念上准确地说,多媒体中的"媒体"应该是指一种表达某种信息内容的形式,同理可以知道,我们所指的多媒体应该是多种信息的表达方式或者是多种信息的类型,自然地,我们就可以用多媒体信息这个概念来表示包含文字信息、图形信息、图像信息和声音信息等不同信息类型的一种综合信息类型。

总之,由于信息最本质的概念是客观事物属性的表面特征,其表现方式是多种多样的,因此,较为准确而全面的多媒体定义就应该是指多种信息类型的综合。

1.5.2 多媒体的特点

多媒体技术有以下几个主要特点。

1. 集成性

多媒体技术能够对信息进行多通道统一获取、存储、组织与合成。

2. 控制性

多媒体技术以计算机为中心，综合处理和控制多媒体信息，并按人的要求以多种媒体形式表现出来，同时作用于人的多种感官。

3. 交互性

交互性是多媒体应用有别于传统信息交流媒体的主要特点之一。传统信息交流媒体只能单向、被动地传播信息，而多媒体技术则可以实现人对信息的主动选择和控制。

4. 非线性

多媒体技术的非线性特点将改变人们传统循序性的读写模式。以往人们读写方式大都采用章、节、页的框架，循序渐进地获取知识，而多媒体技术将借助超文本链接的方法，把内容以一种更灵活、更具变化的方式呈现给读者。

5. 实时性

当用户给出操作命令时，相应的多媒体信息都能够得到实时控制。

6. 互动性

多媒体技术可以形成人与机器、人与人及机器间的互动，互相交流的操作环境及身临其境的场景，人们根据需要进行控制。人机相互交流是多媒体最大的特点。

7. 信息使用的方便性

用户可以按照自己的需要、兴趣、任务要求、偏爱和认知特点来使用信息，任取图、文、声等信息表现形式。

8. 信息结构的动态性

“多媒体是一部永远读不完的书”，用户可以按照自己的目的和认知特征重新组织信息，增加、删除或修改节点，重新建立链接。

1.5.3 多媒体技术的应用

1. 教育与培训

世界各国的教育学家正努力研究用先进的多媒体技术改进教学与培训的方法。以多媒体计算机为核心的现代教育技术使教学手段丰富多彩，使计算机辅助教学(CAI)如虎添翼。

实践已证明多媒体教学系统有如下效果：学习效果好；说服力强；教学信息的集成使教学内容丰富，信息量大；感官整体交互，学习效率高；各种媒体与计算机结合可以使人类的感官与想象力相互配合，产生前所未有的思维空间与创造资源。

2. 桌面出版与办公自动化

桌面出版物主要包括印刷品、表格、布告、广告、宣传品、海报、市场图表、蓝图及商品图等。多媒体技术为办公室增加了控制信息的能力和充分表达思想的机会，许多应用程序都是为提高工作人员的工作效率而设计的，从而产生了许多新型的办公自动化系统。由于采用了先进的数字影像和多媒体计算机技术，把文件扫描仪、图文传真机、文件资料微缩系统等和通信网络等现代化办公设备综合管理起来，将构成全新的办公自动化系统，成为新的发展方向。

3. 多媒体电子出版物

国家新闻出版署对电子出版物定义为"电子出版物，是指以数字代码方式将图、文、声、像等信息存储在磁、光、电介质上，通过计算机或类似设备阅读使用，并可复制发行的大众传播媒体"。该定义明确了电子出版物的重要特点。电子出版物的内容可分为电子图书、辞书手册、文档资料、报纸杂志、教育培训、娱乐游戏、宣传广告、信息咨询、简报等，许多作品是多种类型的混合。

电子出版物的特点有集成性和交互性，即使用媒体种类多，表现力性，信息的检索和使用方式更加灵活方便，特别是信息的交互性不仅能向读者提供信息，而且能接受读者的反馈。电子出版物的出版形式有电子网络出版和单行电子书刊两大类。

电子网络出版是以数据库和通信网络为基础的新出版形式，在计算机管理和控制下，向读者提供网络联机服务、传真出版、电子报刊、电子邮件、教学及影视等多种服务。而单行电子书刊载体有软磁盘（FD）、只读光盘（CD-ROM）、交互式光盘（CD-I）、图文光盘（CD-G）、照片光盘（Photo-D）、集成电路卡（IC）和新闻出版者认定的其他载体。

4. 多媒体通信

在通信工程中的多媒体终端和多媒体通信也是多媒体技术的重要应用领域之一。当前计算机网络已在人类社会进步中发挥着重大作用。随着"信息高速公路"的开通，电子邮件已被普遍采用。多媒体通信有着极其广泛的内容，对人类生活、学习和工作将产生深刻影响的当属信息点播（Information Demand）和计算机协同工作（Computer Supported Cooperative Work）系统。

信息点播有桌上多媒体通信系统和交互电视（ITV）。通过桌上多媒体信息系统，人们可以远距离点播所需信息，而交互式电视和传统电视的不同之处在于用户在电视机前可对电视台节目库中的信息按需选取，即用户主动与电视进行交互式获取信息。

CSCW 是指在计算机支持的环境中，一个群体协同工作以完成一项共同的任务，其应用于工业产品的协同设计制造、远程会诊、不同地域位置的同行们进行学术交流、师生间的协同式学习等。

多媒体计算机＋电视＋网络将形成一个极大的多媒体通信环境,它不仅改变了信息传递的面貌,带来通信技术的大变革,而且计算机的交互性、通信的分布性和多媒体的现实性相结合,将构成继电报、电话、传真之后的第四代通信手段,向社会提供全新的信息服务。

5. 多媒体声光艺术品的创作

专业的声光艺术作品包括影片剪接、文本编排、音响、画面等特殊效果的制作等。

专业艺术家也可以通过多媒体系统的帮助增进其作品的品质,MIDI 的数字乐器合成接口可以让设计者利用音乐器材、键盘等合成音响输入,然后进行剪接、编辑、制作出许多特殊效果。

电视工作者可以用媒体系统制作电视节目,美术工作者可以制作卡通和动画的特殊效果。制作的节目存储到 VCD 视频光盘上,不仅图像质量好、便于保存,价格也已为人们所接受。

1.6 计算机安全

随着计算机硬件的发展,计算机中存储的程序和数据的量越来越大,如何保障存储在计算机中的数据不被丢失,是任何计算机应用部门要首先考虑的问题,计算机的硬、软件生产厂家也在努力研究和不断解决这个问题。国际标准化组织(ISO)对计算机安全的定义是:为数据处理系统建立和采取的技术和管理的安全保护,保护计算机硬件、软件、数据不因偶然的或恶意的原因而遭破坏、更改、泄露。

造成计算机中存储数据丢失的原因主要有病毒侵蚀、人为窃取、计算机电磁辐射、计算机存储器硬件损坏等。

1.6.1 硬件安全

计算机硬件是指计算机所用的芯片、板卡及输入/输出等设备。这些芯片和硬件设备也会对系统安全构成威胁。

比如 CPU,像 Intel、AMD 的 CPU 都具有内部指令集,如 MMX、SSE、3DNOW、SSE2、SSE3、AMD64、EM64T 等,这些指令会被一些黑客利用来破坏系统。

还比如显示器、键盘、打印机,它的电磁辐射会把计算机信号扩散到几百米甚至达到一公里以外的地方,针式打印机的辐射甚至达到 GSM 手机的辐射量。情报人员可以利用专用接收设备接收这些电磁信号,然后还原,从而实时监视计算机上的所有操作,并窃取相关信息。

1.6.2 软件安全

计算机软件安全的威胁主要是来自计算机病毒。计算机病毒指"编制者在计算机程序中插入的破坏计算机功能或者破坏数据,且能影响计算机使用并且能够自我复制的一组计算机指令或者程序代码"。

计算机病毒不是天然存在的,是某些人利用计算机软件和硬件所固有的脆弱性编制的一组指令集或程序代码。它能通过某种途径潜伏在计算机的存储介质(或程序)里,当达到某种条件时即被激活,通过修改其他程序的方法将自己的精确复制或者可能演化的形式放入其他程序,从而感染其他程序,对计算机资源进行破坏。病毒就是人为造成的,对其他用户的危害性很大。

1. 病毒的产生

病毒是一种比较完美、精巧严谨的代码,它按照严格的秩序组织起来,与所在的系统网络环境相适应和配合。病毒不会偶然形成,它需要有一定的长度,这个基本的长度从概率上来讲是不可能通过随机代码产生的。现在流行的病毒是人为编写的,多数病毒可以找到作者和产地信息,从大量的统计分析来看,病毒作者主要情况和目的是:一些天才的程序员为了表现自己和证明自己的能力、出于对上司的不满、为了好奇、为了报复、为了祝贺和求爱、为了得到控制口令、因为拿不到软件设计的报酬而预留的陷阱等。当然也有因政治、军事、宗教、民族、专利等方面的需求而专门编写的,其中也包括一些病毒研究机构和黑客的测试病毒。

例如,熊猫烧香病毒。熊猫烧香是一种经过多次变种的"蠕虫病毒",2006 年 10 月编写,2007 年 1 月初肆虐网络,它主要通过下载的档案传染,对计算机程序、系统破坏严重。病毒会删除扩展名为 gho 的文件,使用户无法使用 ghost 软件恢复操作系统。"熊猫烧香"感染系统的. exe . com. f. src . html. asp 文件,添加病毒网址,导致用户一打开这些网页文件,IE 就会自动连接到指定的病毒网址中下载病毒。在硬盘各个分区下生成文件 autorun. inf 和 setup. exe,可以通过 U 盘和移动硬盘等方式进行传播,并且利用 Windows 系统的自动播放功能来运行,搜索硬盘中的. exe 可执行文件并感染,感染后的文件图标变成"熊猫烧香"图案。"熊猫烧香"还可以通过共享文件夹、用户简单密码等多种方式进行传播。该病毒会在中毒计算机中所有的网页文件尾部添加病毒代码。一些网站编辑人员的计算机如果被该病毒感染,上传网页到网站后,就会导致用户浏览这些网站时也被病毒感染。据悉,多家著名网站已经遭到此类攻击,而相继被植入病毒。由于这些网站的浏览量非常大,致使"熊猫烧香"病毒的感染范围非常广,中毒企业和政府机构已经超过千家,其中不乏金融、税务、能源等关系到国计民生的重要单位。

2. 病毒的特点

(1) 繁殖性

计算机病毒可以像生物病毒一样进行繁殖,当正常程序运行的时候,它也运行自身并复制,是否具有繁殖、感染的特征是判断某段程序为计算机病毒的首要条件。

(2) 破坏性

计算机中毒后,可能会导致正常的程序无法运行,计算机内的文件被删除或受到不同程度的损坏,通常表现为增、删、改、移。

计算机病毒不但具有破坏性,更有害的是具有传染性,一旦病毒被复制或产生变种,其传播速度之快令人难以预防。传染性是病毒的基本特征。在生物界,病毒通过传染从一个生物体扩散到另一个生物体。在适当的条件下,它可得到大量繁殖,并使被感染的生物体表现出病症甚至死亡。同样,计算机病毒也会通过各种渠道从已被感染的计算机扩散到未被感染的计算机,在某些情况下造成被感染的计算机工作失常甚至瘫痪。与生物病毒不同的是,计算机病毒是一段人为编制的计算机程序代码,这段程序代码一旦进入计算机并得以执行,它就会搜寻其他符合其传染条件的程序或存储介质,确定目标后再将自身代码插入其中,达到自我繁殖的目的。只要一台计算机染毒,如不及时处理,那么病毒会在这台计算机上迅速扩散,计算机病毒可通过各种可能的渠道,如软盘、硬盘、移动硬盘、计算机网络去传染其他计算机。当在一台计算机上发现了病毒时,往往曾在这台计算机上用过的软盘已感染上了病毒,而与这台计算机联网的其他计算机也可能被该病毒染上了。是否具有传染性是判别一个程序是否为计算机病毒的最重要条件。

(3) 潜伏性

有些病毒像定时炸弹一样,让它什么时间发作是预先设计好的。比如黑色星期五病毒,不到预定时间一点都觉察不出来,等到条件具备的时候一下子就爆发开来,对操作系统进行破坏。一个编制精巧的计算机病毒程序,进入系统之后一般不会马上发作,可能会静静地躲在磁盘里待上几天,甚至几年,一旦时机成熟,得到运行机会,就又要四处繁殖、扩散,进行破坏。潜伏性的第二种表现是指,计算机病毒的内部往往有一种触发机制,不满足触发条件时,计算机病毒除了传染外不做什么破坏。触发条件一旦得到满足,有的在屏幕上显示信息、图形或特殊标识,有的则执行破坏系统的操作,如格式化磁盘、删除磁盘文件、对数据文件做加密、封锁键盘以及使系统死锁等。

(4) 隐蔽性

计算机病毒具有很强的隐蔽性,有的可以通过病毒软件检查出来,有的根本就查不出来,有的时隐时现、变化无常,这类病毒处理起来通常很困难。

(5) 可触发性

病毒因某个事件或数值的出现,诱使病毒实施感染或进行攻击的特性称为可触发性。为了隐蔽自己,病毒必须潜伏,少做动作。如果完全不动、一直潜伏的话,病毒既不能感染也不能进行破坏,便失去了杀伤力。病毒既要隐蔽又要维持杀伤力,它必须具有可触发性。病毒的触发机制就是用来控制感染和破坏动作的频率的。病毒具有预定的触发条件,这些条件可能是时间、日期、文件类型或某些特定数据等。病毒运行时,触发机制检查预定条件是否满足,如果满足,启动感染或破坏动作,使病毒进行感染或攻击;如果不满足,使病毒继续潜伏。

3. 病毒的预防

提高系统的安全性是防病毒的一个重要方面，但完美的系统是不存在的，过于强调提高系统的安全性将使系统多数时间用于病毒检查，系统失去了可用性、实用性和易用性，另外，信息保密的要求让人们在泄密和抓住病毒之间无法选择。加强内部网络管理人员以及使用人员的安全意识，通过常用口令来控制对计算机系统资源的访问，这是防病毒进程中最容易和最经济的方法之一。另外，安装杀毒软件并定期更新也是预防病毒工作的重中之重。

(1) 注意对系统文件、重要可执行文件和数据进行写保护。

(2) 不使用来历不明的程序或数据。

(3) 尽量不用移动存储设备进行系统引导。

(4) 不轻易打开来历不明的电子邮件。

(5) 使用新的计算机系统或软件时，要先杀毒后使用。

(6) 备份系统和参数，建立系统的应急计划等。

(7) 专机专用。

(8) 进行写保护。

(9) 安装杀毒软件。

习 题

一、填空题

1. 将下列数字按要求进行转换。

(1) $(235)_{10}=(\quad)_2=(\quad)_8=(\quad)_{16}$。

(2) $(1101010101.010111)_2=(\quad)_8=(\quad)_{16}$。

(3) $(B45.C3)_{16}=(\quad)_2=(\quad)_8$。

2. 已知小写的英文字母“m”的十六进制ASCII码值为6D，则小写英文字母“a”的十六进制ASCII码值是(　　)。

3. 每个汉字的机内码占用(　　)字节，每个字节的最高位都是(　　)。

4. 一个字节由(　　)个二进制位组成，最大能容纳的二进制数为(　　)，即$(\quad)_{10}$。

二、选择题

1. 计算机与________相融合形成信息产业。

A. 信息　　B. 情报检索　　C. 通信　　D. 数据处理

2. 计算机的应用已遍及人类社会生活的各个方面，其代表性的应用领域有科学计算、数据处理、实施控制、________等。

A. 文字处理、声音处理及图像处理

B. 程序设计、工程设计及办公室自动化

C. 辅助设计、教育娱乐及通信和信息服务

D. “三金”工程、网络工程及通信工程

3. 计算机的硬件系统主要由________等组成。

A. 机箱、显示器和键盘

B. 运算控制单元、存储器、输入设备和输出设备

C. CUP、RAM、ROM 和 COMS

D. 中央处理器、内存和外存

4. 一台微机的型号中含有 386、486、Pentium、Pentium Pro 等文字,其含义是指________。

A. 内存的容量　　B. 硬盘的容量　　C. CPU 的档次　　D. 显示器的规格

5. 软盘连同软盘驱动器是一种________。

A. 内存储器　　B. 只读存储器　　C. 外存储器　　D. 数据库

6. 以下________都是系统软件。

A. DOS、MIS 和 WPS

B. UNIX、XENIX 和 Word

C. FoxPro、OS/2 和 Oracle

D. AutoCAD、COBOL 和 Windows 95

7. 计算机能直接执行的程序是________。

A. 源程序　　B. 高级语言程序　　C. 机器语言程序　　D. C 语言程序

8. CPU 每执行一条________,就完成一个基本运算或逻辑判断。

A. 语句　　B. 指令　　C. 软件　　D. 程序

9. 计算机辅助系统中,CAI 是指________。

A. 计算机辅助教学　　B. 计算机辅助设计

C. 计算机辅助测试　　D. 计算机辅助制造

10. 第二代电子计算机采用的主机电器元件为________。

A. 晶体管　　B. 中小规模集成电路

C. 电子管　　D. 超大规模集成电路

11. 下列 4 个数中最小的是________。

A. $(AC)_{16}$　　B. $(10101101)_2$　　C. $(256)_8$　　D. $(175)_{10}$

12. 下列选择中,________是一种计算机语言。

A. Internet　　B. DOS　　C. ASCII　　D. Pascal

13. 用电子计算机实现钢炉的自动调温,是计算机在________领域中的应用。

A. 计算机辅助系统　　B. 过程控制　　C. 科学计算　　D. 数据处理

14. 某种进位计数制被称为 r 进制,则 r 应该称为该进位计数制的________。

A. 位权　　B. 数符　　C. 基数　　D. 数制

15. 对一片处于写保护状态的软磁盘,________。

A. 只能进行取数操作而不能进行存数操作

B. 可以消除其中的计算机病毒

C. 不能对其进行查毒操作

D. 可以将其格式化

16. 在微型计算机系统中,VGA 是指________。
   A. 显示器的标准之一　　B. 打印机型号之一
   C. CD-ROM 的型号之一　　D. 微机型号之一
17. 下列叙述中,正确的是________。
   A. PC 在使用过程中突然断电,SRAM 中存储的信息不会丢失
   B. 假若 CPU 向外输出 20 位地址,则它能直接访问的存储空间可达 1MB
   C. 外存储器中的信息可以直接被 CPU 处理
   D. PC 在使用过程中突然断电,DRAM 中存储的信息不会丢失
18. 在计算机中,既可作为输入设备又可作为输出设备的是________。
   A. 显示器　　B. 键盘　　C. 图形扫描仪　　D. 磁盘驱动器
19. 若在一个非零无符号二进制整数右边加两个零形成一个新的数,则新数的值是原数值的________。
   A. 四分之一　　B. 二分之一　　C. 二倍　　D. 四倍
20. 目前微型计算机中常用的鼠标有________两类。
   A. 光电式和机电式　　B. 电动式和机电式
   C. 光电式和机械式　　D. 电动式和机械式
21. 把硬盘上的数据传送至计算机的内存,称为________。
   A. 输出　　B. 读盘　　C. 打印　　D. 写盘
22. 为解决某一特定问题而设计的指令序列称为________。
   A. 系统　　B. 语言　　C. 文档　　D. 程序
23. 下列存储器中读写速度最快的是________。
   A. 内存　　B. 光盘　　C. 软盘　　D. 硬盘
24. 下列描述中,错误的是________。
   A. 各种高级语言的翻译程序都属于系统软件
   B. 多媒体技术具有集成性和交互性等特点
   C. 所有计算机的字长都是固定不变的,是 8 位
   D. 通常计算机的存储容量越大,性能越好
25. 微机中 1K 字节表示的二进制位数有________。
   A. 8×1 024　　B. 8×1 000　　C. 1 000　　D. 1 024
26. 下列各指标中,________是数据通信系统的主要技术指标之一。
   A. 分辨率　　B. 重码率　　C. 传输速率　　D. 时钟主频
27. CPU 中有一个程序计数器(又称指令计数器),它用于存放________。
   A. 正在执行的指令的内容　　B. 下一条要执行的指令的内容
   C. 正在执行的指令的内存地址　　D. 下一条要执行的指令的内存地址
28. 下列术语中,属于显示器性能指标的是________。
   A. 速度　　B. 精度　　C. 可靠性　　D. 分辨率
29. 计算机辅助设计的英文缩写是________。
   A. CAM　　B. CAI　　C. CAD　　D. CAT

30. 显示器的屏幕分辨率是________。

A. 一般为好　　B. 越高越好

C. 中等为好　　D. 越低越好

31. 在微型计算机中,________是必不可少的输入设备。

A. 显示器　　B. 鼠标　　C. CD-RW　　D. 键盘

32. 以下关于多媒体技术的描述中,正确的是________。

A. 多媒体技术中"媒体"的概念特指音频和视频

B. 多媒体技术就是能用来观看的数字电影技术

C. 多媒体技术是指将多种媒体进行有机组合而成的一种新的媒体应用系统

D. 多媒体技术中"媒体"的概念不包括文本

33. 以下设备中,用于获取视频信息的是________。

A. 声卡　　B. 彩色扫描仪

C. 数码摄像机　　D. 条码读写器

34. 以下软件中,一般仅用于音频播放的软件是________。

A. QuickTime Player　　B. Media Player

C. 录音机　　D. 超级解霸

35. 以下选项中,用于压缩视频文件的压缩标准是________。

A. JPEG 标准　　B. MP3 压缩　　C. MPEG 标准　　D. LWZ 压缩

36. 以下格式中,属于音频文件格式的是________。

A. WAV 格式　　B. JPG 格式　　C. DAT 格式　　D. MOV 格式

37. 下面关于计算机病毒描述中,错误的是________。

A. 计算机病毒具有传染性

B. 通过网络传染计算机病毒,其破坏性大大高于单机系统

C. 如果染上计算机病毒,该病毒会马上破坏计算机系统

D. 计算机病毒主要破坏数据的完整性

38. 计算机病毒的传播途径不可能是________。

A. 计算机网络　　B. 纸质文件

C. 磁盘　　D. 感染病毒的计算机

39. 计算机病毒是指能够侵入计算机系统并在计算机系统中潜伏、传播、破坏系统正常工作的一种具有繁殖能力的________。

A. 驱动　　B. 程序　　C. 设备　　D. 文件

三、简答题

1. 计算机的发展经历了哪几个阶段?各阶段的特点是什么?

2. 计算机主要应用在哪些领域?

3. 计算机由哪几个部分组成?各部分的功能是什么?

第 2 章　Windows 7 操作系统

Windows 7 是微软公司于 2009 年推出的新一代操作系统，不仅是 Windows 的一大创新之作，而且更注重人和计算机之间的沟通，增加一些新功能，增强了可靠性，是一个集办公、娱乐、管理和安全于一体的操作系统，它与以往的 Windows 操作系统相比，更加注重普通用户的使用体验，是目前最常用的操作系统之一。通过本章的学习，读者将掌握 Windows 7 中的一些基本操作、文件和文件夹的管理方法、个性化的设置及一些实用附件的使用。

2.1　Windows 7 概述

2.1.1　常用操作系统

目前常用的操作系统有 DOS、Windows、UNIX、Linux 等，其中 Windows 系列是微软公司推出的基于图形用户界面的操作系统，是目前世界上应用最广泛的操作系统。

1. DOS

DOS(Disk Operating System)是 1981 年推出的应用于个人计算机的磁盘操作系统，全名叫 MS-DOS。MS-DOS 是字符界面的操作系统，用户使用键盘命令控制计算机的使用。

2. Windows 操作系统

Windows 操作系统是 20 世纪 80 年代发展起来的图形界面操作系统，由美国微软公司开发。1990 年推出了 Windows 3.0，1995 年推出了 Windows 95；2000 年推出了 Windows 2000，2001 年推出了 Windows XP，2007 年推出了 Windows Vista，2009 年推出了 Windows 7。

3. UNIX/Xenix 操作系统

UNIX 是 1969 年推出的一种多用户多任务操作系统，具有简便性、通用性、可移植性和开放性等特点。1980 年 UNIX 操作系统被移植到 80286 微机上，称为 Xenix，其特点是短小精悍、运行速度快。

4. Linux 操作系统

Linux 是一套专门为个人计算机设计的操作系统。Linux 操作系统具有开放性、多用户、多任务、良好的用户界面、设备的独立性、丰富的网络功能、可靠的系统安全性和良好的可移植性等特点,并且可以自由传播,用户可以自由修改它的源代码。

2.1.2 Windows 7 基础知识

Windows 7 是微软继 Windows XP、Windows Vista 之后的操作系统,它比 Vista 性能更高、启动更快、兼容性更强,具有很多新特性和优点,比如提高了屏幕触控支持和手写识别,支持虚拟硬盘,改善了多内核处理器,改善了开机速度和内核等。

1. 更易用

Windows 7 做了许多方便用户的设计,如快速最大化、窗口半屏显示、跳转列表(Jump List)、系统故障快速修复等,这些新功能令 Windows 7 成为最易用的 Windows 版本。

2. 更快速

Windows 7 大幅缩减了 Windows 的启动时间,据实测,在 2008 年的中低端配置下运行,系统加载时间一般不超过 20 秒,这与 Windows Vista 的 40 余秒相比,是一个很大的进步。

3. 更简单

Windows 7 将会让搜索和使用信息更加简单,包括本地、网络和互联网搜索功能,直观的用户体验将更加高级。

4. 更安全

Windows 7 包括改进了的安全和功能合法性,还会把数据保护和管理扩展到外围设备。Windows 7 改进了基于角色的计算方案和用户账户管理,在数据保护和坚固协作的固有冲突之间搭建沟通的桥梁,也会开启企业级的数据保护和权限许可。

5. 节约成本

Windows 7 可以帮助企业优化桌面基础设施,具有无缝操作系统、应用程序和数据移植功能,并简化 PC 供应和升级。

2.1.3 启动和退出

1. Windows 7 操作系统的启动

开启计算机后,Windows 7 系统将自动进入工作状态,待系统自检和引导程序加载完毕之后,屏幕上将出现图 2-1 所示的登录界面,此时输入安装系统时候设置的密码即可成功登录 Windows 7 系统。

图 2-1 Windows 7 登录界面

2. Windows 7 操作系统的退出

单击屏幕左下角的 按钮,在弹出的菜单中选择【关机】命令,即可关闭 Windows 7 系统的操作。

3. 开/关机

在使用计算机的过程中不要频繁开机与关机,因为每次加电后都有一个较大的电流冲击电路,对计算机损害很大。关机后要再次开机要稍等片刻。此外,开关机时要按照正确的操作步骤进行。

开机的操作次序:先打开外部设备的电源,再打开主机的电源。

关机的操作次序:先关主机电源,后关外部设备的电源。

2.2 Windows 7 的基本操作

2.2.1 桌面

启动 Windows 7 以后,会出现图 2-2 所示的画面,这就是通常所说的桌面。用户的工作都是在桌面上进行的。桌面上包括图标、任务栏等部分。

图 2-2　Windows 7 桌面

1. 桌面图标

桌面上的小图片称为图标(见图 2-2),它可以代表一个程序、文件、文件夹或其他项目。Windows 7 的桌面上通常有【计算机】、【回收站】等图标和其他一些程序文件的快捷方式图标。

【计算机】表示当前计算机中的所有内容。双击这个图标可以快速查看硬盘、CD-ROM 驱动器以及映射网络驱动器的内容。

【回收站】放置被用户删除的文件或文件夹。当用户误删除或再次需要这些文件时,还可以到【回收站】中将其取回。

2. 任务栏

任务栏是位于屏幕底部的一个水平的长条,由【开始】按钮、快速启动区、任务按钮区、语言栏、系统提示区 5 部分组成,如图 2-3 所示。

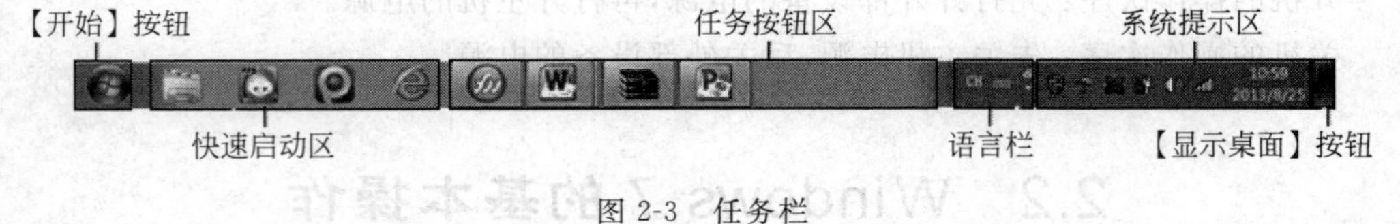

图 2-3　任务栏

【开始】按钮：用于打开【开始】菜单,执行 Windows 的各项命令。

快速启动区：用于一些常用工具的快速启动,单击其中的按钮即可启动程序。

任务按钮区：显示已打开的程序和文档窗口的图标,使用该图标可以进行还原、切换和关闭窗口等操作,用鼠标拖动图标可以改变图标的排列顺序。

语言栏：输入文本内容时,在语言栏中可进行选择和设置输入法等操作。

系统提示区：用于显示【系统音量】、【网络】和【时钟】等一些正在运行的应用程序的图标。

【显示桌面】按钮：单击该按钮可以在当前打开的窗口和桌面之间进行切换。

2.2.2　窗口和对话框

1. 窗口的组成

每次打开一个应用程序或文件、文件夹后，屏幕上出现的一个长方形的区域就是窗口。在运行某一程序或在这个过程中打开一个对象，会自动打开一个窗口。下面以【计算机】窗口为例，介绍一下窗口的组成，如图 2-4 所示。

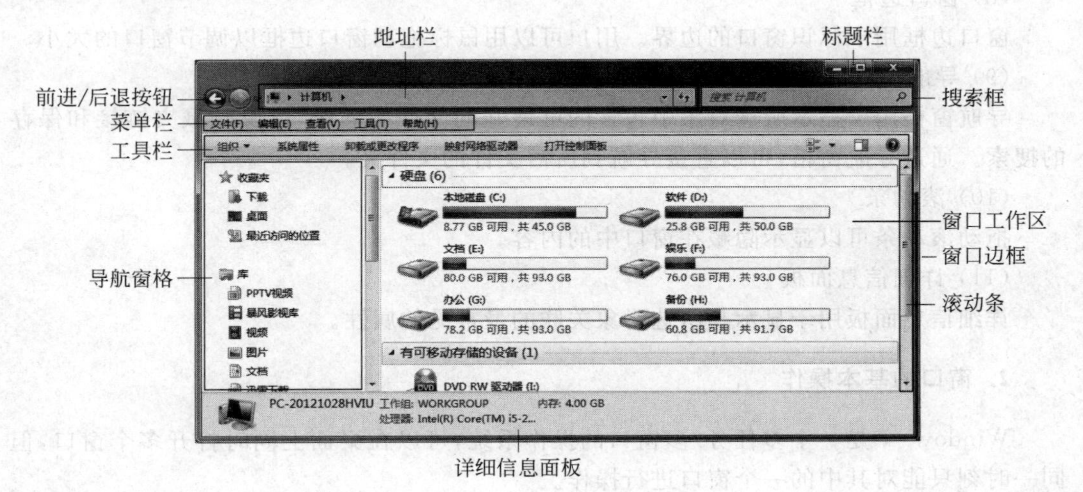

图 2-4　【计算机】窗口

窗口的主要组成部分及其功能介绍如下。

(1) 标题栏

位于窗口的最顶端，其中有【最小化】按钮、【最大化】/【还原】按钮和关闭按钮，通过标题栏可移动窗口、改变窗口大小和关闭窗口等。

(2) 地址栏

在地址栏中可以看到当前打开窗口在计算机或网络上的位置。在地址栏中输入文件路径后，单击按钮，即可打开相应的文件。

(3) 搜索栏

在【搜索】栏中输入关键词筛选出基于文件名和文件自身的文本、标记以及其他文件属性，可以在当前文件夹及其所有子文件夹中进行文件或文件夹的查找。搜索的结果将显示在文件列表中。

(4) 前进/后退按钮

使用【前进】和【后退】按钮导航到曾经打开的其他文件夹，而无须关闭当前窗口。这些按钮可与【地址】栏配合使用，例如，使用地址栏更改文件夹后，可以使用【后退】按钮返回原来的文件夹。

(5) 菜单栏

菜单栏显示应用程序的菜单选项。单击每个菜单选项可以打开相应的子菜单,从中可以选择需要的操作命令。

(6) 工具栏

工具栏提供一些工具按钮,可以直接单击这些按钮来完成相应的操作,以加快操作速度。

(7) 工作区

工作区用于显示操作对象及执行某项操作后内容。

(8) 窗口边框

窗口边框用于标识窗口的边界。用户可以用鼠标拖动窗口边框以调节窗口的大小。

(9) 导航窗格

导航窗格用于显示所选对象中包含的可展开的文件夹列表,以及收藏夹链接和保存的搜索。通过导航窗格,可以直接导航到所需文件的文件夹。

(10) 滚动条

拖动滚动条可以显示隐藏在窗口中的内容。

(11) 详细信息面板

详细信息面板用于显示与所选对象关联的最常见的属性。

2. 窗口的基本操作

Windows 7 是一个多任务/多窗口的操作系统,可以在桌面上同时打开多个窗口,但同一时刻只能对其中的一个窗口进行操作。

(1) 窗口的最大化

单击窗口右上角的【最大化】按钮或双击窗口的标题栏,可使窗口充满整个桌面。窗口最大化后,【最大化】按钮变成【还原】按钮,单击【还原】按钮或双击窗口的标题栏,可使窗口还原到原来的大小。

(2) 关闭窗口

单击窗口右上角的【关闭】按钮即可关闭当前窗口。关闭窗口后,该窗口将从桌面和任务栏中被删除。

(3) 隐藏窗口

隐藏窗口也称为【最小化】窗口。单击窗口右上角的【最小化】按钮后,窗口会从桌面消失,但在任务栏处仍会显示该窗口的任务按钮,单击该按钮,即可将窗口还原。

(4) 调整窗口大小

拖动窗口的边框可以改变窗口的大小,具体操作步骤如下:

① 将鼠标指标移动到要改变大小的窗口边框上(垂直边框、水平边框或一角),如移动到右侧边框上。

② 待指针形状变为双向箭头时按住鼠标左键,拖动边框到适当位置后松开鼠标按键,此时窗口的大小已经被改变了。

(5) 多窗口排列

如果在桌面上打开了多个程序或文档窗口，那么，前面打开的窗口将被后面打开的窗口覆盖。在 Windows 7 操作系统中，提供了层叠显示窗口、堆叠显示窗口和并排显示窗口 3 种排列方式。

排列窗口的方法为：在任务栏的空白处右击，从弹出的快捷菜单中选择一种窗口的排列方式，如选择【并排显示窗口】命令，多个窗口将并排显示在桌面上，如图 2-5 所示。

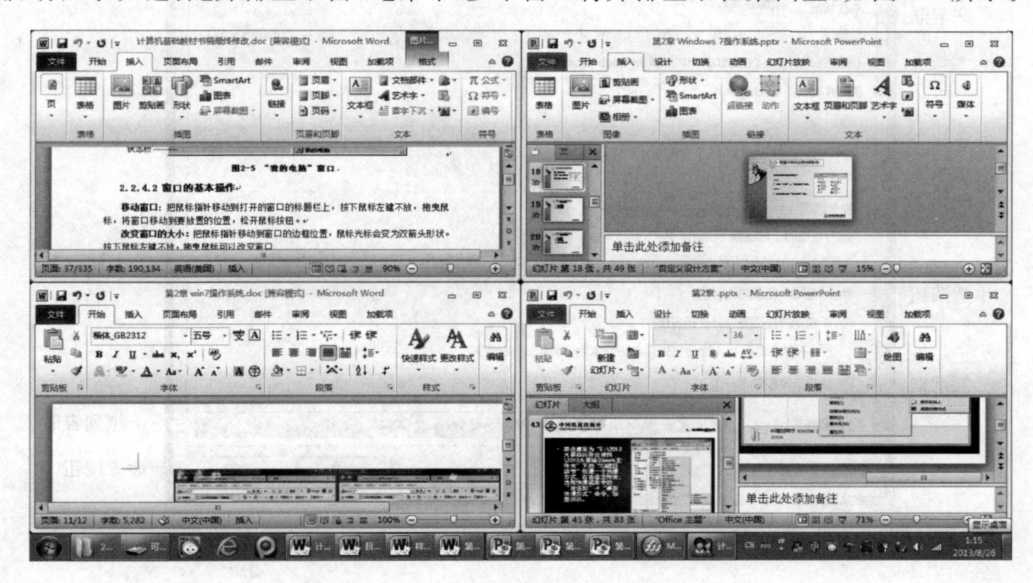

图 2-5　多个窗口并排显示

(6) 多窗口预览和切换

当用户打开了多个窗口时，经常需要在各个窗口之间切换。Windows 7 提供了窗口切换时的同步预览功能，可以实现丰富实用的界面效果，方便用户切换窗口。以下为 4 种常见的窗口切换预览方法。

① 通过窗口可见区域切换窗口。如果非当前窗口的部分区域可见，在可见区域处单击，即可将其切换成当前窗口。

② 通过任务栏切换窗口。直接单击任务栏上所需窗口的图标即可。

③ 按 Alt＋Tab 组合键预览切换窗口。先按住 Alt 键，再按 Tab 键在所有窗口缩略图中切换，找到需要的窗口时再释放按键。

④ 按 Windows＋Tab 组合键预览切换窗口。此种方法将所有打开的窗口以一种立体化的 3D 效果显示，具体操作是，按住 Windows 键，再按 Tab 键，当所需窗口是第一个时释放按键。

3. 对话框的组成

通常在执行某些命令时会打开一个对话框，在其中对所选对象进行具体的参数设置，可实现此命令的功能。执行不同的命令，所打开的对话框也不同。常用的对话框元素如下。

(1) 文本框

文本框是一个用来输入文字的矩形区域,如图 2-6 中的【名称】文本框所示。

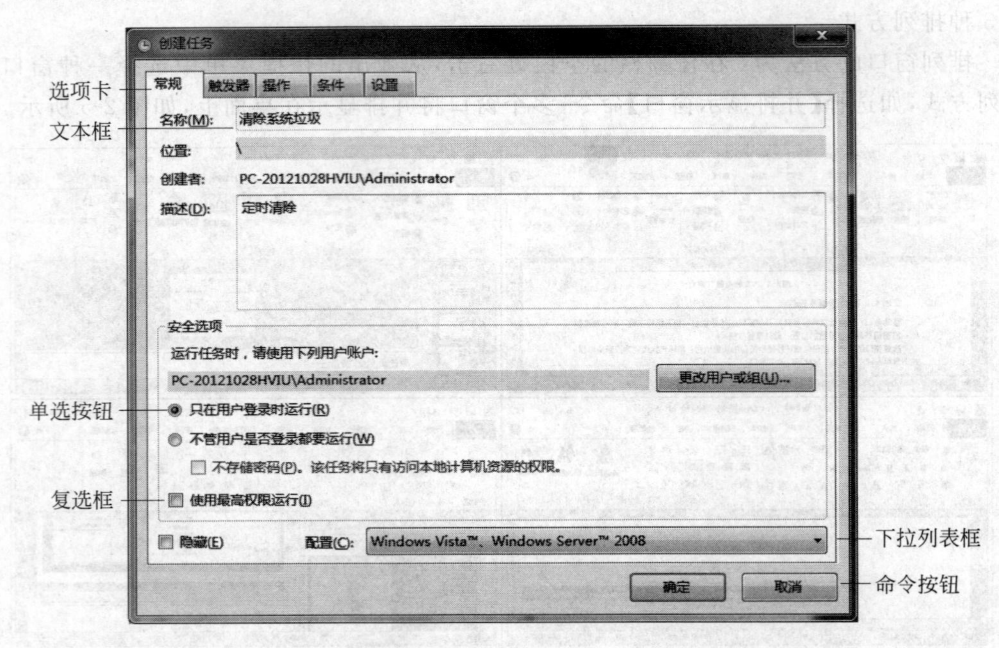

图 2-6　对话框示例(1)

(2) 列表框

列表框中会显示多个选项,用户可以从中选择一个或多个。被选中的选项会加亮显示或背景变暗。

(3) 下拉列表框

下拉列表框是一种单行列表框,其右侧有一个下三角按钮▾,如图 2-6 中的【配置】下拉列表框。单击该按钮将打开下拉列表框,可以从中选择需要的选项。

(4) 命令按钮

单击对话框中的命令按钮,将开始执行按钮上显示的命令,如图 2-6 中的【确定】按钮。单击【确定】按钮,系统将接受输入或选择的信息并关闭对话框。

(5) 单选按钮

单选按钮用圆圈表示,一般提供一组互斥的选项,其中只能有一项被选中。如果选择了另一个选项,原先的选择将被取消。被选中的选项用带点的圆圈表示,形状为【◉】,如图 2-6 所示。

(6) 选项卡

当对话框包含的内容很多时,常会采用选项卡,每个选项卡中都含有不同的设置选项。图 2-6 是一个含有 5 个选项卡的对话框。实际上,每个选项卡都可以看成一个独立的对话框,但一次只能显示一个选项卡,要在不同的选项卡之间切换时,只要单击选项卡上方的文字标签即可。

(7) 复选框

复选框带有方框标识,一般提供一组相关选项,可以同时选中多个选项。被选中的选项的方框中出现一个☑,如图 2-7 所示。

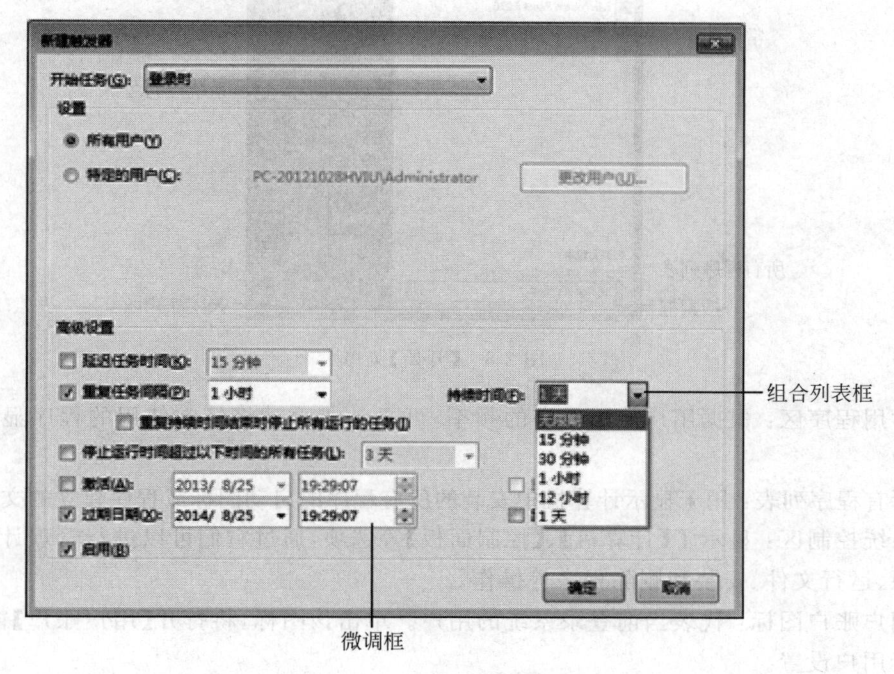

图 2-7 对话框示例(2)

(8) 微调框

微调框用于设置参数的大小,可以直接在其中输入数值,也可以单击微调框右边的按钮来改变数值的大小,如图 2-7 所示。

(9) 组合列表框

组合列表框好比文本框和下拉列表框的组合,可以直接输入文字,也可以单击右侧的下三角按钮打开下拉列表框,从中选择所需的选项,如图 2-7 所示。

2.2.3 菜单

菜单是一种形象化的称呼,它是一张命令列表,用户可以从菜单中选择所需的命令来指示程序执行相应的操作。

1. 菜单的分类

(1)【开始】菜单

【开始】菜单是计算机程序、文件夹和设置的主门户,使用【开始】菜单可以方便地启动应用程序、打开文件夹、访问 Internet 和收发邮件等,也可对系统进行各种设置和管理。【开始】菜单的组成如图 2-8 所示。

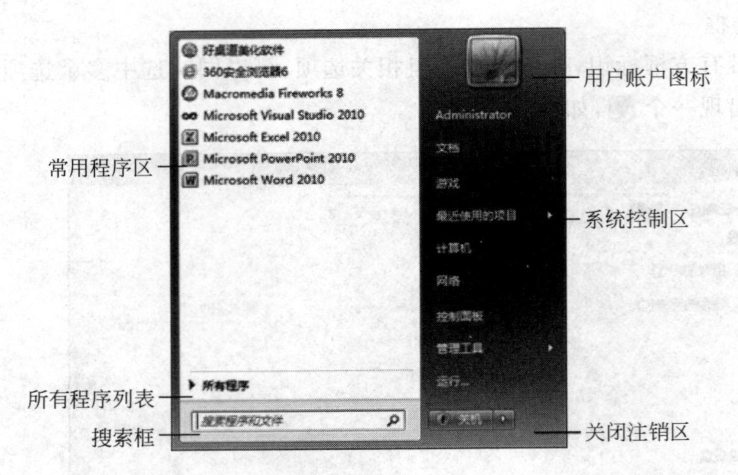

图 2-8 【开始】菜单

常用程序区：根据用户使用程序的频率，可自动或手动将经常使用的程序显示在该区域中。

所有程序列表：用于显示计算机中安装的所有程序的启动图标或程序建立的文件夹。

系统控制区：显示了【计算机】、【控制面板】等选项，通过它们可以进行管理计算机中的资源、运行文件、安装和删除程序等操作。

用户账户图标：代表当前登录系统的用户。单击该图标，将打开【用户账户】窗口，以便进行用户设置。

搜索框：输入搜索关键词，单击【搜索】按钮，即可在系统中查找相应的程序或文件。

关闭注销区：其中包括一组工具，可以注销 Windows、关闭或重新启动计算机，也可以锁定系统或切换用户，还可以使系统休眠或睡眠。

(2) 工具菜单

无论是普通的窗口还是应用程序窗口，在工具栏中都集成了大量菜单，通过这些菜单命令可以完成计算机中的所有操作。如图 2-9 所示，在 Windows 文件夹中单击工具栏中的【组织】按钮，将打开对应的菜单，在其中选择需要的命令即可对文件或文件夹执行相应的操作。

(3) 下拉菜单

常见的下拉菜单包括【文件】、【编辑】、【查看】、【工具】、【帮助】等，单击这些菜单选项，将会弹出下拉菜单，从中可以选择相应的命令。例如，在 IE 浏览器窗口中单击【文件】菜单，即可打开图 2-10 所示的菜单。

(4) 快捷菜单

当右击某个对象时，就会弹出一个可用于该对象的快捷菜单，如图 2-11 所示。

2. 菜单的打开、执行和关闭

(1) 打开

将鼠标指针移到菜单栏上的某个菜单选项，单击可打开菜单。

图 2-9　工具菜单

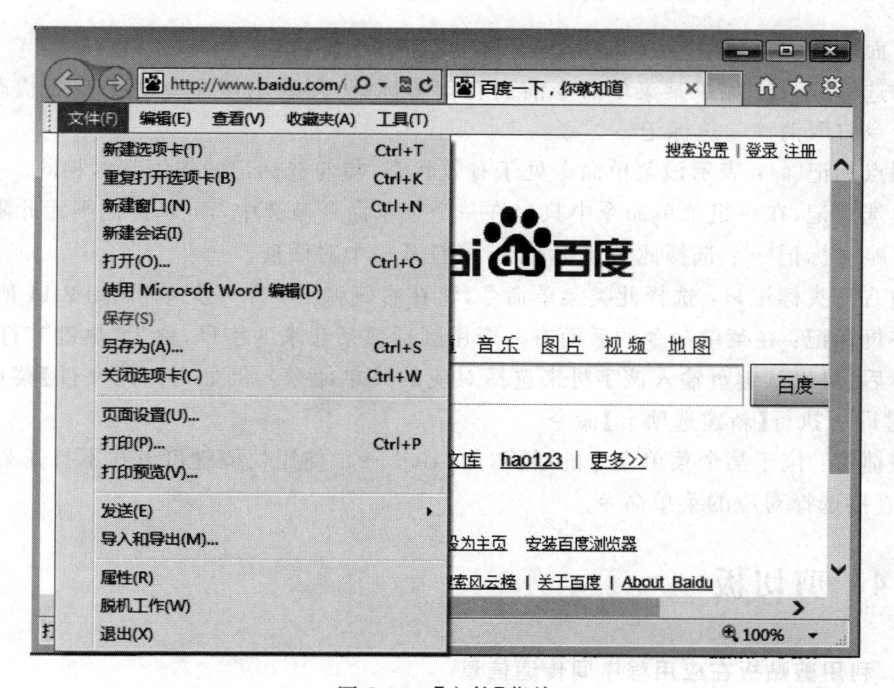

图 2-10　【文件】菜单

(2) 执行

用鼠标或键盘选中菜单项，再单击选中的菜单项，或直接按 Enter 键即可。

(3) 关闭

在菜单外面的任何地方单击或按 Esc 键，可以取消菜单显示。

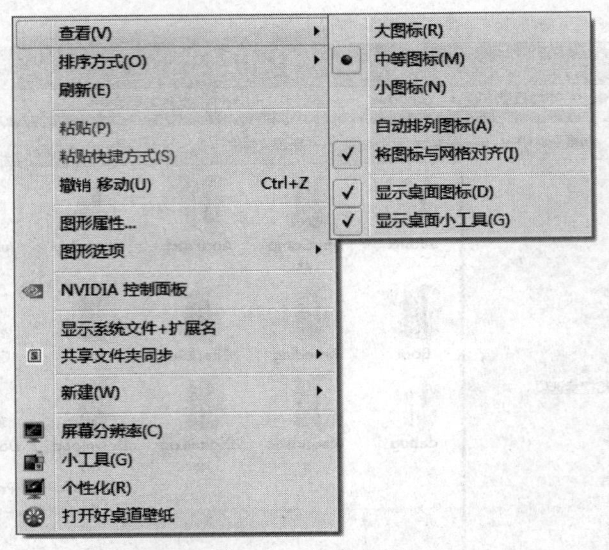

图 2-11 快捷菜单

3. 菜单中命令项的特殊标记

下面来认识菜单中各命令的含义。

勾选标记✓：如果某菜单命令前面有勾选标记，则表示该命令处于有效状态，再选择此命令将取消该勾选标记。

圆点标记●：表示该菜单命令处于有效状态，与勾选标记的作用基本相同。但●是一个单选标记，在一组菜单命令中只允许一个菜单命令被选中，而✓标记则无此限制。

省略号标记…：选择此类菜单命令，将打开一个对话框。

向右箭头标记▶：选择此类菜单命令，将在右侧弹出一个子菜单，如图 2-11 所示。

字母标记：在菜单命令的后面有一个用圆括弧括起来的字母，称为“热键”，打开了某个菜单后，可以从键盘输入该字母来选择对应的菜单命令。例如，打开【文件】菜单后，按下 T 键即可执行【新建选项卡】命令。

快捷键：位于某个菜单命令的后面，如 Alt＋→。使用快捷键可以在不打开菜单的情况下，直接选择对应的菜单命令。

2.2.4 剪切板

1. 利用剪贴板在应用程序间传递信息

通过剪贴板可以在应用程序间或应用程序内传递信息，首先将信息从源文档复制到剪贴板，然后再将剪贴板中的信息粘贴到目标文档。

操作步骤如下：

(1) 选择要复制或剪切的信息。

(2) 选择【编辑】→【复制】或【剪切】命令。

（3）将光标定位到目标文档需要插入的位置。

（4）选择【编辑】→【粘贴】命令。

2. 利用剪贴板复制屏幕显示的信息

Windows 可以将屏幕画面复制到剪贴板，用于图形处理程序粘贴加工。要复制整个屏幕，按 Print Screen 键。要复制当前窗口，按 Alt＋Print Screen 键。

2.2.5 鼠标的使用

鼠标是微机重要的外部设备，用它可以进行图形窗口界面的各种操作，虽然大多数操作也可以通过键盘来完成，但是鼠标可以使各种操作更加灵活、简捷。在一般情况下，鼠标指针的形状呈箭头状（ ）。但它随着位置和操作的不同而改变，图 2-12 列出了 Windows 7 默认状态下最常见的几种鼠标指针形状。

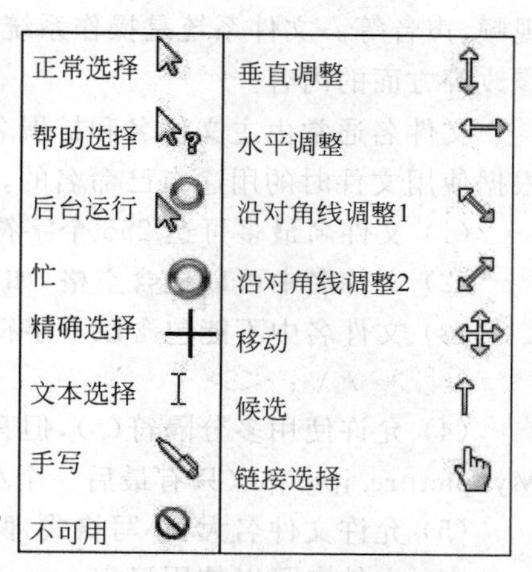

图 2-12 常见的鼠标指针形状

最基本的鼠标操作包括定位、单击、双击、拖动。

（1）定位：将鼠标指针移动到某一项上。

（2）单击/右击：快速按下和释放鼠标左键或右键。

（3）双击：快速连续两次按下鼠标左键释放，即连续两次单击。

（4）拖动：按住鼠标左键并移动鼠标指针到目的地，释放鼠标。

鼠标的相关功能及操作方法如表 2-1 所示。

表 2-1 基本鼠标操作

操作方法	功能
单击对象	选择对象
双击对象	打开对象
右击对象	打开该对象的快捷菜单
在空白区域按住左键拖动出一个包围多个连续对象的矩形区域，或单击连续对象组的第一个对象，按住 Shift 键再单击最后一个对象	选择多个连续对象
按住 Ctrl 键，分别单击各个要选择的对象	选择多个不连续对象
在对象上按住鼠标左键并移动鼠标到目的地，释放鼠标	拖动指定对象

2.3 文件管理

计算机中的资源是以文件或文件夹的形式存储在计算机硬盘中的。这些资源包括文字、图片、音乐、电影、游戏以及各种软件等。这么多的资源，如果胡乱地存放在硬盘中，不但看起来杂乱无章，还给查找文件造成了极大的困难。要想把计算机中的资源管理得井然有序，就需要掌握文件和文件夹的基本操作方法。

2.3.1 文件和文件夹的相关概念

1. 文件

文件是计算机系统中数据组织的基本单位，是存储在外存上具有名字的一组相关信息的集合。文件中的信息可以是程序、数据或其他任意类型的信息，如文档、图形、图像、视频、声音等。文件系统是操作系统的一项重要内容，它决定了文件的建立、存储、使用和修改等方面的内容。

文件名通常由主文件名和扩展名两部分组成，中间由小圆点相隔。主文件名是用户根据使用文件时的用途自己命名的，文件名要遵循如下规则。

(1) 文件名最多可达 255 个字符。

(2) 文件名中可以包含空格，如 My picture. jpg。

(3) 文件名中不能包含以下字符。

? [* / \ : ＜＞ |

(4) 允许使用多分隔符(.)，但只有最后一个小数点的后面部分才是扩展名。例如，My. picture. jpg. jpg(只有最后一个小数点后的 jpg 才是扩展名)。

(5) 允许文件名大、小写格式，两者之间没有区别。

(6) 文件名可以使用汉字。

(7) 文件的扩展名用于说明文件的类型，是由系统根据文件中信息的种类自动添加的，操作系统会根据文件的扩展名来区分文件类型。具体如表 2-2 所示。

表 2-2 扩展名与文件类型对照

扩 展 名	文件类型	扩 展 名	文件类型
. txt	文本文档/记事本文档	. docx	Word 文档
. exe/. com	可执行文件	. xls	电子表格文件
. hlp	帮助文档	. rar/. zip	压缩文件
. htm/. html	超文本文件	. wav/. mid/. mp3	音频文件
. bmp/. gif/. jpg	图形文件	. avi/. mpg	可播放视频文件
. int/. sys/. dll/. adt	系统文件	. bak	备份文件
. bat	批处理文件	. tmp	临时文件
. drv	设备驱动程序文件	. ini	系统配置文件
. mid	音频文件	. ovl	程序覆盖文件
. rtf	丰富文本格式文件	. tab	文本表格文件
. wav	波形声音	. obj	目标代码文件

2. 文件夹

计算机是通过文件夹来组织管理和存放文件的，文件夹用来分类组织存放文件。在

Windows 7 中,文件的组织形式是树形结构。

3. 磁盘

硬盘空间分为几个逻辑盘,在 Windows 7 中表现为 C 盘、D 盘等。它们其实都是硬盘的分区,而 A、B 盘则是指软盘。

磁盘、文件和文件夹三者之间存在包含与被包含的关系。文件和文件夹都是存放在计算机的磁盘里,文件夹可以包含文件和子文件夹,子文件夹又可以包含文件和子文件夹,以此类推,即可形成文件和文件夹的树形关系,如图 2-13 所示。

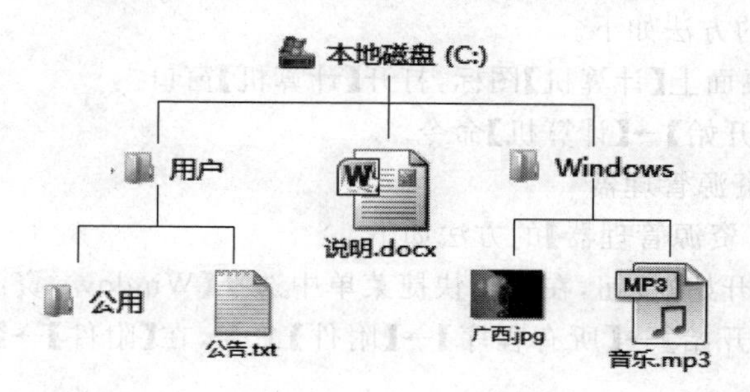

图 2-13 树形结构

文件夹可以包含多个文件和文件夹,也可以不包含任何文件和文件夹。不包含任何文件和文件夹的文件夹称为空文件夹。

4. 路径

路径指的是文件或文件夹在计算机中存储的位置,当打开某个文件夹时,在地址栏中即可看到进入的文件夹的层次结构,如图 2-13 所示。由文件夹的层次结构可以得到文件夹的路径。

路径的结构一般包括磁盘名称、文件夹名称和文件名称,它们之间用"\"隔开。例如,在 C 盘下的"用户"文件夹里的"公告. txt",文件路径显示为"C:\用户\公告. txt"。

5. 库

Windows 7 中使用了"库"组件,可以方便我们对各类文件或文件夹的管理。库是专用的虚拟视图,用户可以将磁盘上不同位置的文件夹添加到库中,并在库这个统一的视图中浏览不同的文件夹内容。一个库中可以包含多个文件夹,而同时,同一个文件夹也可以被包含在多个不同的库中。另外,库中的链接会随着原始文件夹的变化而自动更新,并且可以以同名的形式存在于文件库中。

2.3.2 查看文件和文件夹

用户可通过 Windows 7 操作系统来查看计算机中的文件和文件夹,在查看的过程中可以更改文件和文件夹的显示方式与排列方式,以满足自己的需求。

1. 计算机和 Windows 资源管理器

Windows 7 向用户提供了两种文件管理工具：计算机和 Windows 资源管理器，两种工具的功能和操作方法基本相同，均可以方便地对文件进行浏览、查看、移动、复制等各种操作，在一个窗口里用户就可以浏览所有的磁盘、文件和文件夹。其组成部分和前面章节介绍的窗口相似，在此不再赘述。用户可以根据自己的习惯和需要来选择这两种工具来进行文件管理。

(1) 计算机

打开【计算机】的方法如下。

方法一：双击桌面上【计算机】图标，打开【计算机】窗口。

方法二：选择【开始】→【计算机】命令。

(2) Windows 资源管理器

打开【Windows 资源管理器】的方法如下。

方法一：右击【开始】按钮，在弹出快捷菜单中选择【Windows 资源管理器】命令。

方法二：选择【开始】→【所有程序】→【附件】命令，在【附件】→【Windows 资源管理器】命令。

方法三：单击 Windows 7 的任务栏中【开始】按钮右侧的【Windows 资源管理器】按钮，单击此按钮可以打开资源管理器。

2. 文件和文件夹的查看方式

Windows 7 系统一般用【计算机】窗口来查看磁盘、文件和文件夹等计算机资源，用户主要通过窗口工作区、地址栏、导航窗格这 3 种方式进行查看。

(1) 通过窗口工作区查看

在【计算机】窗口中双击文件夹可以打开文件夹，查看其中存放的文件或子文件夹。在打开的窗口中双击所需的文件即可打开或运行该文件；单击文件或文件夹，则可看到文件或文件夹的详细信息及预览信息。

(2) 通过地址栏查看

在【计算机】窗口中单击【地址栏】中 计算机 按钮右侧的 ▸ 按钮，在弹出的下拉列表中选择需要查看的文件所在的磁盘选项，再在打开的磁盘窗口中依次双击文件夹图标打开文件夹窗口进行查看，即可找到所需的资源。

(3) 通过导航窗格查看

当鼠标指针靠近窗口左侧的导航窗格时，包含子目录的所有目录会自动出现 ◢ 标识，单击子目录前的 ▷ 标识，可展开下一级目录或文件夹，单击某个文件夹目录，右侧窗口中将会显示该文件夹的内容。

3. 文件和文件夹的显示方式

在查看文件或文件夹时，系统提供了多种文件和文件夹的显示方式，用户可单击工具栏中的 ▦ ▾ 图标，或者是在窗口工作区空白处右击，在弹出的快捷菜单中选择【查看】命令。在弹出的显示方式列表中选择相应的选项，即可应用相应的显示方式。各显示方式介绍如下。

（1）图标显示方式

将文件夹所包含的图像显示在文件夹图标上，可以快速识别该文件夹的内容，常用于图片文件夹中，包括超大图标、大图标、中等图标和小图标 4 种图标显示方法。

（2）列表显示方式

用列表的方式显示文件和文件夹的内容，若文件夹中包含很多文件，通过列表显示可快速查找需要的文件。在该显示方式中可以对文件和文件夹进行分类。

（3）详细信息显示方式

该方式显示相关文件和文件夹的详细信息，包括名称、类型、大小和更改日期等。

（4）平铺显示方式

平铺显示方式以图标加文件信息的方式显示文件与文件夹，该显示方式是查看文件或文件夹的常用方式。

（5）内容显示方式

内容显示方式将文件的创建日期、类型和大小等内容显示出来，以方便用户查看和管理。

4. 文件和文件夹的排序与查找

文件的排序是指窗口中排开文件图标的顺序，可以根据文件名称、类型、大小和修改日期等信息对文件进行排序。当一个文件夹中存有大量的文件和子文件夹时，选择合适的排序方式对文件夹中的内容进行整理，可以快速地查找到需要的文件。此外，在文件夹中通过列标题也可对文件进行排序和快速查找。

（1）使用菜单对文件进行排序

可在菜单栏中选择【查看】→【排序方式】命令，或者是在窗口工作区空白处右击，在弹出的快捷菜单中选择【排序方式】命令，然后在弹出的子菜单中选择相应的排序方式即可。排序方式如图 2-14 所示。

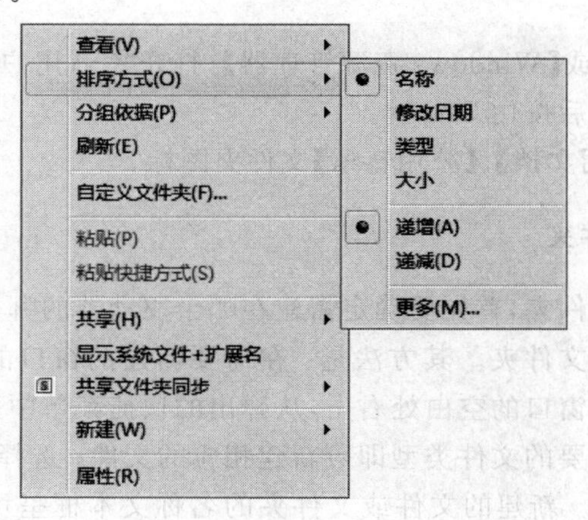

图 2-14 排序方式

此外,如果排序方式不齐全或者需要更多不同的排序方式,用户可自行添加。其方法是,在排序方式子菜单中选择【更多】命令,打开【详细信息】对话框,在其中选择所需信息选项后再确定即可。

(2) 使用列标题对文件进行排序和查找

在窗口中设置文件或文件夹的显示方式为【详细信息】模式后,可看到每一列都会对应一个列标题,通过列标题可对文件进行排序和查找。具体方法为单击某一列标题的中间位置,可实现按照该列属性进行升序或降序排列;单击某一列标题右侧的▾按钮,可以按照该列属性快速查找文件。

2.3.3 文件和文件夹的管理

1. 选择文件或文件夹

用户对文件或文件夹进行操作之前,先要选定文件或文件夹,选中的目标在系统默认下呈蓝色状态。Windows 7 系统提供了如下几种选择文件或文件夹的方法。

(1) 选定某个磁盘、文件或文件夹的方法很简单,只需单击要选定的目标即可,此时被选中的对象反白显示。

(2) 选定一组连续排列的文件或文件夹。在要选择的对象组的第一个文件名上单击,然后把鼠标指针指向该文件组的最后一个文件,按下 Shift 键并同时单击。对于键盘操作,可先把光标移到要选定的内容的开始位置,再按住 Shift 键连续按下↑键(或↓、←、→、PgDn、PgUp 键)。按 Ctrl+A 组合键可选定当前文件夹下的所有文件和文件夹。

(3) 选定多个非连续排列的文件或文件夹。在按下 Ctrl 键的同时单击每一个要选择的文件或文件夹。

取消要选定的内容。只需在工作区的空白处单击。

例 2-1 在"C:\用户\公用\"目录下选定"公用视频"、"公用文档"、"公用音乐" 3 个不连续的文件夹,如图 2-15 所示。

操作步骤如下:

(1) 使用【计算机】或【Windows 资源管理器】,打开"C:\用户\公用\"窗口。单击"公用视频"文件夹图标,然后按住 Ctrl 键。

(2) 继续单击【公用文档】、【公用音乐】文件夹图标。

2. 创建文件或文件夹

要想创建文件和文件夹,首先要确定需建在哪个驱动器的哪个文件夹中,然后通过快捷菜单或工具栏来新建文件夹。其方法是:在需要新建的窗口的工具栏中单击【新建文件夹】按钮,或者是在右窗口的空白处右击,从弹出的快捷菜单中选择【新建】命令,然后在弹出的子菜单中选择需要的文件类型即可新建相应的文件;选择【文件夹】命令即可新建文件夹,如图 2-16 所示。新建的文件或文件夹的名称文本框呈可编辑状态,可直接输入相应的名称。

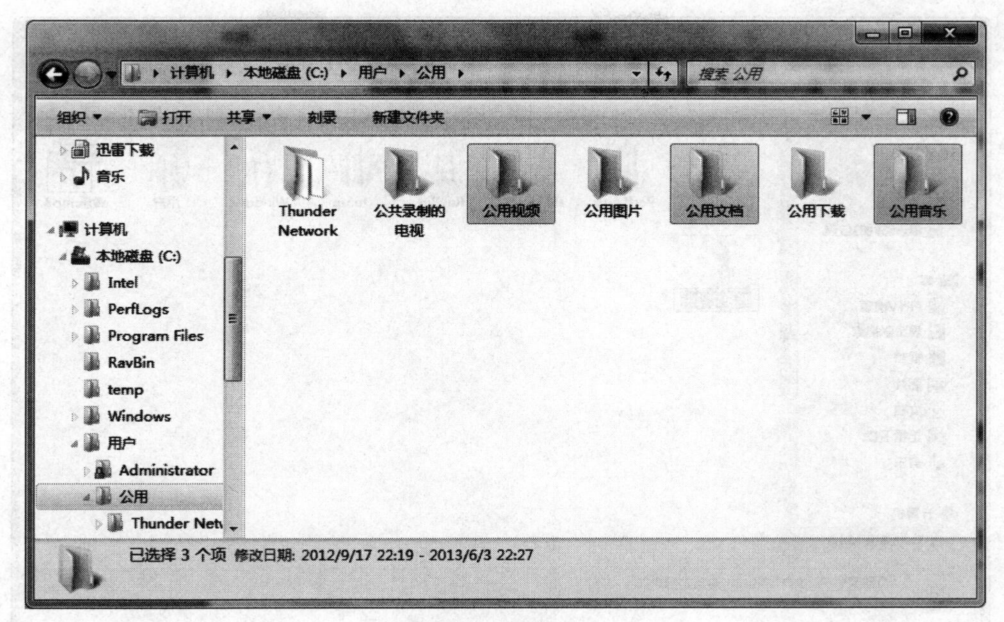

图 2-15 选定文件夹

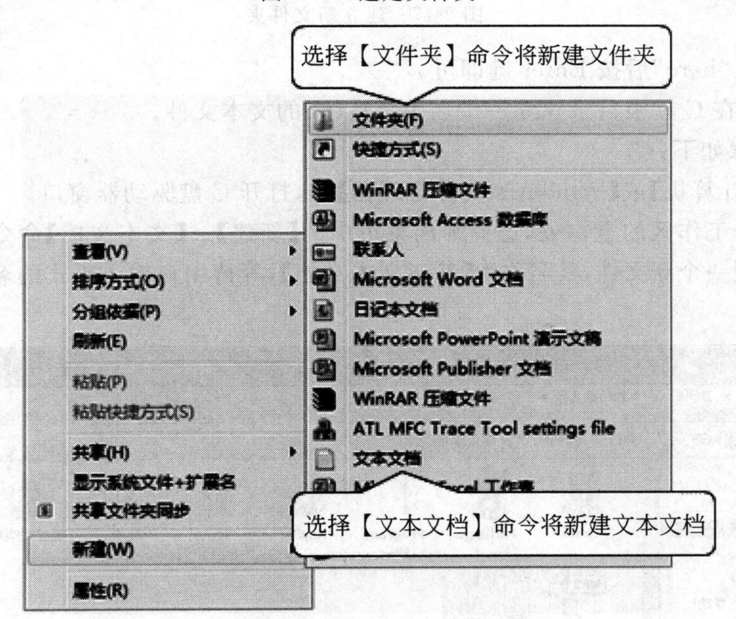

图 2-16 新建文件和文件夹

例 2-2 在 C 盘根目录建立一个名为 hero 的文件夹。

操作步骤如下：

(1) 在【计算机】或【Windows 资源管理器】中，打开 C 盘驱动器窗口。

(2) 右击右窗口的空白处，选择弹出菜单中的【新建】→【文件夹】命令，如图 2-16 所示。此时将在 C 盘根目录出现一个新文件夹，其名称为【新建文件夹】，等待用户输入正式的名称，如图 2-17 所示。

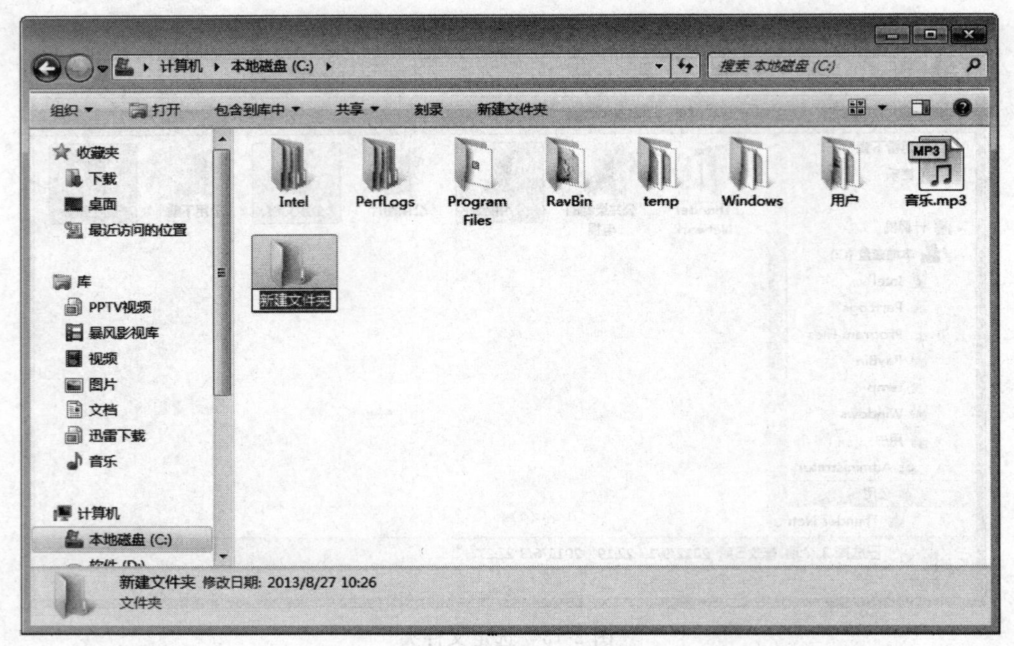

图 2-17　建立新文件夹

(3) 输入“hero”后按 Enter 键即可。

例 2-3　在 C 盘根目录建立一个名为 T1. txt 的文本文件。

操作步骤如下：

(1) 在【计算机】或【Windows 资源管理器】中，打开 C 盘驱动器窗口。

(2) 右击工作区的空白处，选择弹出菜单中的【新建】→【文本文档】命令，此时将在 C 盘根目录出现一个新文件，其名称为【新建文本文档】，等待用户输入正式的名称，如图 2-18 所示。

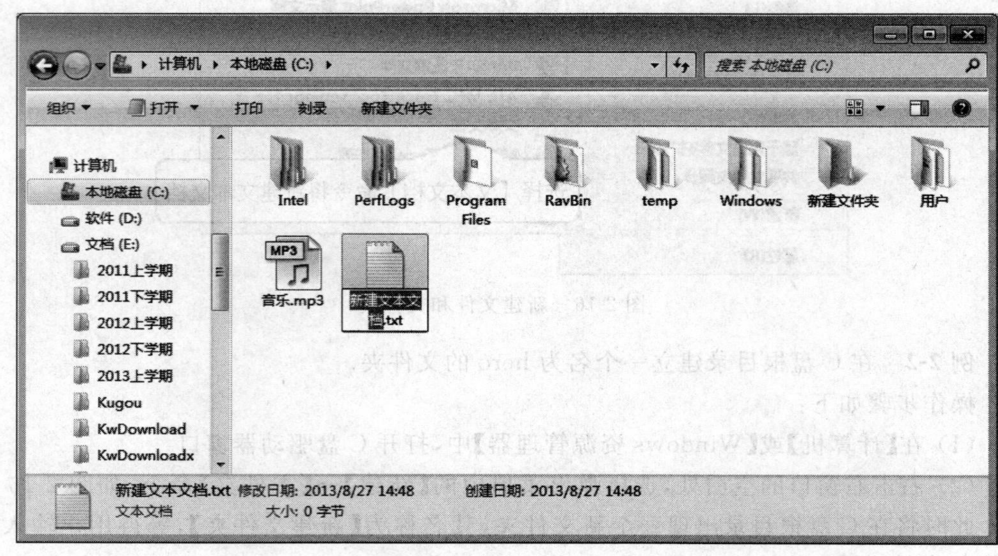

图 2-18　建立新文件

(3) 输入“T1. txt”后按 Enter 键即可。

注意：如果要创建文本文档，还可以使用附件中的记事本或写字板来创建。方法是：选择【开始】→【所有程序】→【附件】→【记事本】或【写字板】命令，在其中输入要求的内容后，在保存时选择对应的路径和输入文件名；如果是【写字板】的话，还要注意保存时的文件类型是否是所需要的。对文件内容的输入与对文件的保存方法见第3章。

3. 重命名文件或文件夹

为文件或文件夹重命名，常用的操作方法如下。

(1) 直接改名

① 选定要改名的文件或文件夹。

② 单击选择的文件或文件夹的名称，使对象名称文本框呈可编辑状态，并等待输入新的名字。

③ 输入新的名字，然后按 Enter 键。

(2) 利用快捷菜单为文件或文件夹改名

① 右击要改名的文件或文件夹。

② 从弹出的快捷菜单中选择【重命名】命令，使对象名称呈反白显示，并等待输入新的名字。

③ 输入新的名字，然后按 Enter 键。

此外，还可以利用【计算机】窗口的【文件】菜单为文件或文件夹改名。

4. 复制文件或文件夹

复制文件或文件夹是指对原来的文件或文件夹不做任何改变，重新生成一个完全相同的文件或文件夹。可以通过下拉菜单、鼠标拖动、工具栏菜单以及快捷菜单等方法来复制文件和文件夹。

(1) 使用【编辑】菜单或【组织】按钮复制

操作方法：

① 选定要复制的文件或文件夹。

② 选择【编辑】菜单或单击工具栏中的【组织】按钮，从弹出的菜单中选择【复制】命令。

③ 打开目标文件夹。

④ 选择【编辑】菜单或单击工具栏中的【组织】按钮，从弹出的菜单中选择【粘贴】命令。

例 2-4 从 C 盘根目录复制 T1. txt 文件到 hero 文件夹。

操作步骤如下：

① 在【计算机】或【Windows 资源管理器】中，打开 C 盘驱动器窗口，再在窗口中选定 T1. txt。

② 选择【编辑】菜单或单击工具栏中的【组织】按钮，从弹出的菜单中选择【复制】命令。

③ 双击 hero 文件夹，进入 hero 文件夹。

④ 选择【编辑】菜单或单击工具栏中的【组织】按钮，从弹出的快捷菜单中选择【粘贴】命令。

(2) 使用快捷菜单或快捷键复制

操作方法：选择需复制的文件或文件夹，右击，在弹出的快捷菜单中选择【复制】命令或按 Ctrl＋C 组合键，打开目标文件夹，右击，在弹出的快捷菜单中选择【粘贴】命令或按 Ctrl＋V 组合键。

例 2-5 从 C 盘根目录复制 T1. txt 文件到 hero 文件夹。

操作步骤如下：

① 在【计算机】或【Windows 资源管理器】中，打开 C 盘驱动器窗口，再在窗口中右击 T1. txt 文件。

② 从弹出的快捷菜单中选择【复制】命令。

③ 双击 hero 文件夹，进入 hero 文件夹。

④ 右击空白处，从弹出的快捷菜单中选择【粘贴】命令。

(3) 利用鼠标拖放复制

操作方法：打开【计算机】或【Windows 资源管理器】，在窗口中选定要复制的文件或文件夹，按住鼠标左键的同时按住 Ctrl 键，将其拖动到目标文件夹中，再松开左键。注意：如果将文件或文件夹复制到不同的磁盘中可不按 Ctrl 键。

例 2-6 从 C 盘根目录将 T1. txt 文件复制到 D 盘。

操作步骤如下：

① 在【计算机】或【Windows 资源管理器】中，打开 C 盘驱动器窗口。

② 在窗口中选定 T1. txt 文件，按住左键的同时按住 Ctrl 键，拖动 T1. txt 图标到左窗格的 D:处(见图 2-19)，再松开左键。

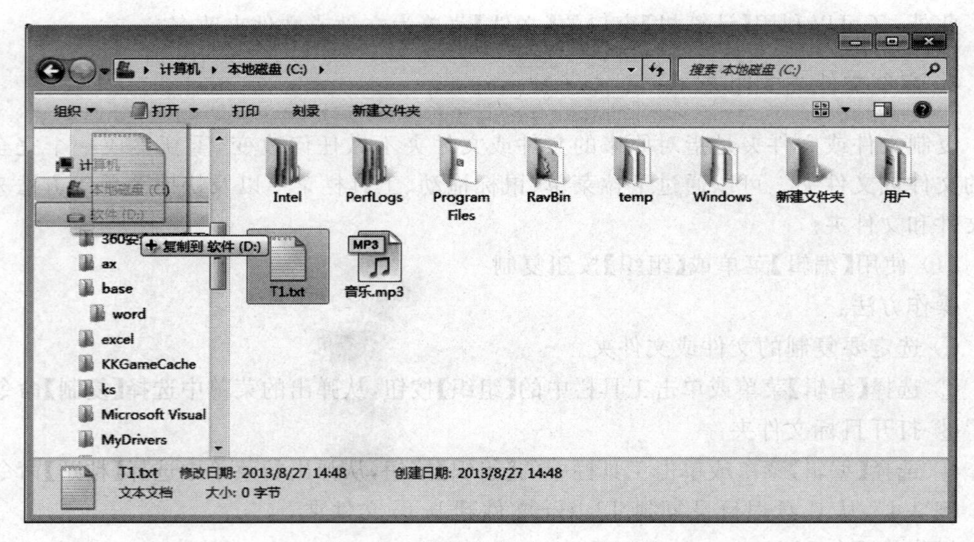

图 2-19 鼠标拖放实现文件复制

5. 移动文件或文件夹

移动文件和文件夹是指将文件或文件夹从一个位置移动到另一个位置，移动后，原来的位置中将不再存在该文件或文件夹。移动文件和文件夹的方法与复制操作类似。

(1) 使用【编辑】菜单或【组织】按钮移动

① 选定要移动的文件或文件夹。

② 选择【编辑】菜单或单击工具栏中的【组织】按钮，从弹出的菜单中选择【剪切】命令。

③ 打开目标文件夹。

④ 选择【编辑】菜单或单击工具栏中的【组织】按钮，从弹出的菜单中选择【粘贴】命令。

(2) 使用快捷菜单或快捷键移动

操作方法：选择需移动的文件或文件夹，右击，在弹出的快捷菜单中选择【剪切】命令或按 Ctrl＋X 组合键，打开目标文件夹，右击，在弹出的快捷菜单中选择【粘贴】命令或按 Ctrl＋V 组合键。

(3) 利用鼠标拖放移动

操作方法：选择需移动的文件或文件夹，然后按住鼠标左键将其拖动到目标文件夹中释放鼠标按键，即可实现文件或文件夹的移动。

注意：如果是将文件或文件夹移动到不同的磁盘中，需要按住 Shift 键的同时拖动。

6. 删除文件或文件夹

对于一些多余的文件和文件夹，可以通过以下操作把它们删除。

(1) 使用 Delete 键删除

① 选定删除的文件和文件夹。

② 直接按下 Delete 键。

③ 在【删除文件(文件夹)】对话框中单击【是】按钮。

(2) 使用【编辑】菜单或【组织】按钮删除

① 选定要删除的文件或文件夹。

② 选择【编辑】菜单或单击工具栏中的【组织】按钮，从弹出的菜单中选择【删除】命令。

③ 在【删除文件(文件夹)】对话框中单击【是】按钮。

(3) 使用快捷菜单删除

① 右击要删除的文件或文件夹。

② 在弹出的快捷菜单中选择【删除】命令。

③ 出现确认窗口，如果确定要删除，选择【是】，否则选择【否】。

需要说明的是，这里的删除并没有把该文件真正删掉，只是将文件移到了【回收站】，这种删除是可恢复的，要真正删除文件，要在操作的同时按住 Shift 键。

例 2-7　删除 C 盘根目录中的 T1. txt 文件。

操作步骤如下：

① 在【计算机】或【Windows 资源管理器】中，打开 C 盘驱动器窗口。

② 再在窗口中选定 T1. txt 文件。

③ 按住 Shift 键的同时选择【编辑】菜单或单击工具栏中的【组织】按钮，从弹出的菜单中选择【删除】命令。

④ 在弹出的【删除文件(文件夹)】对话框中单击【是】按钮。

还要说明的是，对于初学者来说，为了避免误删，在删除文件时尽量不要按住 Shift 键，先将删除的文件删到回收站，一旦误删，还可将已删除的文件或文件夹找回来。

7. 还原文件或文件夹

如果不小心删除了需要的文件或文件夹，可以通过【回收站】将其还原到原始位置。

方法如下：

(1) 双击桌面【回收站】图标打开【回收站】窗口。

(2) 右击需要还原的文件,在弹出的快捷菜单中选择【还原】命令。文件会被还原到删除前的位置。

8. 设置文件或文件夹属性

通过查看文件或文件夹属性,可以了解文件或文件夹的大小、占用磁盘的空间、创建时间,这些都是文件或文件夹被创建和使用时系统自动保存的。文件或文件夹还可以具有隐藏、只读属性。

只读属性：具有只读属性的文件或文件夹,以后将不能被修改。要想改变文件或文件夹内容,必须先取消其只读属性。

隐藏属性：表示该文件或文件夹是否被隐藏,通常为了保护某些文件或文件夹不轻易被修改或复制才将其设为“隐藏”。将文件属性设为“隐藏”,主要是用来把文件隐藏起来,在默认情况下打开其所在的文件夹,将看不到该文件的存在,同时,其文件内容与只读属性一样也不能做任何修改。

(1) 设置属性的具体方法

① 右击要显示和修改的文件或文件夹。

② 从快捷菜单中选取【属性】命令,这时出现文件属性对话框。从对话框中可以看到该文件的类型、大小、名称、属性等资料。

③ 若要修改属性,选中相应的属性复选框。当复选框带有选中标记时,表示对应的属性被选中,如图 2-20 所示。

④ 单击【确定】按钮,完成设置并退出。

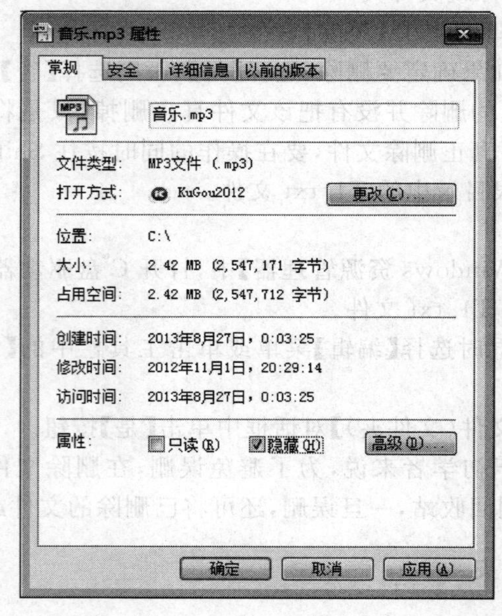

图 2-20 设置文件属性

(2) 显示隐藏的文件或文件夹

对于隐藏的文件或文件夹，在需要查看时可以通过对【文件夹选项】对话框进行设置将其再次显示出来。具体操作如下：

① 单击【组织】按钮，在弹出的菜单中选择【文件夹和搜索选项】命令，打开【文件夹选项】对话框。

② 切换到【查看】选项卡，在【高级设置】列表框中选中【显示隐藏的文件、文件夹和驱动器】单选按钮，如图 2-21 所示。

③ 单击【确定】按钮。

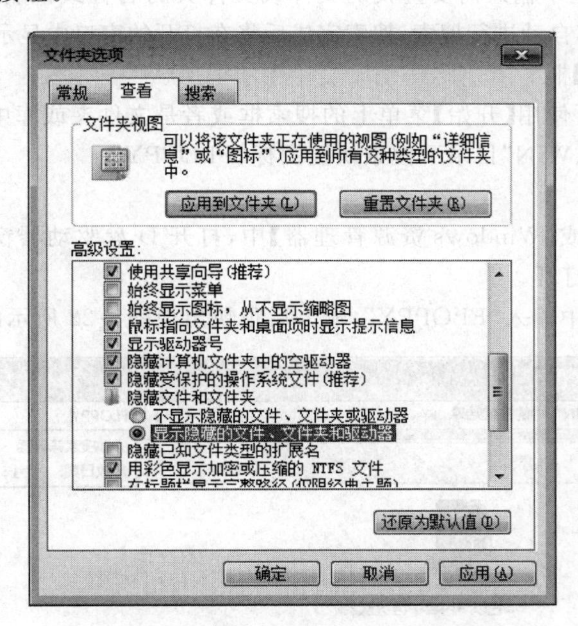

图 2-21 显示隐藏的文件、文件夹和驱动器

9. 创建快捷方式

快捷方式使用户可以快速启动程序和打开文档。在 Windows 7 中，许多地方都可以创建快捷方式，如桌面或文件夹。快捷方式图标和应用程序图标几乎是一样的，只是左下角有一个小箭头。快捷方式可以指向任何对象，如程序、文件、文件夹、打印机或磁盘等。

创建快捷方式的方法有以下两种。

(1) 右击对象，从快捷菜单中选择【创建快捷方式】命令，此时会在对象的当前位置创建一个快捷方式。如果选择快捷菜单中的【发送到】→【桌面快捷方式】命令，则将快捷方式创建在桌面上。

(2) 使用拖放的方法。例如，要在"D:\"根目录上创建指向"C:\T1. txt"的快捷方式，先打开【计算机】中 C 盘驱动器窗口，在"T1. txt"图标右击并按住右键，拖动图标到左窗格的"(D:)"处，释放鼠标右键，在快捷菜单中选择【在当前位置创建快捷方式】命令。

完成上述操作后,可根据需要再重命名,通过双击该对象的快捷方式图标,就可以运行该应用程序或打开该文件或文件夹了。

10. 搜索文件或文件夹

在使用计算机的过程中,用户会不断创建新的文件或文件夹。当文件或文件夹越来越多时,有时很难准确地知道某个文件或文件夹到底存放在磁盘的哪个地方。此时使用Windows 7 的搜索功能便可快速地查找到所需的文件或文件夹。搜索的方法很简单,只需要在【搜索】文本框中输入需要查找的文件或文件夹的名称或该名称的部分内容,系统就会根据输入的内容自动进行搜索,搜索完成后将在打开的窗口中显示搜索到的全部内容。

(1) 使用【搜索】框

方法有两种:可使用【开始】菜单上的搜索框或者是文件夹或库中的搜索框。

例 2-8 在“D:\WIN”目录下搜索快捷图标“FLOPPY”。

操作步骤如下:

① 在【计算机】或【Windows 资源管理器】中,打开 D 盘驱动器窗口。在窗口中找到“Win”文件夹,双击打开。

② 在【搜索】框中输入“FLOPPY”,输入后很快出现图 2-22 所示的搜索结果。

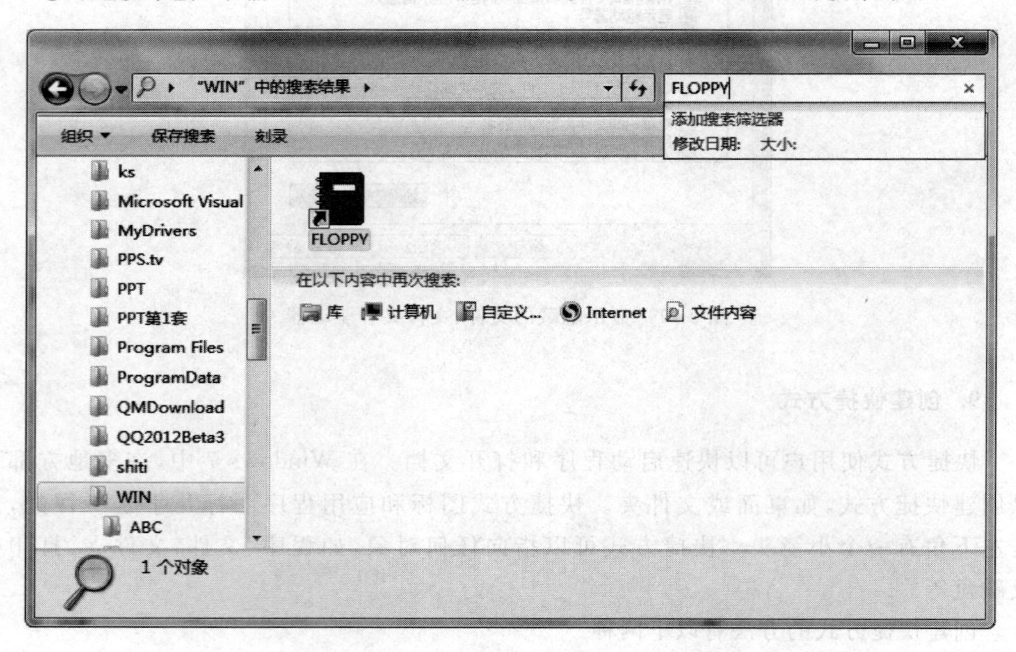

图 2-22 搜索文件

(2) 使用搜索筛选器

如果要实现高级查询功能,则可以使用搜索筛选器。

① 有修改日期要求,这时可以再参照图 2-22 单击【修改日期】选项,弹出【选择日期或日期范围】框,先单击一个日期,然后按住 Shift 键的同时再单击另一个日期确定日期范围。

② 有大小要求,则再参照图 2-22 单击【大小】选项,在弹出的选项中选择一个合适

的；或者在搜索框中输入类似“大小：＞1MB”的语句，后面的文件大小可以使用 GB、MB、KB 等单位。

(3) 搜索技巧

① 使用通配符搜索。通配符是指用来代替一个或多个未知字符的特殊字符，常用的通配符有以下两种：星号(*)可以代表文件中的任意字符串；问号(?)可以代表文件中的一个字符。例如，要搜索所有 JPG 文件，只需在搜索栏中输入“*.jpg”即可。

② 打开【开始】菜单后再按 F3 键会启动搜索窗口，此窗口的搜索框支持更多的属性筛选。

例 2-9　在 D 盘根目录下搜索小于 10KB 的 Word 文档。

操作步骤如下：

① 在【计算机】或【Windows 资源管理器】中，打开 D 盘驱动器窗口。

② 在【搜索】框中输入“*.docx”，单击【大小】，在弹出的选项中选择“微小(0～10KB)”，搜索结果如图 2-23 所示。

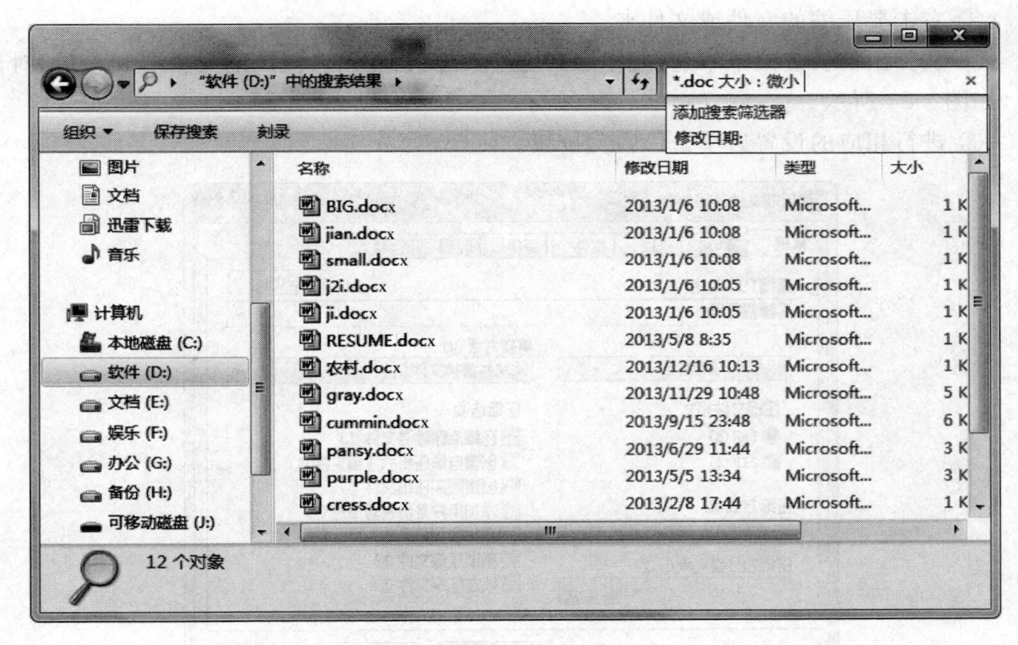

图 2-23　使用搜索筛选器

2.3.4　压缩文件或文件夹

WinRAR 软件提供强大的压缩文件管理，支持 RAR 和 ZIP 文件，能解压 ARJ、CAB、LZH、ACE、TAR、GZ、UUE、BZ2、JAR、ISO 格式文件。WinRAR 的功能包括强力压缩、分卷、加密、自解压模块、备份简易。

1. 文件或文件夹压缩

在【计算机】或【Windows 资源管理器】中可以通过【文件】菜单、快捷菜单等方式来压缩文件或文件夹。

(1) 利用【文件】菜单压缩文件

① 选择要压缩的文件或文件夹。

② 选择【文件】→【添加到压缩文件】命令，打开【压缩文件名和参数】对话框，如图 2-24 所示。

【常规】选项中，有两种压缩文件格式供选择(RAR 和 ZIP)；【压缩分卷大小，字节】是准备分割压缩包的，如果不需要可以免去；如果选中【创建自解压格式压缩文件】后可以在没有 WinRAR 的情况下解压缩，单击【高级】按钮，从中选择【自解压】选项进行设置；如果需要加密，单击【高级】按钮，从中选择【设置密码】选项。

③ 选择【确定】按钮。在当前文件夹下就生成了文件 1. rar，如果要改变压缩文件的路径，单击【常规】选项中的【浏览】按钮进行相应的设置。

(2) 利用快捷菜单压缩文件

① 右击要压缩的文件或文件夹。

② 从弹出的快捷菜单中选择【添加到压缩文件】命令，打开【压缩文件名和参数】对话框，如图 2-24 所示。

③ 进行相应的设置后单击【确定】按钮。

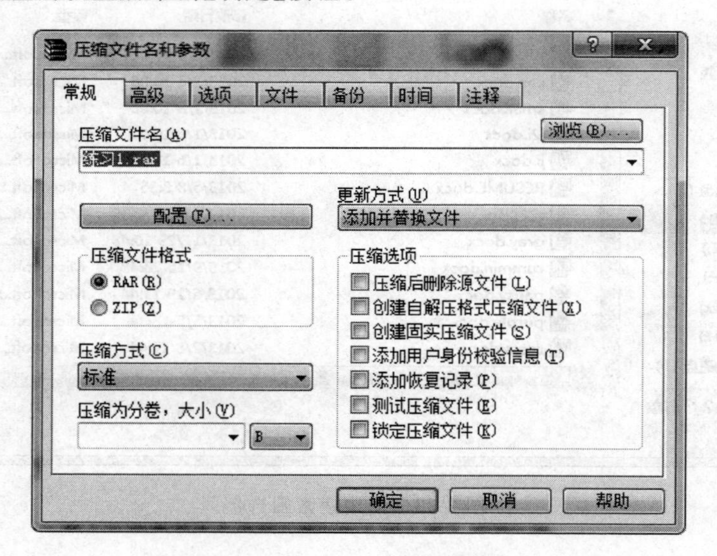

图 2-24 【压缩文件名和参数】对话框

例 2-10 把“d:\练习 1”文件夹压缩，压缩文件放在当前文件夹下，压缩文件名为练习 1. rar。

操作步骤如下：

① 右击准备压缩的文件夹，从弹出的快捷菜单中选择【添加到压缩文件】命令，打开【压缩文件名和参数】对话框，如图 2-24 所示。

② 单击【确定】按钮。

2. 文件或文件夹解压缩

在【计算机】或【Windows 资源管理器】中可以通过【文件】菜单、快捷菜单等方法来解压缩。与压缩的方法相同，但选择的内容不同。

(1) 利用【文件】菜单解压缩

① 选择要解压缩的文件或文件夹。

② 选择【文件】→【解压文件】命令，打开【解压路径和选项】对话框，如图 2-25 所示。

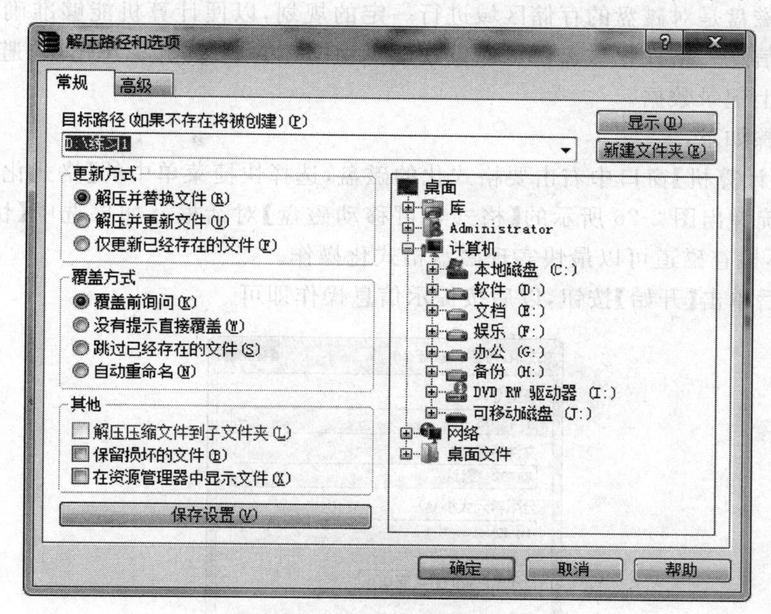

图 2-25 【解压路径和选项】对话框

(2) 利用快捷菜单解压缩

右击要解压的文件，从弹出的快捷菜单中选择【解压文件】命令，打开【解压路径和选项】对话框。在【常规】选项卡中可设置【目标路径】，通过右侧的窗口进行设置。

(3) 通过双击解压缩

从弹出的窗口中进行如下设置。

① 单击【添加】按钮可设置把某个文件添加到此压缩文件中，也可以直接将文件拖到弹出窗口中。

② 单击【解压到】按钮可解压此压缩文件；如果要解压其中的某文件，可直接将此文件拖到指定的位置。

③ 单击【自解压格式】按钮，从弹出的对话框中选择【高级自解压选项】进行设置，可生成 exe 文件。

练习 1 把“d:\练习 2.rar”解压缩，并放在当前文件夹下。

练习 2 把“kh.dat”文件添加到“d:\练习 1.rar”中。

练习 3 把“d:\练习 1.rar”中的“ks”文件夹解压到当前文件夹。

2.4 磁盘管理与维护

2.4.1 格式化磁盘

格式化磁盘是对磁盘的存储区域进行一定的规划,以便计算机能够准确地在磁盘上记录或提取信息。格式化磁盘还可以发现磁盘中损坏的扇区,并标识出来,避免计算机向这些坏扇区上记录数据。

操作步骤如下:

(1) 在【计算机】窗口中右击要格式化的磁盘,选择快捷菜单中的【格式化】命令。

(2) 系统弹出图 2-26 所示的【格式化可移动磁盘】对话框。如果选中【快速格式化】复选框,将不检查磁道可以最快实现磁盘格式化操作。

(3) 然后单击【开始】按钮,以后按提示信息操作即可。

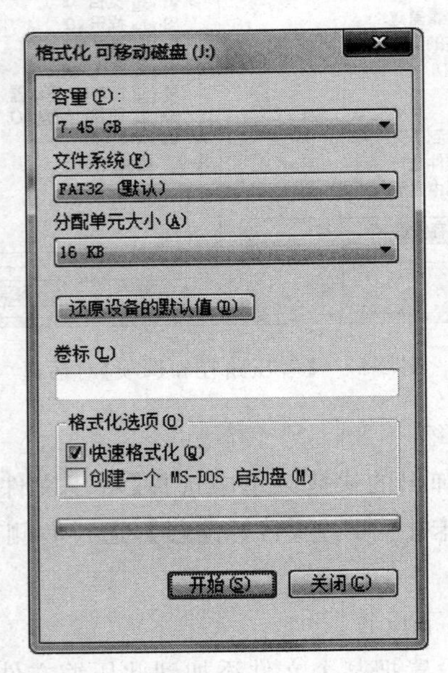

图 2-26 【格式化可移动磁盘】对话框

2.4.2 整理磁盘和磁盘碎片

1. 磁盘清理

清理磁盘可删除某个驱动器上旧的或不需要的文件,释放一定的空间,从而起到提高计算机运行速度的效果。

操作方法:选择【开始】→【所有程序】→【附件】→【系统工具】→【磁盘清理】命令,打开【磁盘清理：驱动器选择】对话框，按照提示操作即可。

2．整理磁盘碎片

使用【磁盘碎片整理程序】，可重新整理硬盘上的文件和使用空间，以达到提高程序运行速度的目的。

操作方法：选择【开始】→【所有程序】→【附件】→【系统工具】→【磁盘碎片整理程序】命令，打开【磁盘碎片整理程序】对话框，再按照提示操作即可。

2.5 控制面板

【控制面板】是 Windows 中设置的系统管理工具的窗口。通过里面的设置可使计算机系统更符合个性化的需要，更方便实用、更安全可靠。

打开【控制面板】有两种方法。

(1) 在【开始】菜单的系统控制区中单击【控制面板】。

(2) 单击【计算机】窗口左窗格的【桌面】，再在其窗口工作区中单击【控制面板】。

【控制面板】窗口如图 2-27 所示。其中每个稍大的绿色文字是相应设置的分组提示链接，绿色文字下面的淡蓝色文字则是该组中的常用设置。单击任意绿色或蓝色文字都可以更细致地观察或进行相应的设置。

图 2-27 【控制面板】窗口

2.5.1 显示外观和个性化设置

单击控制面板窗口中的【外观和个性化】超链接,可以看到图2-28所示的更多详细设置项目,如设置桌面背景、文本大小、屏幕保护程序和任务栏【开始】菜单等。

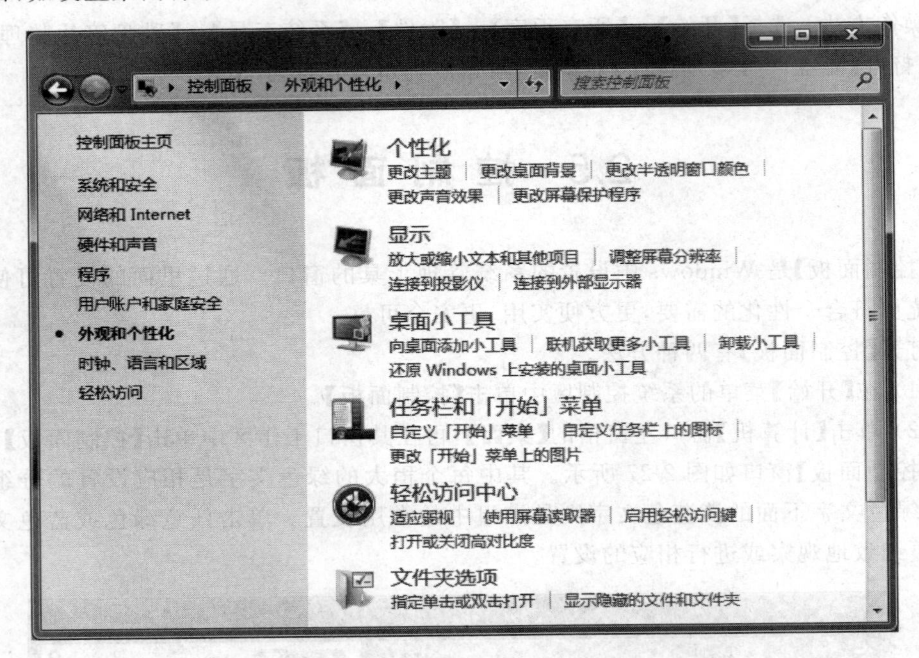

图2-28 【外观和个性化】设置窗口

1. 设置桌面背景

桌面背景就是Windows 7系统桌面的背景图案,又叫作墙纸。启动Windows 7操作系统后,桌面背景采用的是系统安装时默认的设置,用户可以根据自己的喜好更换桌面背景。

单击图2-28窗口中的【个性化】超链接,或在桌面右击,选择【个性化】命令,打开【个性化】窗口,如图2-29所示,在此窗口中单击左下方的【桌面背景】超链接,打开【桌面背景】窗口,再按照提示操作即可。

2. 更改桌面图标

对于Windows 7系统桌面上的图标,用户也可以自定义其样式和大小等属性。如果用户对【计算机】、【网络】、【回收站】等桌面系统图标样式不满意,可以选择不同的样式。

操作方法:单击图2-29窗口左侧的【更改桌面图标】超链接,打开【桌面图标设置】对话框,如图2-30所示,在此对话框中选择需要更改的图标,如【计算机】,再单击【更改图标】按钮,在弹出的对话框中选择需要的图标即可。

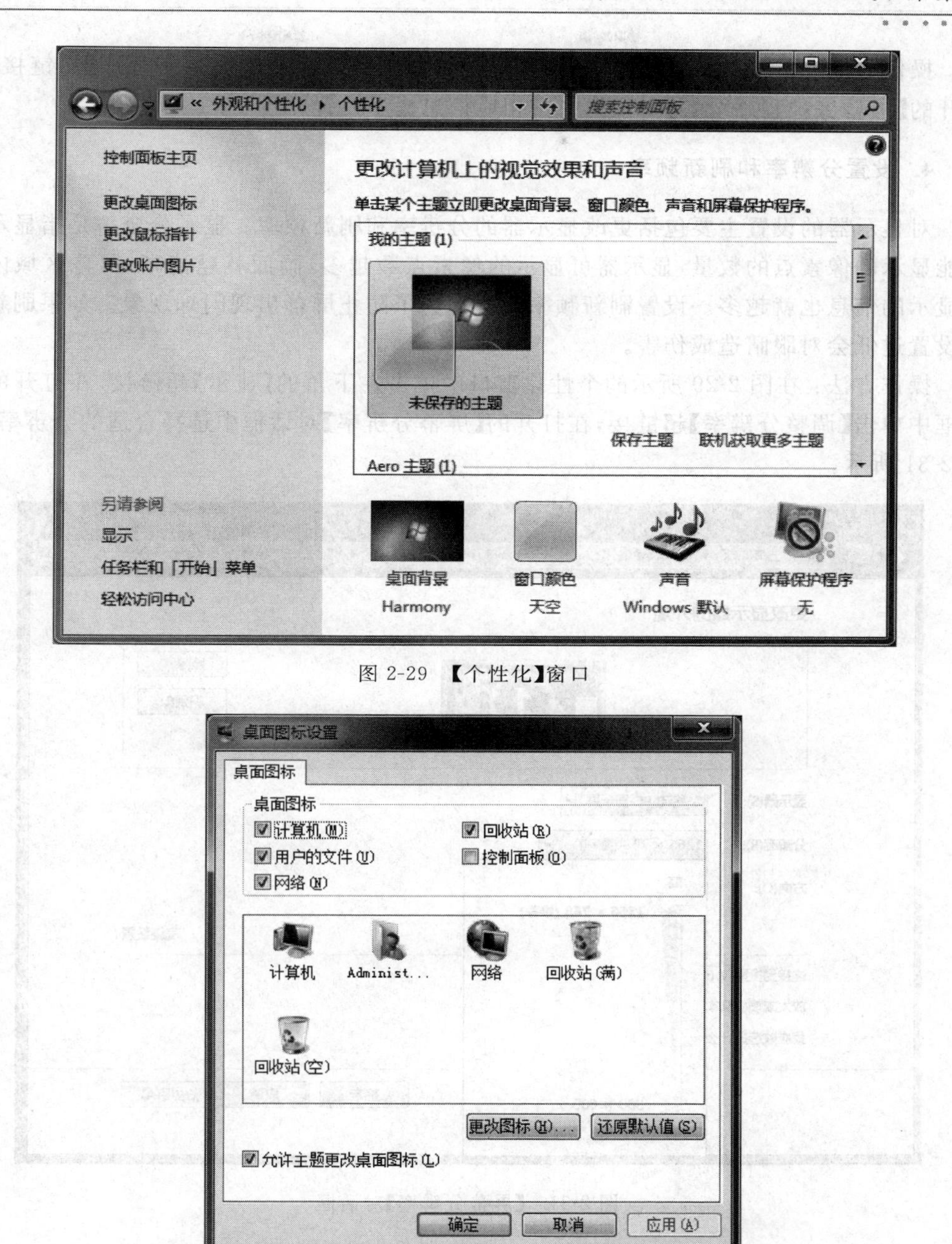

图 2-29 【个性化】窗口

图 2-30 【桌面图标设置】对话框

3. 设置屏幕保护程序

屏幕保护程序简称屏保，是用于保护计算机屏幕的程序，当用户暂时停止使用计算机时，它能让显示器处于节能状态。Windows 7 提供了多种样式的屏保，还可以设置屏保的等待时间，在这段时间内如果没有对计算机进行任何操作，显示器就进入屏保状态；当用户要重新操作计算机时，只需移动一下鼠标或按下键盘上的任意键，即可退出屏保。

操作方法：在图 2-29 所示的个性化窗口中单击右下角的【屏幕保护程序】超链接，在打开的【屏幕保护程序设置】对话框中按相应信息提示设置即可。

4. 设置分辨率和刷新频率

对显示器的设置主要包括更改显示器的分辨率和刷新频率。显示分辨率是指显示器所能显示的像素点的数量，显示器可显示的像素点数越多，画面就越清晰，屏幕区域内能够显示的信息也就越多。设置刷新频率主要是为了防止屏幕出现闪烁现象。如果刷新频率设置过低会对眼睛造成伤害。

操作方法：在图 2-29 所示的个性化窗口中单击左下角的【显示】超链接，在打开的对话框中单击【调整分辨率】超链接，在打开的【屏幕分辨率】对话框中选择合适的分辨率，如图 2-31 所示。

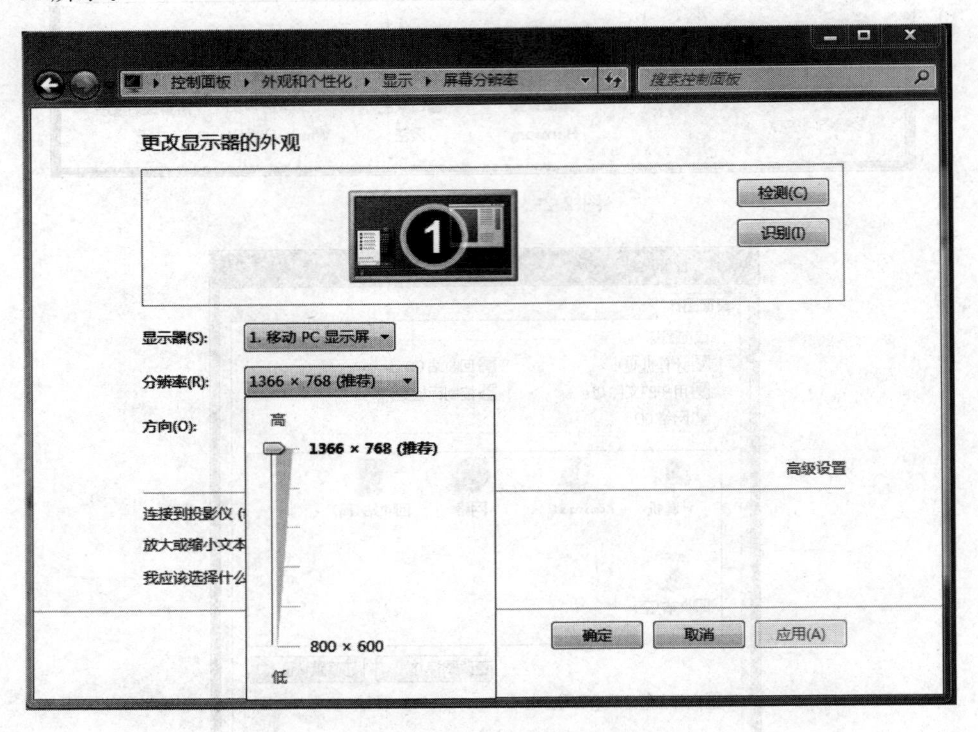

图 2-31 【屏幕分辨率】对话框

5. 设置任务栏

任务栏就是位于桌面下方的小长条，在本章的 2.2 节已对任务栏做过简单的介绍。任务栏是 Windows 系统的超级助手，用户可以对任务栏进行个性化的设置，使其更加符合用户自己的使用习惯。

操作方法：在图 2-29 所示的个性化窗口中单击左下角的【任务栏和「开始」菜单】超链接，打开图 2-32 所示的【任务栏和「开始」菜单属性】对话框，在此对话框中可以实现的功能包括：自动隐藏任务栏、使用小图标、调整任务栏位置、自定义通知区域等。

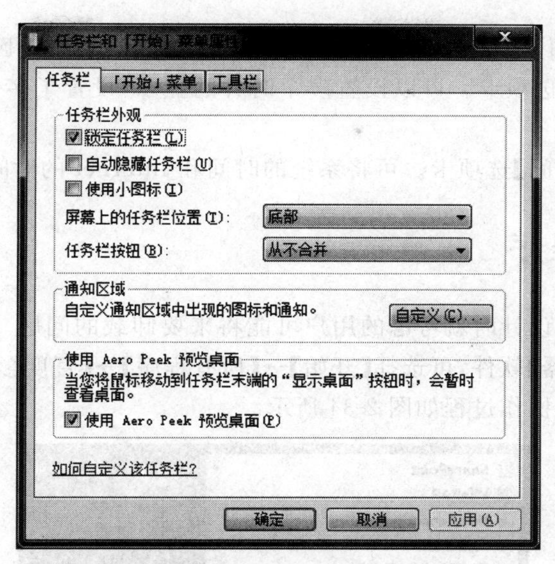

图 2-32 【任务栏和「开始」菜单属性】对话框

2.5.2 设置日期和时钟

在计算机已经接入互联网的情况下，可以非常精确地调整系统日期、时间。最简单的方法是在图 2-27 所示的【控制面板】窗口的【时钟、语言和区域】组中单击【设置日期和时间】，弹出图 2-33 所示的【日期和时间】对话框。该对话框共有 3 个选项卡。

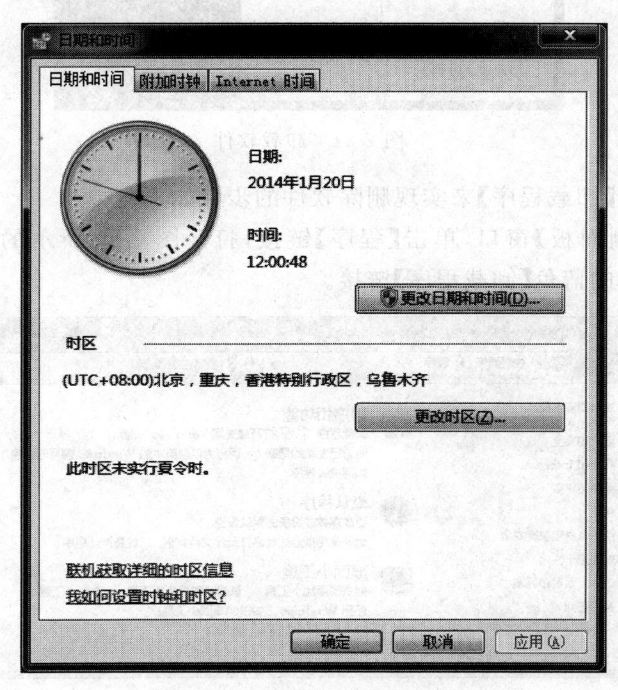

图 2-33 【日期和时间】对话框

(1)【日期和时间】选项卡。实现调整系统日期和时间、设置时区。

(2)【附加时钟】选项卡。可以设置多个时钟的显示,设置了多个时钟后可以同时查看多个时区的时间。

(3)【Internet 时间】选项卡。可将系统的时间和 Internet 的时间同步。

2.5.3 卸载程序

很多软件公司在设计时就考虑的用户可能将来要卸载的问题。例如,要卸载已经安装的【百度影音浏览器】软件,可选择【开始】→【所有程序】→【百度影音浏览器】→【卸载百度影音浏览器】命令,操作过程如图 2-34 所示。

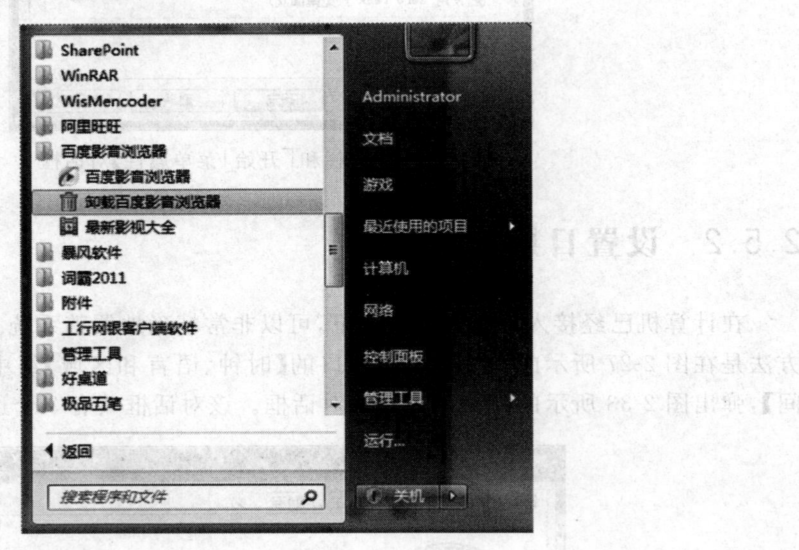

图 2-34　卸载软件

通过控制面板【卸载程序】来实现删除软件的步骤如下:

(1) 打开【控制面板】窗口,单击【程序】链接,打开图 2-35 所示的【程序】窗口,单击【程序和功能】下面的蓝色【卸载程序】链接。

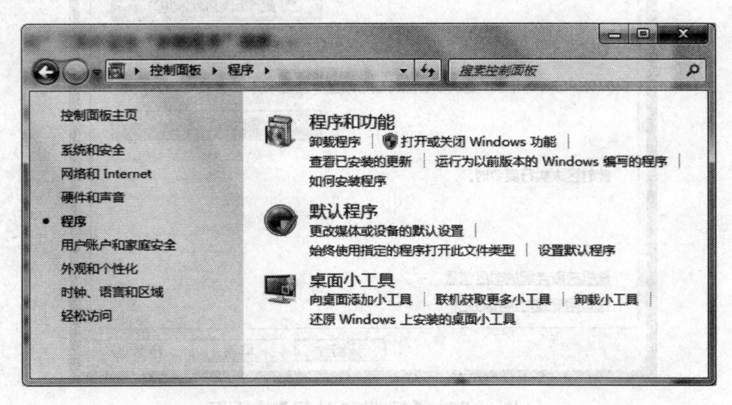

图 2-35　【程序】窗口

(2) 窗口切换成图 2-36 所示的样式，选择要卸载的软件，单击上面的【卸载/更改】链接。

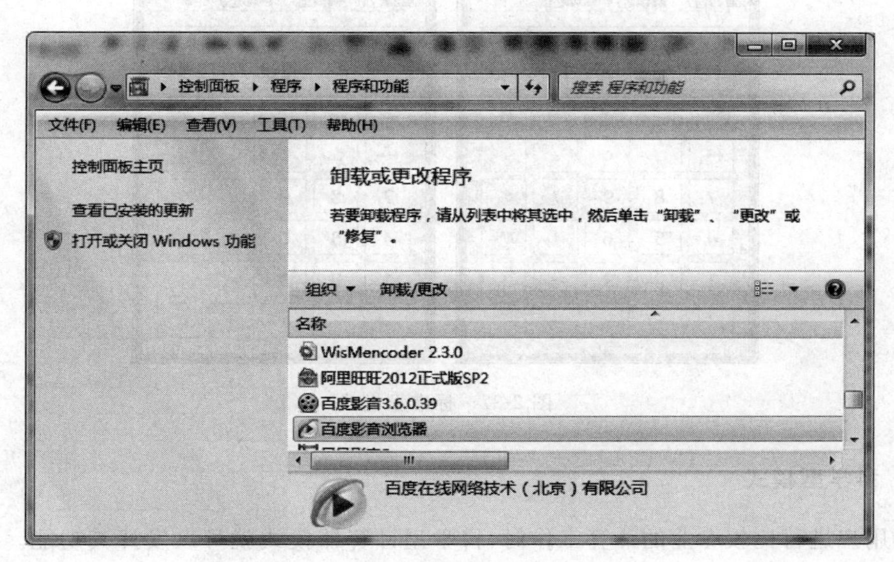

图 2-36 【卸载或更改程序】窗口

2.6 常用附件

Windows 7 提供了许多实用的小程序，如计算器、画图程序和截图工具等，这些统称为 Windows 附件。这些程序占用的磁盘空间较小，运行起来比较方便，在很多时候还可以帮助用户解决一些复杂的问题。本章就来介绍这些 Windows 附件的基本使用方法。

2.6.1 计算器

计算器是 Windows 7 中的一个数学计算工具，它的功能和日常生活中的小型计算器类似。计算器程序具有标准型、科学型、程序员和统计信息 4 种模式，用户可根据需要选择特定的模式进行计算。其操作方法是：选择【开始】→【所有程序】→【附件】→【计算器】命令，即可启动计算器窗口，在其中单击【查看】按钮，在弹出的下拉菜单中选择相应的模式，可在各种模式间切换。

1. 标准型模式

在第一次打开计算器程序时，计算器就在标准型模式下工作。这个模式可以满足用户大部分日常简单计算的要求，如基本的加减乘除四则混合运算及根号运算等。

例如，要计算公式 2 * 6＋sqrt(6)，可依次单击 2、*、6、＋、6 和√录入公式，然后再单击＝，结果如图 2-37 所示。

图 2-37 标准型模式

2. 科学型模式

当用户进行比较专业的计算工作时,科学型计算器模式就可以发挥其功能。在使用科学型计算器之前,需要将计算器设置为科学型模式。在标准型计算器中选择【查看】→【科学型】命令,即可将计算器转换到科学型模式。其中可计算数学上的 sin、cos 等三角函数,也可进行平方、平方根、多次方、多次方根和指数等复杂的数学计算。

例如,要计算 80°角的正弦值,可依次单击 8、0 和 sin 这几个按钮,即可计算出 80°角的正弦值,并显示在显示区域中,如图 2-38 所示。

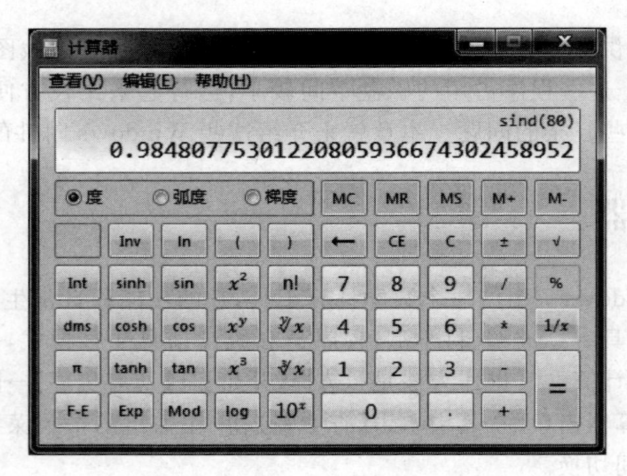

图 2-38 科学型模式

3. 程序员模式

选择【查看】→【程序员】命令,可将计算机器转换为程序员模式,在其窗口中,用户可对数字进行进制转换等计算。例如,要将十进制数 12 转换成二进制,可依次单击 1、2 并选中【二进制】单选按钮,结果如图 2-39 所示。

4. 统计信息模式

选择【查看】→【统计信息】命令，可将计算机器转换为统计信息模式，在其窗口中通过单击 Add 按钮将需要进行统计的数据输入计算器，然后通过其他按钮进行求和、求平均值等计算。例如，要计算 5 个数 1、2、6、9、8 的平均值，方法为单击按钮 1，再单击按钮 Add，单击按钮 2，再单击按钮 Add，以此类推，将 5 个数添加到计算器列表中，最后再单击 $\bar{x}$ 按钮得到平均值，如图 2-40 所示。

图 2-39　程序员模式

图 2-40　统计信息模式

2.6.2　画图程序

Windows 7 自带了一个小画板——画图程序。通过它不仅可以绘制各种简单的形状，如线条、椭圆、正方形和不规则的多边形等，还可以绘制比较复杂的图形。本节就来介绍画图程序。

1. 画图程序主界面

Windows 7 中的画图程序较之以前的版本有了很大的改观，界面看起来很美观，功能也更加强大。启动画图程序的方法是：选择【开始】→【所有程序】→【附件】→【画图】命令，打开画图程序的主界面，如图 2-41 所示。

2. 画图程序的功能

画图程序操作界面主要组成部分的作用如下：

(1) 标题栏。显示画图文档和程序名称，其左侧为快速访问工具栏，默认有【保存】、

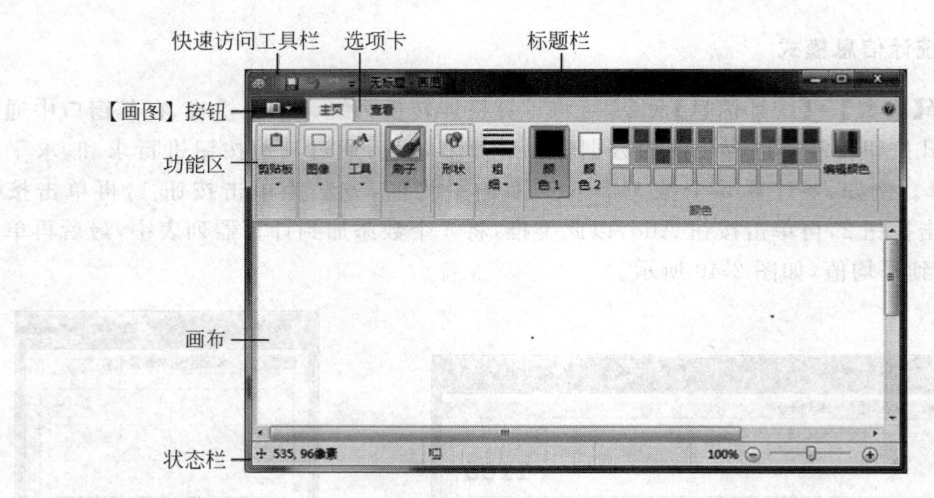

图 2-41　画图程序主界面

【撤销】和【重做】按钮,单击 按钮,可以自定义需要在快速访问工具栏上显示的工具。标题栏右侧为窗口控制按钮,用于最小化、最大化/恢复和关闭窗口。

(2) 功能区。由【画图】按钮、【主页】选项卡、【查看】选项卡组成,单击【画图】按钮,在弹出的菜单中选择相应命令,可进行文件的新建、保存等操作。在【主页】选项卡中,可以使用【工具】组中的相关按钮选择工具进行图形的绘制,绘制图形可以通过画笔手工绘制任意图形,也可通过形状工具绘制一些标准的图形。在【查看】选项卡中,可以使用视图【缩放】按钮改变画图文档的大小等。

(3) 画布。用户绘制和编辑图片的区域,用户先选择合适的工具,然后在绘图区中进行相应的操作。

在绘制图形时,最常用的是工具组、前景色和背景色以及调色板等。

2.6.3　截图工具

利用截图工具可以将屏幕上的图片和文字等信息截取下来,并保存为图片文件存储在计算机中,以便随时查看。

其使用方法是:选择【开始】→【所有程序】→【附件】→【截图工具】命令,打开【截图工具】窗口,在窗口中单击【新建】按钮右侧的 按钮,在弹出的菜单中可选择截图的类型,如图 2-42 所示。完成截图操作后,截取的图形将显示在截图窗口中,通过窗口中的工具可以对图形进行编辑操作,编辑结束后单击【保存】按钮即可将截取的图形以图片的形式存储在计算机中。

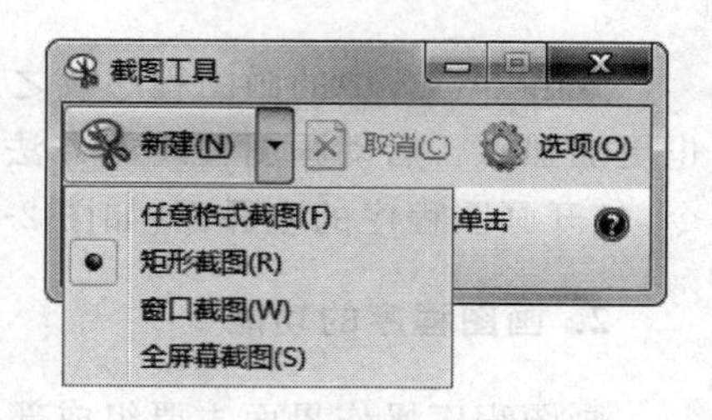

图 2-42　【截图工具】窗口

例如,将【计算机】窗口截图为 my.jpg,并保存在 D:\盘根目录下。操作方法是在图 2-42 所示的窗口中选择【窗口截图】命令,再单击【计算机】窗口,出现

图 2-43 所示的窗口。单击【保存】按钮，在【另存为】对话框中选择保存路径为 D:，在【文件名】文本框中输入文件名 my，在【保存类型】下拉列表中选择文件类型“JPEG 文件（*.JPG）”。最后单击【保存】按钮即可完成截图的保存。

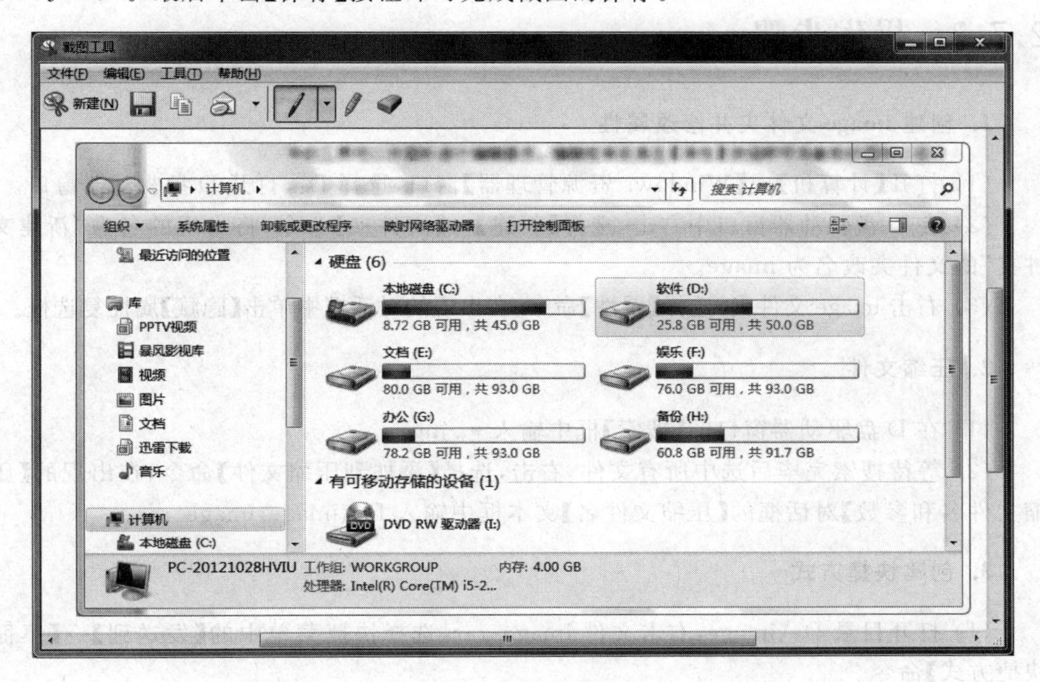

图 2-43　【计算机】窗口截图

2.7　技能训练

2.7.1　任务要求

在 D:\目录下新建文件夹 image，并将此文件夹设置为隐藏属性，将 D:\盘中的所有类型为 jpg 的图片文件压缩成一个名为 image.rar 的文件，保存在新建的 D:\image 的文件夹中，并为该文件在桌面上创建一个快捷方式图标，名称为“图片”。

2.7.2　知识点

此任务突出了本章的学习重点，即文件管理，完成此项任务涉及的知识点如下：

（1）创建文件夹。

（2）修改文件夹属性。

（3）搜索文件。

(4) 压缩文件。

(5) 创建快捷方式。

2.7.3 操作步骤

1. 创建 image 文件夹并修改属性

(1) 打开【计算机】或【Windows 资源管理器】窗口,选择 D:,打开 D 盘驱动器窗口。

(2) 在 D 盘驱动器窗口中右击,选择【新建】→【文件夹】命令,将出现的名为“新建文件夹”的文件夹改名为 image。

(3) 右击 image 文件夹,选择【属性】命令,在出现的对话框中单击【隐藏】属性复选框。

2. 压缩文件

(1) 在 D 盘驱动器窗口的【搜索】框中输入 *.jpg。

(2) 等待搜索完毕后选中所有文件,右击,选择【添加到压缩文件】命令,在出现的【压缩文件名和参数】对话框的【压缩文件名】文本框中输入 D:\image\image.rar。

3. 创建快捷方式

(1) 打开目录 D:\image,右击文件 image.rar,选择快捷菜单中的【发送到】→【桌面快捷方式】命令。

(2) 单击任务栏中的【显示桌面】按钮,为名为“image.rar-快捷方式”的快捷方式图标重命名为“图片”。

到此为止本任务全部完成,以上步骤仅为操作的其中一种方法,实际操作过程中也可以使用其他方法,只要最后能得到正确文件即可。

习　　题

一、选择题

1. 如果要播放音频或视频光盘,不需要安装________。

A. 声卡　　B. 显卡　　C. 播放软件　　D. 网卡

2.【计算机】窗口的组成部分中不包含________。

A. 标题栏、地址栏、状态栏

B. 搜索栏、工具栏

C. 导航窗格、窗口工作区

D. 任务栏

3. 下列关于 Windows 菜单的说法中,不正确的是________。

A. 命令前有“·”记号的菜单选项,表示该项已经选用

B. 当鼠标指向带有向右黑色等边三角形符号的菜单选项时，弹出一个子菜单

C. 带省略号(…)的命令执行后会打开一个对话框

D. 用灰色字符显示的命令表示相应的程序被破坏

4. 在 Windows 中，不能进行文件夹重命名操作的是________。

A. 选定文件后再按 F4 键

B. 选定文件后再单击文件名

C. 右击文件，在弹出的快捷菜单中选择“重命名”命令

D. 用“资源管理器”/“文件”下拉菜单中的“重命名”命令

5. 在“计算机”或者“Windows 资源管理器”中，若要选定全部文件或文件夹，按________组合键。

A. Tab＋A　　B. Ctrl＋A　　C. Shift＋A　　D. Alt＋A

6. 选定要移动的文件或文件夹，按________组合键剪切到剪贴板中，在目标文件夹窗口中按 Ctrl＋V 组合键进行粘贴，即可实现文件或文件夹的移动。

A. Ctrl＋A　　B. Ctrl＋C　　C. Ctrl＋X　　D. Ctrl＋S

7. 在“计算机”或者“Windows 资源管理器”中，若要选定多个不连续排列的文件，可以先单击第一个待选的文件，然后按住________键，再单击另外待选文件。

A. Shift　　B. Tab　　C. Ctrl　　D. Alt

8. 在 Windows 7 中，将打开窗口拖动到屏幕顶端，窗口会________。

A. 关闭　　B. 消失　　C. 最大化　　D. 最小化

9. 在 Windows 中，若在某一文档中连续进行了多次剪切操作，当关闭该文档后，“剪贴板”中存放的是________。

A. 空白　　B. 所有剪切过的内容

C. 最后一次剪切的内容　　D. 第一次剪切的内容

10. 在 Windows 中，按 Print Screen 键，则整个桌面内容被________。

A. 复制到指定文件　　B. 打印到指定文件

C. 打印到打印纸上　　D. 复制到剪贴板上

11. 在下列叙述中，正确的是________。

A. 在 Windows 中，可以同时有多个活动应用程序窗口

B. 对话框可用改变窗口的方法改变大小

C. 在 Windows 中，关闭下拉菜单的方法是单击菜单内的任何位置

D. 在 Windows 中，可以同时运行多个应用程序

12. 通常文件包括那些属性，错误的是________。

A. 共享　　B. 隐藏　　C. 存档　　D. 只读

13. 在 Windows 系统中，在按住________键的同时，可以选择多个连续的文件和文件夹。

A. Ctrl　　B. Shift　　C. Alt　　D. Tab

14. 在回收站中，可以恢复________中被删除的文件。

A. 光盘　　B. 软盘　　C. 内存　　D. 硬盘

15. 在 Windows 中,下列说法不正确的是________。
A. 一个应用程序窗口可含多个文档窗口
B. 一个应用程序窗口与多个应用程序相对应
C. 应用程序窗口关闭后,其对应的程序结束运行
D. 应用程序窗口最小化后,其对应的程序仍占用系统资源

16. 要把当前活动窗口的内容复制到剪贴板中,可按________组合键。
A. Ctrl＋Print Screen　　B. Shift＋Print Screen
C. Print Screen　　D. Alt＋Print Screen

17. Windows 将整个计算机显示屏幕看成________。
A. 背景　　B. 桌面　　C. 工作台　　D. 窗口

18. 删除 Windows 桌面上某个应用程序的图标,意味着________。
A. 该应用程序连同其图标一起被删除
B. 只删除了图标,对应的应用程序被保留
C. 只删除了该应用程序,对应的图标被隐藏
D. 该应用程序连同其图标一起被隐藏

19. 默认情况下,Windows 7 资源管理器窗口的菜单栏是隐藏的,要选择菜单命令,可按________键。
A. Ctrl　　B. Alt　　C. Tab　　D. Shift

20. 在 Windows 7 中,显示桌面的快捷键是________。
A. Windows＋D　　B. Windows＋P
C. Windows＋Tab　　D. Alt＋Tab

二、操作题

1. 在 D:\根目录下创建文件夹 student。

2. 在桌面创建 C:\Windows\system32\CALC. EXE 的快捷方式,并将该快捷方式复制到 D:\student 下。

3. 在记事本中输入文字“我的大学生活”,以文件名 title. txt 保存到 student 文件夹中。

4. 在“个性化”面板中对桌面的背景、风格、颜色等方面进行修改,打造一个属于自己风格的外观界面。

5. 通过“任务栏”和“开始”菜单的属性设置,改造“任务栏”和“开始”菜单的显示样式。

6. 使用计算器计算直角三角形第三条边的长度,已知直角三角形的两条直角边的长度分别为 4.5 和 6.7。

第3章　文字处理

Word 2010 是 Office 2010 办公组件之一，主要用于文字处理工作。

Word 2010 是一种文字处理软件，旨在创建具有专业水准的文档。Word 中带有众多顶尖的文档格式设置工具，可帮助用户更有效地组织和编写文档。Word 还包括功能强大的编辑和修订工具，以方便用户应用。

本章将重点介绍中文 Word 2010(以下简称 Word)在文字处理方面的应用。

3.1　Word 概述

3.1.1　Word 的启动

Word 主要有以下几种启动方法。

1. 通过【开始】菜单启动

方法一：选择【开始】→【所有程序】→Microsoft Office→Microsoft Word 2010 命令(见图 3-1)，即可启动 Word。

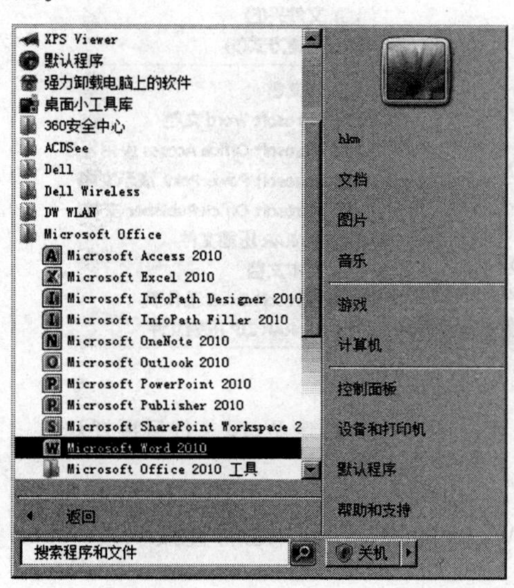

图 3-1　启动 Word

方法二：选择【开始】→Microsoft Word 2010 命令(见图 3-2)，即可启动 Word。

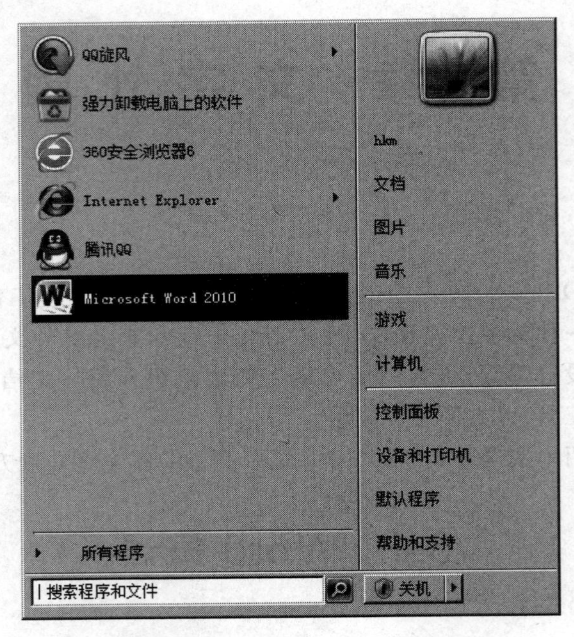

图 3-2 从【开始】菜单启动 Word

2. 启动 Word 的其他方法

(1) 在桌面或磁盘的空白处右击，在弹出的快捷菜单中选择【新建】→【Microsoft Word 文档】命令，这时屏幕会出现一个【新建 Microsoft Word 文档.docx】的图标(见图 3-3)，然后输入文档的名称后按 Enter 键，再双击打开即可启动 Word。

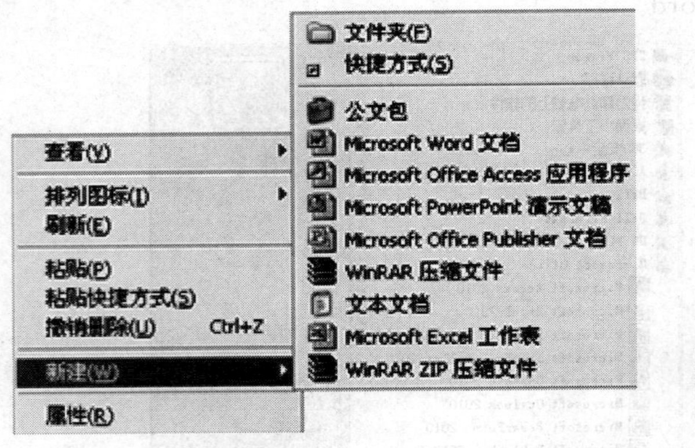

图 3-3 新建 Word 文件后再打开

(2) 直接找到该文件双击打开。

(3) 在桌面上建立 Word 的快捷方式，之后直接双击 Word 快捷方式来启动。

3.1.2 Word窗口的基本结构

启动后的Word窗口如图3-4所示。它主要由标题栏、快速访问工具栏、功能区、编辑区、滚动条、状态栏、【显示视图】按钮和缩放滑块组成。

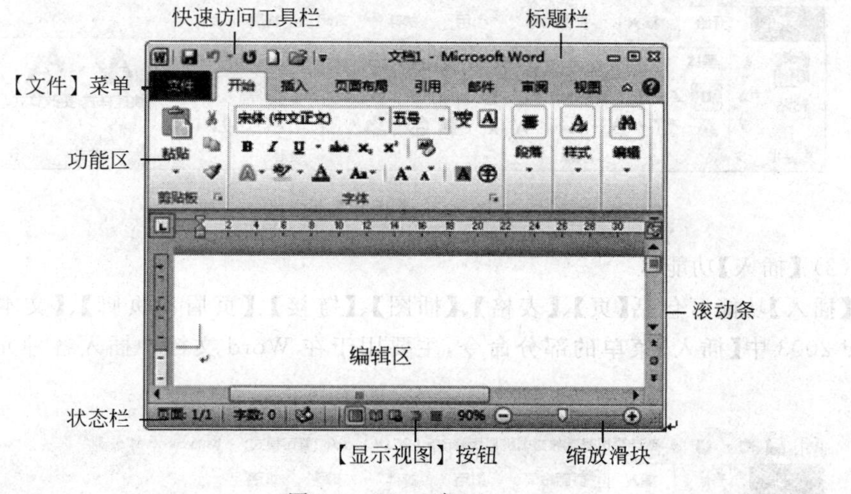

图3-4 Word窗口

- 标题栏。显示正在编辑文档的文件名以及所使用的软件名。
- 【文件】菜单。基本命令(如【新建】、【打开】、【关闭】、【另存为】和【打印】)位于此处。
- 快速访问工具栏。常用命令位于此处,如【保存】和【撤销】。也可以添加个人常用命令。
- 功能区。工作时需要用到的命令位于此处。它与其他软件中的【菜单】相同。
- 编辑区。显示正在编辑的文档。
- 【显示视图】按钮。可用于更改正在编辑文档的显示模式。
- 滚动条。可用于更改正在编辑文档的显示位置。
- 缩放滑块。可用于更改正在编辑文档的显示比例。
- 状态栏。显示正在编辑文档的相关信息。

1. 功能区

功能区位于窗口的上方。根据功能的不同,分成多个不同的功能区。如【开始】和【插入】等功能区。可以通过选择不同的选项进行切换。

Word 2010取消了传统的菜单操作方式,用功能区代替菜单命令。在窗口上方看起来像菜单的名称其实是功能区的名称,当单击这些名称时并不会打开菜单,而是切换到与之相对应的功能区面板。每个功能区根据功能的不同又分为若干个组(一个组其实就是一个工具栏)。

(1)【开始】功能区

【开始】功能区包括【剪贴板】、【字体】、【段落】、【样式】和【编辑】5个组。该功能区主要用于帮助用户对文档进行文字编辑和格式设置，是用户最常用的功能区，如图3-5所示。

图 3-5 【开始】功能区

(2)【插入】功能区

【插入】功能区包括【页】、【表格】、【插图】、【链接】、【页眉和页脚】、【文本】等组，对应Word 2003中【插入】菜单的部分命令，主要用于在Word文档中插入各种元素，如图3-6所示。

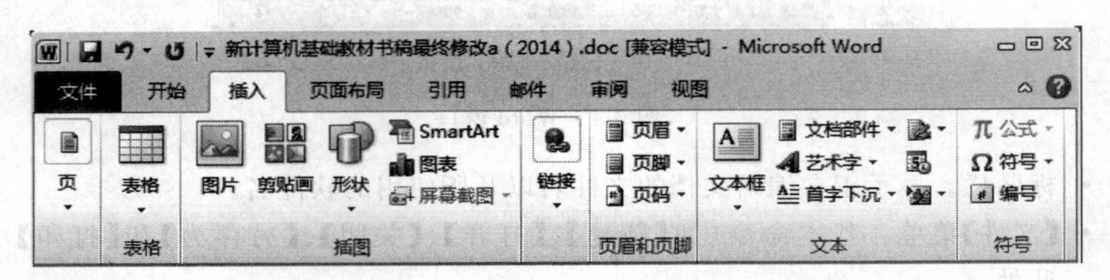

图 3-6 【插入】功能区

(3)【页面布局】功能区

【页面布局】功能区包括【页面设置】、【页面背景】、【段落】等组，对应Word 2003的【页面设置】和【段落】菜单中的部分命令，用于帮助用户设置Word文档页面样式，如图3-7所示。

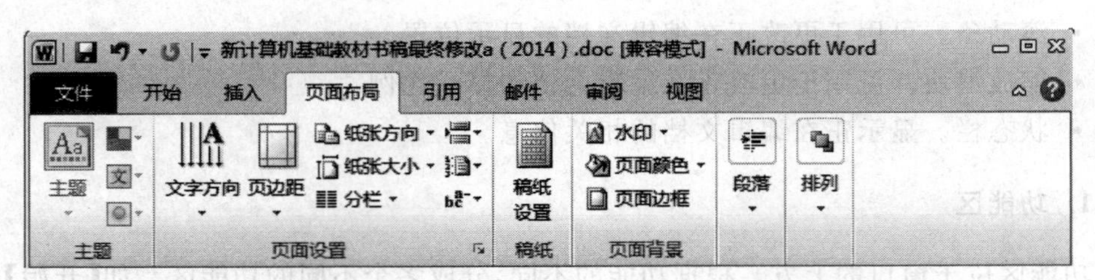

图 3-7 【页面布局】功能区

(4)【引用】功能区

【引用】功能区包括【目录】、【脚注】等组，用于实现在Word文档中插入目录等比较高级的功能，如图3-8所示。

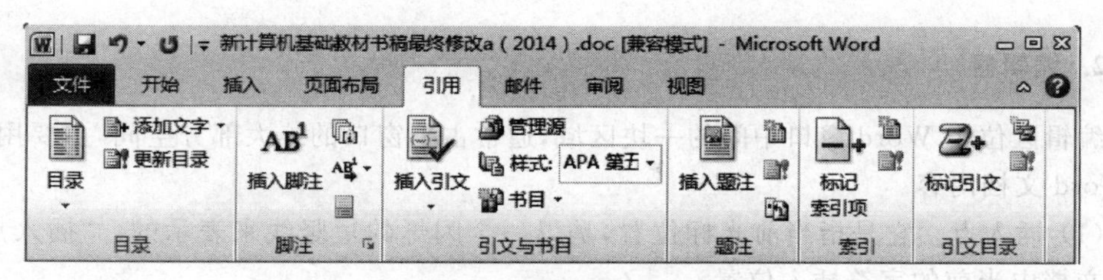

图 3-8 【引用】功能区

(5)【邮件】功能区

【邮件】功能区包括【创建】、【开始邮件合并】、【编写和插入域】、【预览结果】和【完成】等组,该功能区的作用比较专一,专门用于在 Word 文档中进行邮件合并方面的操作,如图 3-9 所示。

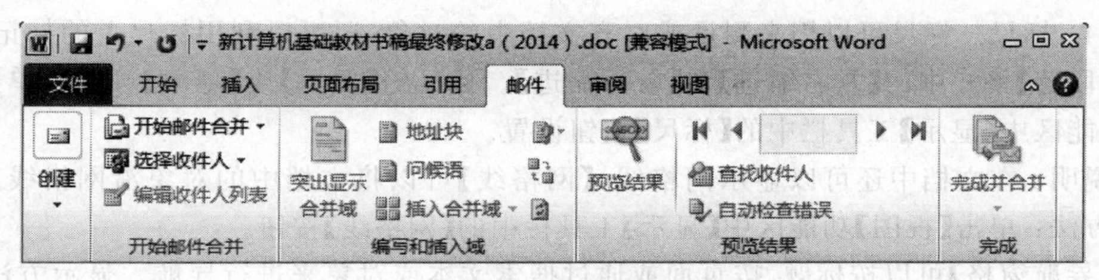

图 3-9 【邮件】功能区

(6)【审阅】功能区

【审阅】功能区包括【校对】、【中文简繁转换】、【批注】、【修订】等组,主要用于对 Word 文档进行校对和修订等操作,适用于多人协作处理 Word 长文档,如图 3-10 所示。

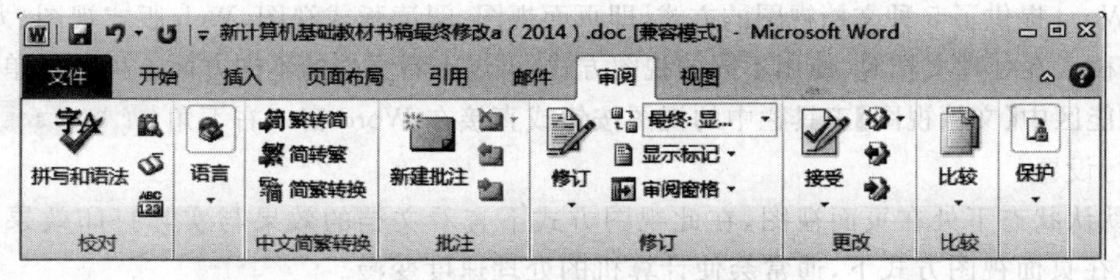

图 3-10 【审阅】功能区

(7)【视图】功能区

【视图】功能区包括【文档视图】、【显示】、【显示比例】等组,主要用于设置 Word 操作窗口的视图类型,以方便操作,如图 3-11 所示。

图 3-11 【视图】功能区

2. 编辑区

编辑区位于 Word 窗口中间的一块区域,通常占据窗口的绝大部分空间,主要用来放置 Word 文档内容。

(1) 插入点。它是指当前光标位置,是以一个闪烁的短竖线来表示的。“插入点”指示出文档中当前的字符插入位置。

(2) 选定栏。位于文本区的左边有一个没有标记的栏称为“选定栏”。利用它可以对文本内容进行大范围的选定。虽然它没有标记,但当鼠标指针处于该区域时,指针形状会变成向右上方的箭头形。

(3) 滚动条。滚动条有两个,即垂直方向和水平方向的滚动条。通过移动滚动条,可以在编辑区中显示文本各部分的内容。

(4) 标尺。标尺可以用来测量或对齐文档中的对象,还可以利用标尺上的标记快速设置【段落】格式中的【左右缩进】和【首行缩进】。标尺的【显示】或【隐藏】可通过单击【视图】功能区中【显示】工具栏中的【标尺】按钮设置。

说明:在文档中还可以显示网格线,【网格线】可以将文档中的对象沿网格线对齐。显示方法:单击【视图】功能区中【显示】工具栏中的【网格线】按钮。

【导航窗格】可以按标题、按页面或通过搜索文本或对象来进行导航。显示方法:单击【视图】功能区中【显示】工具栏中的【导航窗格】按钮。此时在编辑窗口的左侧会弹出【导航】列表,通过此列表可以进行快速查找或定位。

3. 文档视图方式

Word 提供了 5 种文档视图的方式,即页面视图、阅读版式视图、Web 版式视图、大纲视图、草稿。在处理文档时,使用不同的视图方式,可以查看文档的不同方面。可通过单击【视图】功能区中【文档视图】工具栏中的视图按钮或直接在 Word 窗口右下角 工具栏进行设置。

默认状态下处在页面视图,在此视图方式下查看文档的效果与实际打印效果一致。但是,在页面视图方式下,通常会使计算机的处理速度变慢。

3.1.3 Word 的退出

如果想退出 Word,可选择【文件】→【退出】命令。

在执行上述命令时,如果有关文档中的内容已经存盘,则系统立即退出 Word,并返回 Windows 系统操作状态;如果还有修改过的文档没有存盘,Word 就会弹出图 3-12 所示的对话框。如果需要保存则单击【保存】按钮,否则单击【不保存】按钮。

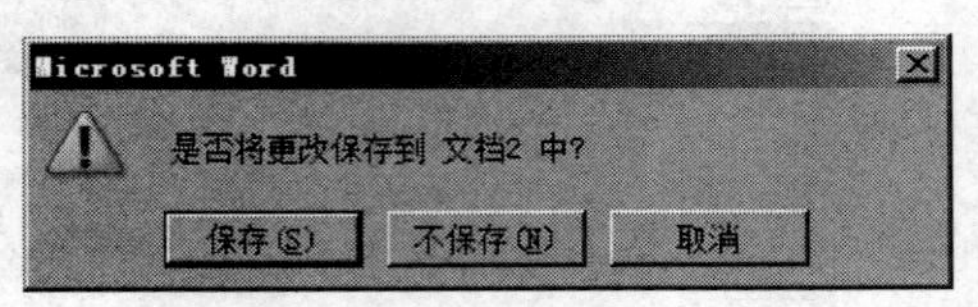

图 3-12 提示对话框

此外,双击 Word 窗口左上角处的控制菜单框、单击右上角的【关闭】按钮或按Alt+F4组合键,也可以退出Word系统。

3.2 Word文档的基本操作

3.2.1 创建新文档

Word的启动实际上也是一个创建新文档的过程。Word启动后,如果没有指定要打开的文档,系统默认自动打开一个名为"文档1"的空文档(见图3-4),并为其提供一种称为"空白文档"的文档格式(又称为模板),其中包括一些简单的文档排版格式,如宋体、五号字等。

启动Word后,还可以采用以下两种方法来创建新文档。

(1) 单击快速访问工具栏中的【新建】按钮,系统默认采用【空白文档】模板来建立一个新文档。

(2) 选择【文件】→【新建】命令创建一个新文档。

3.2.2 输入文本

创建新文档或打开已有文档后,就可以输入文本了。这里所指的文本,是数字、字母、符号、汉字等的组合。

(1) 录入文本。在文档窗口中有一个闪烁的插入点,它表明可以由此开始输入文本。在插入状态下,输入文本时,插入点从左向右移动;在改写状态下,输入的文本将覆盖插入点右边的文本。

Word会根据页面的大小自动换行,即当插入点移到行右边界时,再输入文字,插入点会移到下一行的起始位置。

(2) 生成一个段落。如果想换一个段落继续输入,可以按Enter键。此时将插入一个段落标记,并将插入点移到新段落的首行处。

要把段落标记显示出来,可选择【文件】→【选项】→【显示】→【段落标记】命令。

(3) 中/英文输入。可单击屏幕右下角的"输入法指示器"图标,选择输入法进行中英文的输入(可以用键盘进行选择)。

3.2.3 保存文档

文档在录入或修改后,屏幕上看到的内容只是保存在内存之中,一旦关机或关闭文档,都会使内存中的文档内容丢失。为长期保存文档,需要把当前文档存盘。此外,为了防备用机过程中突然断电、死锁等意外情况的发生而造成文档的丢失,有必要在编辑过程中定时保存文档。

保存文档分为按原名保存(即【保存】)和换名保存(即【另存为】)两种方式。根据处理对象的不同,主要有以下两种情况。

1. 保存新文档

要保存新建的文档,操作步骤如下:

(1) 选择【文件】→【另存为】或【保存】命令(或单击快速访问工具栏中的【保存】按钮或按 Ctrl+S 组合键),系统弹出图 3-13 所示的【另存为】对话框。

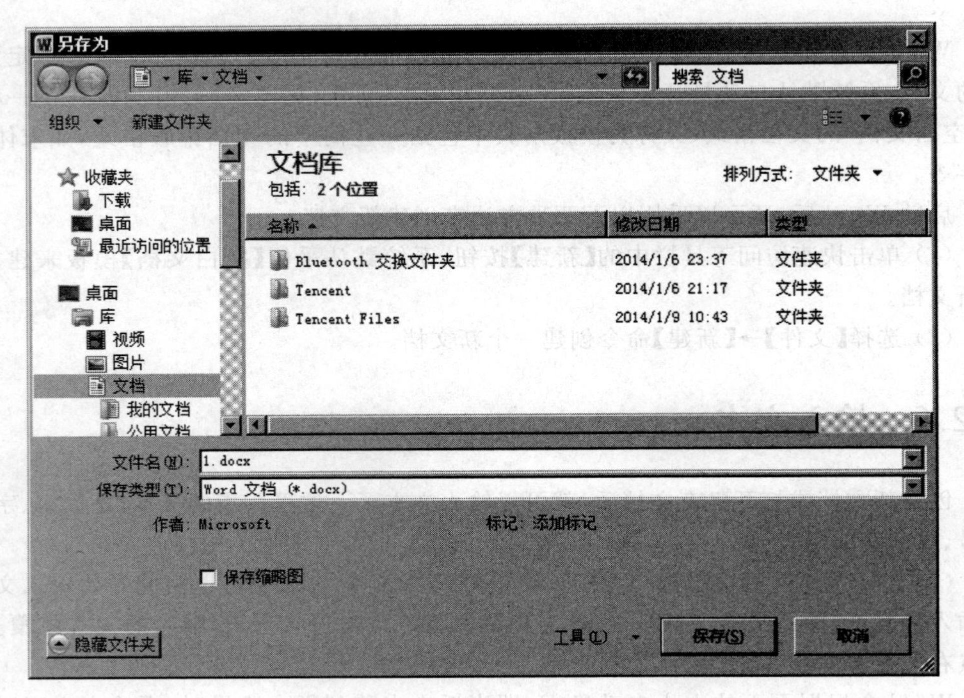

图 3-13 【另存为】对话框

(2)【另存为】对话框的设置。

①【保存位置】。用于指定文档存放的位置(盘号和文件夹)。通常默认的文件夹为【我的文档】,若用户没有改动保存位置,则文档将保存在该文件中。

说明:【我的文档】是系统建立的一个文件夹,它通常用来存放用户生成的文档。

② 改动保存位置的方法。单击【保存位置】中文件夹右边的下拉箭头,再从下拉列表中选择所需的驱动器,该驱动器中的所有文件夹和 Word 文档名会显示在其下的文档列表框中,然后在文档列表框中打开(双击)所需的文件夹(或从左侧的目录中选择相应的文件夹)。

③【文件名】。用于输入要保存的文档文件名。

④【保存类型】。默认值为"Word 文档(*.docx)",其扩展名为.docx。

(3) 单击【保存】按钮。

2. 保存旧文档

要将已有文件名的文档存盘，主要有以下两种操作方法。

(1) 以原文件名保存。选择【文件】→【保存】命令(或单击【快速访问】工具栏中的【保存】按钮，或按 Ctrl+S 组合键)。

(2) 以新文件名保存。选择【文件】→【另存为】命令，系统弹出【另存为】对话框，再按上述【另存为】对话框的设置方法进行操作(注意，要输入新文件名)，即可改名保存当前文档内容。

说明：如果打开的是其他类型文档(如文本文档，扩展名为 *.txt)，要求以 Word 方式保存，在此处必须注意【保存类型】应选择“Word 文档(*.docx)”。

3.2.4 关闭文档

一般情况下，在完成一个 Word 文档的编辑工作及存盘之后，应当关闭此文档，操作步骤如下：选择【文件】→【关闭】命令。

如果被关闭的文档是未存盘的新文档，或已被修改而未保存的已有文档，Word 将弹出提示对话框，如图 3-12 所示。

关闭文档后，该文档窗口就会移出编辑区，但此时仍然处于 Word 状态下，用户可以再编辑其他文档。当退出 Word 系统时，也能关闭当前编辑的所有文档，但同时也退出 Word 的工作环境。

3.2.5 打开文档

如果用户要处理已保存在磁盘中的文档，就必须先打开这个文档。

1. 使用【打开】命令打开文档

(1) 选择【文件】→【打开】命令(或单击【快速访问】工具栏中的【打开】按钮)，系统弹出图 3-14 所示的【打开】对话框。

(2) 在【查找范围】中指定要打开文档所在的文件夹(或从左侧的目录中选择相应的文件夹)，再选定该文件。文件类型可采用“Word 文档”类型。

说明：如果要打开的不是“Word 文档”类型文件(如文本文档，扩展名为 *.txt)，应单击【文件类型】的下拉箭头，选择【所有文件(*.*)】，再选定该文件。

(3) 单击【打开】按钮(或直接双击该文件)。

2. 使用【文件】菜单打开最近所用文件

【文件】菜单中的最近所用文件随时保存着最近使用过的若干个文档名称，用户可以从这个名列表中选择要打开的文档。

如果所要打开的文档不在名列表中，则必须执行【打开】命令打开文档。

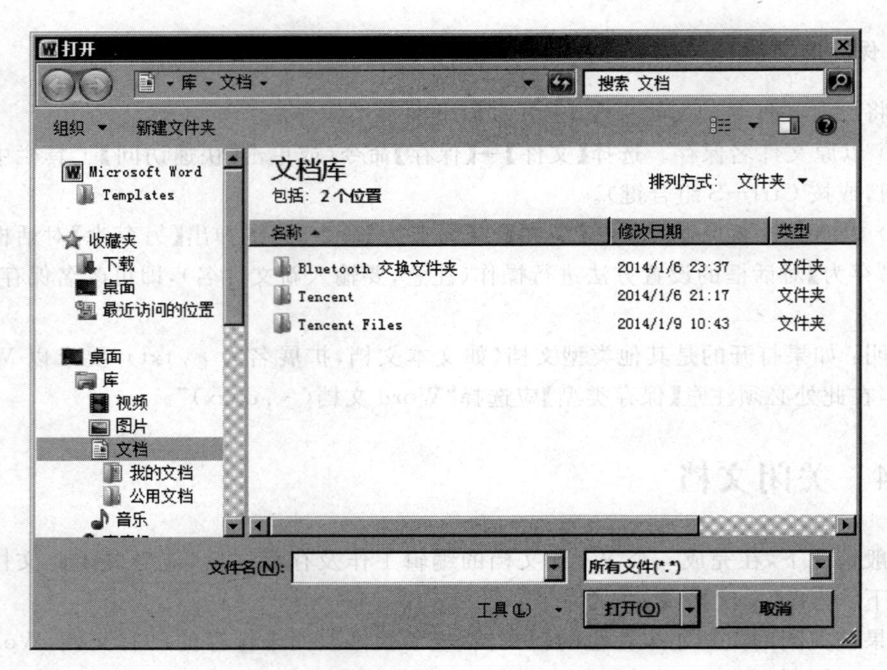

图 3-14 【打开】对话框

3. 双击打开

直接找到该 Word 文件(扩展名为 *. docx)双击(或右击,在快捷菜单中选择【打开】命令,或选定后按 Enter 键)即可打开。

4. 打开其他类型的文件

在 Word 环境下调出其他类型(如文本文档,扩展名为 *. txt)的文本进行编辑,并以 Word 方式存盘。

方法一:与上述使用【打开】命令打开文档的步骤相同(注意说明部分)。

方法二:找到并右击该文件,从弹出的快捷菜单中选择【打开方式】→Microsoft Word 命令或选择【打开方式】→【选择默认程序】命令,在弹出的对话框中选择 Microsoft Word,再单击【确定】按钮,如图 3-15(a)所示。

说明:不要选中【始终使用选择的程序打开这种文件】,文件在保存时要注意文件名正确和选择保存类型为“Word 文档(*. docx)”,如图 3-15(b)所示。

文档被打开后,其内容将显示在 Word 窗口的编辑区中,以供用户进行编辑、排版、打印等。

在 Word 中允许先后打开多个文档,使其同时处于打开状态。凡是打开的文档,其文档按钮都放到桌面的任务栏上,用户可采用切换程序(或窗口)同样的方法来切换当前文档窗口。

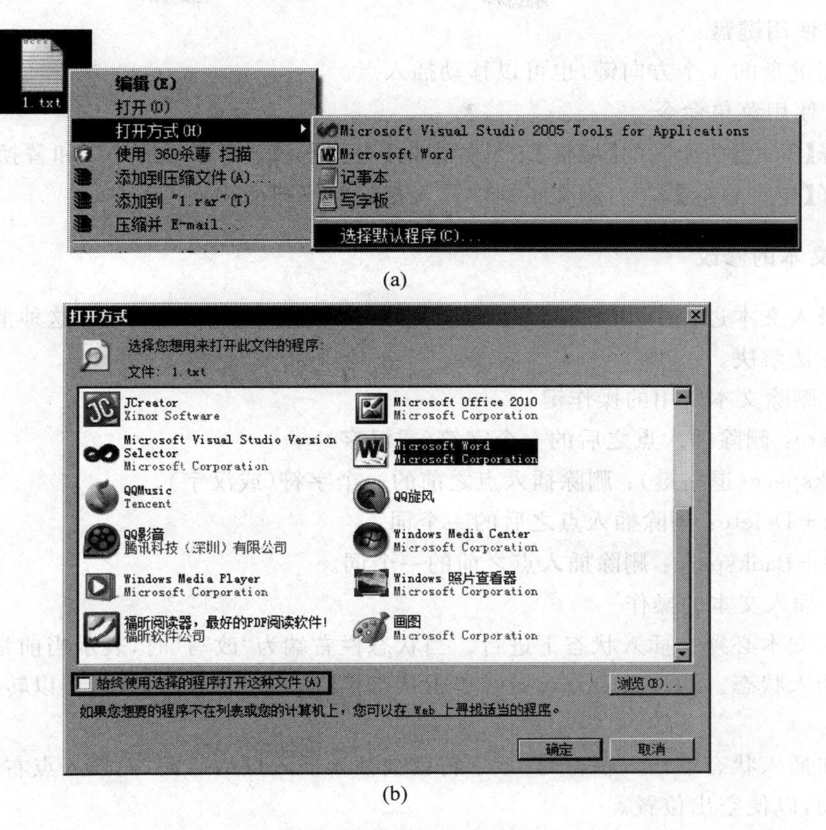

图 3-15 【打开方式】对话框

3.3 文本的编辑

在文字处理过程中，经常要对文本内容进行调整和修改。本节介绍与此有关的编辑操作，如修改、移动、复制、查找与替换等。

3.3.1 基本编辑技术

1. 插入点的移动

在指定的位置进行修改、插入或删除等操作时，就先要将插入点移到该位置，然后才能进行相应的操作。

(1) 使用鼠标

如果在小范围内移动插入点，只要将鼠标指针指向指定位置，然后单击即可。

单击滚动条内的上、下箭头，或拖动滚动块或移动鼠标中间的滑轮，也可以将插入点迅速移动到文档的任何地方，然后单击即可。

(2) 使用键盘

使用键盘的4个方向键,也可以移动插入点。

(3) 使用菜单命令

选择【开始】功能区的【编辑】工具栏中的【查找】→【转到】,在【查找和替换】对话框的左侧选择【定位目标】,在右侧文本框中输入相应的值即可。

2. 文本的修改

在录入文本过程中,经常会发生文本多打、打错或少打等情况,遇到这种情况时,可通过下列方法解决。

(1) 删除文本所用的操作键。

Delete:删除插入点之后的一个字符(或汉字)。

Backspace(退格键):删除插入点之前的一个字符(或汉字)。

Ctrl+Delete:删除插入点之后的一个词。

Ctrl+Backspace:删除插入点之前的一个词。

(2) 插入文本的操作

插入文本必须在插入状态下进行。当状态栏右端为"改写"时,表示当前是改写状态,否则为插入状态。通过按Insert键或单击状态栏【插入】和【改写】按钮可以转换插入与改写状态。

当在插入状态下输入字符时,该字符就被插入插入点的后面,而插入点右边的字符将向后移动,以便空出位置。

(3) 改写文本的操作

在改写状态下,当输入字符时,该字符就会替换插入点右边的字符。

3. 拆分和合并段落

(1) 拆分段落

当需要将一个段落拆分为两个段落,即从段落某处开始另起一段时(实际上就是在指定处插入一个段落标记),操作方法如下:把插入点移到要分段处,按Enter键。

(2) 合并段落

当需要将两个段落合并成一个段落时(实际上就是删除分段处的段落标记),操作方法如下:把插入点移到分段处的段落标记前,按Delete键删除该段落标记,即完成段落合并。

3.3.2 文本的选定、复制、移动和删除

1. 选定文本

"先选定、后操作"是Word重要的工作方式。当需要对某部分文本进行操作时,首先应选定该部分,然后才能对这部分内容进行复制、移动和删除等编辑操作。

给指定的文本做上标记,使其突出显示(即带底色显示),这种操作称为"选定文本"。

选定文本是一项基本操作。

(1) 使用鼠标选定文本

① 基本方法。把鼠标指针移到所需选择的文本之前，按住鼠标左键并拖动到所需选取的文本末端，然后释放左键，此时可见被选定的文本突出显示(即带底色显示)。

② 选定某一范围的文本。把插入点放到要选定的文本之前，把鼠标指针指向要选定的文本末端，按住 Shift 键的同时单击，此时系统将选定插入点至鼠标指针之间的所有文本。

③ 选定一行文本。单击此行左端的选定栏。

④ 选定一个段落文本。双击该段落左端的选定栏，或在该段落上任意字符处三击。

⑤ 选定矩形区域内文本。把鼠标指针移到要选区域的左上角，按住 Alt 键的同时按鼠标左键并拖动到要选区域的右下角。

⑥ 选定整个文档。三击任一行左端的选定栏，或按住 Ctrl 键的同时单击选定栏。

(2) 使用键盘选定文本

将插入点移到所要选的文本之前，按住 Shift 键的同时使用箭头键、PgDn 键、PgUp 键等来实现。按 Ctrl＋A 组合键可以选定整个文档。

(3) 撤销选定的文本

要撤销选定的文本，只需要单击编辑区中任一位置或按任一方向键，便可以完成撤销操作，此时原选定的文本即恢复正常显示。

2. 复制文本

若要在 Word 中复制文本，先将已选定的文本复制到系统剪贴板上，再将其粘贴到文档的另一位置。复制操作的常用方法如下：

(1) 利用【开始】功能区(使用快捷菜单或按 Ctrl＋C 组合键)复制文本

操作步骤如下：

① 选定要复制的文本。

② 单击【开始】功能区(使用快捷菜单或按 Ctrl＋C 组合键)的【复制】，此时系统将选定的文本复制到剪贴板上。

③ 移动插入点到文本复制的目的地。

④ 单击【开始】功能区(使用快捷菜单或 Ctrl＋V 组合键)的【粘贴】，从粘贴选项中选择相应的按钮，如图 3-16 所示。

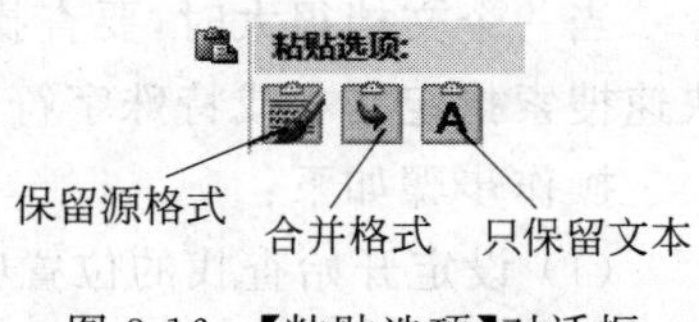

图 3-16　【粘贴选项】对话框

复制文本可以“一对多”，贴板中的剪贴内容可以任意多次地粘贴到文档中。

(2) 利用鼠标拖放的方法复制文本

操作步骤如下：

① 选定要复制的文本。

② 把鼠标指针移到选定的文本处，然后按住 Ctrl 键的同时按鼠标左键将文本拖到目的地。

③ 释放鼠标左键，即完成复制操作。

3. 移动文本

移动文本的操作步骤与复制文本的方法基本相同。其常用操作方法如下：

(1) 利用【开始】功能区(使用快捷菜单或按 Ctrl+X 组合键)移动文本

操作步骤如下：

① 选定要移动的文本。

② 单击【开始】功能区(使用快捷菜单或按 Ctrl+X 组合键)的【剪切】,此时系统将选定的文本从文档中消除,并存放在剪贴板上。

③ 移动插入点到文本移动的目的地。

④ 单击【开始】功能区(使用快捷菜单或按 Ctrl+V 组合键)的【粘贴】,从粘贴选项中选择相应的按钮,如图 3-16 所示。

(2) 利用鼠标拖放的方法移动文本

操作步骤如下：

① 选定要移动的文本。

② 把鼠标指针移到选定的文本处,然后按住鼠标左键的同时将文本拖到目的地。

③ 释放鼠标左键,即完成移动操作。

4. 删除文本

前面我们已经介绍了采用 Delete 键或退格键来删除字符的方法。这两个键一般用来删除字符不多的场合,当要删除很多字符时,最好采用如下方法。

(1) 选定要删除的文本。

(2) 按 Delete 键或单击【开始】功能区(使用快捷菜单或按 Ctrl+X 组合键)的【剪切】,即完成删除操作。

3.3.3 文本的查找和替换

1. 查找文本

当一个文档很大时,要查找某些文本是很费时的,在这种情况下,可用【查找】命令来快速搜索指定文本或特殊字符。查找到的文本处于选中状态。

操作步骤如下：

(1) 设定开始查找的位置(如文档的首部),否则作为默认方式,Word 将从插入点开始查找。

(2) 选择【开始】功能区中的【编辑】→【查找】→【高级查找】(或【查找】,从弹出的导航对话框中输入相应的查找内容即可),系统弹出图 3-17 所示的对话框。

(3) 在【查找内容】下拉列表框中输入要查找的文本,或者单击该框的向下箭头,从其下拉列表(存放之前查找的一系列文本)中选择要查找的文本。

(4) 如果对查找有更高的要求,可以单击【更多】按钮,屏幕显示如图 3-18 所示。再从对话框中进行有关设置,如【搜索】(即搜索范围,包括【全部】、【向上】和【向下】)、【区分

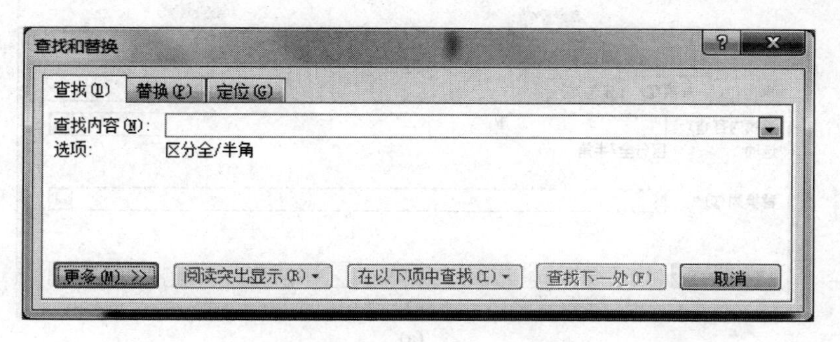

图 3-17 【查找和替换】对话框

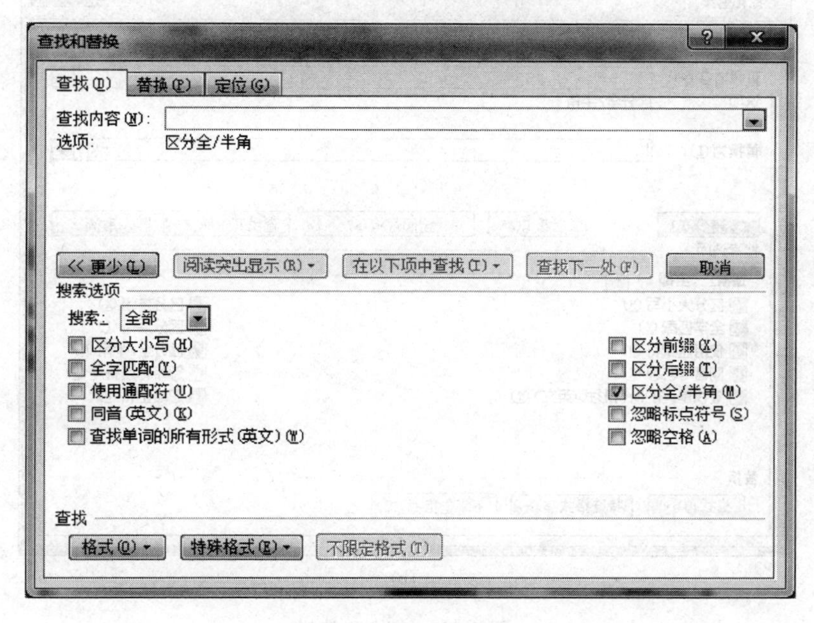

图 3-18 更多查找选项

大小写】、【全字匹配】、【使用通配符】(通配符有?、* 等)、【同音】等。

(5) 单击【查找下一处】按钮,便可以开始在文档中查找。若要找的文本找到了,则以选中方式显示。

如果需要替换所找到的文本,可以选择【替换】选项卡,此时系统将弹出图 3-19(a)所示的对话框。若要继续查找,可再次单击【查找下一处】按钮。结束查找时,单击【取消】按钮来关闭对话框。

2. 替换文本

执行【替换】命令,可以在当前文档中用新的文本来替换指定文本。

操作步骤如下:

(1) 设置开始替换的位置(可以是文档的任意位置)。

(2) 选择【开始】功能区中的【编辑】→【替换】,系统弹出如图 3-19(a)所示的对话框。

(3) 设置对话框。

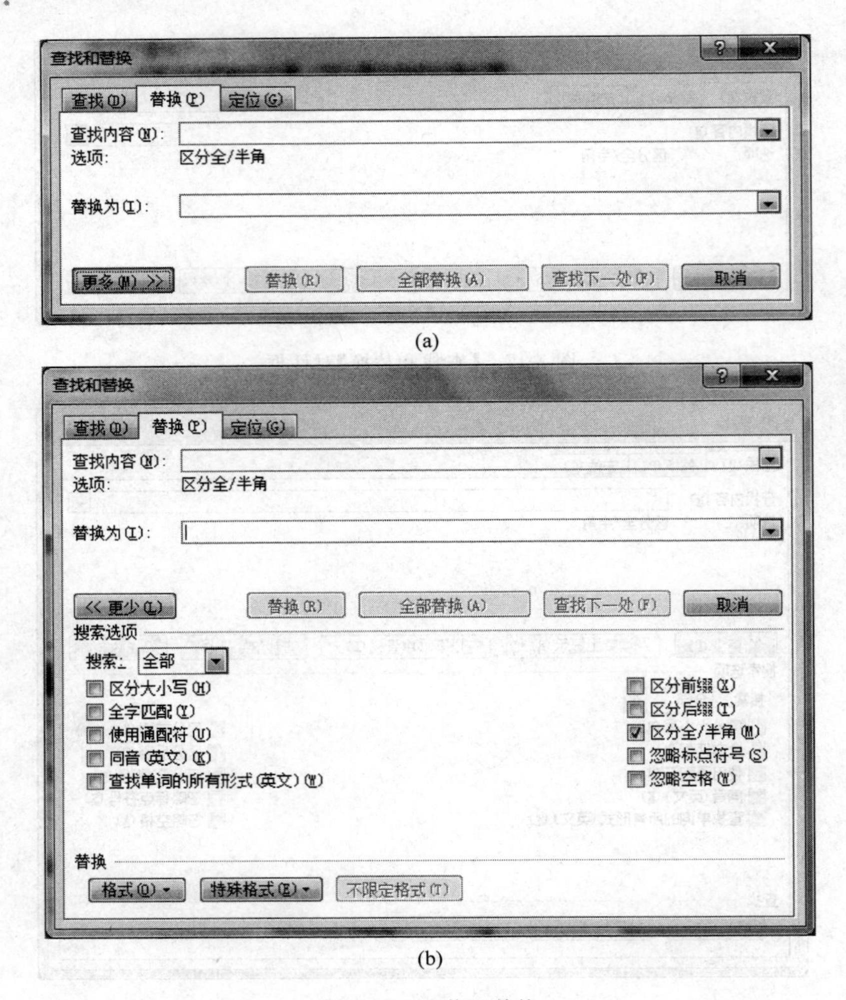

图 3-19 查找和替换

① 在【查找内容】中输入要查找的文本,而在【替换为】中输入新的文本。

② 若要替换所有查找到的文本,则单击【全部替换】按钮；若要对找到的文本进行有选择的替换,则应先单击【查找下一处】按钮,Word 会将找到的文本以选中方式显示,如果要替换当前查找到的文本,则单击【替换】按钮,否则单击【查找下一处】按钮以继续查找。

③ 如果对查找有更高的要求,可以单击对话框中的【更多】按钮,屏幕显示如图 3-19(b)所示。

其中几个主要复选框的功能如下：

- 区分大小写。如果将文档中的 tom 全部替换成 Tom,则在【查找内容】中输入 tom,在【替换为】框中输入 Tom,再选中此项,单击【全部替换】。
- 使用通配符。如果将文档中的【标题一结束】、【标题二结束】、…、【标题十结束】删除,则在【查找内容】框中输入【标题?结束】(注意,英文状态下输入),在【替换为】中不输入任何内容,再选中此项,单击【全部替换】。
- 将文档中的某个词全部替换成红色字体并加着重号。先在【查找内容】和【替换为】中都输入该词，再将鼠标指针移到【替换为】中，选择【格式】→【字体】，设置红色字体并加着重号(注意其他没有要求的项目不要进行设置)，单击【全部替换】按钮(如果字体颜色设置错误，需要修改，直接单击【不限定格式】可取消【格式】设置)。

- 将文档中的制表符全部替换。先将鼠标指针移到【查找内容】，再选择【特殊字符】→【制表符】，在【替换为】中不输入任何内容，单击【全部替换】按钮。

(4) 结束替换时，单击【关闭】按钮来关闭对话框。

3.3.4 撤销与恢复

1. 撤销

当执行上述删除、修改、复制、替换等操作后，有时发现操作有错，需要取消，此时可以使用【撤销】命令，它可以取消之前所做的操作。

操作方法：单击【快速访问】工具栏中的【撤销】按钮 (或按 Ctrl＋Z 组合键)。

撤销命令可以多次执行，以便把所做的操作从后往前一个一个地撤销。如果要撤销多项操作，可以单击【快速访问】工具栏中的【撤销】按钮右边的向下箭头，打开其下拉列表，从中选择要撤销的多项操作即可。

2. 恢复

【恢复】功能用于恢复被撤销的各种操作。

操作方法：单击【快速访问】工具栏中的【恢复】按钮 (或按 Ctrl＋Y 组合键)。

3.4 文档的排版

有时为了使所编辑的整个文档看起来比较美观，需要更改某一部分的外观，这种工作称为格式化，在 Word 文档中，格式化包括字符格式化、段落格式化、页面设置等，本章只讲述前两种，页面设置将在 3.7 节中阐述。

3.4.1 字符格式化

字符格式化包括选择字体、字号、字形、字体颜色、字符间距、文字效果等。

1. 字体、字形、字号的设置

(1)【字体】是字符的形状，包括中文字体和西文字体，中文字体可以有仿宋、宋体、楷体、隶书、黑体等多种，西文字体包括 Arial、Times New Roman、Book Antique 等多种。打开一个 Word 文档后，若选用某一字体，则以后输入的字符就会使用该字体，直到文件结束或改用其他字体为止。在一份文本之中，可以用许多种字体，可以在输入文本前先选用字体,也可以先输入文本,然后选取文本并修改字体。

(2)【字形】包括常规、加粗、倾斜及加粗倾斜 4 种。

(3)【字号】是指字的大小,用来确定字的长度和宽度,一般以磅或号为单位。图 3-20 为磅数和字号的大小。

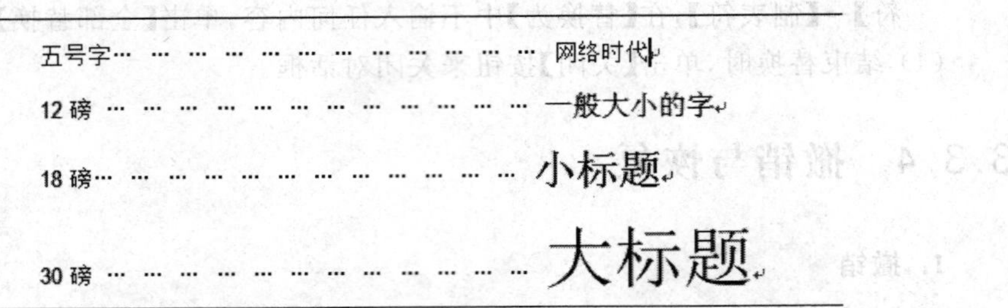

图 3-20　不同字号的效果

字体、字形、字号的设置方法如下。

方法一:使用【开始】功能区中【字体】工具栏的按钮直接设置(见图 3-21)。

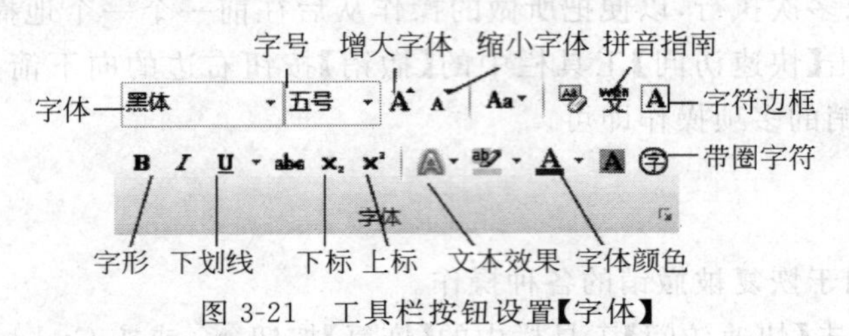

图 3-21　工具栏按钮设置【字体】

方法二:使用【字体】对话框设置。

(1) 选中要设置字体的字。

(2) 单击【开始】功能区中【字体】组右下角的【显示字体对话框】按钮 。

(3) 弹出【字体】对话框(见图 3-22)。

(4) 在【字体】对话框中进行设置。

关于【字体颜色】、【下划线】、【下划线颜色】、【着重号】、【删除线】、【上标】、【下标】(上标或下标的使用,例如,要输入 x_1^2,可以先输入 x12,选中 1 单击【字体】工具栏中的 $\mathbf{x_2}$,选中 2 单击【字体】工具栏中的 $\mathbf{x^2}$ 即可)等相应设置可以使用前面介绍的方法进行设置。如果在工具栏上找不到相应设置,就利用【字体】对话框设置。

说明:如果想取消字体格式的设置,可以在选定对象后,按 Shift＋Ctrl＋Z 组合键。

例 3-1　打开 301. docx 文档,完成以下操作。设置第一段文档的字体格式:字体——楷体,字形——加粗、倾斜,字号——小四,字体颜色——蓝色,红色单下划线。

方法一:使用工具栏中的按钮进行字符格式化。

操作步骤如下:

(1) 选中第一段文档。

(2) 在【开始】功能区的【字体】工具栏中的【字体】下拉列表中选择【楷体】,在【字号】下拉列表中选择【小四】。

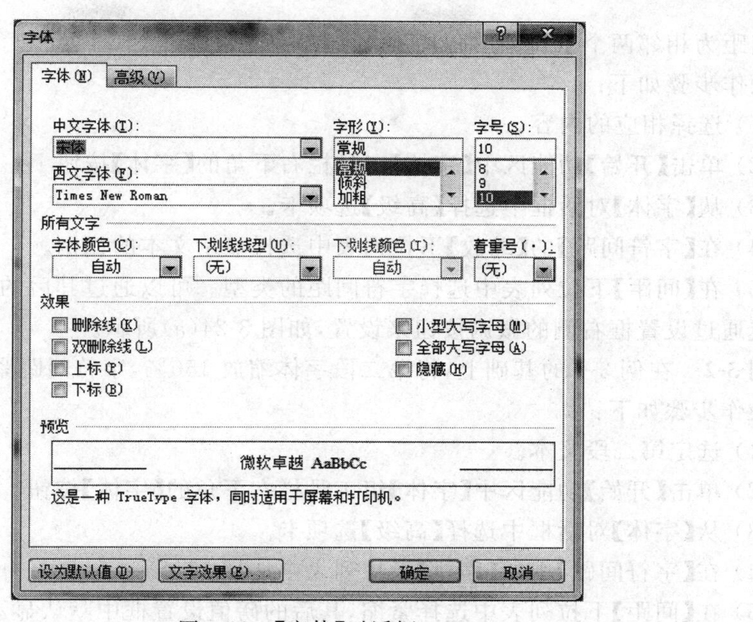

图 3-22 【字体】对话框

(3) 在工具栏中单击【加粗】和【倾斜】按钮 **B** *I*。

(4) 在工具栏中单击【字体颜色】A ▾，选择【蓝色】和【下划线】U ▾ 选择【单下划线】，并设置下划线的颜色为【红色】。

方法二：使用【字体】对话框进行字符格式化。

操作步骤如下：

(1) 单击【开始】功能区中【字体】工具栏右下角的【字体】按钮。

(2) 弹出【字体】对话框(见图 3-22)。

(3) 在【字体】对话框中进行设置。

方法三：选中第一段文档后，可以把鼠标指针移到选定的文本处，右击，屏幕出现图 3-23 所示的快捷菜单，选择【字体】命令，然后按照方法二进行设置，此方法还可以进行段落格式化、文字方向等的设置。

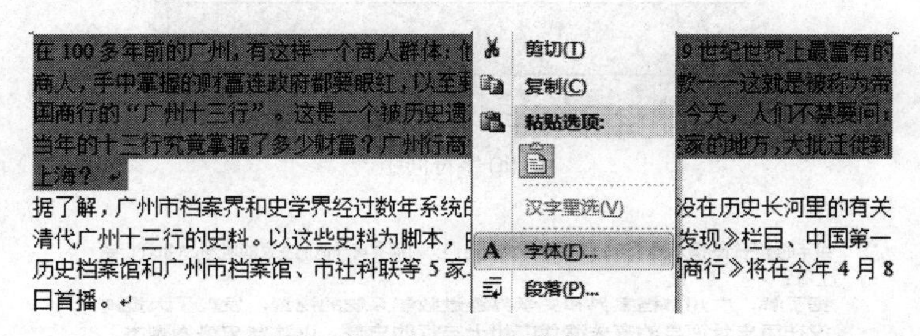

图 3-23 快捷菜单

2. 字符间距

【字符间距】选项可以设置【缩放】和【间距】等。缩放为字符按一定比例变宽或变窄，字符间距为相邻两个字符间的距离。

操作步骤如下：

(1) 选择相应的内容。

(2) 单击【开始】功能区中【字体】工具栏右下角的【字体】按钮 。

(3) 从【字体】对话框中选择【高级】选项卡。

(4) 在【字符间距】的【缩放】下拉列表中选择显示文本的比例。

(5) 在【间距】下拉列表中选择字符间距的类型。可以通过其后的磅值设置框输入相应值或通过设置框右侧的微调按钮来设置，如图 3-24(a)所示。

例 3-2 在例 3-1 的基础上，将第二段字体缩放 150%，字符间距紧缩 1 磅。

操作步骤如下：

(1) 选定第二段文本。

(2) 单击【开始】功能区中【字体】组工具栏右下角的【字体】按钮。

(3) 从【字体】对话框中选择【高级】选项卡。

(4) 在【字符间距】中的【缩放】下拉列表中选择 150%。

(5) 在【间距】下拉列表中选择紧缩，其后的磅值设置框中默认显示 1 磅。

(6) 单击【确定】按钮即可，效果如图 3-24(b)所示。

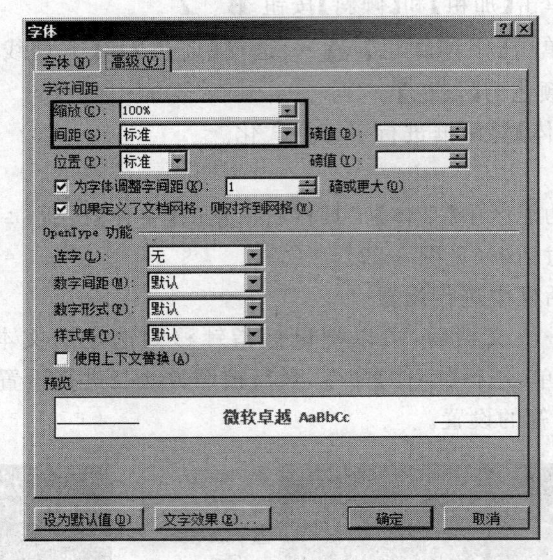

(a) 字符间距

当年的十三行究竟掌握了多少财富？广州行商们又为何要离开他们发家的地方，大批迁徙到上海？

据了解，广州市档案界和史学界经过数年系统的挖掘，发现了大批淹没在历史长河里的有关清代广州十三行的史料。以这些史料为脚本，由中央电视台《探索·发现》栏目、中国第一历史档案馆和广州市档案馆、市社科联等 5 家单位联合摄制的《帝国商行》将在今年 4 月 8 日首播。

(b) 例3-2执行结果

图 3-24 设置字符间距

说明：可在【字符间距】选项卡中【间距】内选择【加宽】、【标准】或【紧缩】，然后在右侧的磅值框内输入磅值，可出现不同的间距效果（见图 3-25）。

键盘是最重要的输入设备，………………此为紧缩 1 磅。

打字区、功能键、数字光标小…………此为标准 0 磅。

键 盘 和 光 标 控 制 键 …………此为加宽 3 磅。

图 3-25　设置字符间距效果

3. 文字效果

当制作一份文件时，可为某些文字加上【文字效果】，使其更加美观。

方法一：使用【开始】功能区中【字体】组工具栏中的 A▾ 按钮直接设置。

方法二：使用【字体】对话框设置。

（1）选中要设置文字效果的字。

（2）单击【开始】功能区中【字体】组工具栏右下角的【字体对话框】按钮 ⌟ 。

（3）弹出【字体】对话框（见图 3-26(a)）。

（4）单击【字体】选项中的【文字效果】，弹出【设置文本效果格式】对话框，如图 3-26(b) 所示，从中设置相应内容即可。

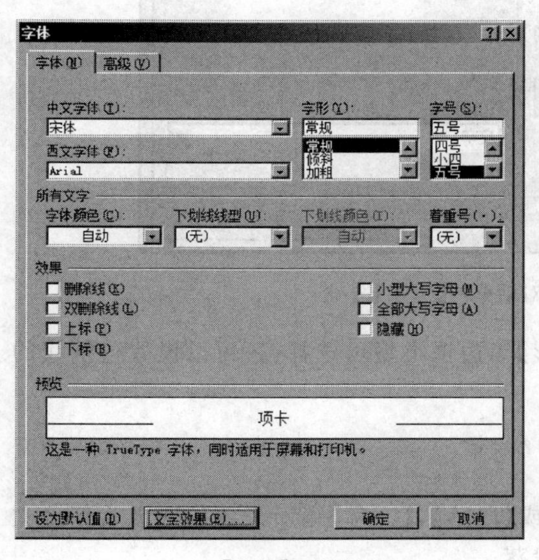

(a)【字体】对话框

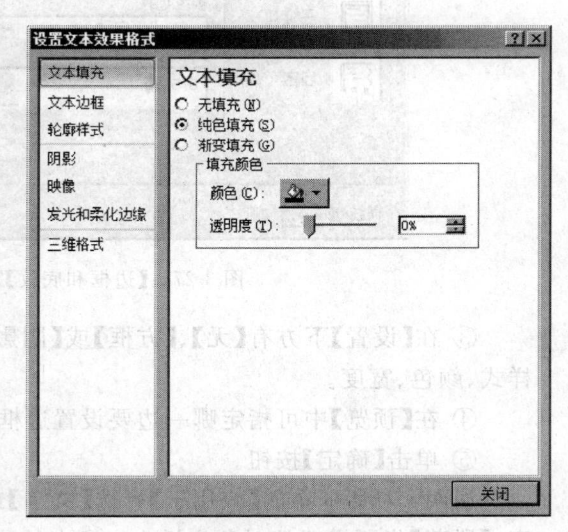

(b)【设置文本效果格式】对话框

图 3-26　制作文字效果

4. 字符的边框和底纹

可以给文档中的文字加上边框和底纹，使其更美观，操作步骤如下：

（1）文字边框

① 选取要加边框的文字。

② 使用【开始】功能区中【字体】组工具栏中的A按钮直接设置。如果取消边框，可再次单击A。

利用工具栏中按钮加上的边框为一固定格式，若要使边框有阴影，有变化或只有某些边有边框，则应利用对话框。

操作步骤如下：

① 选取要加边框的文字。

② 单击【开始】功能区中【段落】组工具栏中的【下框线】按钮右边的倒三角接钮，在弹出的下拉列表中选择【边框和底纹】，打开【边框和底纹】对话框(见图 3-27)。在对话框右下角的【应用于】下拉列表中选择【文字】。

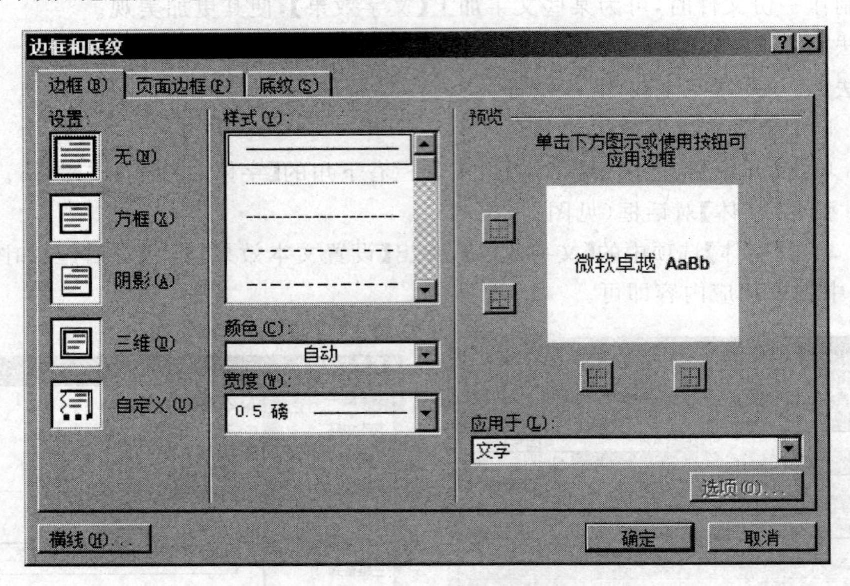

图 3-27 【边框和底纹】对话框的【边框】选项卡

③ 在【设置】下方有【无】、【方框】或【阴影】等边框类型可选择，还可以设置边框线的样式、颜色、宽度。

④ 在【预览】中可指定哪一边要设置边框。

⑤ 单击【确定】按钮。

说明：对话框中的【应用于】可选【文字】或【段落】,【文字】指所设置的对象为部分文字,【段落】指所设置的对象为插入点所在的段落。

当选择过一次【边框和底纹】后，其【边框和底纹】按钮将会显在【段落】组工具栏中。

段落的边框可以四边都有，也可以删除某边的边框，只要单击【预览】处代表边框的按钮即可。

(2) 文字底纹

使用【开始】功能区中【字体】组工具栏中的A按钮直接设置，或单击【开始】功能区中【段落】组工具栏中的按钮直接设置。如果取消底纹，可再次单击。但是使用【字符底纹】按钮设置的底纹只有一种，如果想设置更多底纹效果，可利用【边框和底纹】对话框来设置(见图 3-28)。在对话框中可以设置填充的背景颜色、填充的图案及图案的颜色。

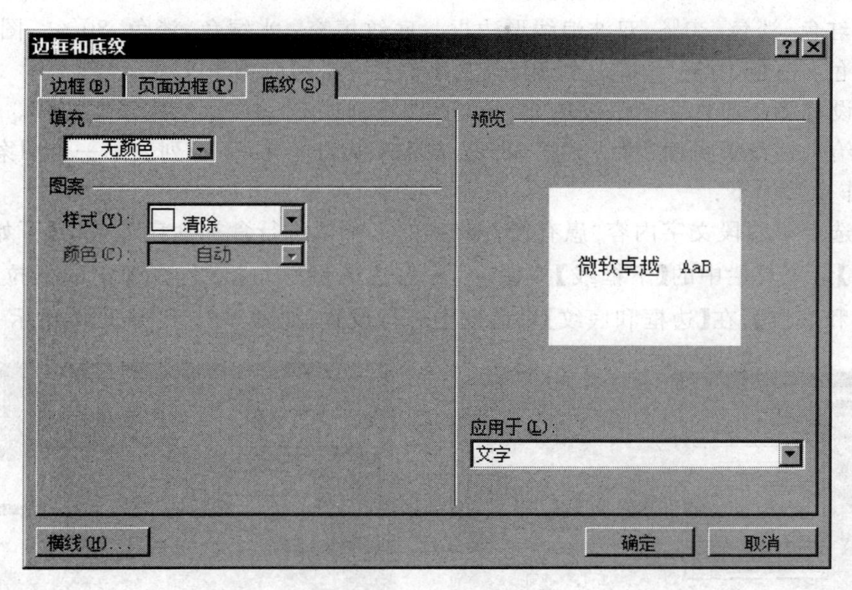

图 3-28 【底纹】选项卡

说明：对话框中的【应用于】可选择【文字】或【段落】,【文字】指所设置的对象为部分文字,【段落】指所设置的对象为插入点所在的段落。

(3) 页面边框

设置【页面边框】可以为打印出的文档增加美观的效果。【页面边框】对话框比【边框】对话框多了一个【艺术型】下拉列表框,其他的内容相同,操作步骤也相同,如图 3-29 所示。

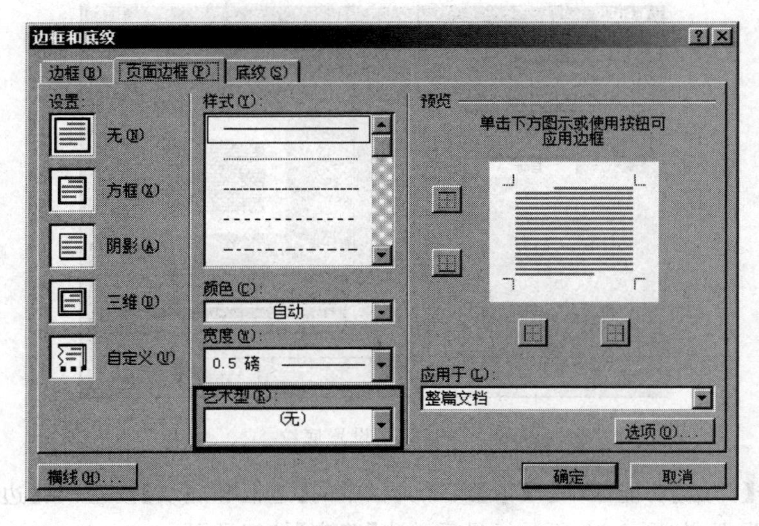

图 3-29 【页面边框】选项卡

例 3-3 打开 303. docx 文档，完成以下操作。

① 为第六段文字内容“患有慢性疾病的人可以进行食补食疗”分别添加边框和底纹：阴影型、红色、淡色、30％、双波浪线形边框。底纹填充：水绿色、淡色、80％。图案：样式5％。颜色：白色、深色、50％。应用于【文字】(注：必须应用于文字)。

② 设置第二段文字的底纹填充：黄色，图案样式 5％，底纹应用于“段落”。

③ 给文档设置页面边框，宽度 18 磅，艺术型为红苹果(下拉列表第一个图案)。

操作步骤如下：

① 选定第六段文字内容“患有慢性疾病的人可以进行食补食疗”，单击【开始】功能区中【段落】组工具栏中的【下框线】按钮 ▾ 右边的倒三角按钮，在弹出的下拉列表中选择【边框和底纹】，在【边框和底纹】对话框中进行设置，如图 3-30 和图 3-31 所示。

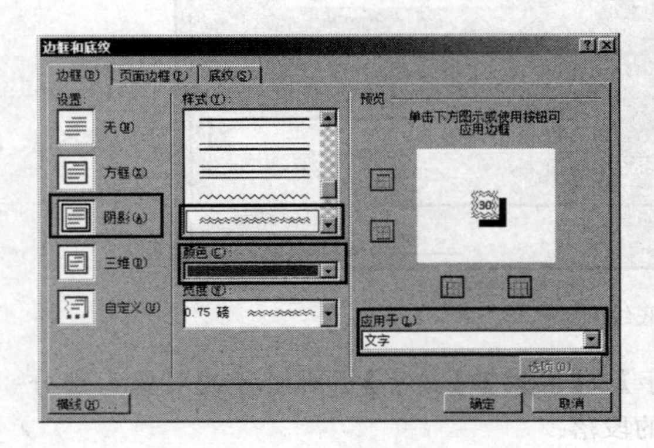

图 3-30 【边框】选项卡

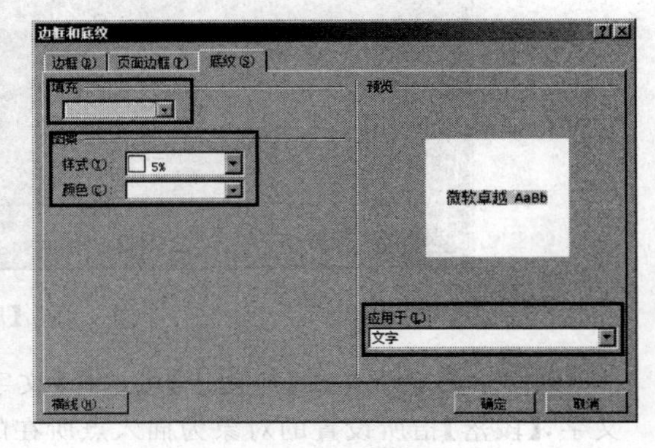

图 3-31 【底纹】选项卡

② 选定第二段，单击【开始】功能区中【段落】组工具栏中的【边框和底纹】按钮，在【边框和底纹】对话框中进行设置，如图 3-32 所示。

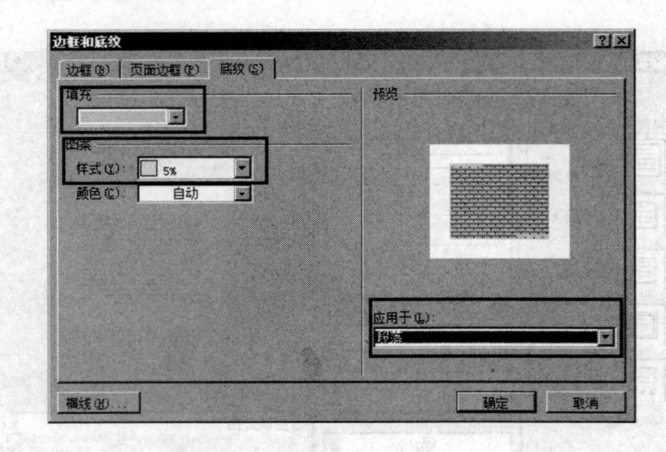

图 3-32 设置底纹

③ 单击【开始】功能区中【段落】组工具栏中的【边框和底纹】按钮，在【边框和底纹】对话框中进行设置，如图 3-33 所示。最后单击【确定】按钮即可。

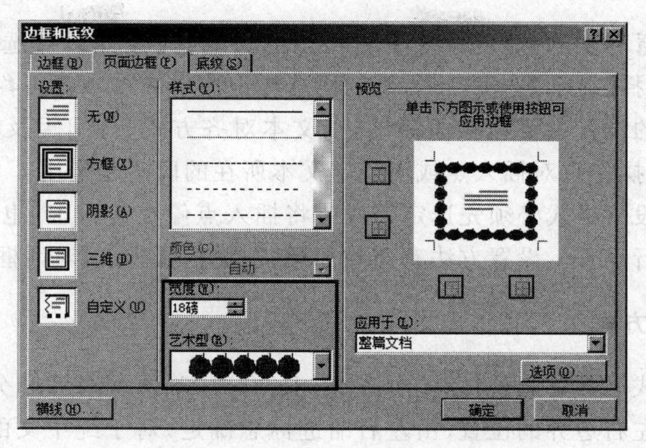

图 3-33 【边框和底纹】对话框的【页面边框】选项卡

5. 首字下沉

首字下沉是指将文章段落开头的第一个或前几个字符放大数倍,并以下沉或悬挂的方式改变文档的版面样式。

例 3-4 打开 303.docx 文档,完成以下操作。

(1) 将第二段设置首字下沉,下沉行数为 2,距正文 1 厘米。

(2) 将第四段设置为首字悬挂,悬挂 3 行。

操作步骤如下:

在第二段中任意位置单击,单击【插入】功能区中【文本】组工具栏中的【首字下沉】按钮,在弹出的下拉列表中选择【首字下沉选项】(见图 3-34),在【首字下沉】对话框中进行设置,如图 3-35 所示,完成后单击【确定】按钮即可。

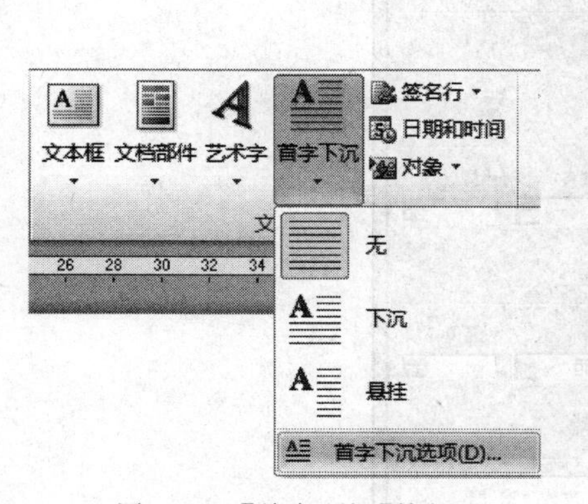

图 3-34 【首字下沉】按钮

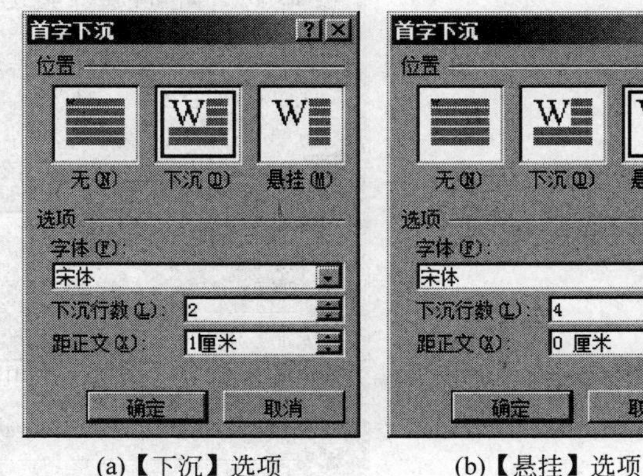

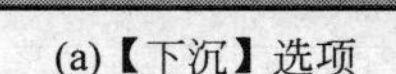

(a)【下沉】选项

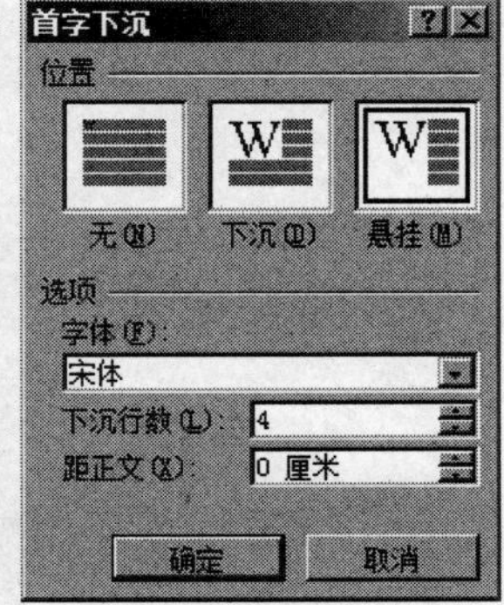

(b)【悬挂】选项

图 3-35 【首字下沉】对话框

3.4.2 段落格式化

段落是文档中的自然段。段落格式化对文档的外观有很大的影响,当输入文本时,每当按下 Enter 键就形成了一个段落。每个段落的最后都有一个段落标记↵,而段落标记在一般情况下是看不到的，显示段落标记可以通过选择【文件】→【选项】命令，在【Word选项】对话框中选择【显示】选项，将右侧的段落标记选中☑ 段落标记(M)。

段落格式化的设置主要包括段落缩进、文本对齐方式、行间距及段落的边框和底纹等，段落格式化的操作只对插入点或所选定文本所在的段落起作用。

要设置某一段落格式必须先选定该段或将插入点停在该段上，也可同时对多段或段落的某一部分进行设置。设置方法有通过标尺、工具栏、【段落】对话框等。

1. 段落对齐方式

段落对齐方式通常有五种，即左对齐、居中、右对齐、两端对齐和分散对齐，这些方式都指文本相对于左右边界的位置(由左右缩进标志确定)对于纯中文的文本，两端对齐相当于左对齐；分散对齐是使段落中各行的字符等间距排列在左右边界之间。

操作步骤如下。

方法一：使用工具栏中的按钮设置。

(1) 将插入点移到要设置对齐方式的段落或选定相应段落。

(2) 单击【开始】功能区中【段落】组工具栏中的对齐方式按钮进行设置。

方法二：使用对话框设置。

(1) 将插入点移到要设置对齐方式的段落或选定相应段落。

(2) 单击【开始】功能区中【段落】组工具栏右下角的【段落对话框】按钮，或单击【页面布局】功能区中【段落】组工具栏右下角的【段落对话框】按钮。

(3) 在【段落】对话框(见图 3-36)中进行相应的设置。之后单击【确定】按钮。

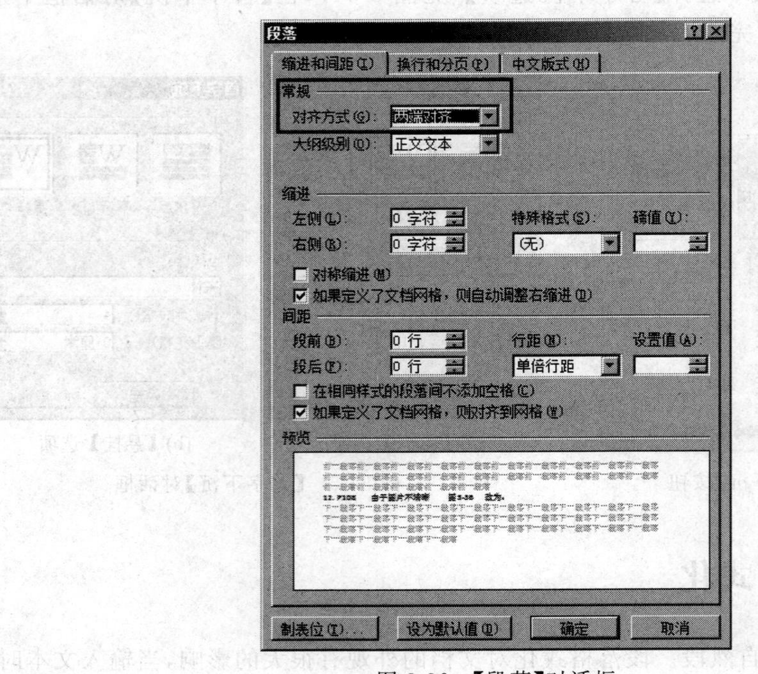

图 3-36 【段落】对话框

2. 段落缩进

段落的缩进是指段落中的文本到边界有多少距离，包括左缩进、右缩进、首行缩进。左缩进指规定段落左边从什么地方开始，右缩进指规定段落右边从什么地方开始，首行缩进指段落第一行的左边位置。在英文文本中，通常规定首行缩进 5 个字母，中文文本规定首行缩进两个字符。

操作步骤如下。

方法一：使用标尺上的标记设置。

若标尺没显示出来，则选中【视图】功能区中【显示】组工具栏中的【标尺】复选框。

(1) 将插入点移到要设定缩进的段落或选定设定缩进的段落。

(2) 用鼠标将标尺上的三角标记拖动到适当的地方(见图 3-37)。

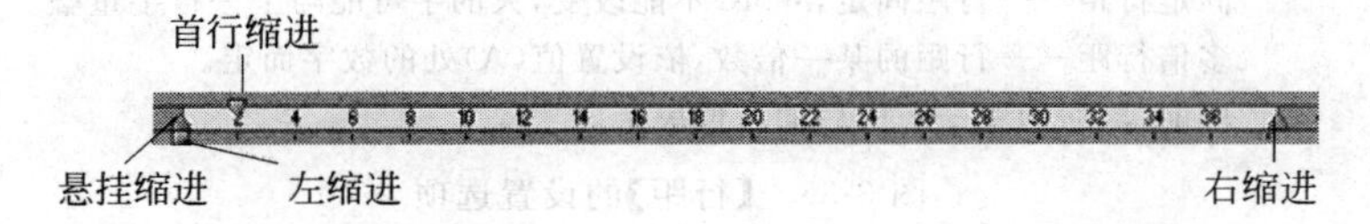

图 3-37 标尺

说明：这种方法比较简单，当移动左缩进时，第一行缩进也会跟着移动，若只要移动左边缩进，可以按 Shift 键，同时拖动左缩进标记。

若使某一段的文本有缩进，可使用【段落】工具栏中的缩进按钮，其功能如下：减少缩进量(将选定的段落移到左边，即先前的定位点)、增加缩进量(将选定的段落移到右边，即下一个定位点)。

方法二：使用对话框设置。

(1) 将插入点移到要设置对齐方式的段落或选定相应段落。

(2) 单击【开始】功能区中【段落】组工具栏右下角的【段落对话框】按钮，或单击【页面布局】功能区中【段落】组工具栏右下角的【段落对话框】按钮。

(3) 在【段落】对话框(见图 3-36)中设置左侧缩进、右侧缩进、特殊格式中的首行缩进和悬挂缩进。

(4) 单击【确定】按钮。

3. 段落间距

段落间距的调整包括行间距及本段落与前段、本段落与后段间距的设置。

行距的衡量单位与文字大小的衡量单位一样，都是用磅值，从一行的下面量到上面一行的下面。设置的行距为 1，也就是行与行之间不空行，相当于 12 磅。当行距为 1.5 时，相当于 18 磅，当行距为 2 时相当于 23 磅。

设置行距及段前段后的方法与设置段落缩进相似，所不同的是本操作使用【段落】对话框中【间距】部分的命令(包括段前、段后及行距)。

操作步骤如下。

方法一：用工具栏设置。

(1) 将插入点移到某一段内或选取要设定行距的段落。

(2) 单击【开始】功能区中【段落】组工具栏中的【行和段落间距】按钮 进行设置。

方法二：使用对话框设置。

(1) 将插入点移到要设置对齐方式的段落或选定相应段落。

(2) 单击【开始】功能区中【段落】组工具栏右下角的【段落对话框】按钮，或单击【页面布局】功能区中【段落】组工具栏右下角的【段落对话框】按钮。

(3) 在【段落】对话框(见图 3-36)中进行相应的设置。【行距】的设置选项如图 3-38 所示。

单倍行距——行距为 1 行的高度。
1.5 倍行距——行距为 1.5 行的高度。
最小行距——设定最小行距，Word 可自动随字的需要增加。
固定行距——行距固定，Word 不能改变，大的字可能与上一行字重叠。
多倍行距——行距的某一倍数，依设置值(A)处的数字而定。
段前、段后间距——由后面行值决定。

图 3-38 【行距】的设置选项

(4) 单击【确定】按钮。

4. 格式刷

字符和段落的格式可以通过复制的方法进行设置。例如，在一篇文章中，标题中出现“土地”两个字，格式为粗体、红色、五号字，在文章中也出现了若干个“土地”，现想将标题中的“土地”格式复制到文章中“土地”，或多个段落使用相同的格式设置，则使用 Word 中的【格式刷】命令相当方便。

(1) 复制字符格式

① 选取已格式化好的文字。

② 单击【开始】功能区中【剪贴板】组工具栏中的 格式刷 按钮。

③ 把鼠标指针放到要格式化的文本区域之前。

④ 按住鼠标左键在要排版的区域拖动即可。

⑤ 若要复制同一格式到许多地方，可在【格式刷】按钮上双击，依次选取要格式化的文字即可。

(2) 复制段落格式

由于段落格式保存在段落中，可以只复制段落标记来复制段落的格式，操作步骤如下：

① 选定段落标记。

② 单击【开始】功能区中【剪贴板】组工具栏中的 格式刷 按钮(若复制到多个段落则双击)，鼠标指针变成刷子形状。

③ 选中要排版的段落标记，以将段落格式复制到该段落中。

说明：如果字符格式和段落格式要同时复制，可以选中包含格式的文字和段落标记，单击或双击格式刷，再去刷要设置段落的文字和段落标记。

3.5 表格的制作

制作表格是人们进行文字处理的一项重要内容。Word 提供了丰富的制表功能。表格是由许多行和列的单元格组成的，如图 3-39 所示。

图 3-39 表格

3.5.1 表格的创建

创建表格可以通过【插入】功能区中【表格】组工具栏来完成，下面举例说明。

1. 使用【绘制表格】创建表格

Word 提供了强大的绘制表格功能，可以像用铅笔一样随意绘制复杂或非固定格式的表格。下面举例说明绘制表格的方法。

例 3-5 绘制一个 3 行 3 列的表格。

操作步骤如下：

(1) 单击【插入】功能区中【表格】组工具栏中的【表格】按钮，在弹出的下拉列表中选择【绘制表格】。

(2) 鼠标指针变成铅笔形状。

(3) 直接绘制即可。如果要删除框线，可使用【表格工具 设计】功能区中【绘图边框】组工具栏中的【擦除】按钮。

2. 用【插入表格】创建表格

操作步骤如下：

(1) 单击【插入】功能区中【表格】组工具栏中的【表格】按钮，在弹出的下拉列表中选择【插入表格】。

(2) 弹出图 3-40 所示的对话框。

(3) 设置相应行数和列数即可。

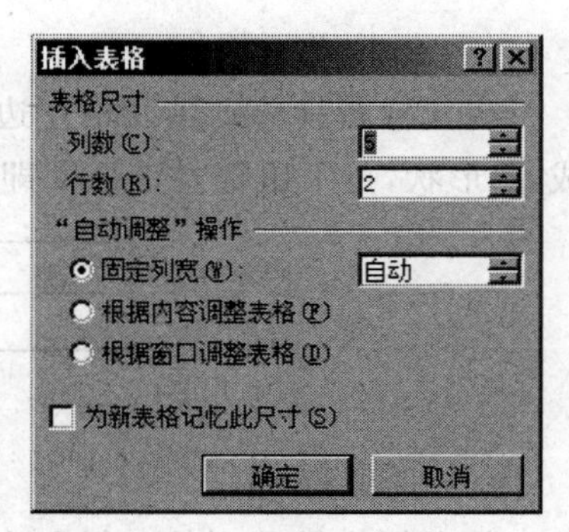

图 3-40 【插入表格】对话框

3. 使用内置行、列功能绘制表格

操作步骤如下：

单击【插入】功能区中【表格】组工具栏中的【表格】

按钮,把鼠标指针指向【插入表格】区域左上角(第 1 行第 1 列),按住鼠标左键并向右下方拖动,直到选定了所需的行、列数,本例以 3 行 3 列为例,然后松开,即可绘出需要的表格。表格由系统自动生成(最多只能创建 10 行 8 列的表格)。

4. 使用表格模板创建表格

Word 中包含各种各样的表格模板,使用已有的模板可以快速创建表格,也可加强美感。

操作步骤如下:

单击【插入】功能区中【表格】组工具栏中的【表格】按钮,在弹出的下拉列表中选择【快速选择】→【内置】列表下的相应模板即可。

3.5.2 文本的录入与数据的选取

表格内的任一格称为单元格,要在某一单元格内输入数据,首先需将插入点移到单元格内,然后向此单元格输入文本。一个单元格容纳的字数没有限制,当输入的字很多时,Word 会自动将该行的高度加大。

1. 移动插入点

移动插入点可单击单元格内部,之后可用上、下、左、右方向键或 Tab 键快速移动,Tab 键使插入点向右移动一个单元格,当插入点在最右边单元格时,再按一次 Tab 键将使插入点移到下一行的最左边。Shift＋Tab 组合键使插入点左移,当插入点在最左边时,再按一次 Shift＋Tab 组合键将使插入点移到上面一行的最右边。

2. 录入文本

单元格内的文本与其他文本一样,可对其进行剪切、复制和粘贴操作,也可以设置各种字体、颜色等。由于每个单元格视为独立的处理单元,因此,在完成该单元格后不能按 Enter 键表示结束,否则会增加行高。

3. 选取表格

(1) 选取单元格

将鼠标指针移到单元格左边,当指针变成形状,单击即可选中单元格。当指针变成形状,按下鼠标左键拖动即可选中多个单元格,如图 3-41 所示。

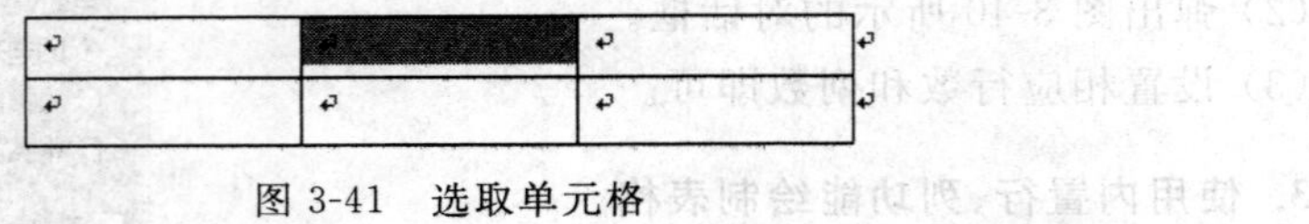

图 3-41 选取单元格

(2) 选取行

将鼠标指针移到某一行左边,鼠标指针变成形状,单击即可选中一行。当鼠标指针变成形状,按住鼠标左键上下拖动即可选中多行,如图 3-42 所示。

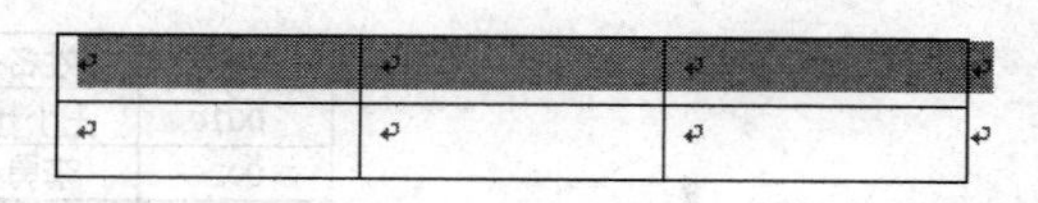

图 3-42　选取行

(3) 选取列

将鼠标指针移到该列最上方的线上方，鼠标指针变成⬇形状，单击即可选中一列。当鼠标指针变成⬇形状，按住鼠标左键左右拖动即可选中多列，如图 3-43 所示。

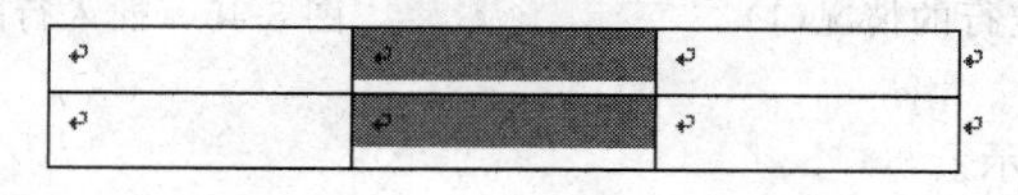

图 3-43　选取列

(4) 选取一定范围或整个表格

将鼠标指针移到需选范围左上角的单元格，按住鼠标左键拖动鼠标至右下角单元格，即可选中一定范围。如果要选中整个表格，只需将鼠标指针移到表格左上角的表格移动控制点 ⊞ 上单击，即可选中整个表格。

说明：上面的操作还可以通过工具栏按钮设置。将光标置于表格中，单击【表格工具 布局】功能区中【表】组工具栏中的【选择】按钮，在弹出的下拉列表中可以选择单元格、行、列和表格。

3.5.3　表格的编辑

表格创建后，一般要对表格进行调整，修改或对表格中内容进行对齐等操作，在对其进行操作前，一般要先选定内容。

1. 行的插入与删除

(1) 在某行之前插入若干行

例 3-6　在图 3-44 所示的表格中，要求在"陈同"之前插入 3 行。

操作步骤如下：

① 选定行("陈同"所在行)及下的若干行(此例共 3 行)。务必使所选的行数等于需插入的行数，如图 3-44 所示。

② 单击【表格工具 布局】功能区中【行和列】组工具栏中的【在上方插入】按钮，即可插入 3 行，或在选定区域内右击，从弹出的快捷菜单中选择【插入】列表中的相关命令。执行结果如图 3-45 所示。

(2) 在最后一行后面插入若干行

例 3-7　在"方明"下方插入 3 行。

操作步骤如下：

① 从表格后面最后一行开始选中若干行(此例为 3 行)，务必使所选的行数等于需插

学号	姓名	成绩
001	王小壮	80
002	李勇	69
003	陈同	95
004	刘晓敏	75
005	方明	89

图 3-44　选定行的情况(1)

学号	姓名	成绩
001	王小壮	80
002	李勇	69
003	陈同	95
004	刘晓敏	75
005	方明	89

图 3-45　插入行的执行结果(1)

入的行数,如图 3-46 所示。

② 单击【表格工具 布局】功能区中【行和列】组工具栏中的【在下方插入】按钮,即可插入 3 行,或在选定区域内右击,从弹出的快捷菜单中选择【插入】列表中的相关命令。执行结果如图 3-47 所示。

学号	姓名	成绩
001	王小壮	80
002	李勇	69
003	陈同	95
004	刘晓敏	75
005	方明	89

图 3-46　选定行的情况(2)

学号	姓名	成绩
001	王小壮	80
002	李勇	69
003	陈同	95
004	刘晓敏	75
005	方明	89

图 3-47　插入行的执行结果(2)

(3) 行的删除

例 3-8　删除例 3.7 中插入的 3 个空行。

操作步骤如下:

① 选取要删除的行。

② 单击【表格工具 布局】功能区中【行和列】组工具栏中的【删除】按钮,从弹出的下拉菜单中选择【删除行】命令,或在选定区域内右击,从弹出的快捷菜单中选择【删除行】命令。

注意:删除表格中的行(或列)与删除表格中的内容,在操作方法上有所不同。如果选定某些行之后,再按 Delete 键,那么只能删除行中的文本内容,而不能删除所在行。

2. 列的插入与删除

列的插入与删除和行的操作步骤相似。

3. 列宽和行高的调整

创建表格时,Word 可以根据用户的需要调整行高和列宽,若未设置,则使用默认的行高和列宽。

(1) 行高的调整

方法一：利用菜单命令调整行高。

① 选定要调整的行。

② 单击【表格工具 布局】功能区中【单元格大小】组工具栏中的 按钮或选定后在选定区域右击，从弹出的快捷菜单中选择【表格属性】命令。

③ 弹出【表格属性】对话框(见图 3-48)。

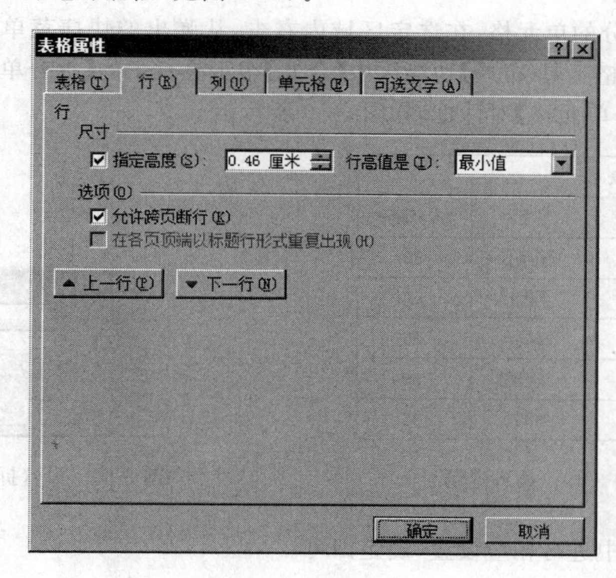

图 3-48 调整行高

④ 单击【行】选项卡，并选中【指定高度】复选框，在右侧微调框中选择或输入一个所需要的行高值。最后单击【确定】按钮即可。

方法二：利用鼠标直接拖动调整行高。

用鼠标指针指向行的下边框线上，当指针变成双向箭头，按住左键并拖动至合适的位置。

(2) 列宽的调整

列宽的调整与行高的调整方法相同，同样可以使用上述两种方法进行调整。

3.5.4 单元格的合并与拆分

1. 单元格的合并

将相邻若干个单元格合并为一个单元格称为单元格的合并，操作步骤由以下实例来说明。

例 3-9 对图 3-44 所示的表格，要求插入以“成绩表”为标题的标题行。

操作步骤如下：

(1) 选定第一行，在选定区域内右击，从弹出的快捷菜单中选择【插入】→【在上方插入行】命令。

(2) 单击【表格工具 布局】功能区中【合并】组工具栏中的【合并单元格】按钮。

(3) 将“成绩表”输入第一行，操作结果如图 3-49 所示。

2. 单元格的拆分

单元格的拆分是指将一个单元格分割成若干个单元格。

操作步骤如下：

(1) 选定要拆分的单元格，在选定区域内右击，从弹出的快捷菜单中选择【拆分单元格】命令或单击【表格工具 布局】功能区中【合并】组工具栏中的【拆分单元格】按钮。

(2) 弹出【拆分单元格】对话框，如图 3-50 所示。

成绩表		
学号	姓名	成绩
001	王小壮	80
002	李勇	69
003	陈同	95
003	刘晓敏	75
005	方明	85

图 3-49　插入标题行

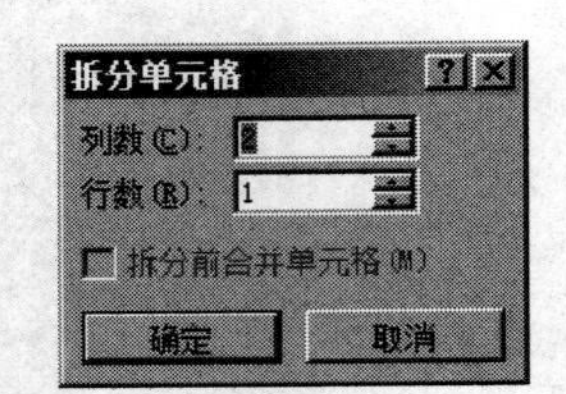

图 3-50　设置拆分单元格

(3) 在对话框中进行相应设置，确定即可。

3.5.5　设置表格格式

表格格式是 Word 中使用表格的一项重要设置，包括表格中字符格式的设置及表格边框和底纹的设置。

1. 单元格中字符的格式化

单元格中字符格式的设置与一般 Word 文本格式设置相同。

2. 表格在页中的对齐方式

表格在页中的对齐方式指表格在页面中的位置，如左对齐、右对齐、居中及与文字环绕方式等。

操作步骤如下：

(1) 将插入点移到表格中的任何位置。

(2) 单击【表格工具 布局】功能区中【单元格大小】组工具栏中的 按钮，或右击，从弹出的快捷菜单中选择【表格属性】命令，打开的【表格属性】对话框如图 3-51 所示。

(3) 选择【表格】选项卡，选择一种对齐方式(在此对话框可以通过【尺寸】中的【指定宽度】复选框来设置表格的宽度)。之后单击【确定】按钮即可。

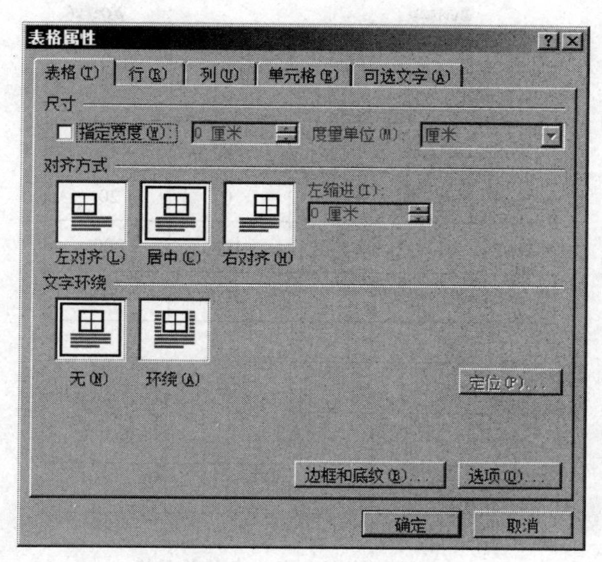

图 3-51 设置表格属性

说明：

(1) 表格中单元格文字的垂直(纵向)对齐方式。选定要设置的单元格后，右击，从弹出的快捷菜单中选择【表格属性】命令，在打开的对话框中选择【单元格】选项卡进行设置。

(2) 表格中单元格文字的水平(横向)对齐方式。选定要设置的单元格后，单击【开始】功能区中【段落】组工具栏中的 按钮，从弹出【段落】对话框中进行【对齐方式】的设置，或通过【段落】组工具栏中的 按钮设置。

(3) 表格中单元格文字的垂直(纵向)对齐方式或水平(横向)对齐方式还可以使用快捷菜单进行设置，选定相应单元格后右击，从弹出的快捷菜单中选择【单元格对齐方式】命令，选定相应对齐方式即可。

例 3-10 打开 310.docx 文档，完成以下操作(注：没有要求操作的项目请不要更改)。

(1) 按例图样式使用插入行、合并和拆分方法对表格进行操作，除了左上角单元格外其他填入相应的内容。

(2) 设置单元格内文字水平、垂直对齐方式为居中，整个表格水平居中对齐。

(3) 在表格左上角单元格按表头“样式一”绘制斜线表头及填充内容，如图 3-52(a)所示。

操作步骤如下：

(1) 选定表格前两行，右击，从弹出的快捷菜单中选择【插入】→【在上方插入行】命令。

(2) 进行单元格的合并，如图 3-52(b)所示。

(3) 除了左上角单元格外其他填入相应的内容。

(4) 选中整个表格，右击，从弹出的快捷菜单中选择【单元格对齐方式】→【水平居中】命令，再右击，从弹出的快捷菜单中选择【表格属性】命令，在弹出的对话框中选择【表格】选项卡，选择【对齐方式】中的【居中】。

(5) 将光标定位在表格的第一行第一列，单击【表格工具 设计】功能区中【表格样式】组工具栏中的【边框】按钮，从弹出的下拉列表中选择【斜下框线】选项，向单元格中输入

项目 事件		加班费	误餐费
日期	原因		
2008-01-01	出差	300	0
2008-02-11	开会	0	20
2008-04-01	业务	100	200
费用最大值		300	200

(a)

2008-01-01	出差	300	0

(b)

图 3-52　填充内容并合并单元格

“项目”,并按两次 Enter 键,取消第二个 Enter 键前的空格,输入“事件”,即可插入斜线表头。

3. 表格的样式

创建一个表格后,可以用【表格样式】进行快速排版,它可以把某些预定义格式自动应用于表格中,包括字体、边框、底纹、颜色等。

操作步骤如下:

(1) 将插入点移到表格中的任意位置。

(2) 单击【表格工具 设计】功能区中【表格样式】组工具栏中的 按钮,从弹出的表格样式中进行选择(可以向下翻页继续选择其他表格样式),或单击【插入】功能区中【表格】组工具栏中的【表格】按钮,在弹出的下拉列表中选择【快速选择】→【内置】列表下的相应模板即可,如图 3-53 所示

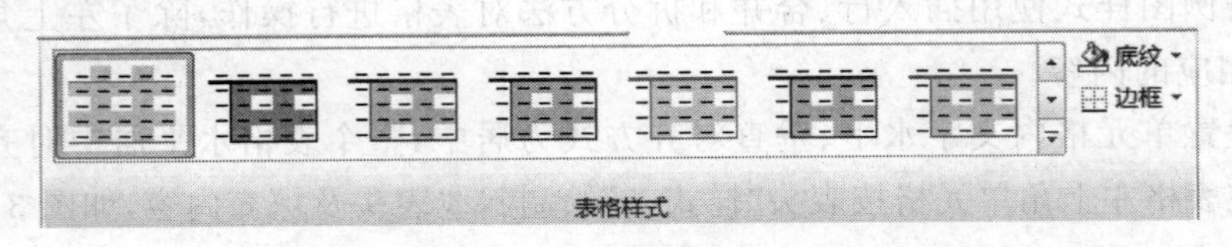

图 3-53　表格样式

4. 表格边框和底纹设置

除了对表格使用【表格格式】对话框来设置表格的外观以外,还可以通过设置【边框】和【底纹】来对表格进行修饰,如对表格边框加粗、内外表格线型的改变及对内部表格进行底纹的设置等。

(1) 边框的设置

操作步骤如下:

① 将插入点移到表格中的任何位置。

② 单击【表格工具 布局】功能区中【表】组工具栏中的【属性】按钮，弹出【表格属性】对话框，单击对话框右下方的【边框和底纹】按钮，或右击，从弹出的快捷菜单中选择【边框和底纹】命令，出现图 3-54 所示的【边框和底纹】对话框。

③ 在【边框】选项【设置】中选择一种设置方式，如无、方框、全部等。

④ 选取一种所需要的线型、边框宽度、颜色等(在【预览】中可通过单击框线来取消或添加边框线)。

⑤ 单击【确定】按钮即可。

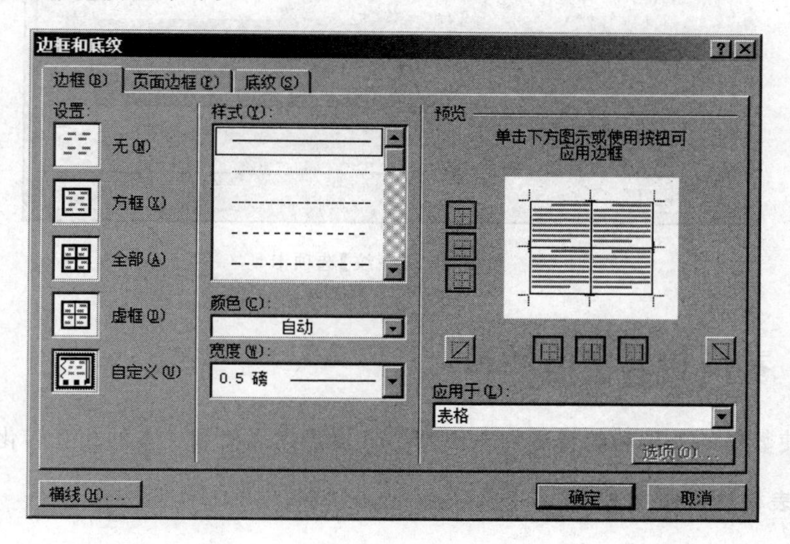

图 3-54 【边框和底纹】对话框

说明：设置表格中某条线的线型或粗细或颜色，可选择【绘制表格】按钮直接绘制。操作方法如下：将插入点移到表格中的任何位置，单击【表格工具 设计】功能区中【绘图边框】组工具栏中的【绘制表格】按钮，还可以进行笔样式、笔画粗细、笔颜色的设置，此时鼠标指针变成铅笔形状，按住左键直接拖动即可，如图 3-55 所示。

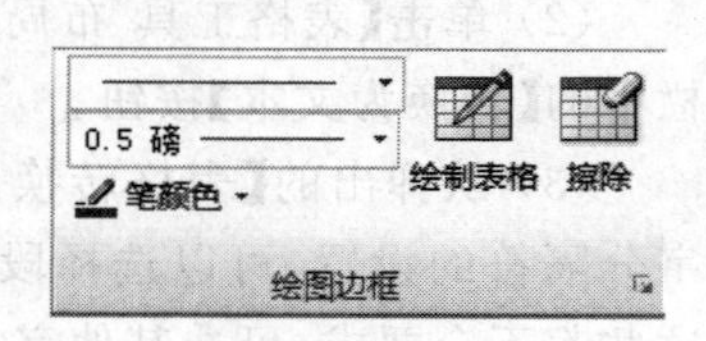

图 3-55 绘制表格

(2) 底纹的设置

底纹设置与边框设置所使用的命令相同。

操作步骤如下：

① 选择所要加底纹的单元格。

② 单击【表格工具 布局】功能区中【表】组工具栏中的【属性】按钮，弹出【表格属性】对话框，单击对话框右下方的【边框和底纹】按钮，或右击，从弹出的快捷菜单中选择【边框和底纹】命令，出现图 3-54 所示的对话框。

③ 选择【底纹】选项卡，如图 3-56 所示。之后的设置与前面介绍的设置字体与段落的底纹相同。

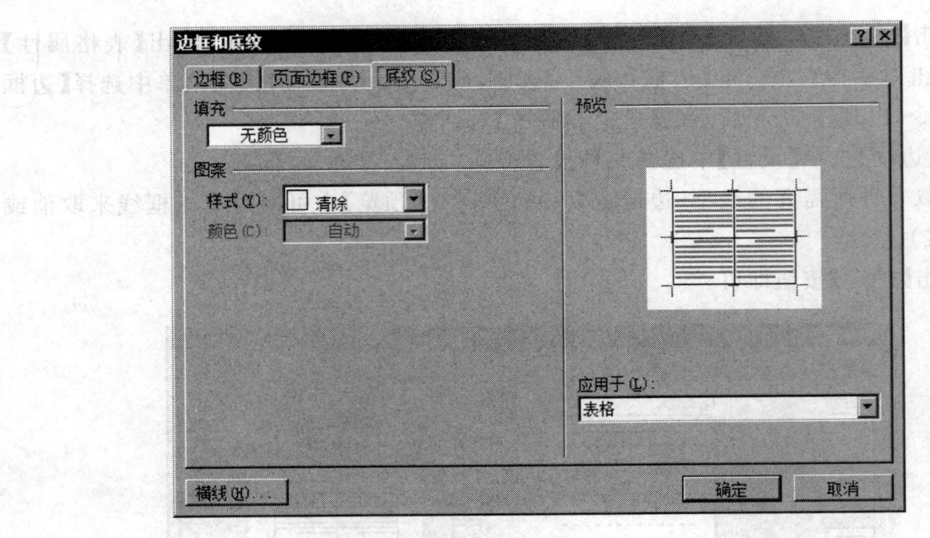

图 3-56 【底纹】选项卡

3.5.6 表格和文字的转换

为了使数据的处理和编辑更加方便,Word 提供了表格和文本的相互转化功能。

1. 将表格转换成文本

操作步骤如下:

(1) 将光标置于表中或选取表格。

(2) 单击【表格工具 布局】功能区中【数据】组工具栏中的【转换为文本】按钮。

(3) 从弹出的【表格转换成文本】对话框中进行文字分隔符的设置,可以选择段落标记、制表符、逗号,如这些都不合要求,可选其他字符,在其右边输入分隔符。如图 3-57 所示。

(4) 单击【确定】按钮即可。

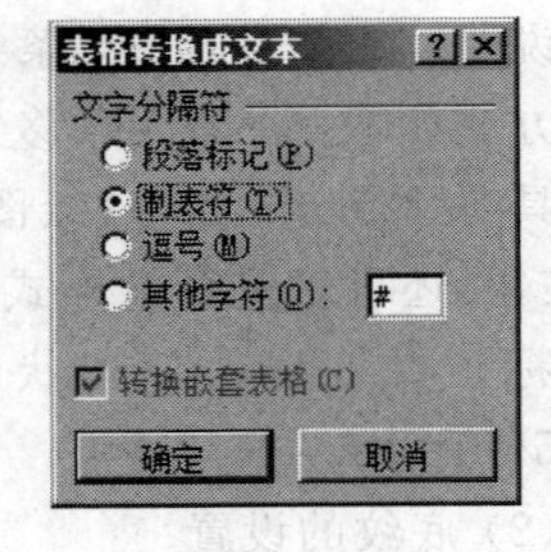

图 3-57 【表格转换成文本】对话框

2. 将文本转换成表格

操作步骤如下:

(1) 选中要转换为表格的文本。

(2) 单击【插入】功能区中【表格】组工具栏中的【表格】按钮。

(3) 从弹出的下拉列表中选择【文本转换成表格】。

(4) 从弹出的【将文字转换成表格】对话框中选择一种文字分隔位置,可以选择段落标记、逗号、空格、制表符,如这些都不合要求,可选其他字符,在其右边输入分隔符,如图 3-58 所示。

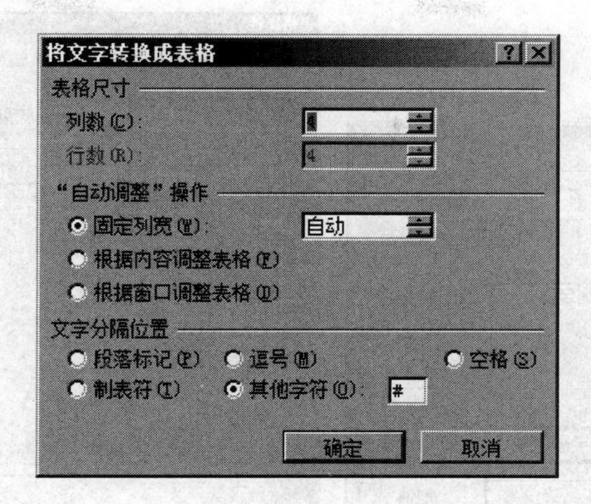

图 3-58 【将文字转换成表格】对话框

(5) 单击【确定】按钮即可。

例 3-11 打开 311.docx,完成以下操作(没有要求操作的项目请不要更改)。

(1) 将文档末尾所提供的 3 段文字转换成一个 3 行 3 列的表格,如图 3-59 所示。

姓名	高数	计算机	英语
张三↵	80↵	82↵	79↵
李四↵	76↵	80↵	67↵
王五↵	87↵	76↵	87↵

图 3-59 将文本转换为表格

(2) 将转换后的表格格式化。所有单元格文字设置字体格式为楷体、居中对齐,第一行设置为绿色底纹,字形为粗体,表格对齐方式为居中对齐,表格宽度为 10 厘米,内外边框线设置成蓝色、1.5 磅。

操作步骤如下:

(1) 选中要转换为表格的文本。

(2) 单击【插入】功能区中【表格】组工具栏中的【表格】按钮,从弹出的下拉列表中选择【文本转换成表格】。

(3) 按如图 3-60(a)所示的设置。

(4) 单击【确定】按钮即可转换为一个 3 行 3 列的表格。

(5) 选中表格,单击【开始】功能区中【字体】组工具栏中的【字体】按钮,将字体设置为楷体,单击【段落】组工具栏中【居中】按钮,设置为居中对齐。

(6) 选中第一行,右击,从弹出的快捷菜单中选择【边框和底纹】命令,从弹出的对话框中设置【底纹】的填充色为绿色,如图 3-56 所示,在【字体】组工具栏中【字体】按钮设置为加粗。

(7) 选中表格,右击,选择【表格属性】命令,进行图 3-60(b)所示的设置。

(8) 在【边框和底纹】对话框中进行边框的相应设置。

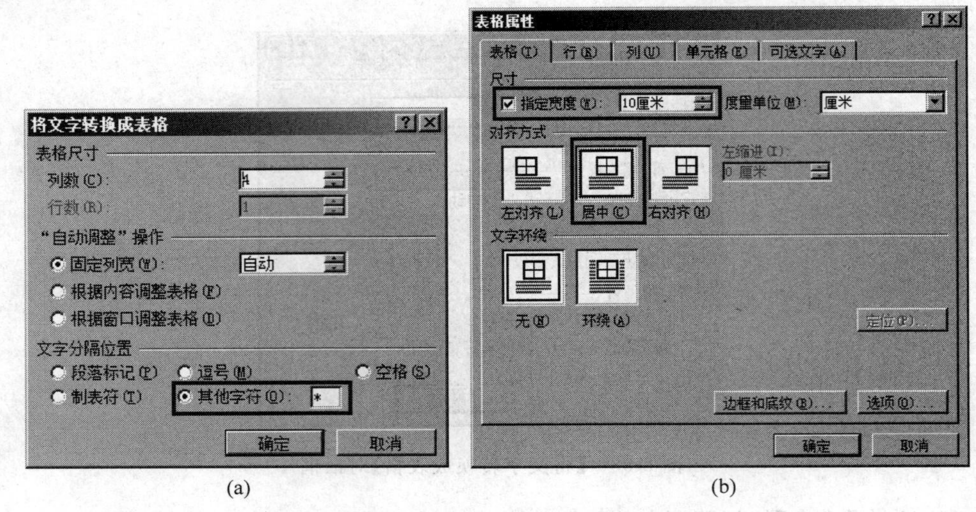

(a)　　　　　　　　(b)

图 3-60　将文本转换成表格并进行设置

3.5.7　表格中的数据计算与排序

1. 数据的计算

在 Word 编辑中有时需要某些计算功能，Word 可直接在表格中输入公式计算出数值。公式的基本格式如下：

=<函数名>(<引用符号>)

其中，函数名表示引用哪个函数，Word 提供了一系列的计算函数，包括求和函数 SUM()求平均值函数 AVERAGE()等；引用符号采用 LEFT、RIGHT、ABOVE 来代表插入点的左边、右边和上边的所有单元格；＝SUM(ABOVE)表示把以上各数据项相加，＝AVERAGE(LEFT)表示对左边各数据项求平均值。

例 3-12　打开 312. docx 文档，并按指定要求进行操作(没有要求操作的项目请不要更改)。

利用表格计算功能，计算出表格中各人的总分及每门课的平均分，平均分的数字格式为“0.00”，如图 3-61(a)所示。

姓名	高数	计算机	英语	总分
张三	80	82	79	
李四	76	80	67	
王五	87	76	87	
刘明	90	88	75	
平均分				

(a)

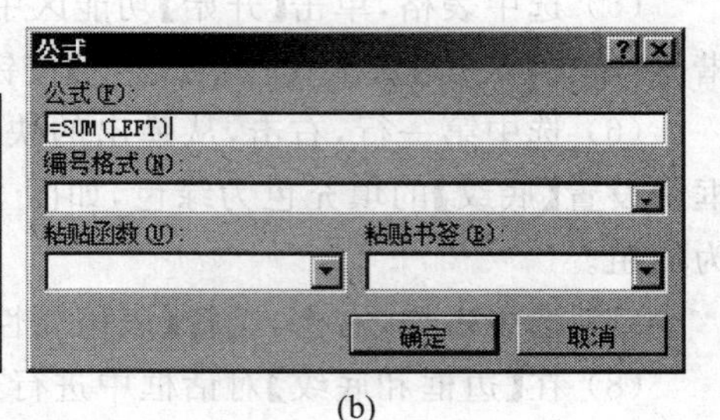

(b)

图 3-61　数值计算

操作步骤如下：

(1) 单击总分下面单元格，单击【表格工具 布局】功能区中【数据】组工具栏中的【公式】按钮，从弹出的【公式】对话框中设置公式，如图 3-61(b)所示，此时默认公式正确，如不正确需重新输入，在【粘贴函数】中可以查找其他函数。

(2) 确定后得出张三的总分为 241，选中 241 后按 Ctrl＋C 组合键，选中其他要求求总分的单元格，按 Ctrl＋V 组合键，在选中状态下按 F9 键进行刷新，接着将总分“水平居中”。

(3) 单击【平均分】右侧的单元格，按同样的方法输入公式“＝AVERAGE(above)”，AVERAGE 函数可以通过【粘贴函数】选项选择，从编号格式中选择格式“0.00”，得出一个平均值，其他平均值可以进行复制后刷新，接着将平均分水平居中即可。

2. 数据的排序

Word 能够对表格中的内容进行排序，可按笔画、数字、日期和拼音升序或降序排列。

例 3-13　打开 313.docx 文档，将学生成绩表按总分从低到高进行排序。

操作步骤如下：

(1) 将光标置于表格中。

(2) 单击【表格工具 布局】功能区中【数据】组工具栏中的【排序】按钮，从弹出的【排序】对话框中设置相应选项，确定即可，如图 3-62 所示。

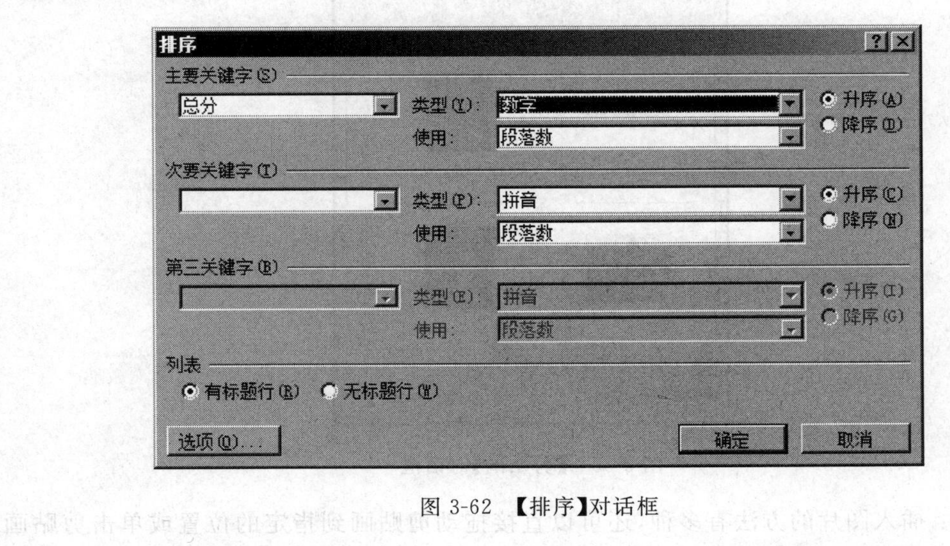

图 3-62　【排序】对话框

3.6　图形和艺术字

为使 Word 中文字与段落更加生动，可插入图片或艺术字，使 Word 中图文充分融合，使文档更有动感。

3.6.1 插入图片

Word 本身带有一些图片,这些剪贴画可以插入 Word 文档。除此之外,用别的程序制作的图片文件也可以插入 Word 文档。

1. 插入剪贴画

操作步骤如下：

将光标移动到要插入图片的位置,单击【插入】功能区中【插图】组工具栏中的【剪贴画】按钮,在【剪贴画】对话框中【搜索文字】下的文本框中输入关键字后搜索。也可以在文本框中不输入任何内容,即可以找到全部的剪贴画。在预览框中选择一种剪贴画,单击即可插入,如图 3-63 所示。

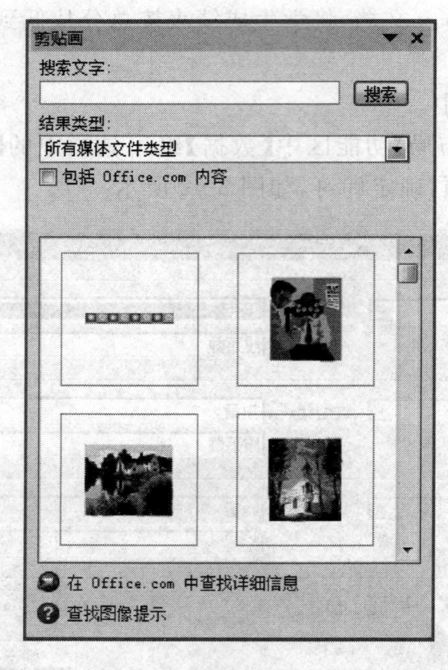

图 3-63 【剪贴画】对话框

说明：插入图片的方法有多种,还可以直接拖动剪贴画到指定的位置或单击剪贴画右侧的倒三角按钮选择【插入】或单击剪贴画右侧的倒三角按钮选择【复制】,在指定的位置进行粘贴。

2. 插入文件中的图片

操作步骤如下：

将光标移动到要插入图片的位置,单击【插入】功能区中【插图】组工具栏中的【图片】按钮,在【插入图片】对话框中选择要插入的文件,单击【插入】按钮即可,如图 3-64 所示。

从文件类型可以看出,Word 可以使用的图片类型相当多。

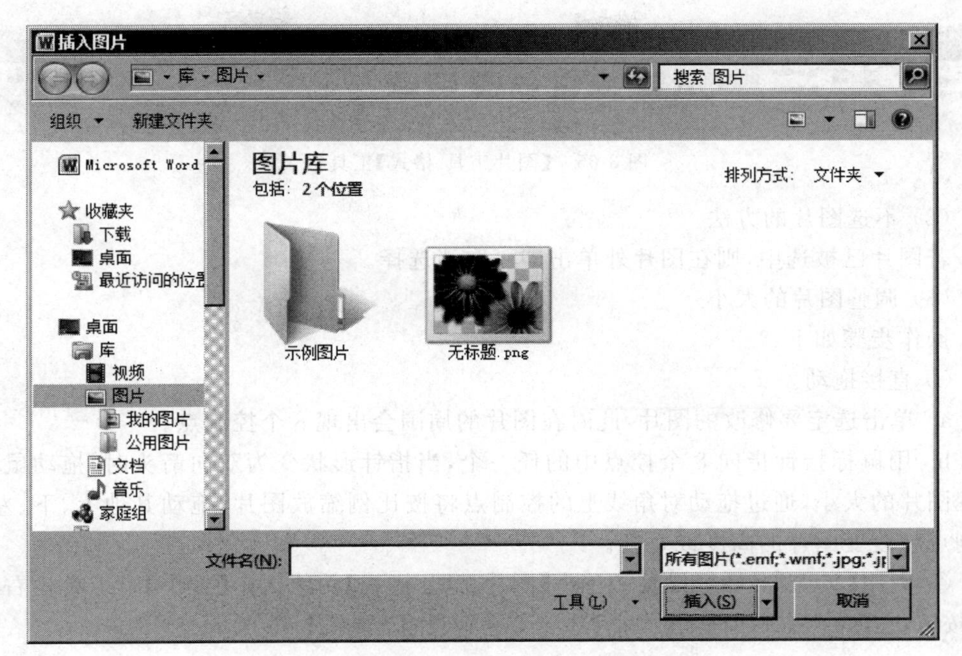

图 3-64 【插入图片】对话框

3. 利用剪贴板插入图片

剪贴板是内存的一块区域,用做程序和程序之间传送资料的转运站。当有某一窗口中所用程序内的资料,要移到另外一个窗口中所用程序内时,需先将此资料移到剪贴板,然后再由剪贴板移到另外一个窗口应用程序中。

操作步骤如下:

(1) 选取要复制或移动的图片。

(2) 单击【开始】功能区中【剪贴板】组工具栏中的【复制或剪切】按钮(此时图片已在剪贴板上)。

(3) 回到 Word 窗口,将指针指向要插入图片的地方。

(4) 单击【开始】功能区中【剪贴板】组工具栏中的【粘贴】按钮(剪贴板上的图片被移到 Word 中)。

3.6.2 编辑图片

图片插入文档以后,如果图片的设置不符合要求,可以对图片进行调整。

1. 图片的选取及剪裁

(1) 选取图片的方法

单击图片,图片的四周会出现 8 个控制点,代表已选取此图。双击图片显示工具栏(见图 3-65),可利用此工具栏中的工具执行编辑操作。

图 3-65 【图片工具 格式】工具栏

(2) 不选图片的方法

若图片已被选中,则在图片外单击即可取消选择。

(3) 调整图片的大小

操作步骤如下:

① 直接拖动。

a. 单击选定要修改的图片,此时在图片的周围会出现 8 个控制点。

b. 用鼠标指针指向 8 个控点中的任一个,当指针形状变为双向箭头时,拖动鼠标来改变图片的大小,通过拖动对角线上的控制点将按比例缩放图片,拖动其他上、下、左、右控制点将改变图片的高度或宽度。

② 利用【布局】对话框设置。单击【图片工具 格式】功能区中【大小】组工具栏右侧的按钮,在【布局】对话框的【大小】选项卡进行设置,如图 3-66 所示。

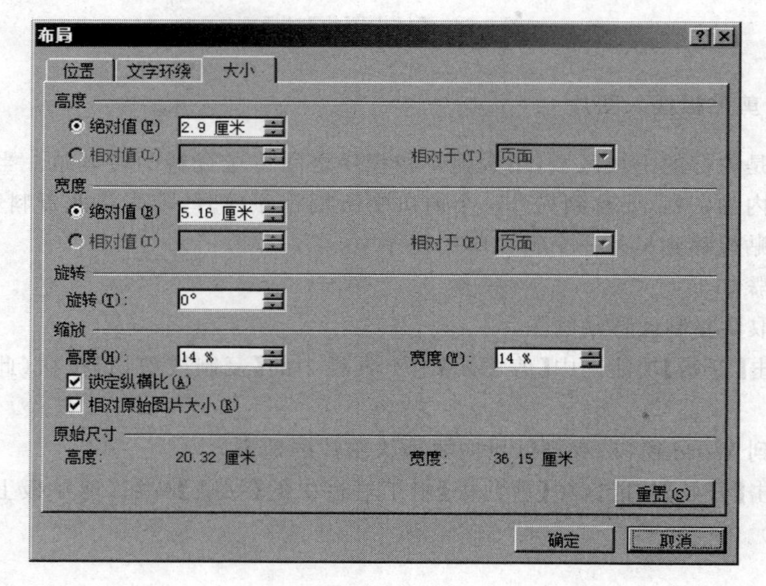

图 3-66 【布局】对话框

说明:如果要设置任意大小的高度和宽度需取消选中 锁定纵横比(A) 复选框。设置图片大小还可以通过【图片工具 格式】功能区的【大小】组工具栏进行。

(4) 移动图片

① 将鼠标指针移到图片上,当鼠标指针变成十字形双箭头时按住鼠标左键拖到新的位置即可。

② 选中图片,右击,从弹出的快捷菜单中选择【大小和位置】命令,弹出图 3-67 所示的对话框。在【文字环绕】选项卡中将【环绕方式】设置为四周型,在【位置】选项卡中进行

相应的设置。或单击【图片工具 格式】功能区中【排列】组工具栏中的【位置】按钮进行设置。

布局
位置 | 文字环绕 | 大小
水平
对齐方式(A) 居中 相对于(R) 栏
书籍版式(B) 内部 相对于(F) 页边距
绝对位置(P) 0 厘米 右侧(T) 栏
相对位置(R) 相对于(E) 页面
垂直
对齐方式(G) 顶端对齐 相对于(E) 页面
绝对位置(S) 0.12 厘米 下侧(W) 段落
相对位置(I) 相对于(O) 页面
选项
对象随文字移动(M) 允许重叠(V)
锁定标记(L) 表格单元格中的版式(C)
确定 取消

图 3-67 【位置】选项卡

(5) 删除图片

操作步骤如下：

① 选定要删除的图片。

② 按 Delete 键或执行剪切操作。

(6) 图片裁剪

如果对插入的图片只需要选取其中的一部分，那么可以隐藏不需要的部分，当需要时可以让隐藏的部分显示出来。

操作步骤如下：

选中图片，单击【图片工具 格式】功能区中【大小】组工具栏中的【裁剪】按钮，此时图片的周围会出现裁剪框，将鼠标指针移到裁剪框上，按住鼠标左键拖动到适当的位置释放左键，在空白处单击取消选定即可。

2. 设置图片格式

在插入图片后，往往要考虑图片与周围文字之间的位置关系，即环绕方式。

操作步骤如下：

(1) 选取要设置格式的图片。

(2) 单击【图片工具 格式】功能区中【排列】组工具栏中的【自动换行】按钮，从弹出的下拉列表中选择相应的环绕方式，如图 3-68 所示，或选择【其他布局选项】，在【布局】对话框中进行相应的设置。

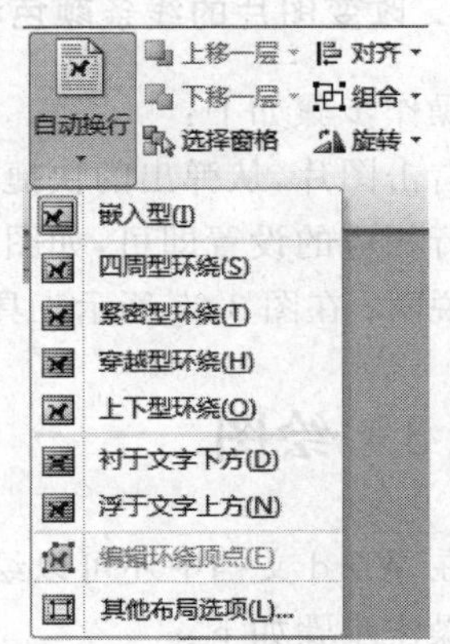

图 3-68 【自动换行】下拉列表

(3) 四周型环绕设置如图 3-69 所示。

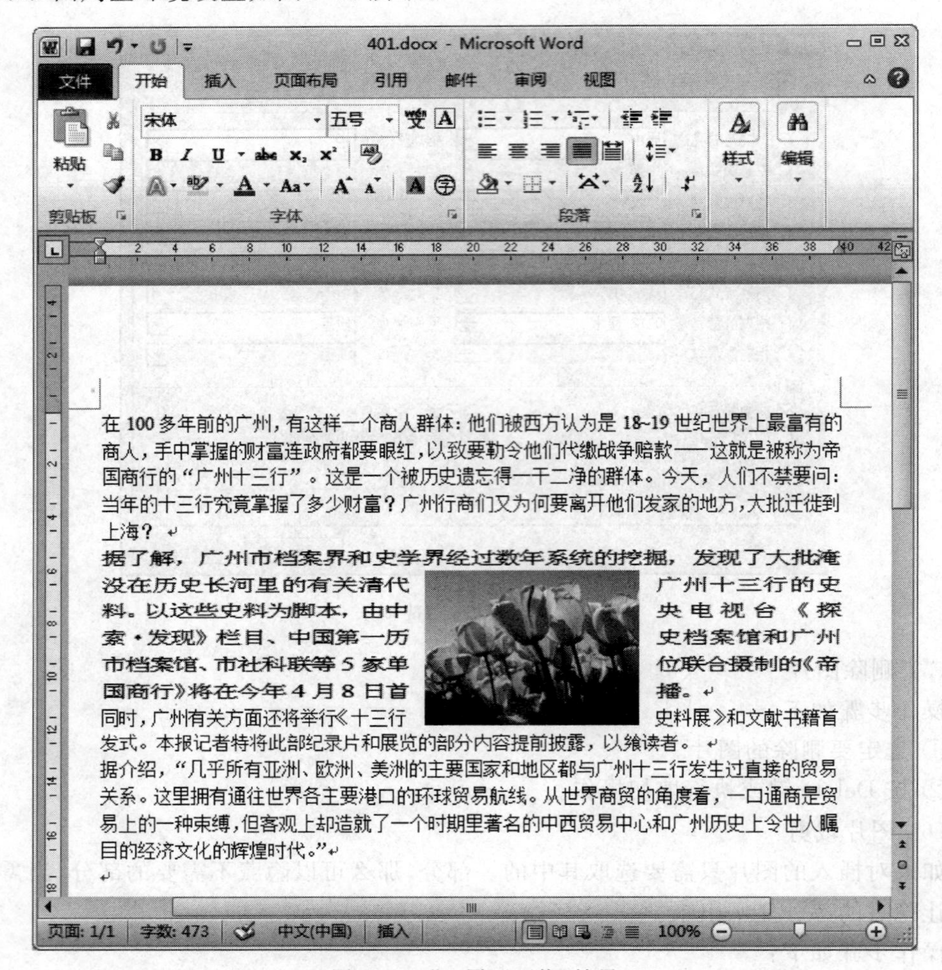

图 3-69 “四周型环绕”结果

3. 改变图片的线条颜色和填充色

操作步骤如下：

右击图片，从弹出的快捷菜单中选择【设置图片格式】命令，在【设置图片格式】对话框中进行相应的设置即可，如图 3-70 所示。

说明：在图 3-65 所示工具栏还可以对图片进行【旋转】、【对齐】及【图片样式】等设置。

3.6.3 绘图

在 Word 文档中还可以绘制所需的图形，如正方形、圆形、直线、多边形等。

操作步骤如下：

(1) 单击【插入】功能区中【插图】组工具栏中的【形状】按钮。

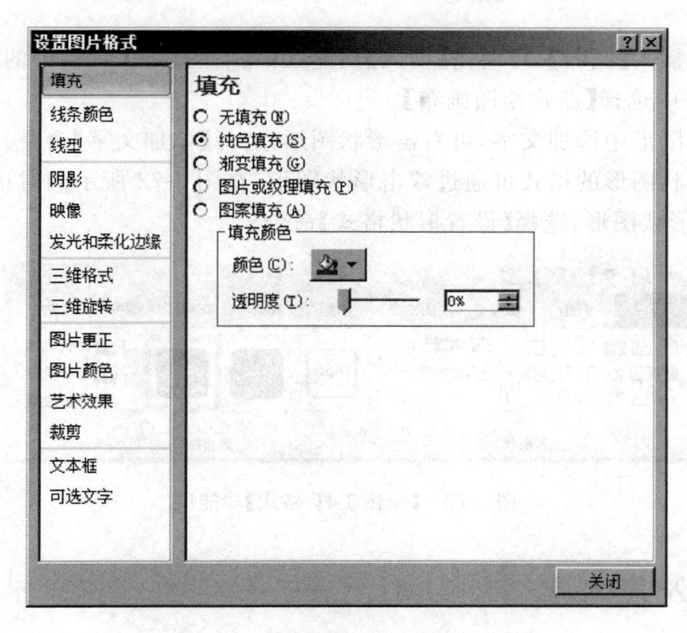

图 3-70　【设置图片格式】对话框

（2）从弹出的下拉列表中选择一个形状，如图 3-71 所示。

（3）将鼠标指针移到文档中，此时指针变为十字形状，将鼠标指针移到要绘图的地方，按住鼠标左键向右下方拖动，拖到合适的位置松开即可。也可以在指定的位置直接单击来插入形状。

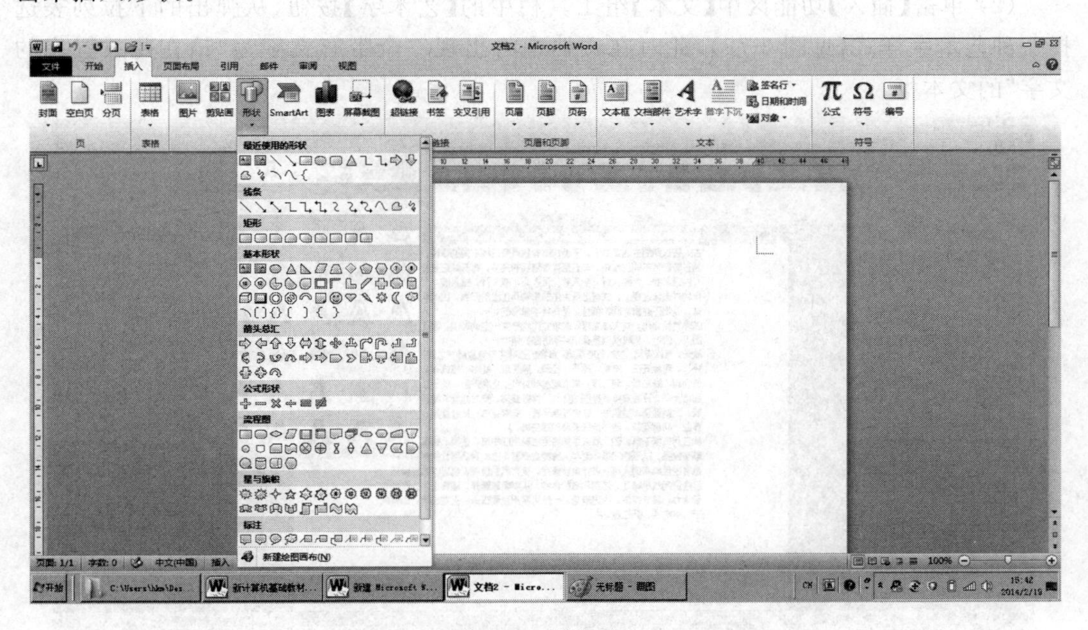

图 3-71　形状列表

说明：

(1) 如果要插入【画布】,可单击【插入】功能区中【插图】组工具栏中的【形状】按钮,从弹出的下拉列表中选择【新建绘图画布】。

(2) 在形状图形中添加文字,可右击形状图形,选择【添加文字】命令。

(3) 设置形状图形的格式可通过双击形状图形,在图 3-72 所示的对话框中进行相应的设置,或右击形状图形,选择【设置形状格式】命令。

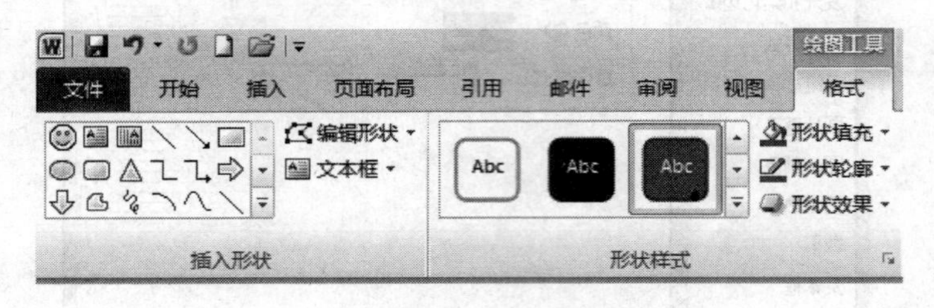

图 3-72 【绘图工具 格式】功能区

3.6.4 插入艺术字

艺术字是具有特殊效果的文字,艺术字不是普通的文字,而是图形对象,可以按照处理图形的方法进行处理。

操作步骤如下：

(1) 将插入点移到要插入艺术字处。

(2) 单击【插入】功能区中【文本】组工具栏中的【艺术字】按钮,从弹出的下拉列表选择一种艺术字样式(见图 3-73),此时在文档中将出现一个带有文字为“请在此放置您的文字”的文本框。

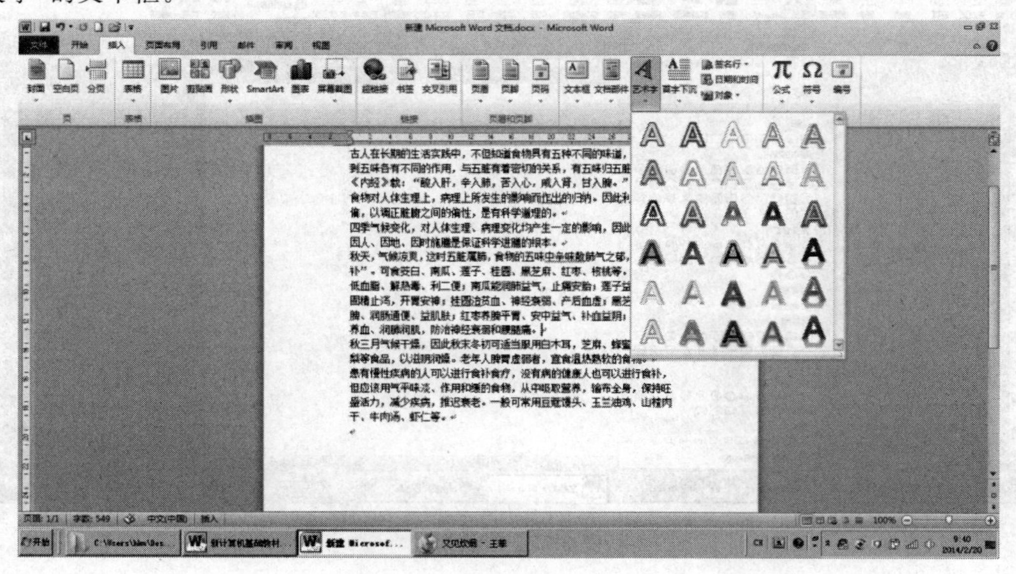

图 3-73 选择艺术字样式

（3）输入艺术字的内容即可插入艺术字，如输入"节日快乐"。

（4）如果要设置艺术字格式，可通过【绘图工具 格式】功能区中【艺术字样式】组工具栏进行设置。只要艺术字在选中状态下就可进入【艺术字样式】工具栏（见图3-74）。

（5）在【艺术字样式】工具栏设置【文本效果】→【转换】→【弯曲】为双波形1，效果如图3-75所示。

图3-74 【艺术字样式】工具栏

图3-75 艺术字效果

此外，利用【艺术字样式】工具栏上的【文本效果】还可以设置阴影、光、三维旋转等艺术字样式。

3.6.5 插入并编辑文本框

文本框是一种图形对象，可以输入文字或存放图片。文本框可以放在文档的任意位置，大小也可以调节。文本框分为横排和竖排两种。

1. 插入文本框

操作步骤如下：

单击【插入】功能区中【文本】组工具栏中的【文本框】按钮，从弹出的下拉列表中选择【绘制文本框】，在文档的相应位置按住鼠标左键，拖动到合适大小，释放左键，输入内容即可。如果要插入【竖排文本框】则选择【插入】功能区中【文本】组工具栏中的【文本框】按钮，从弹出的下拉列表中选择【绘制竖排文本框】。

2. 在文字上添加文本框

操作步骤如下：

选中文本内容，单击【插入】功能区中【文本】组工具栏中的【文本框】按钮，从弹出的下拉列表中选择【绘制文本框】，此时文本内容就会添加一个文本框。

说明：文本框的格式设置方法与前面图片的设置方法相同。

3.6.6 插入并编辑 SmartArt 图形

SmartArt 图形是用来表示流程或层次结构的图形。可以通过从多种不同布局中进行选择来创建 SmartArt 图形，从而快速、轻松、有效地传达信息。创建 SmartArt 图形时，系统将提示选择一种 SmartArt 图形类型，如流程、层次结构、循环等。每种类型均包含多种布局。

1. 插入 SmartArt 图形

操作步骤如下：

(1) 在要插入图形的位置单击。

(2) 单击【插入】功能区中【插图】组工具栏中的 SmartArt 按钮，弹出【选择 SmartArt 图形】对话框，在左侧图形类型中选择【层次结构】，在右侧布局中使用默认的组织结构图(见图 3-76)。

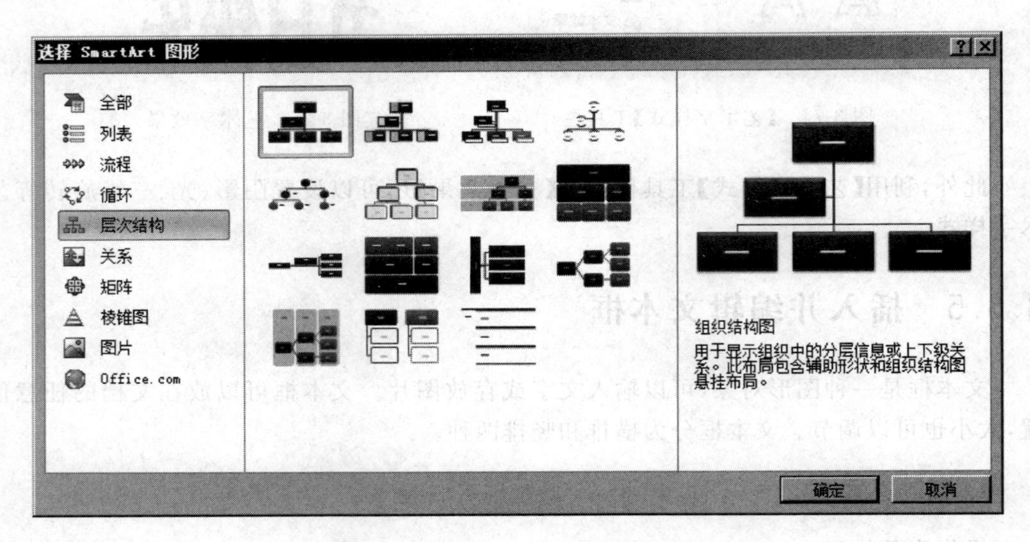

图 3-76 【选择 SmartArt 图形】对话框

(3) 单击【确定】按钮即可插入组织结构图。在【形状】框中直接输入内容或单击【SmartArt 工具】功能区中【创建图形】组工具栏中的【文本窗格】按钮(见图 3-77)，从弹出的对话框中输入内容，效果如图 3-78 所示。

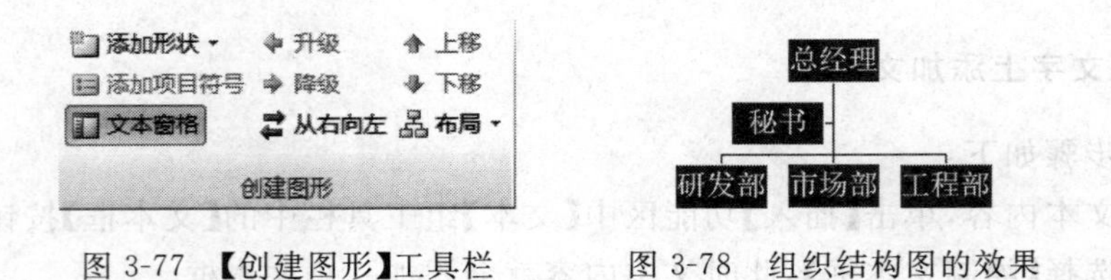

图 3-77 【创建图形】工具栏　　图 3-78 组织结构图的效果

2. 编辑 SmartArt 图形

(1) 添加 SmartArt 形状

选中图 3-78 中的“总经理”形状，单击【SmartArt 工具 设计】功能区中【创建图形】组工具栏中的【添加形状】按钮右侧的倒三角，从弹出的下拉列表中选择【在下方添加形状】，如图 3-79 所示。在插入的形状中输入内容，效果如图 3-80 所示。

图 3-79 【添加形状】列表　　图 3-80 添加形状的效果

(2) 更改布局

选中相应的形状,通过图 3-81 中【从右向左】、【布局】、【上移】、【下移】、【升级】和【降级】进行布局的设置。

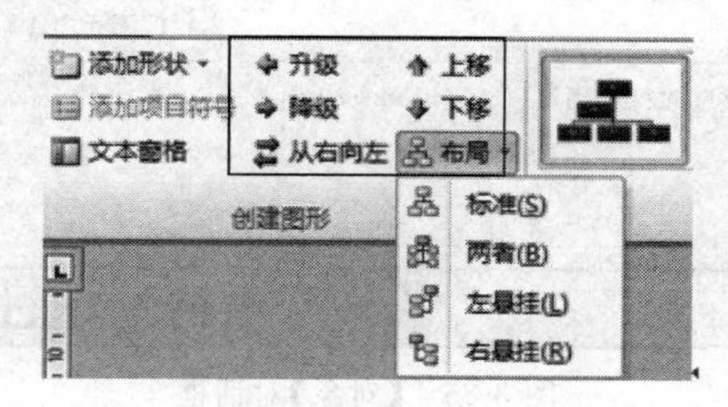

图 3-81 更改布局

说明:如果要改变整个 SmartArt 图形的【布局】和【SmartArt 样式】,可以选中 SmartArt 图形,从图 3-82 所示的工具栏中进行设置。

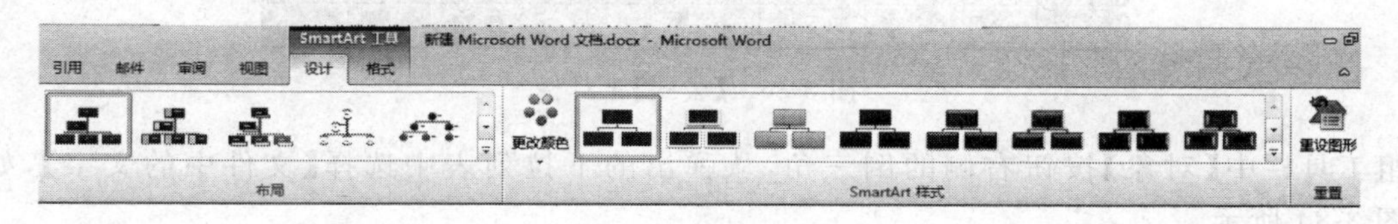

图 3-82 更改布局或 SmartArt 样式

3.6.7 插入公式对象

例 3-14 插入一个公式对象,该公式内容如图 3-83 所示。

$$\sum_{n=1}^{100}(n*218)$$

图 3-83 公式

操作步骤如下:

(1) 在要插入公式的位置单击。

(2) 单击【插入】功能区中【文本】组工具栏中的【对象】按钮右侧的倒三角,从弹出的下拉列表中选择【对象】,如图 3-84 所示。弹出图 3-85 所示的对话框,从对话框列表中选择【Microsoft 公式 3.0】。此时在文档中会出现一个文本框和【公式】工具栏,如图 3-86 所示。

(3) 在【公式】工具栏中单击 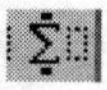 ,其他的内容直接从键盘输入即可。

说明:如果要将另一个文档中的内容插入当前文档,可单击【插入】功能区中【文本】

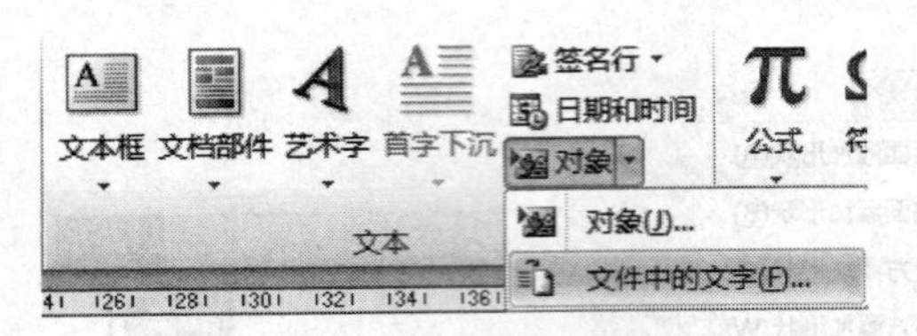

图 3-84　选择【对象】

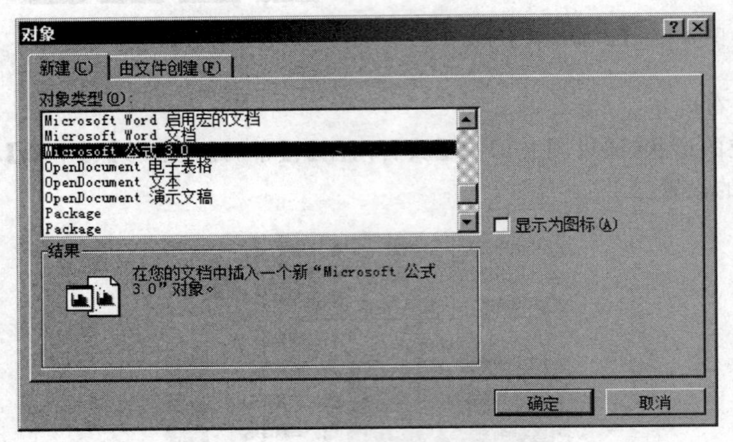

图 3-85　【对象】对话框

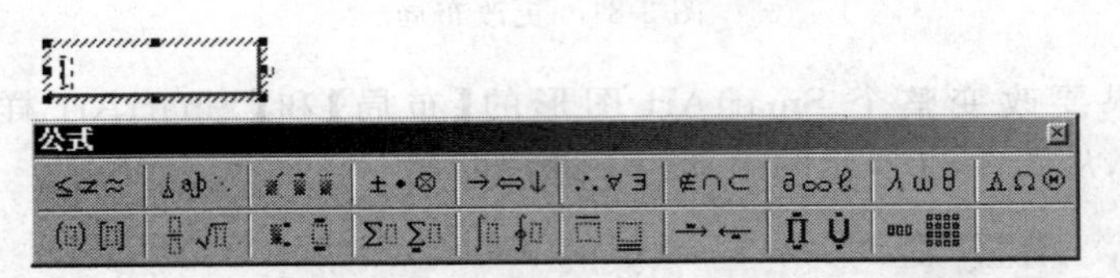

图 3-86　【公式】工具栏

组工具栏中【对象】按钮右侧的倒三角,从弹出的下拉列表中选择【文件中的文字】,如图 3-84 所示。

3.7　文件的打印

文档录入和排版之后,打印之前要进行相应的页面设置。页面设置包括纸张大小、纸张方向、页边距等的设置。

3.7.1　页面设置

1. 设置纸张大小

纸张大小可直接选择默认纸型和自定义大小。

操作步骤如下:

(1) 单击【页面布局】功能区中【页面设置】组工具栏中的【纸张大小】按钮,如图 3-87

所示，从弹出的下拉列表中选择一种纸型。

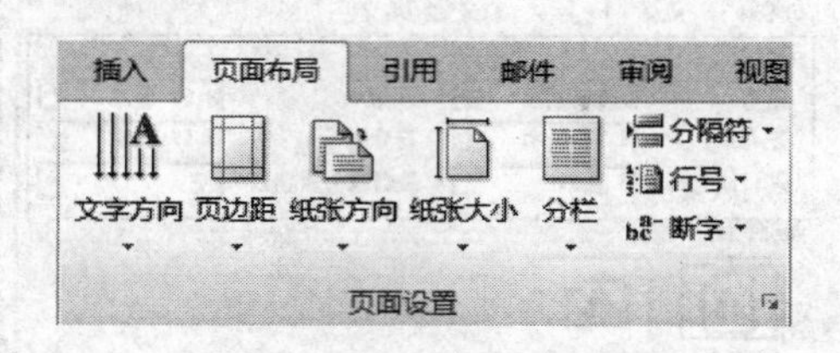

图 3-87 【页面设置】工具栏

(2) 如果在列表中找不到需要的纸型，可单击列表中的【其他页面大小】，弹出图 3-88 所示的【页面设置】对话框，选择【纸张】选项卡。

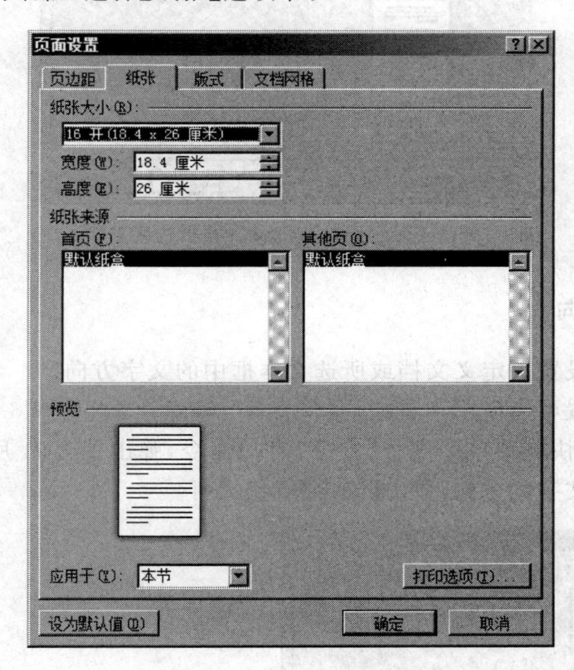

图 3-88 【页面设置】对话框的【纸张】选项卡

(3) 在【纸张大小】下拉列表中选择【自定义大小】，在【宽度】和【高度】微调框中输入数值。

(4) 设置好后单击【确定】按钮。

说明：【页面设置】对话框还可以通过单击【页面布局】功能区中【页面设置】组工具栏右下角的 按钮打开(见图 3-88)。

如果要插入【分页符】，可以利用【页面设置】工具栏中的 分隔符 按钮(见图 3-87)，从弹出的下拉列表中选择【分页符】，在列表中还可以设置【分节符】。

2. 设置页边距和纸张方向

文件打印在纸张上时，纸张的左、右、上、下都留有边距，用户可根据需要调整页边距。页边距和纸张方向的设置可以使用工具栏(见图 3-87)和对话框设置(见图 3-89)。

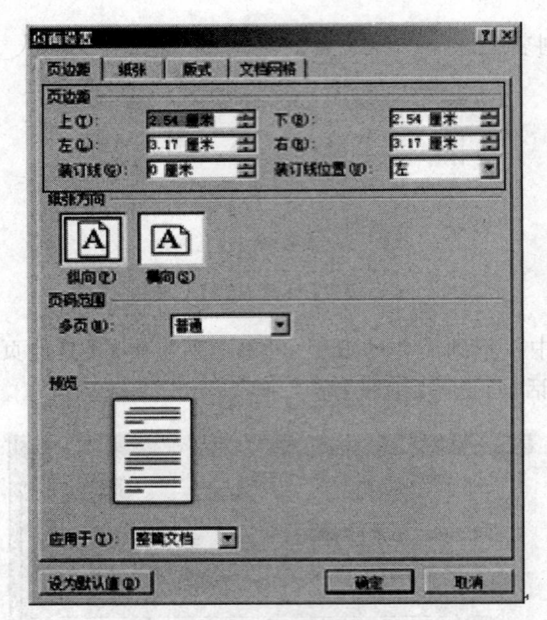

图 3-89 【页面设置】对话框的【页边距】选项卡

3. 设置文字方向

在文档中可以设置自定义文档或所选文本框中的文字方向。

文字方向的设置可以使用工具栏(见图 3-87)和对话框(见图 3-90)设置。或选定内容后右击,从弹出的快捷菜单中选择【文字方向】命令,弹出图 3-91 所示的对话框。在该对话框中选择一种文字的方向,单击【确定】按钮即可。

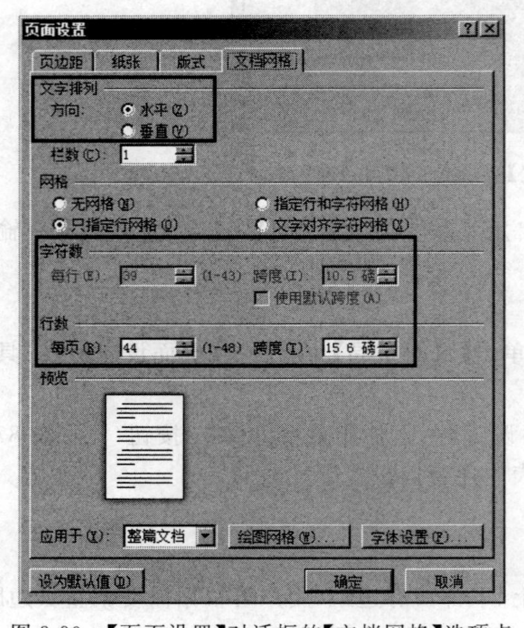

图 3-90 【页面设置】对话框的【文档网格】选项卡

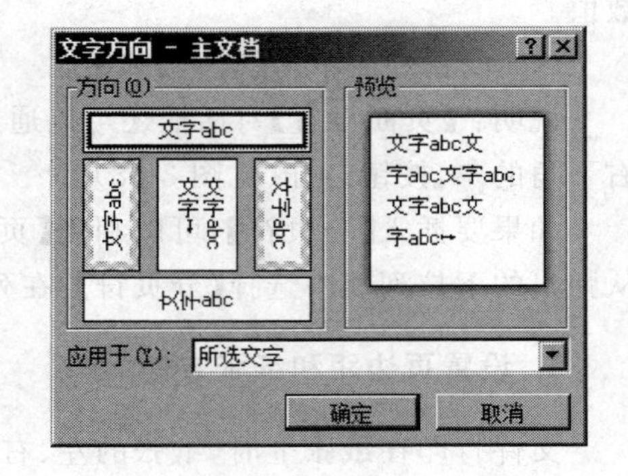

图 3-91 【文字方向-主文档】对话框

4. 设置每行字数和每页行数

在新建一个 Word 文件后，Word 会有一个预设定的值，规定每一行要存放多少个文字，每页要存放几行，通常使用预设值即可，但如果有需要，也可以更改这两个值，使页面的编排更符合需要。可以通过单击【页面布局】功能区中【页面设置】组工具栏右下角的按钮，打开【页面设置】对话框(见图 3-90)，进行相应设置即可。

5. 设置分栏

分栏就是将某一部分、某一页的文档或整篇文档分成具有相同栏宽或不同栏宽的多个分栏。

操作步骤如下：

选定相应内容，单击【页面布局】功能区中【页面设置】组工具栏中的【分栏】按钮，从弹出的下拉列表中选择相应选项，如需更多的设置则选择列表中的【更多分栏】，弹出图 3-92 所示的对话框，从中进行相应设置即可。

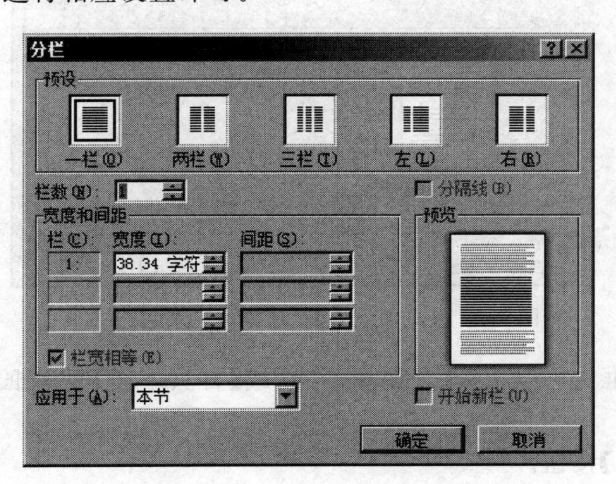

图 3-92　【分栏】对话框

3.7.2　页眉/页脚设置

页眉和页脚是出现在每张打印页的最上面和最下面的文本或图形。通常页眉和页脚包含章节标题、页号等，也可以是用户录入的信息(包括图形)。它们需要在【页面】视图方式下才能显示出效果。

1. 格式设置

一般情况下，Word 在文档中的每一页显示相同的页眉和页脚。然而，用户也可以设置成首页显示一种页眉和页脚，而在其他页上显示不同的页眉和页脚，或者在奇数页上显示一种页眉或页脚，而在偶数页上显示另一种。

操作步骤如下：

(1) 单击【页面布局】功能区中【页面设置】组工具栏右下角的 按钮，打开【页面设置】对话框。

(2) 选择【版式】选项卡，屏幕出现图 3-93 所示对话框。

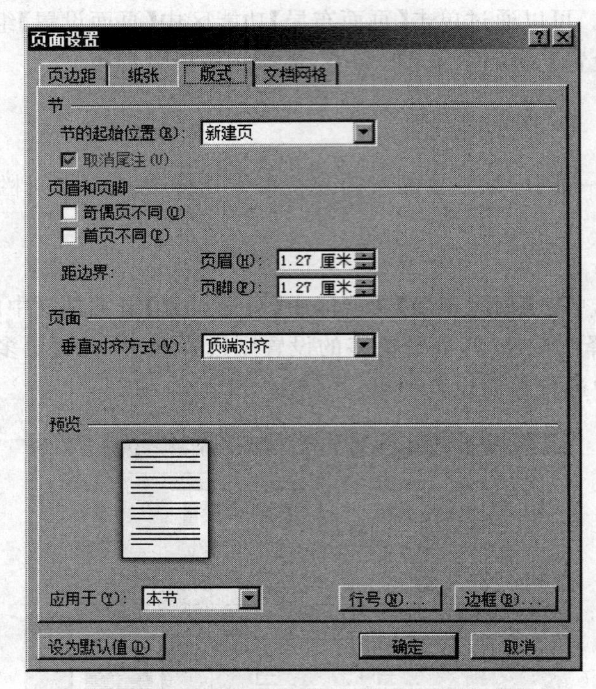

图 3-93 【页面设置】对话框的【版式】选项卡

(3) 在此对话框内可以选择【奇偶页不同】或【首页不同】复选框，还可以设置页眉和页脚的距离。

(4) 单击【确定】按钮。

2. 内容设置

操作步骤如下：

(1) 单击【插入】功能区中【页眉和页脚】组工具栏中的【页眉】按钮，从弹出的下拉列表中选择【编辑页眉】，此时进入页眉和页脚状态，并出现【页眉和页脚工具 设计】工具栏，如图 3-94 所示。

(2) 在【页眉和页脚工具】工具栏中，包括插入【页码】、插入【日期和时间】、【转到页眉或转到页脚】等按钮，可以帮助用户进行内容设置。用户也可以在页眉页脚编辑区中输入有关内容。

(3) 单击工具栏中的【关闭页眉和页脚】按钮，返回正文编辑状态。

此时可以看到正文上下已有页眉和页脚的内容。

说明：

(1) 在【页眉和页脚工具】工具栏中还可以设置【首页不同】、【奇偶页不同】、页眉和页

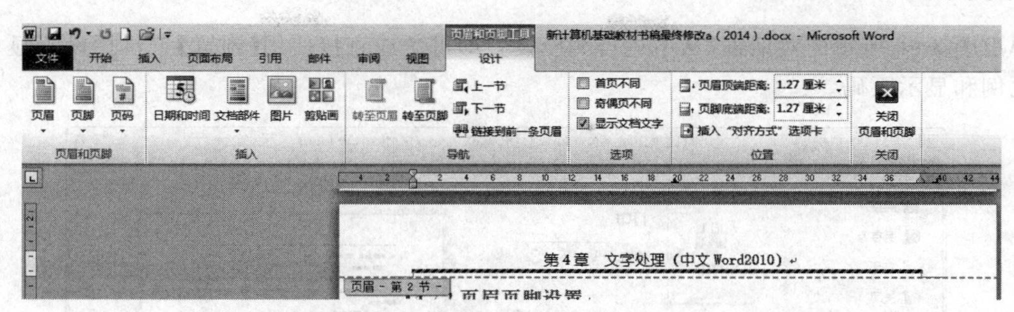

图 3-94 【页眉和页脚工具 设计】工具栏

脚的距离等相应选项。

(2) 如果要插入【页码】,单击【插入】功能区中【页眉和页脚工具】工具栏中的【页码】按钮,从弹出的下拉列表中进行相应的设置。

3.7.3 页面背景设置

1. 水印

水印是在页面内容后面插入虚影文字,通常用于表示要将文档特殊对待,如【机密】或【紧急】。

操作步骤如下:

单击【页面布局】功能区中【页面背景】工具栏中的【水印】按钮,从弹出的下拉列表中选择【自定义水印】,打开【水印】对话框,在对话框中可以设置图片水印和文字水印。

2. 页面颜色

页面颜色是指设置页面的背景颜色。

操作步骤如下:

单击【页面布局】功能区中【页面背景】工具栏中的【页面颜色】按钮,从弹出的下拉列表中选择相应的颜色或填充效果。

3. 页面边框

关于【页面边框】3.3.1 小节已介绍,这里不再赘述。

3.7.4 打印文档

1. 打印预览

打印预览可以在打印之前查看文档的实际打印效果。

操作步骤如下:

选择【文件】|【打印】命令,如图 3-95 所示。单击【预览】工具栏中的【显示比例】按钮,

弹出图 3-96 所示的对话框，从中进行相应设置即可。或直接使用【预览】工具栏设置显示比例和显示页码。

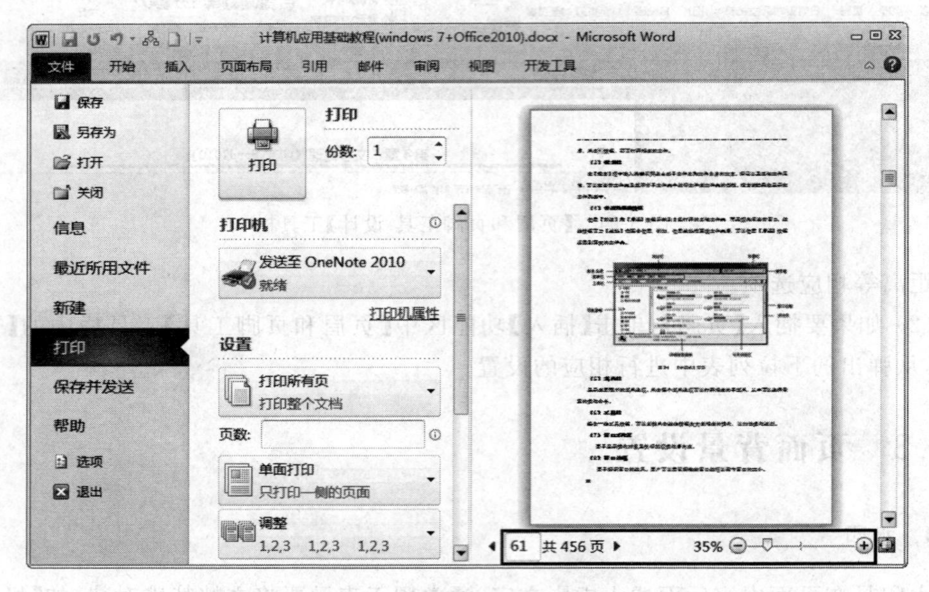

图 3-95 设置打印选项

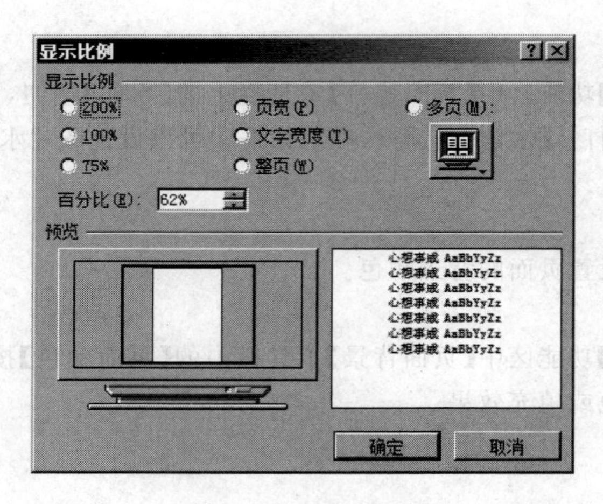

图 3-96 【显示比例】对话框

2. 打印

准备好打印机后，就可以开始打印文档了，在 Word 文档中，可以打印文档的全部内容，也可以只打印其中的一部分。

操作步骤如下：

(1) 选择【文件】|【打印】命令，如图 3-95 所示。

(2) 在【设置】选项中可以设置打印的范围，在【打印】列表中还可以设置打印的份数、单/双面打印、纸张大小或方向等内容。

3.8 其他有关功能

Word操作中除了以上介绍的操作外,还有许多其他较有用的功能,本节将详细介绍常用的功能。

3.8.1 样式

样式就是用样式名表示的一组预先设置好的格式,如字符的字体、字形和大小等,文本的对齐方式、行间距和段间距等。为此,Word提供了样式功能。在编辑文档过程中,经常会遇到多个文本块或多个段落具有相同格式的情况,为了提高编辑效率,保证格式的一致性,只要预先定义好所需的样式,就可以对选定的文本直接套用了。如果以后修改了样式的格式,文档中应用这种样式的段落或文本块将自动随之改变,以反映新的变化。

文本样式有两种类型,即段落样式和字符样式。段落样式应用于整个段落,它控制段落的外观,如字体、大小、对齐方式、行间距等;字符样式控制字符的外观,如字符的字体、字形、大小、字间距等。

1. 预定义样式

Word中预定义了几十种现成样式,如标题1、标题2、标题3等,用户可根据需要调用这些样式来编排文本和段落。

查看预定义样式,可以通过单击【开始】功能区中【样式】组工具栏中的相应样式,或单击【开始】功能区中【样式】组工具栏中的 按钮,弹出图3-97所示的【样式】窗格,在列表中显示了所有的预定义样式。

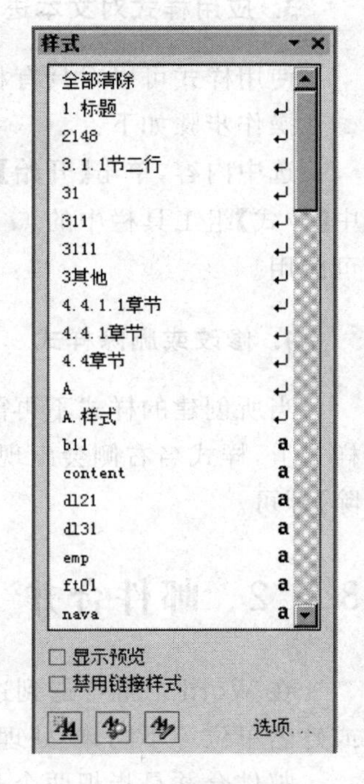

图3-97 【样式】窗格

2. 创建新样式

除了应用已有的样式外,还可以自己创建样式,下面举例说明。

(1) 单击【开始】功能区中【样式】组工具栏中的 按钮,在【样式】窗格中单击【新建样式】按钮 ,弹出【根据格式设置创建新样式】对话框,如图3-98所示。

(2) 分别设置样式的名称、样式类型、格式等,设置完成后单击【确定】按钮即可。

说明:新样式创建后,光标所在段落会自动应用此样式。新样式自动添加到【样式】列表中。

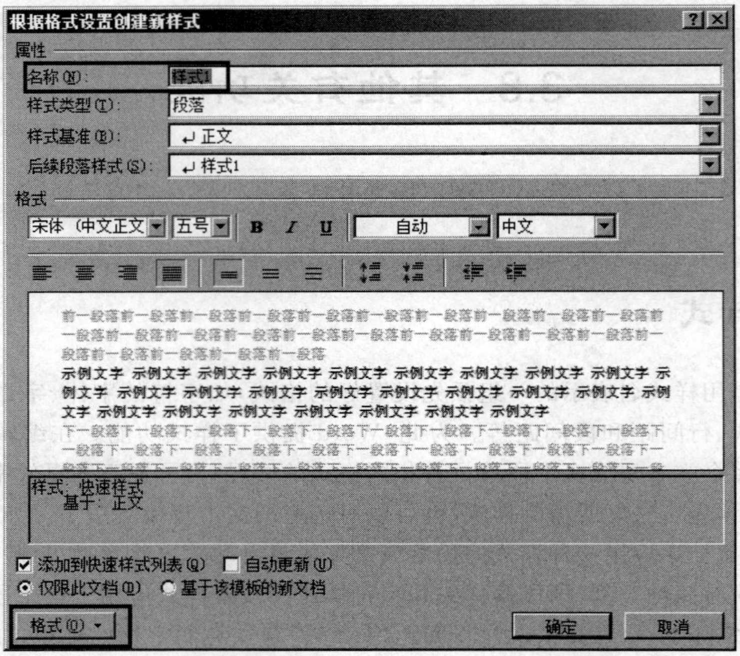

图 3-98　创建样式

3. 应用样式对文本进行格式化

使用样式可以对具有相同格式的文本或段落进行格式化。

操作步骤如下：

选中内容，单击【开始】功能区中【样式】组工具栏中的相应样式，或单击【开始】功能区中【样式】组工具栏中的 按钮，弹出图 3-97 所示的【样式】窗格，在其中选择相应样式即可应用。

4. 修改或删除样式

当所创建的样式不再需要时，用户可以将其删除。如图 3-97 所示，将光标移到某种样式上，样式名右侧会出现一个倒三角形，单击倒三角形，从弹出的列表选择【修改】或【删除】即可。

3.8.2　邮件合并

在 Word 中常常遇到这样的问题：所发送的信函或开会通知中，正文相同，只是地址或姓名单位等不同，要处理这类问题，可以利用 Word 提供的邮件合并功能。

邮件合并是指把两个基本的元素(主文档和数据源)合并成一个新文档(或称邮件合并文档)。主文档中包含了保持不变的文本(如信函中的正文)和一些合并域(如姓名、地点等)，合并域实际上就是一个变量，它随数据源中的内容而变化；数据源是多记录的数据集，它包含合并域中的实际内容（如姓名、地址等）。通过合并，Word把来自数据源程序中的实际内容分别加入主文档的对应合并域中，由此产生了多个主文档的不同版本（如多个不同人的通知）。

邮件合并过程主要分为4步：创建主文档、创建数据源、插入合并域、合并。

下面以向每个同学发一份考试通知为例，说明邮件合并的全过程。

1. 创建主文档

创建图3-99所示的主文档，文件名为313.docx。

2014年夏季大学英语考试通知书

同学：你好！
你报考参加大学英语考试的资格已通过审核，请按以下时间、地点参加考试：
考试时间：
考试地点：
联系人：王涛

松山大学教务处
2014年4月7日

图3-99 主文档内容

2. 创建数据源

创建图3-100所示的数据源文档，文件名为315.docx。

姓名	等级	考试时间	考试地点
张三	四级	2014年6月14日	第1教学楼301
李四	六级	2014年6月14日	第2教学楼209

图3-100 数据源的内容

3. 插入合并域

插入合并域后如图3-101所示（注：“《》”中的内容为插入合并域的内容）。

2014年夏季大学英语«等级»考试通知书

«姓名»同学：你好！
你报考参加大学英语«等级»考试的资格已通过审核，请按以下时间地点参加考试：
考试时间：«考试时间»
考试地点：«考试地点»
联系人：王涛

松山大学教务处
2014年4月7日

图3-101 插入合并域

4. 合并

合并后产生一个名为信函 1 的新文档，文档内容为两份开会通知，如图 3-102 和图 3-103 所示。

2014 年夏季大学英语四级考试通知书

张三同学：你好！

你报考参加大学英语四级考试的资格已通过审核，请按以下时间、地点参加考试：

考试时间：2014 年 6 月 14 日

考试地点：第 1 教学楼 301

联系人：王涛

松山大学教务处

2014 年 4 月 7 日

图 3-102　邮件合并效果 1

2014 年夏季大学英语六级考试通知书

李四同学：你好！

你报考参加大学英语六级考试的资格已通过审核，请按以下时间、地点参加考试：

考试时间：2014 年 6 月 14 日

考试地点：第 2 教学楼 209

联系人：王涛

松山大学教务处

2014 年 4 月 7 日

图 3-103　邮件合并效果 2

操作步骤如下：

新建主文档文件，内容如图 3-99 所示，保存为 313. docx。接下来新建数据源文件，内容如图 3-100 所示，保存为 315. docx。打开主文档文件 313. docx，数据源文件不用打开。接下来在主文档文件中利用【邮件合并】工具栏(见图 3-104)进行相应的操作。

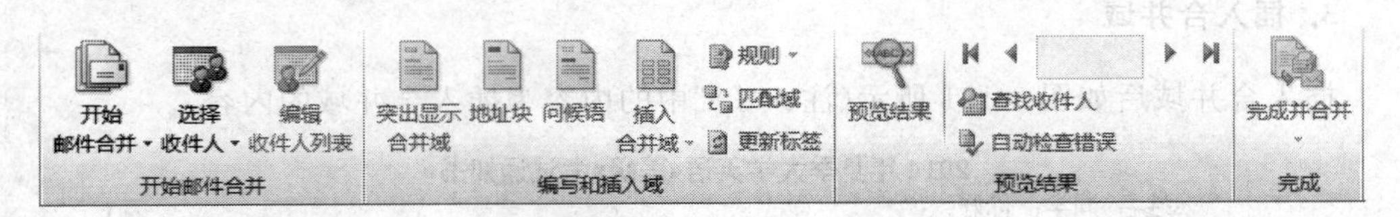

图 3-104　【邮件合并】工具栏

(1) 单击【邮件】功能区中【开始邮件合并】组工具栏中的【开始邮件合并】按钮，从弹出的下拉列表中选择【信函】。

(2) 单击【开始邮件合并】组工具栏中的【选择收件人】按钮，从弹出的下拉列表中选择【使用现有列表】。从弹出的【选取数据源】对话框中找到数据源文件 315. docx 并打开。

(3) 插入所有的合并域，按图 3-101 的要求，将光标定位到标题【2014 年夏季大学英语】的后面，单击【编写和插入域】组工具栏中的【插入合并域】按钮，从弹出的下拉列表选择【等级】，如图 3-105 所示，依次插入全部合并域。

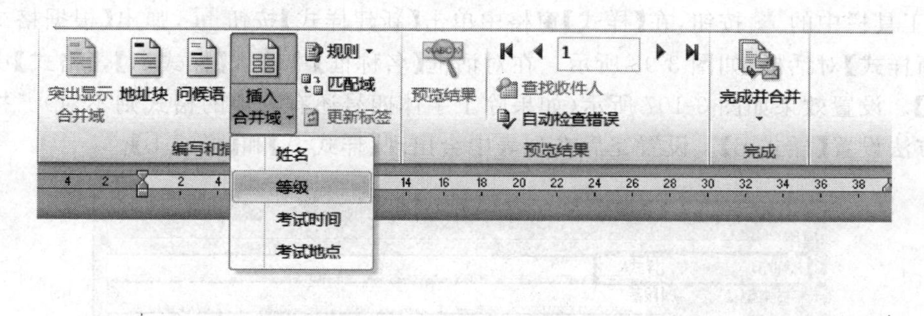

2014 年夏季大学英语考试通知书

同学：你好！

你报考参加大学英语考试的资格已通过审核，请按以下时间地点参加考试：

考试时间：

考试地点：

联系人：王涛

松山大学教务处

2014 年 4 月 7 日

图 3-105　从【插入合并域】下拉列表中选择【等级】

（4）可以单击【预览结果】组工具栏中的【预览结果】按钮，进行预览，也可不进行预览。

（5）单击【完成】组工具栏中的【完成并合并】按钮，从弹出的下拉列表中选择【编辑单个文档】，弹出图 3-106 所示的对话框，单击【确定】按钮即可。

（6）合并后产生一个名为信函 1 的新文档，文档内容为两份开会通知。将信函 1 另存为 3131. docx，保存主文档。

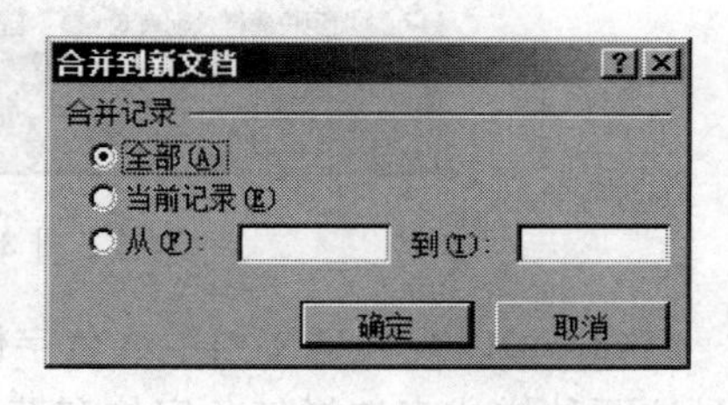

图 3-106　【合并到新文档】对话框

3.8.3　目录

目录使文档结构一目了然，还可以帮助用户方便、快速地查找内容。创建目录就是列出文档中各级或每个标题所在的页码。下面举例说明创建目录的方法。

例 3-15　打开 316. docx 文档，并按指定要求进行操作(注意：文本中每一回车符作为一段落，没有要求操作的项目请不要更改)。

（1）建立样式 A 为四号字，样式 B 为小四号字，分别应用到文档中的红色字体和蓝色字体段落。

（2）在文档第二行生成二级目录：样式 A 为一级目录、样式 B 为二级目录，目录显示页码，使用超链接。

操作步骤如下：

(1) 将光标定位到第二段(其他没有设置格式的段落可行)，单击【开始】功能区中【样式】组工具栏中的 按钮，在【样式】窗格中单击【新建样式】按钮 ，弹出【根据格式设置创建新样式】对话框，如图 3-98 所示。在对话框【名称框】中输入【样式 A】，【格式】中设为【四号】。设置效果如图 3-107 所示(如果除了字体四号还有其他的格式则不对)。按照同样的方法设置【样式 B】。设置完后在列表中会出现【样式 A】和【样式 B】。

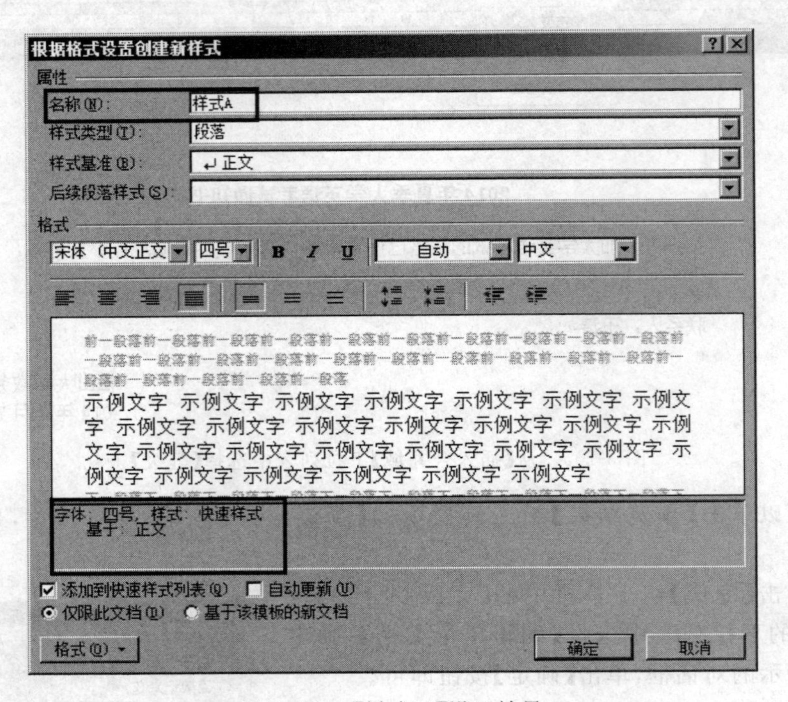

图 3-107 【样式 A】设置效果

(2) 可以观察到文档中红色字体应用样式【红色】，蓝色字体应用样式【蓝色】，可以通过这两种样式来选择红色字体和蓝色字体段落。

(3) 通过图 3-108 选择红色字体，单击样式列表中的【样式 A】，红色字体就应用了【样式 A】。同样方法将蓝色字体应用【样式 B】。

(4) 将光标定位到第二段，单击【引用】功能区中【目录】工具栏中的【目录】按钮，从弹出的下拉列表中选择【插入目录】，弹出图 3-109 所示的对话框。按图 3-109 进行设置。

(5) 单击【目录】对话框右下角的【选项】按钮，弹出如图 3-110 所示的【目录选项】对话框，将【样式 A】的目录级别设为 1，【样式 B】的目录级别设为 2，单击【确定】按钮即可。

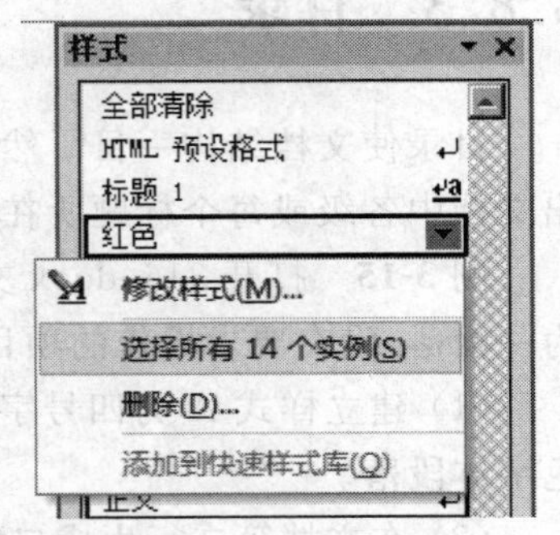

图 3-108 选择红色字体

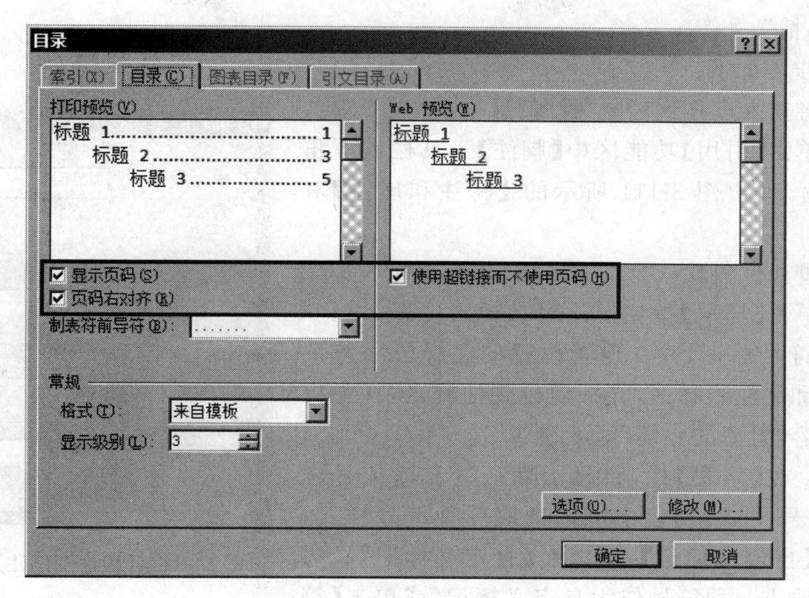

图 3-109　【目录】对话框

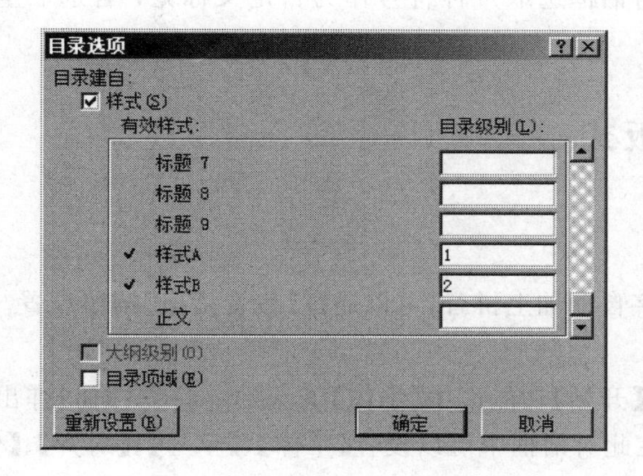

图 3-110　【目录选项】对话框

3.8.4　脚注和尾注

在编书或写文章时,脚注和尾注主要用于对文档进行一些补充说明。脚注常用于补充说明文档中难以理解的内容,位于每页文档的底部,也可以位于文字下方;尾注常用于引用文献、作者等说明信息,位于文档结束处或节结束处。

脚注或尾注由两个互相连接的部分组成:注释引用标记和相对应的注释文本。在注释中可以使用任意长度的文本,并如处理其他任意文本一样设置注释文本格式。将光标停留在文档中的注释引用标记上便可以查看到注释。

例 3-16　打开文件 317.docx,在标题"看海"后插入脚注,位置为页面底端,内容为

“看海的心情”。

操作步骤如下：

(1) 将插入点移到标题“看海”后。

(2) 单击【引用】功能区中【脚注】工具栏右下角的 按钮，弹出图 3-111 所示的【脚注和尾注】对话框。

(3) 脚注位置默认为页面底端，其他设置不变。

(4) 单击【插入】按钮。这时在插入位置添加一个数字或符号标记，并在设置位置的注释分隔符下添加脚注和尾注注释区，光标定位到注释区，在光标处输入内容“看海的心情”即可。

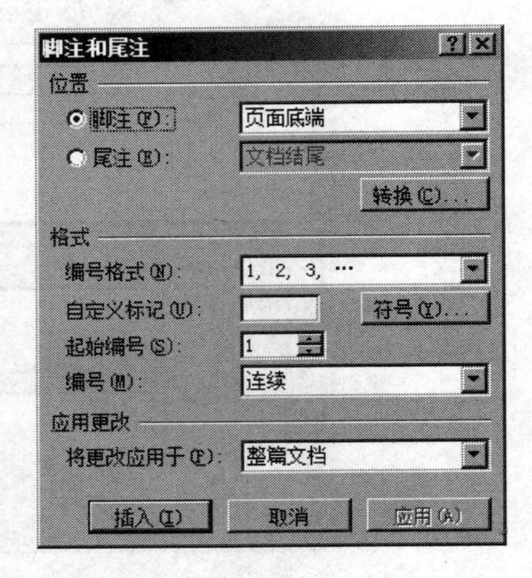

图 3-111 【脚注和尾注】对话框

说明：在【格式】栏，将显示默认的自动编号方式；在【编号格式】列表中可以选取一种编号样式；若要设置【自定义标记】，可以在【自定义标记】右边的文本框输入一种符号作为自定义标记，或单击【符号】按钮，在【符号】对话框选取一种符号作为自定义标记；若选取重新编号，可以设置起始编号。

3.8.5 中文版式

1. 汉字加拼音

如果需要给汉字自动加上拼音，可以通过【拼音指南】按钮设置。

操作步骤如下：

选中内容，单击【开始】功能区中【字体】工具栏中的 按钮，弹出【拼音指南】对话框，如图 3-112 所示。在此对话框中可以设置【字体】、【字号】、【对齐】、【偏移量】等选项。

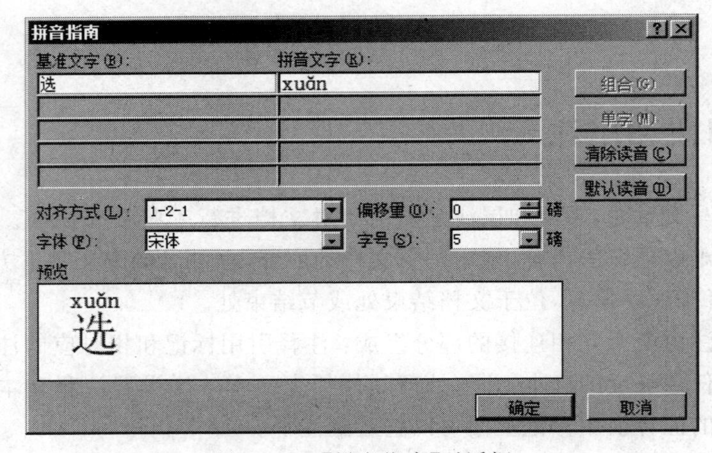

图 3-112 【拼音指南】对话框

2. 带圈字符

带圈字符是给单字加上格式边框，加以强调。Word 提供了圆圈、方形、三角形和菱形几种圈号。

操作步骤如下：

单击【开始】功能区中【字体】工具栏中的字按钮，弹出【带圈字符】对话框，如图 3-113 所示。在此对话框中进行相应的设置，在【文字】文本框中输入内容，并设置样式和圈号即可。

3. 双行合一

Word 文档中有时要设置一些特殊的格式，例如：

祝老师同学新年快乐！

操作步骤如下：

单击【开始】功能区中【段落】工具栏中的按钮，从弹出的下拉列表中选择【双行合一】，弹出【双行合一】对话框，如图 3-114 所示，单击【确定】按钮即可。

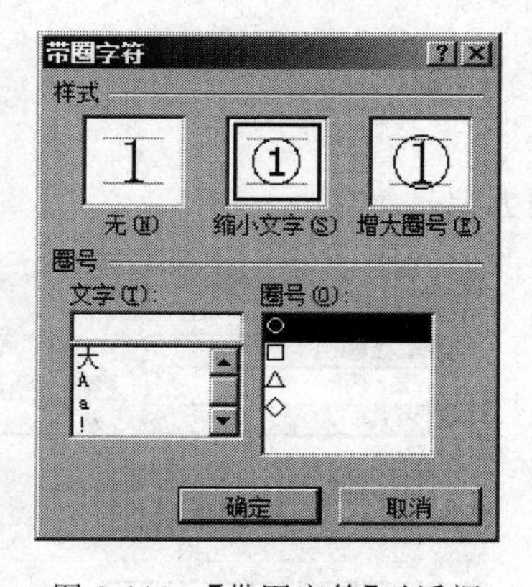

图 3-113　【带圈字符】对话框

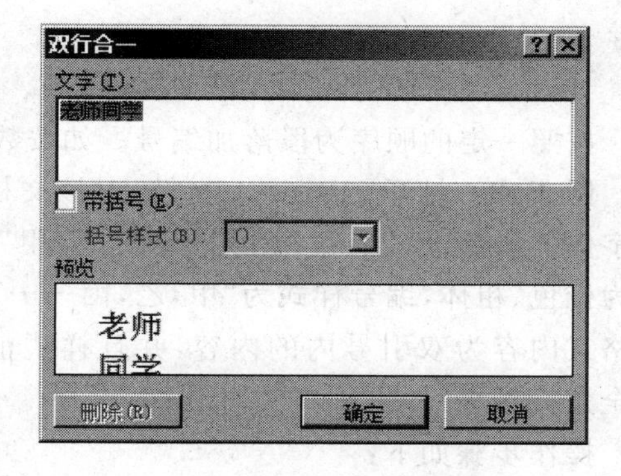

图 3-114　【双行合一】对话框

3.8.6　项目符号和编号

1. 项目符号

项目符号就是在一些段落的前面加上相同的符号。

例 3-17　打开 318.docx 文档，将所有的段落进行项目符号格式设置。添加项目符号，该符号字体为 Wingdings，字符代码为 117。

操作步骤如下：

(1) 选中所有段落，单击【开始】功能区中【段落】工具栏中的按钮右侧的倒三角按钮，从弹出的下拉列表中选择【定义新项目符号】，打开图 3-115 所示的【定义新项目符号】对话框。

(2) 单击【符号】按钮，打开图 3-116 所示的对话框，设置符号字体为 Wingdings，字符代码为 117。

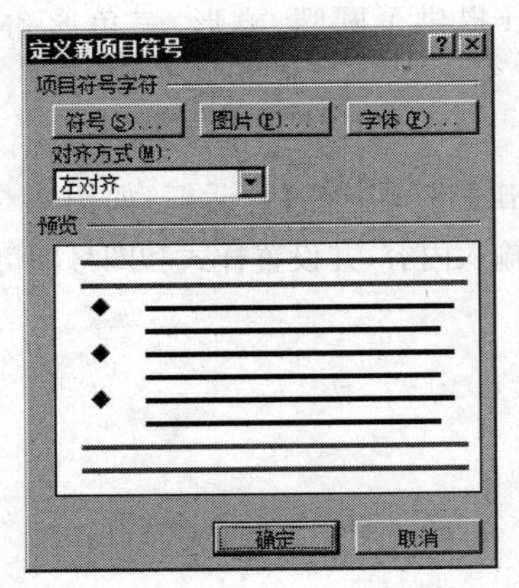

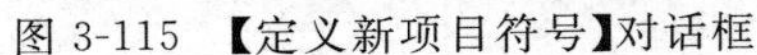
图 3-115 【定义新项目符号】对话框

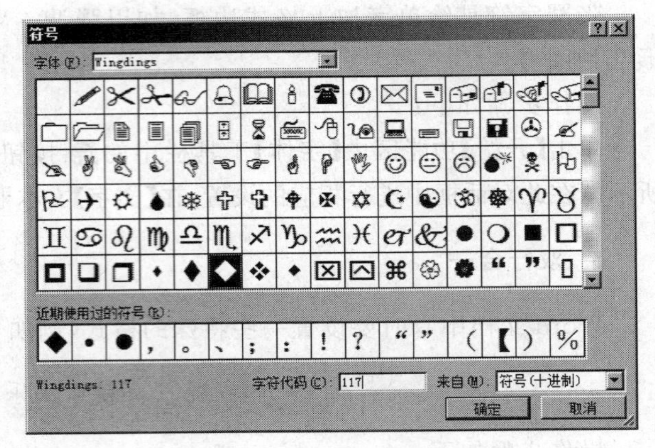

图 3-116 【符号】对话框

说明：单击☰ ▾按钮右侧的倒三角按钮，可以从弹出的列表中直接选择【项目符号库】和【文档项目符号】中的符号进行设置。

2. 编号

按照一定的顺序为段落加编号。如按数字由小到大编号等。

例 3-18 打开 319.docx 文档，对该文档末尾绿色字体的段落设置编号，编号格式如"＆甲"，字体格式为橙色、粗体，编号样式为"甲，乙，丙……"(注：编号格式内容为双引号内的内容，并且样式前的符号为全角符号)。

操作步骤如下：

(1) 选中文档末尾绿色字体的段落，单击【开始】功能区中【段落】工具栏中的☰ ▾按钮右侧的倒三角按钮，从弹出的下拉列表中选择【定义新编号格式】，打开图 3-117 所示的【定义新编号格式】对话框。

(2) 按图进行相应设置。注意：输入符号"＆"时，要将【输入法状态栏】上【全角/半角】按钮设置为全角 国中●简 。

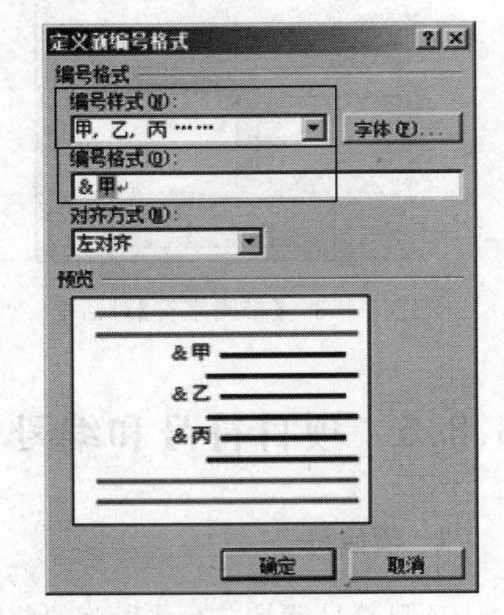

图 3-117 【定义新编号格式】对话框

(3) 在【定义新编号格式】对话框中单击【字体】按钮，打开图 3-118 所示的【字体】对话框，进行字体和字形的设置。最后效果如图 3-119 所示。

3. 多级列表

例 3-19 打开 320.docx 文档，按图 3-120 设置多级列表，一级【编号对齐方式】为左对齐，【对齐位置】为 0 厘米，【文本缩进位置】为 0.75 厘米。二级【编号对齐方式】为居中，

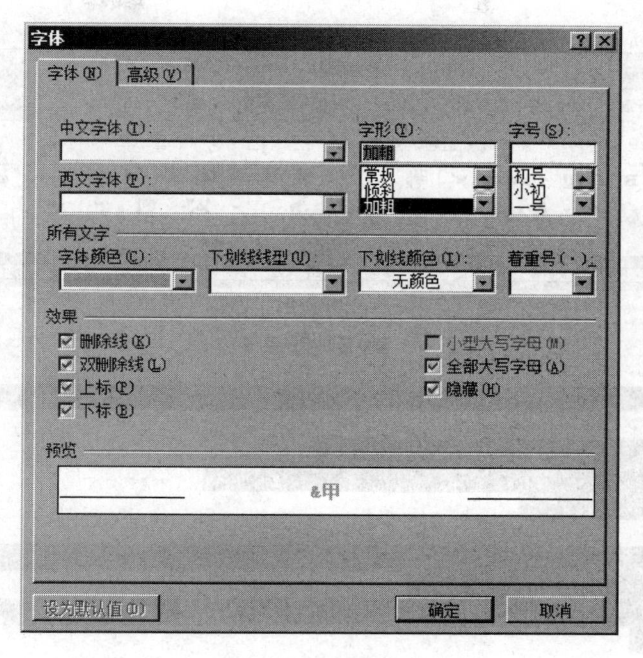

图 3-118 【字体】对话框

【对齐位置】为 1 厘米,【文本缩进位置】为 2 厘米。

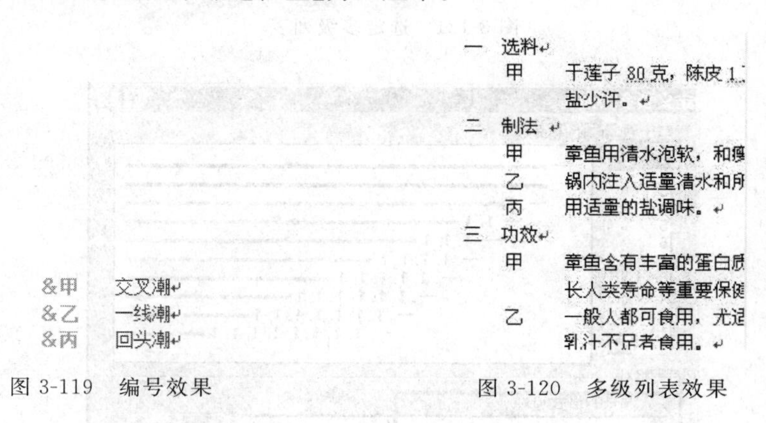

图 3-119 编号效果

图 3-120 多级列表效果

操作步骤如下:

(1) 按住 Ctrl 键选中二级编号的所有段落,如图 3-121 所示,按一下 Tab 键进行二级编号的缩进。

(2) 选中要设置一级编号和二级编号的所有内容(不包括标题和段落最后空的段落标记↵)。

(3) 单击【开始】功能区中【段落】工具栏中的 按钮右侧的倒三角按钮,从弹出的下拉列表中选择【定义新的多级列表】,打开图 3-117 所示的【定义新编号格式】对话框。

(4) 在对话框中进行一级编号和二级编号的设置,如图 3-122 和图 3-123 所示。

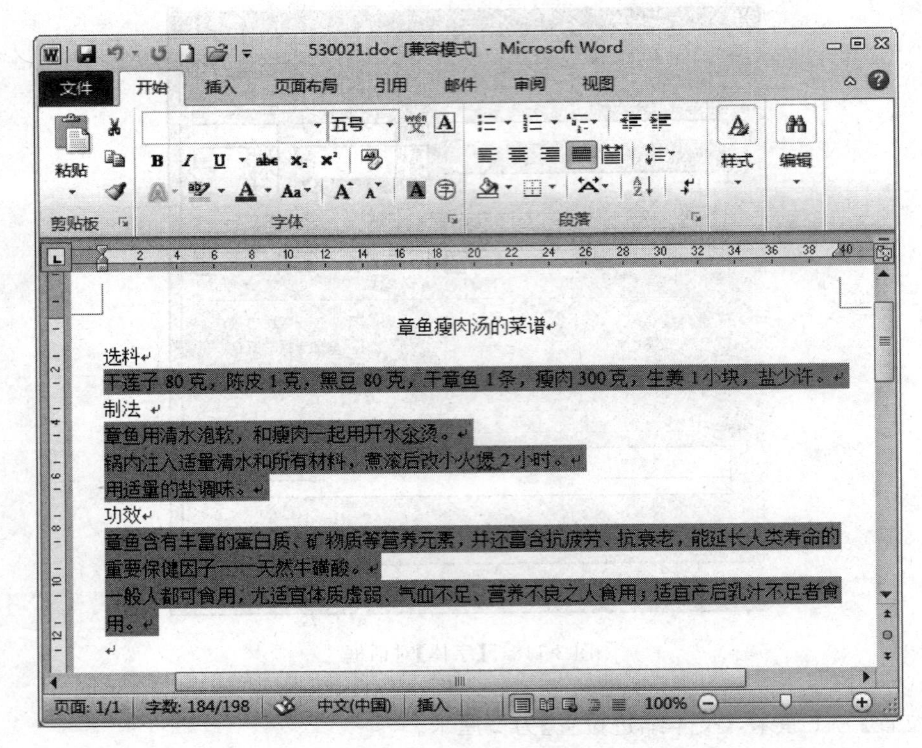

图 3-121　选定多级列表

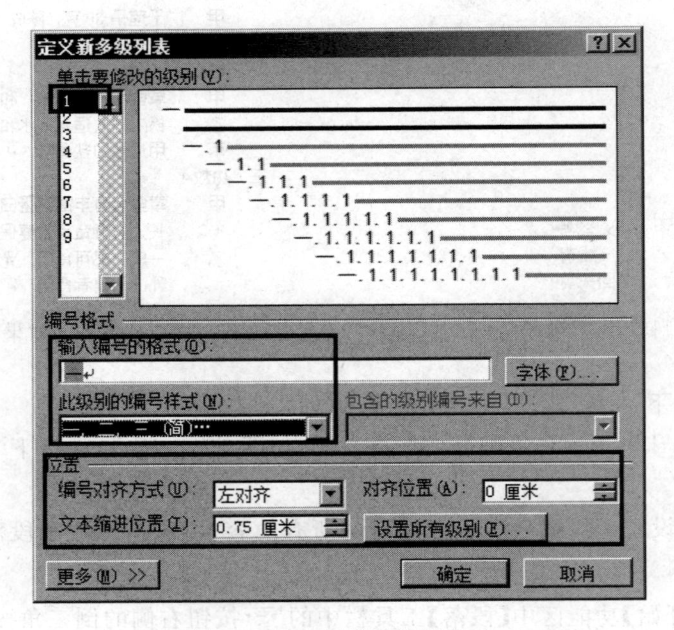

图 3-122　一级编号设置窗口

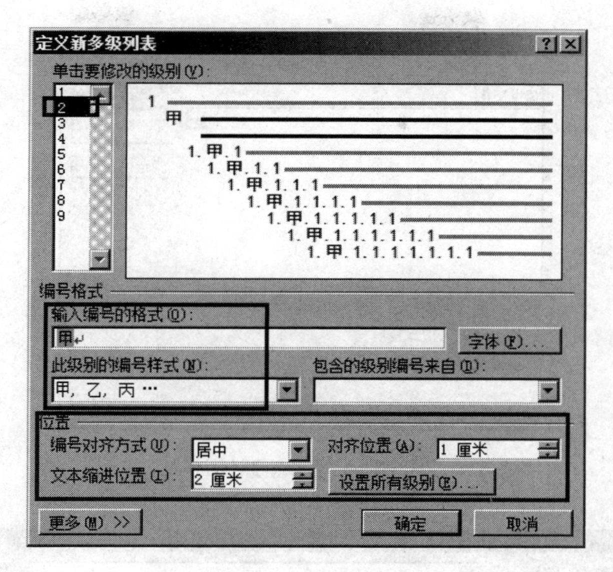

图 3-123 二级编号设置窗口

3.8.7 插入超链接和书签

当在文档中建立超链接后,查阅时可通过这些超链接快速地转到链接所指定的位置。此处的超链接与 Internet 上的超链接相同。

例 3-20 打开 321.docx 文档,并按指定要求进行操作。

(1) 选择第六段字符串"春秋战国",插入书签,书签的命名为"惊世文化"。

(2) 为标题文字"缤纷成就和谐"中的"缤纷"二字建立超链接,链接到"惊世文化"标签处。

操作步骤如下:

(1) 选择第六段字符串"春秋战国",单击【插入】功能区中【链接】工具栏中的【书签】按钮,弹出如图 3-124 所示的【书签】对话框。在【书签名】文本框中输入"惊世文化"。单击【添加】按钮。

(2) 选择标题文字"缤纷成就和谐"中的"缤纷"二字,单击【插入】功能区中【链接】工具栏的【超链接】按钮,弹出如图 3-125 所示的【插入超链接】对话框。按图 3-125 进行设置。单击【确定】按钮即可,建立超链接后效果为: 缤纷。

说明:

(1) 在图 3-125 所示的【插入超链接】对话框中,如果选中左侧的【现有文件或网页】,可以在【地址】文本框中输入超级链接的地址。

(2) 如果选中左侧的【电子邮件地址】,可以在【电子邮件地址】文本框中输入邮件地址及其他设置。

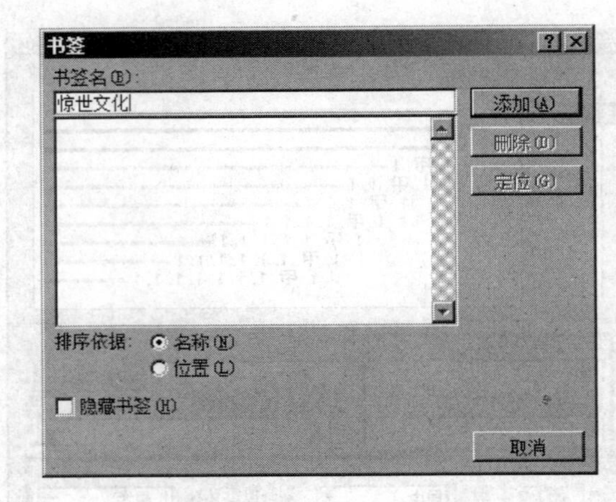

图 3-124 【书签】对话框

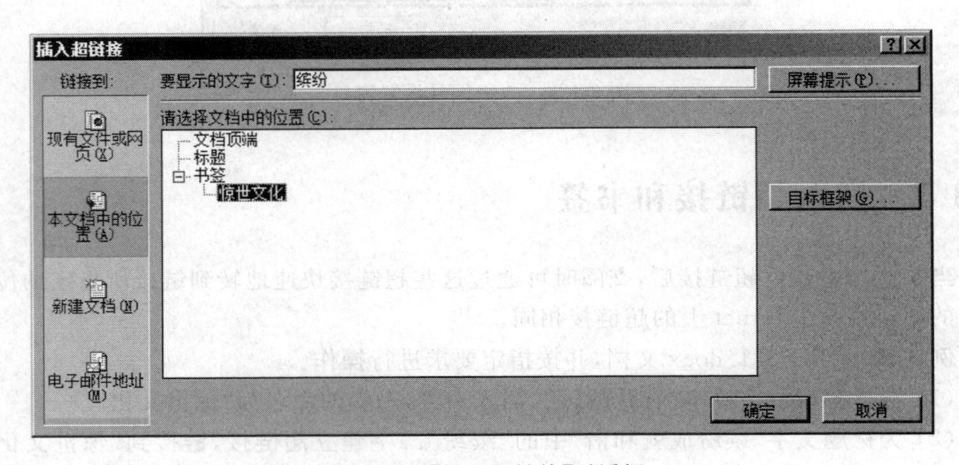

图 3-125 【插入超链接】对话框

3.8.8 交叉引用

交叉引用是指在多个不同的位置引用同一内容。通过插入交叉引用,引用标题、图表和表格之类的项目。使用交叉引用可以快速地找到相应的内容。如果将引用的内容移到其他位置,则自动更新交叉引用。

操作步骤如下:

(1) 将光标移到要插入交叉引用的位置。

(2) 单击【插入】功能区中【链接】工具栏中的【交叉引用】按钮,弹出如图 3-126 所示的【交叉引用】对话框。

(3) 在【引用类型】下拉列表中,可以选取的引用类型有标题、书签、图表、表格、脚注、尾注等,在【引用内容】下拉列表中,可以选取引用的内容,若选中【插入为超链接】复选框,可以产生超链接形式的交叉引用。

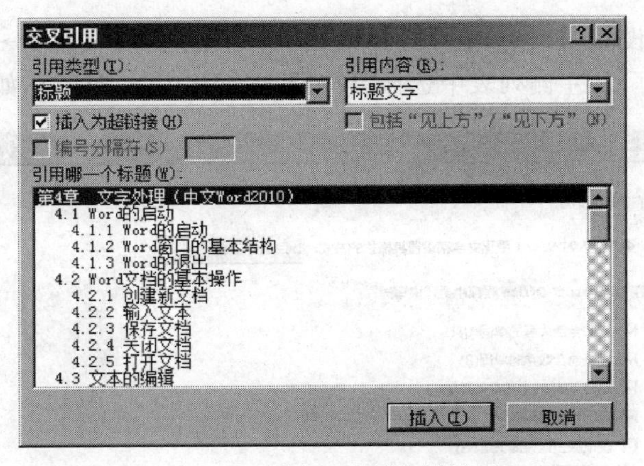

图 3-126 【交叉引用】对话框

(4) 在【引用哪一个标题】列表中选取要引用的内容。

(5) 单击【插入】按钮即可。按住 Ctrl 键的同时单击交叉引用的内容,就可以链接到指定的位置。

3.8.9 拼写和语法

拼写和语法检查可以自动检查并纠正文档中的拼写错误。在输入文本时,如果输入了错误的或不可识别的内容,在该内容下就有红色的波浪线。如果是语法错误,就会用绿色的波浪线标记。

操作步骤如下:

(1) 如果出现语法错误的文字,在文字的下面会有绿色波浪线,在其上右击,从弹出的快捷菜单中选择【忽略一次】命令,此时绿色波浪线就会消失。

(2) 如果出现红色波浪线,将光标放在出错的位置,单击【审阅】功能区中【校对】工具栏的【拼写和语法】按钮,打开图 3-127 所示的【拼写和语法:英语(美国)】对话框,在【建议】列表中选择正确的单词后,单击【更改】按钮即可。

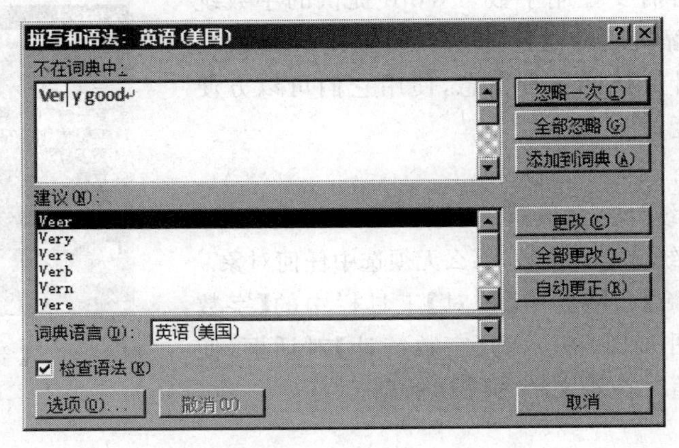

图 3-127 【拼写和语法:英语(美国)】对话框

说明：如果要设置自动检查拼写和语法，可通过选择【文件】→【选项】命令，打开【Word 选项】对话框，从左侧列表中选择【校对】，进行相应设置即可，如图 3-128 所示。

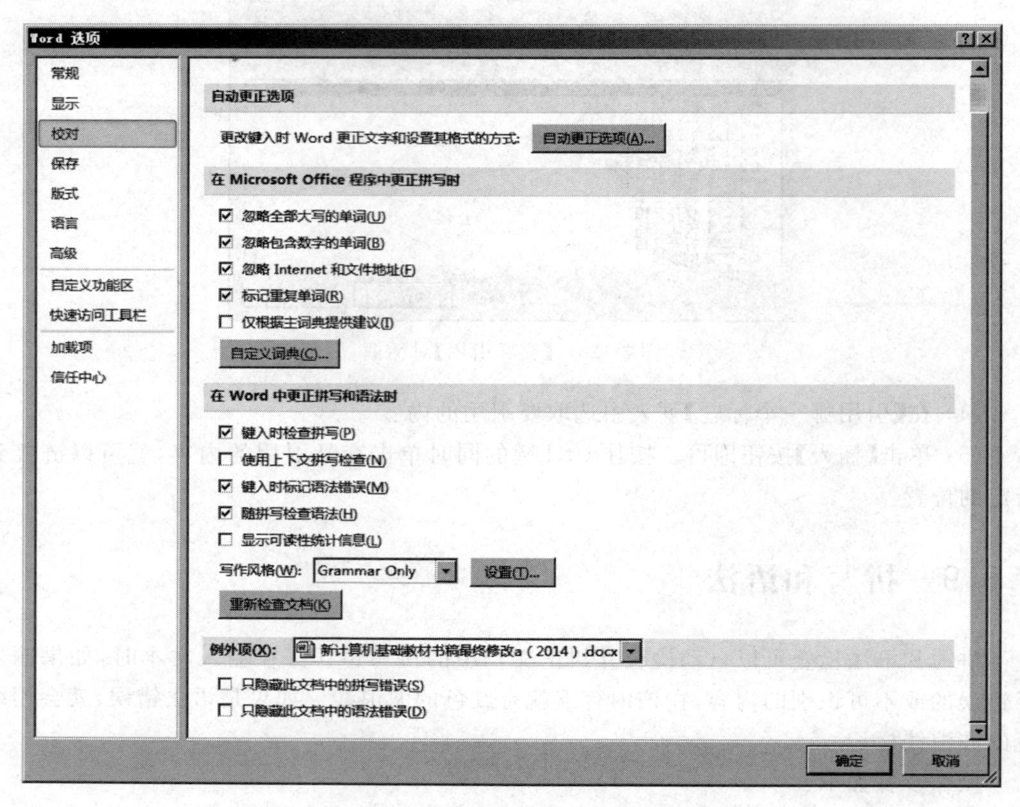

图 3-128 【Word 选项】对话框的【校对】选项

3.8.10 字数统计

编写文档有时需要控制字数。Word 提供的字数统计功能可以轻松解决用户这一难题。自动统计字数功能可以快速地统计文档的各种信息，使用它们可以方便地控制文档的长度。

操作步骤如下：

(1) 如果只需统计部分段落的字数，那么首先要选中这些段落。如果要统计全文字数，那么无须选中任何对象。

(2) 单击【审阅】功能区中【校对】工具栏中的【字数统计】按钮，打开图 3-129 所示的【字数统计】对话框，使用该对话框可以随时查看文档的统计信息。

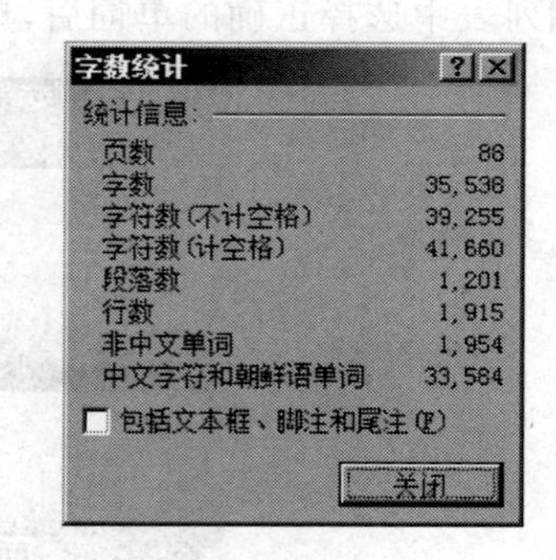

图 3-129 【字数统计】对话框

3.8.11 中文简繁转换

中文简体和繁体可以进行相互转换。选定内容,单击【审阅】功能区中【中文简繁转换】工具栏中的相应按钮进行转换,如图 3-130 所示。

3.8.12 批注

批注是文档的审阅者为文档添加的注释、说明等信息。

操作步骤如下:

(1) 选中相应内容,单击【审阅】功能区中【批注】工具栏中的【新建批注】按钮,选中的文字将被填充颜色,并且被一对括号括起来,在批注框中输入内容即可。

(2) 如果要删除或修改批注,只需在批注上右击,从弹出的快捷菜单中选择相应命令。或使用【批注】工具栏进行删除或修改批注,如图 3-131 所示。

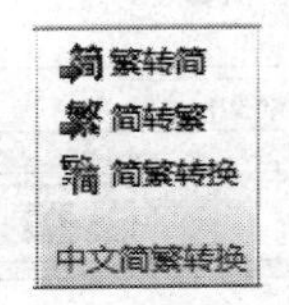

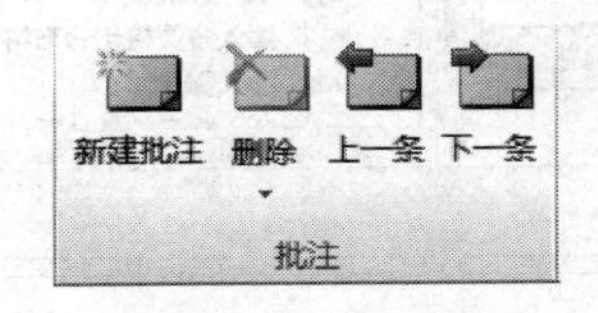

图 3-130 【中文简繁转换】工具栏　　图 3-131 【批注】工具栏

3.8.13 修订

启用修订功能后,所做的每一项操作都被标记出来。

操作步骤如下:

(1) 单击【审阅】功能区中【修订】工具栏中的【修订】按钮,进行相应的操作,如图 3-132 所示。如果要关闭修订只需再次单击【修订】按钮。

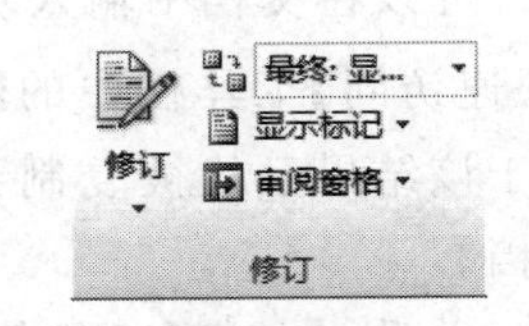

图 3-132 【修订】工具栏

(2) 如果要删除或接受修订,只需在修订上右击,从弹出的快捷菜单中选择【接受】或【拒绝】命令。

3.8.14 计算工具的应用

如果要在文档中求简单的四则运算和乘方数学公式的运算结果,可以使用【计算】工具。例如,求“44 ^ (2/3)+989 * 7－956”的值。

1. 添加【计算】按钮

操作步骤如下:

(1) 右击 Word 窗口左上角的【快速访问】工具栏,然后从快捷菜单中单击【自定义快速访问工具栏】,弹出【Word 选项】对话框,如图 3-133 所示。

(2) 在【从下列位置选择命令】下拉列表框中选择【不在功能区中的命令】,然后在下面的命令列表中找到并单击【计算】按钮,再单击【添加】按钮。

(3) 单击【确定】按钮。至此,【计算】按钮就出现在【快速访问】工具栏中了。如果以后不再需要【计算】按钮了,可以右击该按钮,然后从弹出的快捷菜单中选择【从快速访问工具栏删除】命令将其删除。

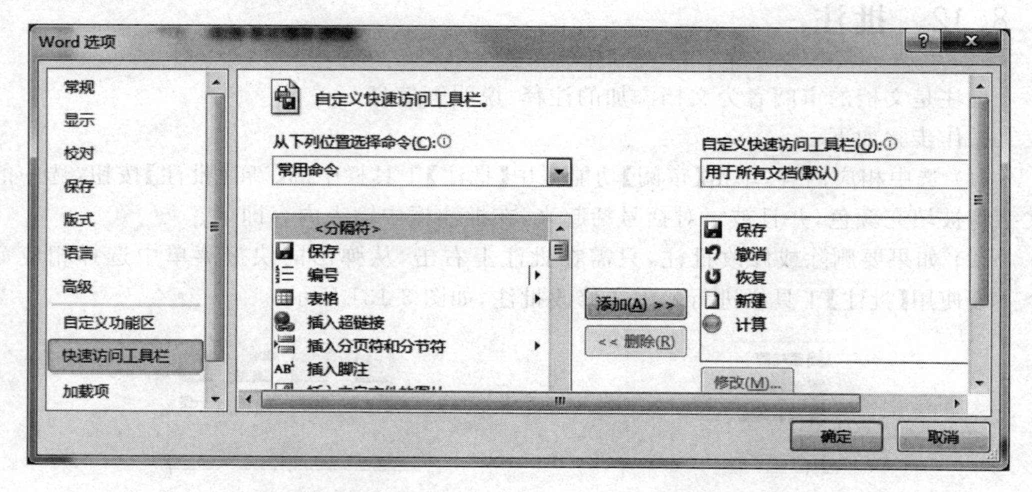

图 3-133 【Word 选项】对话框的【快速访问工具栏】选项

2.【计算】按钮的使用

可以在文档中输入算式“44 ^(2/3)+989 * 7-956”,然后选中这个算式,再单击【快速访问】工具栏中的【计算】按钮即可在状态栏左端看到计算结果。由于该结果已经被复制到剪贴板中了,所以还可以使用【粘贴】命令将计算结果插入文档。

说明:【计算】工具仅能够进行简单的四则运行,其支持的运算符按优先级别排列如下:

(1) ()——括号,支持嵌套。

(2) ^——乘方运算,如(3 ^2)。

(3) * 、/——乘法、除法运算,如 3 * 3、3/3。

(4) -、+——减法、加法运算,如 3-1,3+1。

3.8.15 域的添加和修改

Word 域的英文意思是范围,实际上,它就是 Word 文档中的一些字段。每个 Word 域都有一个唯一的名字,但有不同的取值。用 Word 排版时,若能熟练使用 Word 域,可增强排版的灵活性,减少许多烦琐的重复操作,提高工作效率。

1. 添加"域"

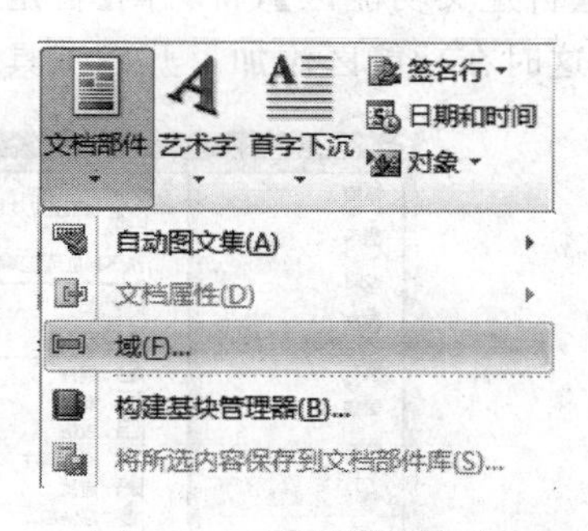

图 3-134 选择【域】命令

操作步骤如下：

(1) 打开 Word 文档，单击要插入域的位置。

(2) 单击【插入】功能区中【文本】工具栏中的【文档部件】按钮，从弹出的下拉列表中选择【域】，如图 3-134 所示。弹出【域】对话框，如图 3-135 所示。

(3) 在【类别】列表中选择所需的类别，在【域名】列表中选择所需的域名，对【域属性】和【域选项】进行设置，最后单击【确定】按钮即可。

2. 修改"域"

右击"域"，从弹出的快捷菜单中选择【编辑域】命令，弹出图 3-135 所示的对话框，从中进行相应的修改即可。

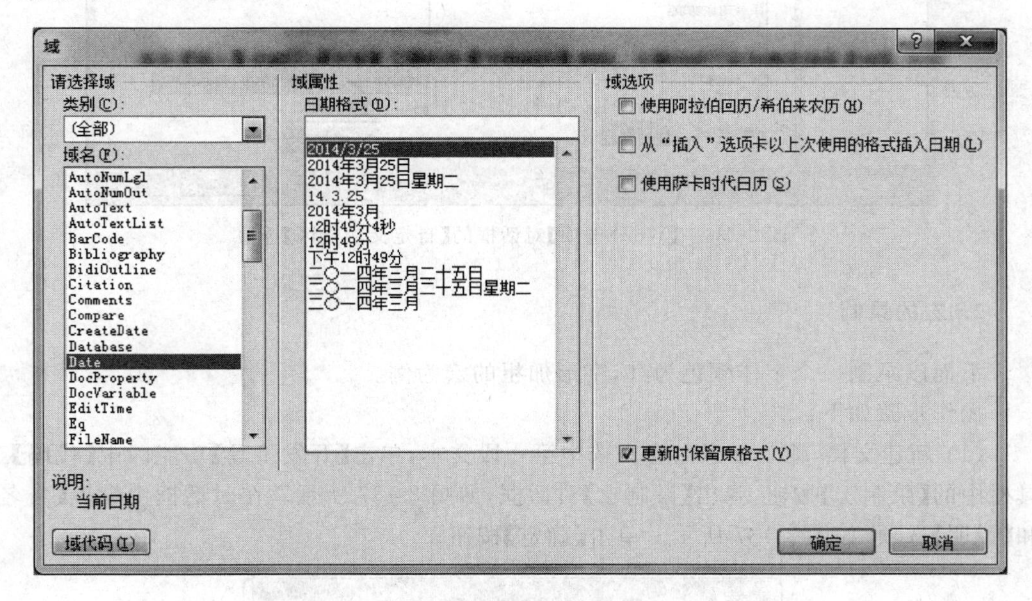

图 3-135 【域】对话框

3.8.16 宏

如果在 Word 中反复执行某项任务，可以使用宏自动执行该任务。宏是一系列 Word 命令，这些命令组合在一起，形成了单独命令，以实现任务执行自动化。

1. 添加【开发工具】功能区

选择【文件】→【选项】命令，弹出【Word 选项】对话框，如图 3-136 所示。在左侧选择

【自定义功能区】,将右侧【自定义功能区】下面的【开发工具】选中。单击【确定】按钮即可。这时在功能区添加了开发工具。

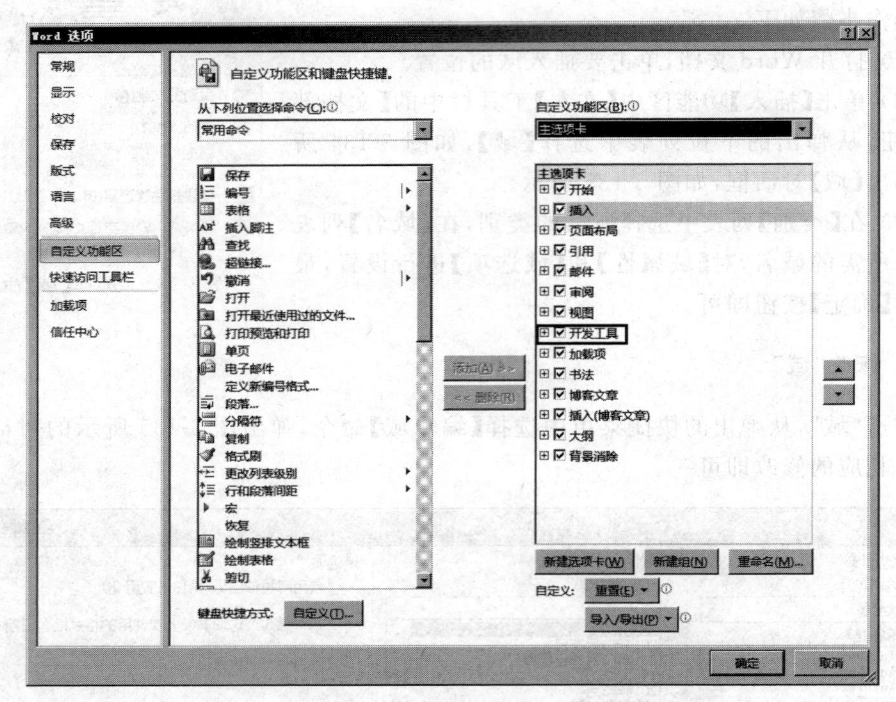

图 3-136 【Word 选项】对话框的【自定义功能区】选项

2. 宏的录制

下面以录制一个字体颜色为红,字形加粗的宏为例。

操作步骤如下:

(1) 新建文档,输入任意内容。选中第一段文本,单击【开发工具】功能区中【代码】工具栏中的【录制宏】按钮,弹出【录制宏】对话框,如图 3-137 所示。在对话框中设置【宏名】和【说明】选项,如图 3-137 所示。单击【确定】按钮。

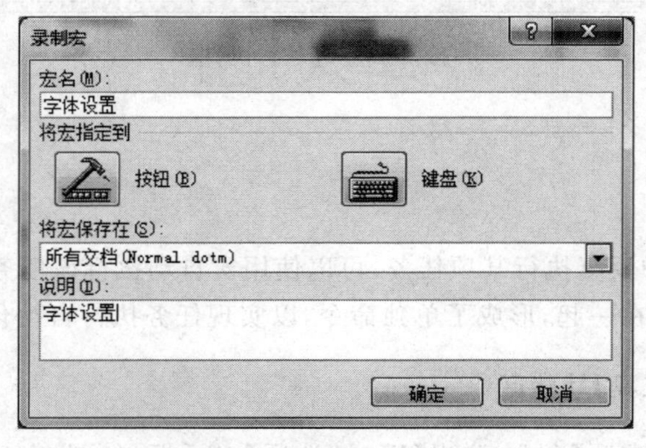

图 3-137 【录制宏】对话框

（2）在【开始】功能区中【字体】工具栏中设置字体和字形，单击【开发工具】功能区中【代码】工具栏中的【停止录制】按钮。

3. 宏的运行

选择任意内容，单击【开发工具】功能区中【代码】工具栏中的【宏】按钮，弹出【宏】对话框，如图 3-138 所示。在对话框中选择宏名，单击【运行】按钮即可。

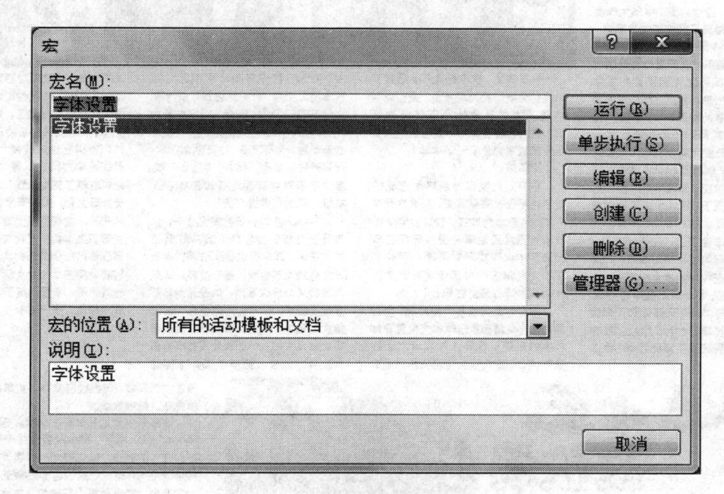

图 3-138 【宏】对话框

4. 宏的复制和删除

如果要对【宏】进行复制和删除，可以单击【宏】对话框中的【管理器】和【删除】按钮，如图 3-138 所示。

3.9 技能训练

3.9.1 任务要求

利用所学的知识，通过对 Word 软件的综合应用，根据指定素材文件，设计一版校报。要求纸张大小为 A3，纵向，页边距各为 2 厘米。效果如图 3-139 所示。效果文件为“校报.docx”。

3.9.2 知识点

此任务突出了本章的学习重点，即文字的格式设置、图文混排、表格，完成此项任务涉及的知识点如下：

（1）页面设置。

4 文艺副刊　　2014年3月4日 星期二　　本版责编:某某某 E-mail: 123456@163.com

随着时代的变迁与新思潮的不断冲击，服饰变革之风多次吹起，汉服、唐服、长袍等传统服饰在沉寂了若干个十年之后再次悄然兴起。

复古之潮，何以卷入旧貌换新颜的中国，甚至引起轩然大波呢？

其实，服饰地位之争并不是现代独有的产物。自古以来，中华大地的服饰就曾随封建王朝的兴亡而更迭。汉服里蕴含的儒学文化与礼仪精神源远流长，魏晋南北朝更是将这一思想主张在汉服优雅流畅的线条中完美的体现出来，散发出的端庄平和之气也在儒学的传颂中一直延续。至隋唐朝时款式新颖的唐装最是世人瞩目，那是民族大融合使服饰向多元化趋势发展，但汉服行云流水般的线条并无过多改变。直至清兵入关，在新政权的高压下，汉人才屈辱地向满人折服，旗服成为大清276年悠悠历史长河的主导性服装。清朝结束后，汉民族传统服饰没有卷土重来，而是在西装革履在神州大地大行其道，至有改良旗袍及中山装之类中西合壁的产物，也不过是在民国时期到解放之前这段时间盛行一时，旗装以其简洁轻便的优势征服了国民的心，并延续至今。

纵观历史，现今社会既然选择了洋装而非我们的传统服饰，是否说明这类服饰与当今社会审美标准相悖？国人的复古之兴，是否仅仅只是部分民族激进分子无事生非？

不尽然。

若有人对我国传统服饰在现行社会的存在性难以肯定，那么为什么不想想，日本的和服、朝鲜的韩服和欧洲的西式服装至今仍并行存在且得到了本土和世界的尊重？那么有深远文化渊源的中国传统服饰又有什么理由退出历史的舞台？

若复古之兴仅是一场闹剧，那请问，是什么原因激起这些文化使者如此大的愤慨？是国人对本土文化的漠不关心，是民族文化流失的严峻事实？服饰往往是带有地域地区文化气息的艺术品。一国的服饰，是一国文化不可割舍的一部分。警惕中国文化的消亡，并非杞人忧天。当中国人衣着洋装，食有汉堡，住有欧式别墅，行有奔驰，流有“哈韩”“哈日”时，那中国心对中国传统服饰轻松否认或极力抵制的根据何在？

网络上那些所谓的激进分子，以遵循社会规律为名抨击复兴传统服饰的言论，其本身就没有明确世界各国文化的发展方向。当今世界，国家之间的竞争日益激烈，这种竞争已不仅仅是经济、军事实力的竞争，还包括文化竞争。本应远远领先于世界各国的华夏文化，却因部分人的摒弃自大及另一部分人的盲目排外而面临消亡之危。在我们对西洋事物津津乐道时，外国人已像拉制木偶般束缚了我们的思维与行动了。中国在面对文化侵略时，又是否有防御之心、抵御力？难道社会发展就一定要以牺牲民族特色为代价？难道发展我国文化就阻碍了历史进程？这么说来，接受外国文化，就等于接受外国对我国的干涉，就顺应历史潮流？

中国历史上的多元化文化，确实不能适应现代社会发展的主旋律，但是我们有必要在过去的文化中取其精华，去其糟粕，保留住属于我们国家所独有的特色。这一特色是中华民族的气质所在。

驿外断桥边，寂寞开无主。
已是黄昏独自愁，更著风和雨。
无意苦争春，一任群芳妒。
零落成泥碾作尘，只有香如故。

——陆游《卜算子·咏梅》

早春三月，乐昌烟雨楼台中。身处韶城，却像走到了氤氲的江南水乡，空气中满是湿润，雾气飘渺，朦胧之处，如纱如练。当下时节，正应不是踏雪寻梅的快意了。只是听说南雄古道尚有寒梅待开，兴之所致，天还没亮，一行人就驱车前往梅岭。

差不多两个小时的车程，在越过一个略高的山坡后，我们终于到达目的地，还沉浸在沿途窗外掠过的田园风光的我们似乎没反应过来，在一个小村庄农家院户中，我们下了车。山风飕飕吹过，没有雨，却仍感到一阵清冷。

在通往绵绵的古道之前，是一座古朴的四角亭，褪红的柱子上刻着前人留下的诗文，并古苍劲，漆字朱栏，甚是典雅。亭上牌匾上写着“来雁亭”，来雁带书过，到梅归燕来。想必有多少错书难托的人儿在此独自凝眸，只为三月烽火中盼得一封家书。就像“迢迢不可见，风吹梦见之”……

古道始建于秦汉年间，后在唐开元时，宰相张九龄经过梅岭时，见山路险峻难行，遂向唐玄宗谏言，开凿扩展梅岭古道，促进当地的经济发展。经过一番的修砌，古道全部采用鹅卵石铺就，宽约六尺，两旁还留有饮马槽，一眼望去，树木葱茏，层峦叠翠。秦时古道今时关，踽踽独行在石道上，徐徐的晨风穿过石阶里的毛竹，时远时近，叮咚作响。提起梅岭，自然是少不了梅花的绰约风姿。没能在朔风挟雪时效仿古人踏雪寻梅，踏雪寻梅，已是人生一大憾事！不过尚能在疏影横斜、暗香浮动，不可不谓别有情致。在来林逋的“梅妻鹤子”倒也恬淡，只是梅此之下，少了几分俗世的烦躁。

从岭气候温和的粤梅，印象中对梅花的认识，只停留在过年时家里客厅挂的年历挂图中的那一株傲雪独立的寒梅，而如此成片的梅林还是头一次瞧见。身边的向导指着梅树说：“现在来时是有点晚了，你看有些都结了梅子了。”苏东坡的“不趁古梅耆来赏，要看红雨落黄梅。”当真是应验了。不过抬脚上到了山腰处，也还是有开了或是将开的。曲枝疏斜，倩影横斜，无不形态万千，花朵多异，轻柔淡雅，娇艳如粉，端庄似玉，纯白胜雪……纷纷其色，目不暇接。古人常云，“梅去蕊不去香，去老不去瘦，去瘦不去肥，去含不去开。”古道两上，两旁的梅树交错丛丛，迤逦望去，漫漫的天空是巨大的画布，树枝枝桠像张扬的图腾，一点一点地芳蕊，锦簇绽放。

许多景点背后都有若干不少耐人寻味的故事。行至半山腰处，就有一棵盘虬卧龙的千年古枫引来了不少行人的驻步，它还有一个名字“状元树”。在明永乐年间，有一个家境贫寒的学子，参加科试且一举高中，后来他派人去洞府上风水，得知身世，特意此树以表其相在岭南，后人尊称“状元树”。诸如此类的遗迹，还有许多，譬如纪念六祖惠能修禅的“六祖寺”、“挂子泉”，连通长江与珠江的“两江亭”，陈丹准的“北伐出世处”，为表对张九龄夫人支持其后修建古道所作贡献的纪念所建的“夫人庙”。

走上蒸山石阶路，走了将近半个小时的石路，尽头处终于看到了期待已久的梅关关楼。梅关关楼坐落在梅岭山巅，以“关隔断南北天”的气势，耸立于梅岭分水界上，故有“一步跨二省”之说。梅关始建于宋代，关楼分两层建筑，上层为耳房，下为城门。今上层已倒塌，仅存关门。拱门内两侧墙壁有拱门连接和闩门洞眼，说明关门也是多重层，真所谓“一夫当关，万夫莫开”。城门上，南北二方都有石匾，南面石匾刻的是“南粤雄关”四个大字，未注落款。城门二侧有楹联，“梅止行人渴，关防暴客来”。北面城门上石碑刊刻的是“岭南第一关”五个大字，东侧是连关楼的唯一驿道。西侧3米，耸立有一块褐红色大石碑，上刻有“梅岭”两个大字，刚劲有力。

绕了一圈的山路，又回到了关楼。不知为何，下山的时候显得轻松，说说笑笑也就到了山下了。接近中午，密密的云层透出了薄薄的光芒，暖洋洋的，洒在身上，很是舒服。

地址：韶关曲江广东松山职业技术学院　邮编：512126　电话：0751-6501165　网址：http://www.gdsspt.net/ssxb

图 3-139　校报.docx

(2) 字体格式和段落格式的设置。

(3) 图片的插入、格式设置及图文混排。

(4) 自选图形。

(5) 表格。

3.9.3 操作步骤

1. 新建文件,进行页面设置

新建文件“校报 1. docx”,单击【页面布局】功能区中【页面设置】工具栏右下角的按钮,打开【页面设置】对话框,设置纸张大小为 A3,纵向,页边距各为 2 厘米。

2. 字体格式的设置及插入自选图形

(1) 在第一行输入“3”,并设置字体和字号分别为 Arial Black 30,接下来绘制“3”右侧的竖线,单击【插入】功能区中【插图】工具栏中的【形状】按钮,从弹出的下拉列表中选择【线条】中的【直线】,绘制直线,单击【绘图工具 格式】功能区中【形状样式】工具栏中的【形状轮廓】按钮,设置竖线的颜色和粗细。输入文字“文艺”,设置字体和字号分别为华文琥珀 25,输入文字“副刊”,设置字体和字号分别为幼圆 小三,接下来输入其他内容,设置字体为“黑体”、字号为“五号”,并设置文字的颜色。

(2) 单击【插入】功能区中【插图】工具栏中的【形状】按钮,从弹出的下拉列表中选择【线条】中的【曲线】,绘制曲线,单击【绘图工具 格式】功能区中【形状样式】工具栏中的【形状轮廓】按钮,设置曲线的颜色、粗细和虚实。

3. 插入文件和图片

(1) 通过单击【插入】功能区中【文本】工具栏中的【对象】按钮,从弹出的下拉列表中选择【文件中的文字】,插入文件“从服饰变化看中国文化. docx”,将标题删除,设置字体为宋体和字号为五号,选中全部内容,单击【页面布局】功能区中【页面设置】工具栏中的【分栏】按钮,从弹出的下拉列表中选择【更多分栏】,弹出【分栏】对话框,将栏数设为“3”和“栏宽相等”。

(2) 单击【插入】功能区中【插图】工具栏中的【图片】按钮,插入图片文件“素材 1. docx”,右击图片,从弹出的快捷菜单中选择【大小和位置】命令,弹出【布局】对话框,将【大小】的【缩放】高度和宽度设为 55%,并将【文字环绕】设为四周型。拖动图片到指定的位置即可。

(3) 插入自选图形直线,并设置直线的颜色、粗细和虚实。插入文件中的文字,将标题删除,设置字体与字号与上同,接下来设置分栏为等宽的 3 栏。插入图片,将【大小】的【缩放】高度和宽度设为 59%,其他设置同上。

4. 插入表格

单击【插入】功能区中【表格】工具栏中的【表格】按钮,从弹出的下拉列表中选择【插入表格】中 1×1 表格。输入内容,设置字体和字号分别为华文琥珀 五号,单击【表格工具 设计】功能区中【表格样式】工具栏中的【底纹】按钮,设置底纹的颜色。右击表格,从弹出的快捷菜单中选择【单元格对齐方式】→【水平居中】命令。

习　题

一、选择题

1. 在 Word 文档中,如果要插入页眉和页脚,首先要切换到________视图方式下。
   A. 大纲　B. 普通　C. 页面　D. 全屏显示
2. 在 Word 文档中输入复杂的数学公式,单击________。
   A. 【插入】功能区中【文本】工具栏中的【对象】按钮
   B. 【插入】功能区中的【公式】按钮
   C. 【表格工具 布局】功能区中【数据】工具栏中的【公式】按钮
   D. 【插入】功能区中【表格】工具栏中的【表格】按钮
3. 在 Word 文档中,关于打印预览,下列说法中正确的是________。
   A. 在页面视图下,可以调整视图的显示比例,这样可以很清楚地看到该页中的文本排列情况
   B. 单击工具栏中的【打印预览】按钮,进入预览状态
   C. 选择【文件】功能区的【打印预览】命令,可以进入打印预览状态
   D. 选择【文件】→【打印】命令,可以进入打印预览状态
4. 在 Word 文档中,关于邮件合并的叙述中不正确的有________。
   A. 数据源文档可以是一个扩展名为.docx 的 Word 文档
   B. 数据源在数据源文档中以表格形式保存,该表格不能直接用 Word 文档修改
   C. 主文档与数据源合并后可直接输出到打印机,不保存到文件
   D. 数据源中的域名可由用户定义
5. 在 Word 文档的表格中,光标落在某单元格里,按 Enter 键后不会出现________情况。
   A. 换行　B. 列宽加宽
   C. 行高加大　D. 添加一个段落标记
6. 在 Word 文档中,下列关于字体的说法中正确的是________。
   A. 只能在输入文本之前定义字体
   B. 可以在已经输入的文本中改变字体
   C. 可以使用【格式】功能区中的【字体】命令进行定义
   D. 一段文本只能有一种字体
7. 在 Word 文档中,________的作用是能在屏幕上显示所有文本内容。
   A. 最大化按钮　B. 控制框　C. 滚动条　D. 标尺
8. 在 Word 文档中,【插入】功能区中【链接】工具栏中的【书签】命令用来________。
   A. 快速移动文本　B. 快速定位文档
   C. 快速浏览文档　D. 快速复制文档
9. 在编辑 Word 文档时,选择某一段文字后,按________键能将这段文字删除。
   A. Backspace　B. Ctrl　C. Alt　D. Delete

10. 在 Word 编辑状态下，给当前打开的文档加上页码，应进入________功能区。

A. 插入　　B. 编辑　　C. 格式　　D. 工具

11. 在 Word 编辑时，文字下面有红色波浪下划线表示________。

A. 对输入的确认　　B. 已修改过的文档

C. 可能是内容错误　　D. 可能是语法错误

12. Word 文档中要将一个已保存过的文档保存到当前目录外的一个指定目录中，正确的操作方法是________。

A. 选择【文件】→【退出】命令，让系统自动保存

B. 选择【文件】→【关闭】命令，让系统自动保存

C. 选择【文件】→【另存为】命令，再在【另存为】对话框中选择目录保存

D. 选择【文件】→【保存】命令，让系统自动保存

13. Word 文档中，要将其中一部分内容移动到文中的另一位置，下列操作中的________是不必要的。

A. 剪切　　B. 选择文本块　　C. 复制　　D. 粘贴

14. 下列关于 Word 文档的叙述中，正确的一条是________。

A. 剪贴板中保留的是最后一次剪切或复制的内容

B. 工具栏中的"撤销"按钮可以撤销上一次的操作

C. 在普通视图下可以显示用绘图工具绘制图形

D. 最小化的文档窗口被放置在工作区的底部

15. 在 Word 文档中，关于分节符的理解，下面选项中________是正确的。

A. 分节符由一条横贯屏幕的虚双线表示

B. 在 Word 文档中，要实现多种分栏并存，一般要用到分节符

C. Word 文档中提供的分节符就是通常所说的强制分页符

D. 在同一个 Word 文档中，要实现不同页面可以设置使用分节符

16. 在 Word 文档中，要一步实现【替换】字符串的功能，可以选择的操作是________。

A. 选择【文件】→【替换】命令　　B. 按 Ctrl＋H 组合键

C. 按 Ctrl＋F 组合键　　D. 选择【编辑】→【查找】命令

17. Word 文档中一个列宽小于页面宽的表格，可以将表格居于页的左端、右端或居中。其正确的操作是________。

A. 选择【表格】→【单元格高度和宽度】命令，在其对话框中选择【行】；在【对齐方式】组框中选择【左】、【右】或【居中】，再单击【确定】按钮

B. 光标置于该表格中，选择【格式】→【正文排列】命令，选择对齐方式

C. 光标置于该表格中，选择【表格】→【单元格高度和宽度】命令，在其对话框中选择【行】；在【对齐方式】组框中选择【左】、【右】或【居中】，再单击【确定】按钮

D. 选择整个表格，然后单击【开始】功能区中【段落】工具栏中的【文本左对齐】、【文本右对齐】、【居中】

18. 下列各种功能中，说法错误的是________。

A. 单元格在水平方向上及垂直方向上都可以合并

B. 可以在 Word 文档中插入 Excel 电子表格

C. 可以将一个表格拆分成两个或多个表格

D. 不可以在单元格中插入图形

19. 要关闭当前的 Word 文档，下列方法错误的是________。

A. 单击当前窗口右上角的【关闭】按钮

B. 双击当前窗口左上角的 Word 图标

C. 选择【文件】→【关闭】命令

D. 按 Ctrl＋S 组合键

20. 在 Word 中查找和替换正文时，若操作错误则________。

A. 可用【撤销】来恢复　　B. 必须手工恢复

C. 有时可恢复，有时就无可挽回　　D. 无可挽回

21. 在 Word 的编辑状态，连续进行了两次“插入”操作，当单击两次【撤销】按钮后________。

A. 两次插入的内容都不被取消　　B. 将第一次插入的内容取消

C. 将两次插入的内容全部取消　　D. 将第二次插入的内容取消

22. 新建文档时，Word 默认的字体和字号分别是________。

A. 宋体、五号　　B. 楷体、三号　　C. 黑体、三号　　D. 仿宋、六号

23. 打开一个 Word 文档，通常是指________。

A. 显示并打印出指定文档的内容

B. 把文档的内容从磁盘调入内存，并显示出来

C. 把文档的内容从内存中读入，并显示出来

D. 为指定文件开设一个空的文档窗口

24. 下列关于 Word 文档分栏的叙述中，正确的是________。

A. 各栏的高度可以不同　　B. 各栏的宽度可以不同

C. 最多可以设 3 栏　　D. 各栏之间不能添加分隔线

25. 在 Word 的________视图方式下，可以显示分页效果。

A. 阅读版式　　B. 页面　　C. 大纲　　D. 普通

26. 在 Word 的编辑状态下，执行两次“剪切”后，则剪贴板中________。

A. 仅有第二次被剪切的内容　　B. 仅有第一次被剪切的内容

C. 有两次被剪切的内容　　D. 无内容

27. 当一个 Word 文档窗口被关闭后，该文档将会被________。

A. 保存在内存中　　B. 保存在剪贴板中

C. 保存在外存中　　D. 既保存在外存也保存在内存中

28. 若要在 Word 文档中插入页眉和页脚，应当使用________。

A. 【工具】功能区中的命令

B. 【插入】功能区中的命令

C. 【插入】功能区中【页眉和页脚】工具栏中的【页眉】和【页脚】命令

D. 【格式】功能区中的命令

29. 在Word文档中，________用于控制文档在屏幕上的显示大小。

A. 全屏显示　　B. 显示比例　　C. 缩放显示　　D. 页面显示

30. 在Word文档中，无法实现的操作是________。

A. 在页眉中插入剪贴画　　B. 建立奇偶页不同的页眉

C. 在页眉中插入分隔符　　D. 在页眉中插入日期

31. 在Word的编辑状态下，对当前文档中的文字进行"字数统计"操作，应当进入________功能区。

A. 审阅　　B. 文件　　C. 编辑　　D. 视图

32. 在Word中，要把文档中所有段落第一行向右移动两个字符的位置，正确的选项是________。

A. 单击【格式】功能区中的【字体】命令

B. 拖动标尺上的【缩进】游标

C. 单击【格式】功能区中的【项目符号和编号】命令

D. 以上都不对

33. 在Word文档中插入数学公式，在【插入】功能区中【文本】工具栏中应选的命令是________。

A. 对象　　B. 特殊符号　　C. 文件　　D. 数字

34. 以下选项中，不属于Word查找和替换功能的是________。

A. 能查找和替换文本的格式　　B. 能够查找和替换特殊的字符

C. 能够查找某个指定图像　　D. 能够用通配符进行复杂的查找

35. 要在Word中建一个表格式简历表，最简单的方法是________。

A. 选择【文件】→【新建】命令，在弹出的对话框中选择相应的模板

B. 用绘图工具进行绘制

C. 在【表格】功能区中选择表格自动套用格式

D. 用插入表格的方法

二、操作题

1. 打开331.docx文档，完成以下操作(注意：没有要求操作的项目请不要更改)。

(1) 将文档中文字为"公园"的字替换为"学校"，且字体颜色设置为"红色"，字号为"四号"(提示：使用查找替换功能快速格式化所有对象)。

(2) 将含有文字"荔枝树"的段落分为等宽的3栏。

2. 打开332.docx文档，完成以下操作(注意：没有要求操作的项目请不要更改，文本中每一回车符作为一段落)。

(1) 将标题"钱塘江大潮"的段落格式化为：字体：黑体，字体颜色：红色，字号：三号。对齐方式：居中。

(2) 将第二段(含"每年的农历八月十八")的字符间距设置缩放比为200%。

(3) 第三段至最后的段落设置首行缩进2字符。

3. 打开333.docx文档，完成以下操作，如图3-140所示(注意：没有要求操作的项目请不要更改)。

(1) 按例图使用合并和拆分方法修改表格的第一行的第二列单元格和最后一行的第一列单元格，删除修改后多余的空行。

(2) 在适当的位置使用公式计算“合计”列和“费用总计”行。

(3) 设置表格宽度为 10 厘米，单元格内文字水平、垂直方式为居中，整个表格水平居中。

(4) 倒数第二、倒数第三行底纹为蓝色，最后一行中的单元格文字颜色为绿色、加粗。

出差日期		地 点		交通费	膳杂费	住宿费	杂费	合计
月	日	起	迄					
1	10	湘南	湘北	150	200	100	0	450
2	20	湖南	湖南	200	300	200	50	750
费用总计				350	500	300	50	1200

图 3-140　333. docx

4. 打开 333. docx，完成以下操作(注：文本中每一回车符作为一段落，没有要求操作的项目请不要更改)。

(1) 在第四段任意处插入一幅画布(即绘制新图形)，画布高 5 厘米、宽 5 厘米，环绕方式为四周型，对齐方式为水平居中。

(2) 在画布内插入一张图片，图片来自“D:\shiti\Word\PICTURE\SEA. JPG”。

(3) 在画布内的图片下方插入一个横排文本框，文本框内容为“大海茫茫无边”，无边框。

5. 打开 335. docx 文档，并按指定要求进行操作(注意：文本中每一回车符作为一段落，没有要求操作的项目请不要更改)。

(1) 将文字红色字体部分套用“标题 1”样式(提示：使用查找替换功能快速格式化所有对象)。

(2) 插入页眉，内容为“中学语文”，字体颜色为红色，字体为黑体，水平居中对齐。

(3) 在第三段以所有“标题 1”样式的内容生成目录，目录显示页码，使用超链接。

6. 打开 336. docx 文档，完成以下操作(没有要求操作的项目请不要更改)。

(1) 设置该文档纸张的高度为 28 厘米、宽度为 20 厘米，左边距为 2.8 厘米，右边距为 2.5 厘米。装订线位置：左，装订线页边距 0.3 厘米。

(2) 插入页码，位置：页面底端(页脚)，左侧。设置页眉为“童话的演变”。

(3) 给文档设置页面边框，宽度 18 磅，艺术型为红苹果(下拉列表第一个图案)。

(4) 在“理想、愿望、童话”后插入脚注，脚注位置为页面底端，编号格式为“A,B,C,…”，脚注内容为“单词直译为幻想故事”。

(5) 将内容为“中华儿童百科全书”的文字插入超链接，链接地址为 http://www.cndbk.com.cn/。

第4章 表格处理

Excel 2010(以下简称 Excel)是微软公司推出的 Office 2010 办公系列软件的重要组成部分,主要用于处理电子表格,可以高效地完成各种表格和图表的设计,进行复杂的数据计算和分析,广泛应用于账务、会计、行政、文秘、工程统计分析及医药分类等领域。它界面友好、使用方便,简化了复杂的操作,大大提高了数据处理的效率,受到越来越多用户的欢迎。

4.1 Excel 概述

4.1.1 启动 Excel

1. 从【开始】菜单启动

选择【开始】→【所有程序】→Microsoft Office Microsoft Excel 2010 命令可启动 Excel。屏幕上会显示 Excel 窗口,如图 4-1 所示。

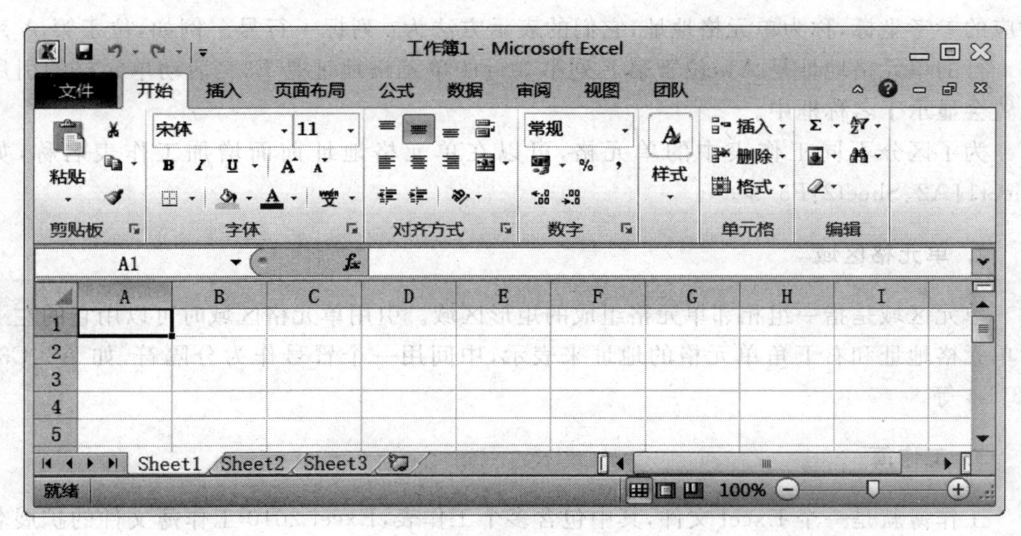

图 4-1 Excel 窗口

2. 通过打开 Excel 文件启动

双击一个已经存在的 Excel 文件(扩展名为.xlsx)的图标,即可启动 Excel。

3. 从桌面快捷方式启动

双击桌面的 Excel 快捷方式图标,即可启动 Excel。

4.1.2 Excel 的退出

Excel 可以有 4 种不同的退出方式。

(1) 选择【文件】→【退出】命令。

(2) 双击 Excel 窗口左上角处的 X 图标,或单击 X 图标,在弹出的菜单中选择【关闭】命令。

(3) 单击 Excel 窗口右上角的【关闭】按钮。

(4) 单击 Excel 窗口,按 Alt＋F4 组合键。

提示: Excel 窗口右上角有两个【关闭】按钮。单击上面的红色【关闭】按钮则退出 Excel 程序;单击下面的【关闭】按钮则只关闭当前文件(不退出 Excel 程序)。

4.1.3 Excel 的基本概念

1. 单元格

单元格是指工作表中的一个格子,即工作表中行、列交会处的区域。每个单元格具有对应的参考坐标,称为单元格地址,它们的表示方法为:列标＋行号。例如,位于第 A 列第 1 行的单元格地址是 A1,位于第 F 列第 3 行的单元格地址是 F3。活动单元格的引用位置会显示于名称框中。

为了区分不同工作表中的单元格,可以在单元格地址前面增加工作表名称,如 Sheet1!A2、Sheet2!F3 等。

2. 单元格区域

单元区域是指一组相邻单元格组成的矩形区域。引用单元格区域时可以用它的左上角单元格地址和右下角单元格的地址来表示,中间用一个冒号作为分隔符,如 A2:C3、D2:E4 等。

3. 工作簿

工作簿就是一个 Excel 文件,其中包含多个工作表,Excel 2010 工作簿文件的扩展名是.xlsx。

4. 工作表

工作表就是工作簿的一个表。Excel 的一个工作簿默认有 3 个工作表：Sheet1、Sheet2、Sheet3。用户可以通过单击工作表标签来选择相应的工作表。被选中的工作表称为活动工作表或当前工作表。当前工作表标签显示为白色，其他标签是灰色的。

4.1.4 Excel 的操作界面

Excel 窗口主要由工作区、【文件】选项卡、标题栏、功能区、编辑栏、状态栏和快速访问工具栏 7 部分组成，如图 4-2 所示。

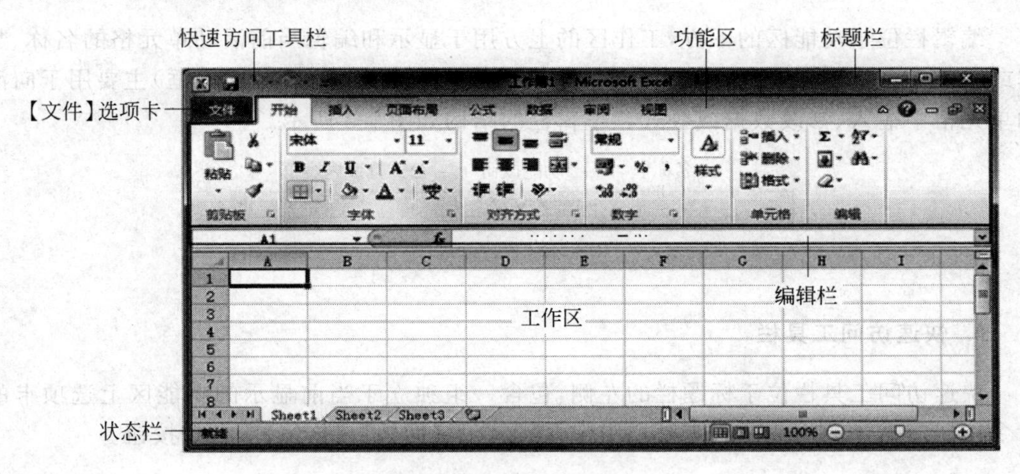

图 4-2　Excel 窗口的结构

1. 工作区

工作区是 Excel 操作界面中用输入数据的区域，由单元格组成，用于输入和编辑不同的数据类型。

2.【文件】选项卡

单击【文件】选项卡后会显示【新建】、【打开】、【保存】、【打印】、【选项】以及其他命令。

3. 标题栏

默认状态下，标题栏左侧显示快速访问工具栏，标题栏中间显示当前编辑的表格文件名。启动 Excel 时，默认的文件名是“工作簿 1”。

4. 功能区

Excel 2010 功能区由各种选项卡和包含在选项中的各种命令按钮组成。除【文件】选项卡外，标准的选项卡分为【开始】、【插入】、【数据】、【页面布局】、【公式】、【审阅】、【视图】等。

每个选项卡中包括多个选项组,如【开始】选项卡包括【剪贴板】、【字体】、【对齐方式】、【数字】等选项组。每个选项组又包含若干相关的命令按钮,如【剪贴板】选项组中包含剪切、复制、格式刷、粘贴等命令按钮。

! 提示:默认选择的是【开始】选项卡,可通过单击来选择所需的选项卡;单击选项组右下角的 按钮可以打开相关的对话框;某些选项卡只在需要使用时才显示出来。例如,选择图表时,在功能区会显示【图表工具】,在其下会增加【设计】、【布局】、【格式】选项卡。

5. 编辑栏

编辑栏位于功能区的下方,工作区的上方用于显示和编辑当前活动单元格的名称、数据或公式。名称框用于显示当前单元格的地址和名称。公式框(或内容框)主要用于向活动单元格中输入、修改数据或公式。编辑栏的结构如图 4-3 所示。

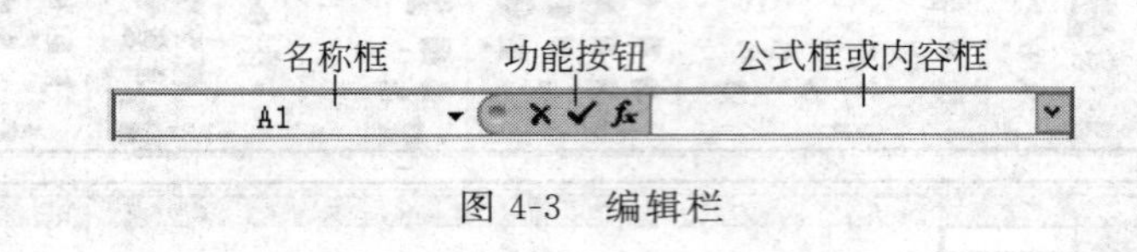

图 4-3 编辑栏

6. 快速访问工具栏

快速访问工具栏位于标题栏的左侧,包含一组独立于当前显示的功能区上选项卡的命令按钮。默认的快速访问工具栏中包含【保存】、【撤销】、【恢复】等命令按钮。

7. 状态栏

状态栏位于窗口最后一行,用于显示当前数据的编辑状态、选择数据统计区、页面显示方式以及调整页面显示比例等。

4.1.5 自定义操作界面

1. 自定义快速访问工具栏

单击快速访问工具栏右侧的下拉箭头按钮 ,在弹出的下拉菜单中单击相应的菜单项即可将其添加到快速访问工具栏中,此时该命令前会出现 按钮。

2. 最小化功能区

单击功能区右侧上方的 按钮即可将功能区最小化。

单击功能区右侧上方的 按钮即可将功能区按默认形式显示。

3. 自定义功能区

在功能区的空白处右击，在弹出的快捷菜单中选择【自定义功能区命令】，在弹出的对话框中可以实现功能区的自定义。

4. 自定义状态栏

在状态栏上右击，在弹出的快捷菜单中可以通过单击来选择或撤销选项来实现在状态栏是显示或隐藏相应的信息。

4.2 Excel工作簿的基本操作

4.2.1 新建工作簿

使用Excel，首先要创建一个工作簿。创建空白工作簿有以下两种方法。

(1) 当启动Excel时，会自动建立一个名为“工作簿1”的工作簿。

(2) 单击【文件】选项卡，在弹出的下拉菜单中选择【新建】选项，中间的【可用模板中】此时已默认【空白工作簿】，再单击右侧下方的【创建】按钮。

4.2.2 保存工作簿

在执行工作簿操作时，为避免因意外造成的数据丢失，请对工作簿及时保存。按原文件名保存文件有以下几种方法。

(1) 选择【文件】→【保存】命令。

(2) 单击快速访问工具栏中的【保存】按钮。

(3) 按Ctrl+S组合键。

提示：第一次保存新建的工作簿，会产生一个【另存为】对话框，这时用户可以指定工作簿文件名和保存位置。如果要改变文件名或保存位置，可以选择【文件】→【另存为】命令，然后指定工作簿文件名和保存位置。

4.2.3 打开工作簿

打开现有工作簿的方法有以下两种。

(1) 双击现有的工作簿文件。

(2) 启动Excel，选择【文件】→【打开】命令(或单击快速访问工具栏中的【打开】按钮，或按Ctrl+O组合键)，然后在出现的【打开】对话框中选择要打开的文件，再单击【打开】按钮。

4.2.4 关闭工作簿

关闭工作簿即退出 Excel,具体操作请查看 4.1.2 小节的描述。在关闭 Excel 文件时,如果编辑的文件没有保存,系统会弹出图 4-4 所示的提示对话框。

图 4-4 提示对话框

提示:单击【保存】按钮,将保存对此文件所做的修改并关闭 Excel 文件;单击【不保存】按钮则不保存对此文件所做的修改并关闭 Excel 文件;单击【取消】按钮不关闭 Excel 文件,返回 Excel 界面中继续编辑。

4.3 Excel 工作表的基本操作

4.3.1 插入工作表

在编辑 Excel 文件时如果需要更多的工作表,则可插入新的工作表。插入新工作表有以下几种方法。

(1) 单击要插入位置的后一个工作表标签使之成为当前工作表,选择【开始】→【单元格】→【插入】按钮下方的 按钮,在弹出的下拉菜单中选择【插入工作表】命令即可在当前工作表之前插入一个新工作表。

(2) 在要插入位置的后一个工作表标签上右击,在弹出的快捷菜单中选择【插入】命令,在出现的【插入】对话框中选择【工作表】图标,再单击【确定】按钮即可在当前工作表之前插入一个新工作表。

(3) 单击工作簿中最后一个工作表标签右侧的【插入工作表】按钮 即可在最后插入一个新的工作表。

4.3.2 选择工作表

要选择工作表,仅需单击相应的工作表标签;如未看见工作表标签,可使用标签滚动条,左右移动查看显示的标签名称,再单击。

(1) 选择一个工作表。直接单击该工作表标签。

(2) 选择连续的多个工作表。先单击第一个要选择的工作表的标签,再按住 Shift 键的同时单击要选择的最后一个工作表标签。

(3) 选择不连续的多个工作表。按住 Ctrl 键的同时单击要选择的工作表标签。

(4) 选择全部的工作表。右击工作表标签,在弹出的快捷菜单中选择【选择全部工作表】命令。

4.3.3 删除工作表

方法一:右击要删除的工作表标签,在弹出的快捷菜单中选择【删除】命令,弹出【删除】对话框,在对话框中单击【确定】按钮。

方法二:选择要删除的工作表,选择【开始】→【单元格】→【删除】按钮下方的▼按钮,在弹出的下拉菜单中选择【删除工作表】命令。

4.3.4 重新命名工作表

默认工作表的名称为 Sheet1、Sheet2、…为了便于更好地管理工作表,可以对工作表进行重新命名。重命名工作表有以下两种方法。

(1) 在标签上直接重命名

双击要重命名的工作表,输入新的标签名后按 Enter 键确认即可。

(2) 使用快捷菜单

右击工作表标签,在弹出的快捷菜单中选择【重命名】命令,使工作表标签呈反白显示,然后输入新的名称。

4.3.5 复制和移动工作表

工作表的复制和移动最简单的方法是使用鼠标操作。可以在同一个工作簿中移动和复制工作表,也可以在不同工作簿中移动和复制工作表。

1. 移动工作表

(1) 直接拖动

单击要移动的工作表标签,拖动鼠标的同时会看到▼会随着鼠标指针移动,此时如果释放鼠标按键,则工作表即被移动到刚才▼所在的位置。如在不同的工作簿中移动工作表,在操作前要先打开要操作的所有工作簿。

(2) 使用快捷菜单移动

右击要复制或移动的工作表标签,在弹出的快捷菜单中选择【移动或复制工作表】命令,则弹出【移动或复制工作表】对话框,在【将选择工作表移至工作簿】下拉列表中选择目标工作簿,在【下列选择工作表之前】下拉列表中选择要移动的位置,单击【确定】按钮即可,如图 4-5 所示。

2. 复制工作表

(1) 直接拖动

与用鼠标移动工作表的操作方法相似,只是在拖动鼠标的同时按住 Ctrl 键即可。如在不同的工作簿中复制工作表,在操作前要先打开要操作的所有工作簿。

(2) 使用快捷菜单

与用快捷菜单移动工作表的操作方法相似,只是要选中【建立副本】复选框即可,如图 4-6 所示。

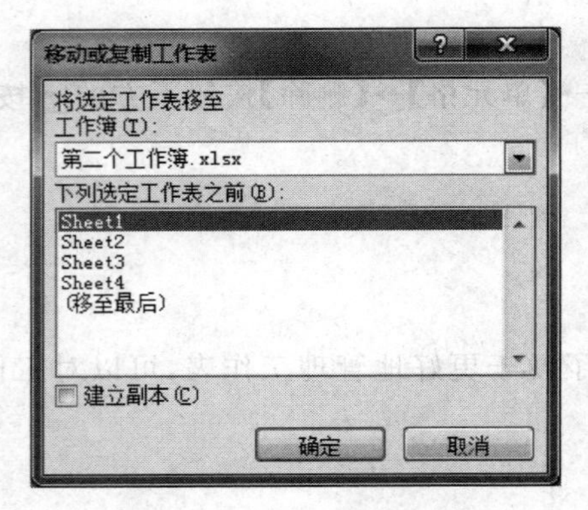

图 4-5　移动工作表设置

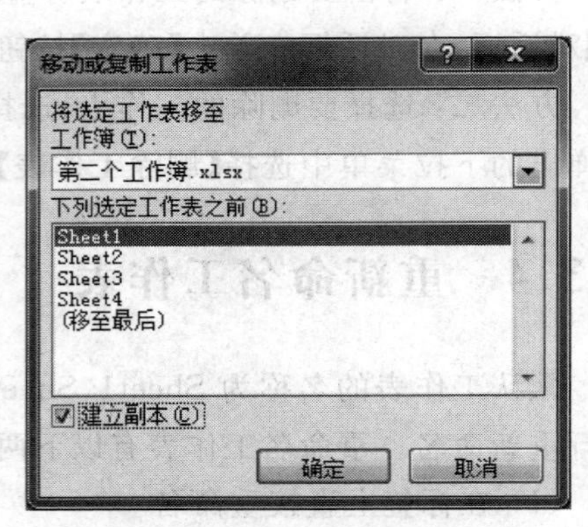

图 4-6　复制工作表设置

4.4 单元格的基本操作

4.4.1 选择单元格

1. 选择一个单元格

单元格处于选择状态后,它的边框线会变成黑粗线,此单元格为当前单元格又称为活动单元格。当前单元格的地址显示在名称框中,内容显示在当前单元格和编辑栏中。启动 Excel 时,单元格 A1 处于选择状态。选择一个单元格的方法有以下几种。

(1) 单击要选择的单元格。

(2) 在名称框中输入单元格名称后按 Enter 键。

(3) 用方向键选择。

(4) 选择【开始】→【编辑】→【定位】命令,在引用位置中输入单元格地址,再单击【确定】按钮。

2. 选择连续的区域

(1) 使用鼠标选择

方法一:把鼠标指针移到欲选取区域的左上角,拖动到要选区域的右下角,释放鼠标。

方法二：把鼠标指针移到欲选取区域的左上角，单击，然后按住 Shift 键，同时把鼠标指针移到要选区域的右下角单击，最后释放 Shift 键。这种方法适合选择大范围的单元格区域。

(2) 使用名称框

在名称框中输入单元格区域“A1:D8”，按 Enter 键即可选择单元格区域“A1:D8”。

3. 选择不连续的区域

选择第一个单元格区域，按住 Ctrl 键，选择第二个单元格区域，再按住 Ctrl 键，选择第三个单元格区域，以此类推，最后释放 Ctrl 键。

4. 选择行或列

单击行号或列标可以选择单行或单列，在行号栏或列标栏上拖动鼠标则可选择多个连续的行或列。

5. 选择所有单元格

选择所有单元格即选择整个工作表。操作方法是：单击行号和列标交叉处，或按 Ctrl＋A 组合键。

6. 撤销选择

取消选择的方法是：单击任一单元格，或按键盘任一个方向键。

4.4.2 合并与拆分单元格

1. 合并单元格

合并单元格是指将两个或多个选择的相邻的单元格合并成一个单元格。这些单元格将合并为一个跨多列或跨多行显示的单元格；也可以将合并的单元格拆分成多个单元格，但不能拆分未合并过的单元格。表格的标题通常在工作表第一行的第一个单元格中，这时往往需要对标题行中的相应单元格进行合并，从而使标题跨列居中显示。

例 4-1 打开工作簿文件 401.xlsx，将 Sheet1 工作表的标题合并居中显示。

操作步骤如下：

(1) 选择单元格区域 A1:J1，如图 4-7 所示。

(2) 选择【开始】→【对齐方式】→【合并后居中】命令。或者单击【合并后居中】右侧的 ▼ 按钮，在弹出的下拉菜单(见图 4-8)中选择【合并后居中】命令。

(3) 完成工作表标题行设置，即 A1:J1 单元格区域合并且居中显示，执行效果如图 4-9 所示。

	A	B	C	D	E	F	G	H	I	J
1	工资表									
2	编号	姓名	职务	年龄	性别	基本工资	补贴	津贴	扣款	应发工资
3	36001	艾小群			女	450	580	66	320	776
4	36002	陈美华			女	78	920	78	460	1238
5	36003	关汉瑜			女	68	620	68	280	928
6	36004	梅颂军			男	82	1020	82	600	1402
7	36005	蔡雪敏			女	680	640	70	500	890
8	36006	林淑仪			男	790	840	80	400	1310
9	36007	区俊杰			男	470	600	58	350	778

图 4-7　选择单元格区域

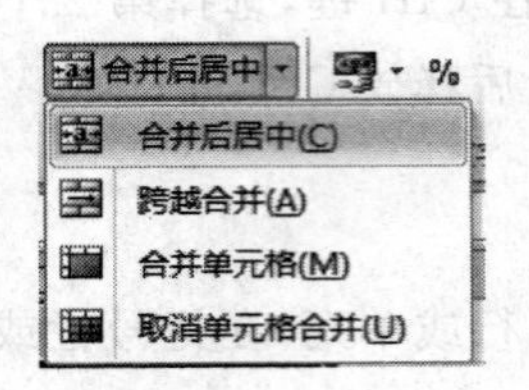

图 4-8　选择【合并后居中】命令

	A	B	C	D	E	F	G	H	I	J
1					工资表					
2	编号	姓名	职务	年龄	性别	基本工资	补贴	津贴	扣款	应发工资
3	36001	艾小群			女	450	580	66	320	776
4	36002	陈美华			女	78	920	78	460	1238
5	36003	关汉瑜			女	68	620	68	280	928
6	36004	梅颂军			男	82	1020	82	600	1402
7	36005	蔡雪敏			女	680	640	70	500	890
8	36006	林淑仪			男	790	840	80	400	1310
9	36007	区俊杰			男	470	600	58	350	778
10	36008	王玉强			男	700	760	78	200	1338

图 4-9　工作表执行效果

2. 拆分单元格

取消单元格合并就是将合并后的一个单元格拆分为多个单元格。

例 4-2　打开工作簿文件 401.xlsx，取消 Sheet1 工作表标题行的合并。

操作步骤如下：

(1) 选择合并后的单元格。本题选择 A1 单元格。

(2) 选择【开始】→【对齐方式】→【合并后居中】命令。或者单击【合并后居中】右侧的▾按钮，在弹出的下拉菜单中选择【取消单元格合并】命令。

(3) 该标题行取消合并即恢复成合并前的单元格。执行效果如图 4-7 所示。

3. 调整行高

Excel 能根据输入的字体大小自动调整行高，用户也可根据需要自行设置行高。可一次设置一行或多行的行高。可使用功能区选项按钮或手工来操作。

例 4-3　打开工作簿文件 401.xlsx，将 Sheet2 工作表数据清单中的第 3 至 5 行的行高设置为 20。

操作步骤如下：

(1) 通过拖选行号 3、4、5 来选择第 3 至 5 行，如图 4-10 所示。

	A	B	C	D	E	F	G	H
1	工资表							
2	编号	姓名	性别	基本工资	补贴	津贴	扣款	应发工资
3	36001	艾小群	女	450	580	66	320	776
4	36002	陈美华	女	700	920	78	460	1238
5	36003	关汉瑜	女	520	620	68	280	928
6	36004	梅颂军	男	900	1020	82	600	1402
7	36005	蔡雪敏	女	680	640	70	500	890
8	36006	林淑仪	男	790	840	80	400	1310
9	36007	区俊杰	男	470	600	58	350	778
10	36008	王玉强	男	700	760	78	200	1338
11								

图 4-10 选择第 3 至 5 行

(2) 在选择区域上右击，在弹出的快捷菜单中选择【行高】命令，弹出【行高】对话框，在【行高】文本框中输入“20”，单击【确定】按钮即可(见图 4-11)。

行高 ? ×
行高(R): 20
确定 取消

图 4-11 【行高】对话框中的设置

提示：可将鼠标指针移动到两行号之间，当鼠标指针变成 ✛ 形状时，按住鼠标左键向下拖动使行高变大，向上拖动使行高变小。也可通过选择【开始】→【单元格】→【格式】按钮右侧的 ▼ 按钮，在弹出的下拉菜单中选择【行高】选项设置行高，选择【自动调整行高】命令则可自动调整为合适的行高。

4. 调整列宽

如果单元格的宽度不足以使数据完整显示，数据在单元格中会以科学计数法表示或被显示为“######”，还有可能覆盖显示在相邻的右侧单元格上，此时只需将列调整为适当的宽度，数据就会完整地显示出来。常用调整列宽的操作步骤如下：

(1) 选择要设置列宽的一列(或多列)。

(2) 在选择区域右击，在弹出的快捷菜单中选择【列宽】命令。

(3) 在弹出的【列宽】对话框的【列宽】文本框中输入所需的数值，单击【确定】按钮。

5. 隐藏行或列

例 4-4 打开工作簿文件 401.xlsx，将 Sheet2 工作表中的第 3 至 5 行隐藏。

操作步骤如下：

(1) 选择要隐藏的行。本题选择第 3 至 5 行。

(2) 选择【开始】→【单元格】→【格式】按钮，在弹出的下拉菜单中选择【隐藏和取消隐藏】→【隐藏行】命令，如图 4-12 所示。

(3) 工作表中的第 3 至 5 行即被隐藏。隐藏列的方法与隐藏行的方法类似。

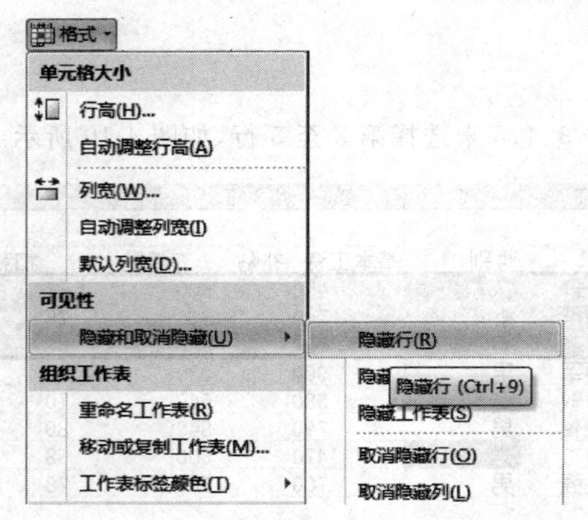

图 4-12　隐藏行的设置

6. 显示隐藏的行或列

操作步骤如下：

(1) 选中被隐藏行的上一行和下一行。如果要显示例 4-4 被隐藏的第 3 至 5 行则选中第 2 行和第 6 行。

(2) 选择【开始】→【单元格】→【格式】命令，在弹出的下拉菜单中选择【隐藏和取消隐藏】→【取消隐藏行】命令即可。工作表中被隐藏的第 3 至 5 行即可显示出来。

4.4.3　单元格的插入、删除和清除

1. 插入空白单元格

在 Excel 工作表中，可在活动单元格的上方或左侧插入一个或多个空白单元格，同时将同一列中其他单元格下移或同一行中其他单元格右移。也可插入单行(列)或多行(列)空白单元格。

插入空白单元格的操作步骤如下：

(1) 选择要插入空白单元格的单元格。

(2) 选择【开始】→【单元格】→【插入】命令即可在已选择的单元格位置上插入空白单元格，此时活动单元格右移。或单击【插入】按钮右侧的 ▼ 按钮，在弹出的图 4-13 所示的下拉菜单中选择【插入单元格】命令，弹出图 4-14 所示的【插入】对话框。或右击选择的单元格，在弹出的快捷菜单中选择【插入】命令，同样弹出【插入】对话框。

(3) 在【插入】对话框中，按要求选一项。

①【活动单元格右移】　表示将空白单元格插入当前单元格的左边。

②【活动单元格下移】　表示将空白单元格插入当前单元格的上边。

③【整行】　在所选单元格上边插入行。

④【整列】　在所选单元格左边插入列。

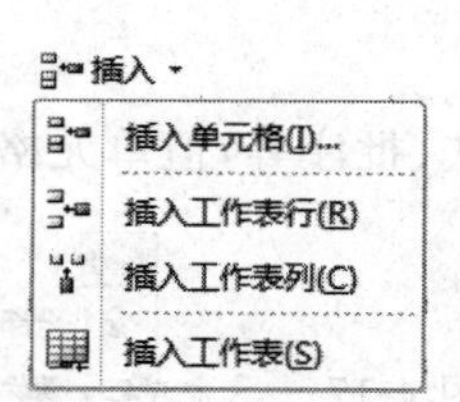

图 4-13 【插入】下拉菜单

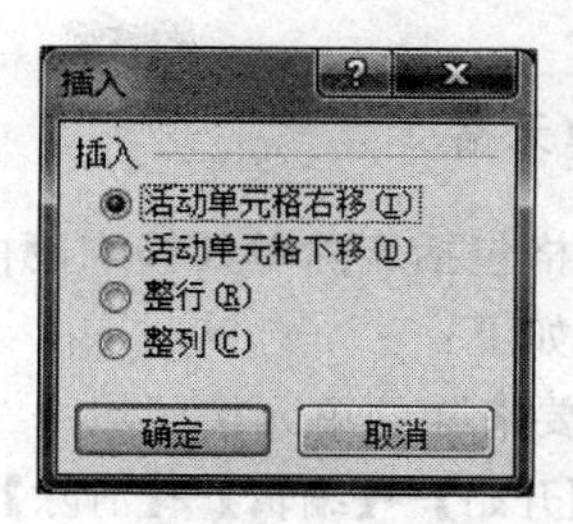

图 4-14 【插入】对话框

(4) 单击【确定】按钮。

! 提示：如果要同时插入多个连续的空白单元格，可先选择相同个数的单元格，再执行插入单元格操作；如果要同时插入数行(列)，可以先选择与要插入的行数(或列数)相同的行(或列)，再进行插入行(列)操作。

2. 删除单元格

删除单元格操作是指将单元格内所有的内容完全删除，包括其所在的地址。被删除的单元格会被其相邻单元格取代。

操作步骤如下：

(1) 选择要删除的单元格区域。

(2) 选择【开始】→【单元格】→【删除】命令即可删除所选择的单元格区域，此时右侧单元格往左移。如想下方的单元格上移，则单击【删除】按钮右侧的 ▼ 按钮，弹出图 4-15 所示的下拉菜单，然后在此菜单中选择【删除单元格】命令，弹出图 4-16 所示的【删除】对话框；或右击选择的单元格，在出现的快捷菜单中选择【删除】命令，同样会弹出【删除】对话框。如果在操作步骤(1)中选择的是整(多)行或整(多)列，则删除整(多)行或整(多)列，不会出现【删除】对话框。

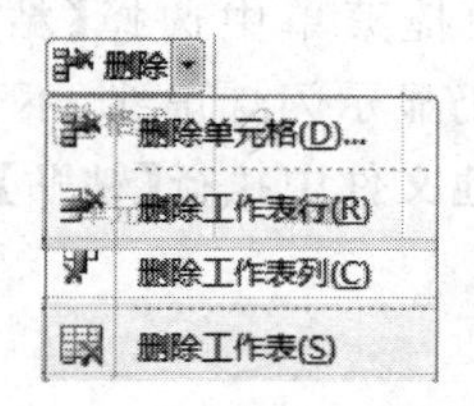

图 4-15 【删除】下拉菜单

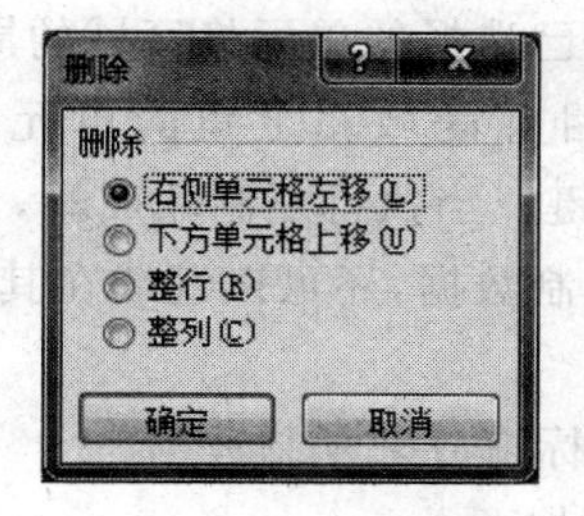

图 4-16 【删除】对话框

(3) 在【删除】对话框中按要求选一项。

①【右侧单元格左移】 被删除单元格右侧所有的单元格往左移。

②【下方单元格上移】 被删除单元格下侧所有的单元格往上移。

③【整行】 删除选中单元格所在位置的整行。

④【整列】 删除选中单元格所在位置的整列。

(4) 单击【确定】按钮。

3. 清除单元格

清除单元格包括删除单元格中的内容、公式及格式、批注等,但单元格本身仍然存在。

操作步骤如下:

(1) 选择要清除的单元格区域;

(2) 选择【开始】→【编辑】→【清除】命令,在弹出的图 4-17 所示的下拉菜单中选择相应的命令。

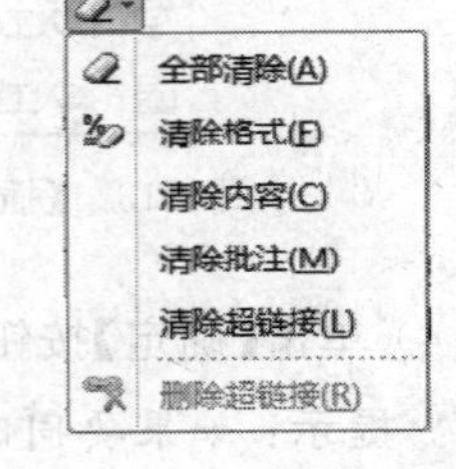

图 4-17 【清除】下拉菜单

①【清除内容】 清除单元格内的公式和数据。

②【清除格式】 清除单元格的格式,如边框线、颜色等。

③【清除批注】 清除单元格内的批注,其他不变。

④【全部清除】 清除单元格的内容、格式和批注。

提示:选择要清除的单元格时按 Delete 键(或右击选中的单元格,在快捷菜单中选择【清除内容】命令),直接清除单元格的内容,但保留格式及批注。

4.4.4 单元格的复制和移动

1. 复制单元格区域

在编辑工作表时,如有相同的数据内容,只需使用复制功能即能快速地完成输入数据的操作。

(1) 用剪贴板实现复制数据

操作步骤如下:

① 选择要复制的单元格区域。

② 右击已选择的单元格区域,在弹出的快捷菜单中选择【复制】命令,或按 Ctrl+C 组合键。此时已选择的单元格区域的周围会显示闪烁虚线。

③ 右击目标区域左上角的单元格,在弹出的快捷菜单中选择【粘贴】命令,或按 Ctrl+V 组合键。当执行复制完成时,原单元格边框仍显示闪烁虚线,不会消失,意即剪贴板仍保留复制数据,还可以继续在其他单元格或其他文件中执行【粘贴】命令,可按 Esc 键取消。

(2) 用鼠标拖放来复制数据

操作步骤如下:

① 选择要复制的单元格区域。

② 将鼠标指针移到单元格边框,此时鼠标指针会变成箭头形状。

③ 按住 Ctrl 键的同时按下鼠标左键不放,当鼠标指针右上角出现"+"时拖动到目标区域左上角的单元格处。

④ 先释放鼠标左键,再释放 Ctrl 键。

提示:如果在步骤④中,先释放 Ctrl 键再释放鼠标左键,则此操作结果会变为移动操作。

2. 移动单元格数据

(1) 用剪贴板实现移动单元格

操作步骤如下：

① 选择要移动的单元格区域。

② 右击已选择的单元格区域，在弹出的快捷菜单中选择【移动】命令，或按 Ctrl＋X 组合键。此时选择的单元格区域的周围会显示闪烁虚线。

③ 右击目标区域左上角的单元格，在弹出的快捷菜单中选择【粘贴】命令，或按 Ctrl＋V 组合键。

(2) 用鼠标拖放来移动单元格区域

操作步骤如下：

① 选择要移动的单元格区域。

② 将鼠标指针移到单元格边框，此时鼠标指针会变成箭头形状。

③ 拖动到目标区域左上角的单元格处。

④ 释放鼠标左键。

! **提示**：如果单元格中含有公式，则公式内容不会发生变化，但其中的相对地址会自动调整。如果只是移动或复制单元格中的部分数据，则进行以下操作即可。

(1) 双击单元格，用鼠标或键盘选择要移动或复制的数据。

(2) 用【剪切】命令来进行移动，或用【复制】命令来进行复制。

(3) 单击要粘贴的目标单元格，再使用【粘贴】命令。

4.4.5 插入复制或剪切的单元格

本操作主要用在不覆盖工作表中原有内容的基础上添加内容。

1. 插入复制的单元格

操作步骤如下：

(1) 选择要插入复制的单元格区域，并按 Ctrl＋C 组合键进行复制。此时已选择的单元格区域周围会显示闪烁虚线。

(2) 单击目标区域左上角的单元格，右击(或选择【开始】→【单元格】→【插入】命令)，在弹出的快捷菜单中选择【插入复制的单元格】命令，弹出【插入粘贴】对话框。

(3) 在【插入粘贴】对话框中选择所要求的选项。

(4) 单击【确定】按钮。

2. 插入剪切的单元格

操作步骤如下：

(1) 选择要插入复制的单元格区域，并按 Ctrl＋X 组合键进行剪切。此时已选择的单元格区域周围会显示闪烁虚线。

(2) 单击目标区域左上角的单元格,右击(或选择【开始】→【单元格】→【插入】命令),在弹出的快捷菜单中选择【插入剪切的单元格】命令,弹出【插入粘贴】对话框。

(3) 在【插入粘贴】对话框中选择所要求的选项。

(4) 单击【确定】按钮。

4.4.6 选择性粘贴

在复制操作中,粘贴的操作会取代原单元格的数据。如果我们仅要复制单元格的内容,却不需要其格式;或仅要复制单元格的格式,却不需要其内容,即有选择性地进行粘贴操作。此时可使用选择性粘贴命令。

操作步骤如下:

(1) 选择要复制的单元格区域,并按 Ctrl＋C 组合键进行复制。

(2) 右击目标区域左上角的单元格,在弹出的快捷菜单中选择【选择性粘贴】命令,弹出【选择性粘贴】对话框(见图 4-18)。

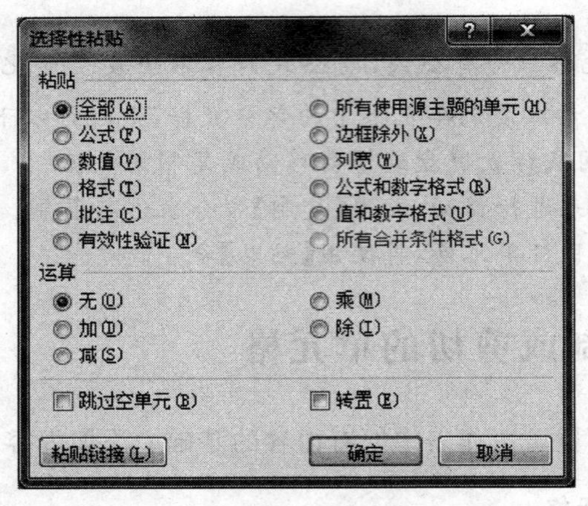

图 4-18 【选择性粘贴】对话框

(3) 在【选择性粘贴】对话框中选中相应的单选按钮来进行设置。

①【粘贴】选择框的可选项。

- 全部 粘贴原单元格的所有数据,包括内容、格式、公式、附注。
- 公式 仅粘贴原单元格的公式。
- 数值 仅粘贴原单元格的数值,或经原单元格公式计算出来的结果。
- 格式 仅粘贴原单元格的格式。
- 批注 仅粘贴原单元格的批注。

②【运算】选项框的选项有无、加、减、乘、除,这 5 个选项主要用于在粘贴原单元格数值时与被粘贴单元格的数值执行相关运算。

③ 跳过空单元。在复制原单元格范围,执行粘贴操作时,忽略所有空白原单元格。

④ 转置。在执行粘贴操作时,将行列对应位置对调。

(4) 单击【确定】按钮。

例 4-5 打开工作簿文件 401.xlsx，在图 4-19 所示的 Sheet3 工作表中按要求完成如下操作：将 A2:A10 的格式设置成与区域 C2:C10 相同的格式，将【姓名】列以转置方式复制、粘贴到以 A12 开始的区域。

	A	B	C	D	E	F	G	H
1	工资表							
2	编号	姓名	性别	基本工资	补贴	津贴	扣款	应发工资
3	36001	艾小群	女	450	580	66	320	776
4	36002	陈美华	女	700	920	78	460	1238
5	36003	关汉瑜	女	520	620	68	280	928
6	36004	梅颂军	男	900	1020	82	600	1402
7	36005	蔡雪敏	女	680	640	70	500	890
8	36006	林淑仪	男	790	840	80	400	1310
9	36007	区俊杰	男	470	600	58	350	778
10	36008	王玉强	男	700	760	78	200	1338
11								

图 4-19 工作表原数据

操作步骤如下：

(1) 选择单元格区域 C2:C10，选择【开始】→【剪粘板】→【复制】命令或按 Ctrl+C 组合键进行复制操作。

(2) 选择单元格区域 A2:A10，右击，在弹出的快捷菜单中选择【选择性粘贴】命令，弹出【选择性粘贴】对话框，选择【格式】选项，单击【确定】按钮。

(3) 选择单元格区域 B2:B10，选择【开始】→【剪贴板】→【复制】命令或按 Ctrl+C 组合键进行复制操作。

(4) 右击单元格 A12，在弹出的快捷菜单中选择【选择性粘贴】命令，弹出【选择性粘贴】对话框，选中【转置】复选框，单击【确定】按钮。操作结果如图 4-20 所示。

	A	B	C	D	E	F	G	H
1	工资表							
2	编号	姓名	性别	基本工资	补贴	津贴	扣款	应发工资
3	36001	艾小群	女	450	580	66	320	776
4	36002	陈美华	女	700	920	78	460	1238
5	36003	关汉瑜	女	520	620	68	280	928
6	36004	梅颂军	男	900	1020	82	600	1402
7	36005	蔡雪敏	女	680	640	70	500	890
8	36006	林淑仪	男	790	840	80	400	1310
9	36007	区俊杰	男	470	600	58	350	778
10	36008	王玉强	男	700	760	78	200	1338
11								
12	艾小群	陈美华	关汉瑜	梅颂军	蔡雪敏	林淑仪	区俊杰	王玉强
13								

图 4-20 例 4-5 的操作结果

4.5 数据的输入与编辑

4.5.1 数据类型

Excel 使用较多的有 3 种基本的数据类型：数值型、字符型和日期/时间型。

1. 数值型数据

数值型数据可以是整数、小数或科学记数。在数值型数据中可以出现的数字符号包括数字、小数点、正负号、百分号、逗号和“$”等。数值型数据(以下简称数字)默认的对齐方式是右对齐。

2. 字符型数据

字符型数据指任意英文字符、汉字、数字及其他字符的组合,又称为文本型。

Excel 每个单元格最多包括 32 767 个字符。输入的文字长度超过单元格宽度,如果相邻单元格为空,超出的部分将覆盖相邻的单元格(该部分仍属于原单元格)显示,如果相邻单元格不为空,则超出的部分不显示(但内容仍存在)。

如果要把输入的数字和日期/时间型数据作为文字型数据(以下简称文字)处理,可在数据前加单引号。字符型数据默认的对齐方式是左对齐。

3. 日期/时间型数据

日期/时间型数据用于表示一个日期和时间。默认日期格式是 YYYY/MM/DD,其中 YYYY、MM、DD 分别代表年、月、日,如 2003/3/18,此外,日期还可以用 YYYY-MM-DD、YY/MM/DD 等格式表示。默认时间格式是:HH:MM,如 20:30。此外,时间还可以用 HH:MM:SS、HH:MM:SS PM 等格式表示,其中,HH、MM、SS 分别代表时、分、秒,PM 代表下午,AM 代表上午,如 1:30:30 PM 代表下午 1:30:30。

4.5.2 输入数据

只能在活动单元格中输入数据。一般而言,可以直接在单元格内输入数据,也可以在编辑栏内容框中输入数据。当在单元格内输入数据时,输入的内容会同时出现在单元格和编辑栏内容框中。

编辑栏处有 3 个按钮,✔为确定按钮,单击该按钮表示确定输入;✖为取消按钮,单击该按钮表示取消输入;fx为编辑公式按钮,单击该按钮可以输入公式。

当一个单元格的内容输入完毕后,按 Enter 键、方向键或单击编辑栏中的✔按钮可以确定输入;按 Esc 键或单击编辑栏中的✖按钮可以取消输入。

1. 输入文本

操作步骤:先选择要输入文本的单元格,输入文本后按 Enter 键确认。Excel 自动识别文本类型,并将文本对齐方式默认设置为“左对齐”。

2. 输入数值

数值型数据是 Excel 中使用最多的数据类型。

操作步骤:先选择要输入数值的单元格,输入数值后按 Enter 键确认。Excel 自动将数值对齐方式设置为“右对齐”。

3. 输入日期或时间

操作步骤：选择要输入日期或时间的单元格，输入日期或时间后按 Enter 键确认。

输入日期：可使用“/”或“-”对日期进行分隔。Excel 自动将日期/时间型数据对齐方式设置为“右对齐”。按 Ctrl＋；组合键即可输入当前系统日期。

输入时间：可使用“：”对时间进行分隔。按 Ctrl＋Shift＋；组合键即可输入当前系统时间。

例 4-6 打开工作簿文件“402. xlsx”，在“员工资料”工作表中按要求进行操作：在 A3 单元格输入“张圆圆”，在 B3 单元格中输入“201101”，在 C3 单元格中输入“女”，在 D3 单元格中输入“1980/2/15”，在 E3 单元格中输入“30”。

操作步骤如下：

(1) 单击 A3 单元格，从键盘上输入“张圆圆”，按 Enter 键确认。用同样的方法在 C3 单元格中输入“女”。

(2) 单击 B3 单元格，将输入法切换到英文状态，输入“201101”后按 Enter 键确认。此时在该单元格的左上角出现一个绿色的三角形。

(3) 单击 D3 单元格，将输入法切换到英文状态，输入“1980/2/15”后按 Enter 键。

(4) 单击 E3 单元格，输入“30”后按 Enter 键。操作结果如图 4-21 所示。

	A	B	C	D	E
1			员工信息		
2	姓名	工号	性别	出生日期	年龄
3	张圆圆	201101	女	1980/2/15	30
4					
5					

图 4-21 例 4-6 的操作结果

提示：由于工号是只含数字符号的文本型数据，因而在输入时一定要在第一个数字字符前加英文标点单引号。如果要在一个单元格中输入多行数据，在需要换行处按 Alt＋Enter 组合键实现换行。换行后会自动增加行高。

4. 在多个单元格中输入相同的数据

操作方法：单击要输入数据的单元格区域，然后输入相应的数据，再按 Ctrl＋Enter 组合键即可。

4.5.3 修改单元格数据

如果单元格的数据有错，可以采用以下方法进入编辑状态。

(1) 单击要编辑的单元格，然后单击编辑栏中的内容框。

(2) 双击要编辑的单元格。

(3) 单击要编辑的单元格,再按 F2 键。

进入编辑状态后,可以利用→、←、Delete 或 Backspace 键修改数据;修改完毕后按 Enter 键结束并确定修改。

如果要清除单元格的所有内容,只需选择该单元格,再按 Delete 键或 Backspace 键即可。

4.5.4 数据的填充

1. 序列填充

为提高输入数据的速度和正确率,Excel 提供了快速填充表格数据的功能。在日常生活工作中,有许多数据、表格等都是由有规律的序列构成的,如日期、编号、标题等。可以使用填充柄实现快速填充。

例 4-7 打开工作簿文件 403. xlsx,在 Sheet1 工作表的“编号”列中依次输入 26001、26002、…、26008。

(1) 使用填充柄。

操作步骤如下:

① 在相邻单元格输入序列的前两个数。本题在 A3 单元格中输入“26001”,A4 单元格中输入“26002”,如图 4-22 所示。

	A	B	C	D	E	F
1						工资表
2	编号	姓名	职务	年龄	性别	基本工资
3	260	艾小群			女	450
4	26002	陈美华			女	78
5		关汉瑜			女	68
6		梅颂军			男	82
7		蔡雪敏			女	680
8		林淑仪			男	790
9		区俊杰			男	470
10		王玉强			男	700

图 4-22 输入数据

② 选择包含要填充数据的这两个单元格。本题选择 A3:A4。将鼠标指针移到所选区域右下角,当鼠标指针形状变成黑色粗“✚”(称为填充柄)时(见图 4-23),按住鼠标左键拖动到最后一个单元格(见图 4-24),释放鼠标按键。

③ 完成填充操作。

(2) 使用【开始】→【编辑】→【填充】命令填充。

操作步骤如下:

① 选择 A3 单元格并输入“26001”。

② 选择要建立序列的单元格区域。本题选择 A3:A10,如图 4-25 所示。

③ 选择【开始】→【编辑】→【填充】命令,在弹出的快捷菜单中选择【系列】命令(见图 4-26),弹出【序列】对话框(见图 4-27)。

	A	B	C	D	E	F
1						工资表
2	编号	姓名	职务	年龄	性别	基本工资
3	26001	艾小群			女	450
4	26002	陈美华			女	78
5		关汉瑜			女	68
6		梅颂军			男	82
7		蔡雪敏			女	680
8		林淑仪			男	790
9		区俊杰			男	470
10		王玉强			男	700

图 4-23 选择要填充的数据

	A	B	C	D	E	F
1						工资表
2	编号	姓名	职务	年龄	性别	基本工资
3	26001	艾小群			女	450
4	26002	陈美华			女	78
5		关汉瑜			女	68
6		梅颂军			男	82
7		蔡雪敏			女	680
8		林淑仪			男	790
9		区俊杰			男	470
10		王玉强			男	700
11		26008				

图 4-24 拖动填充柄

	A	B	C	D	E	F
1						工资表
2	编号	姓名	职务	年龄	性别	基本工资
3	26001	艾小群			女	450
4		陈美华			女	78
5		关汉瑜			女	68
6		梅颂军			男	82
7		蔡雪敏			女	680
8		林淑仪			男	790
9		区俊杰			男	470
10		王玉强			男	700

图 4-25 选择填充区域

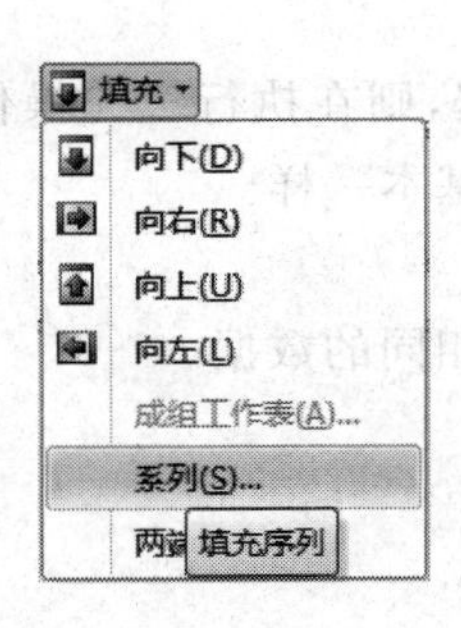

图 4-26 选择【填充】→【系列】命令

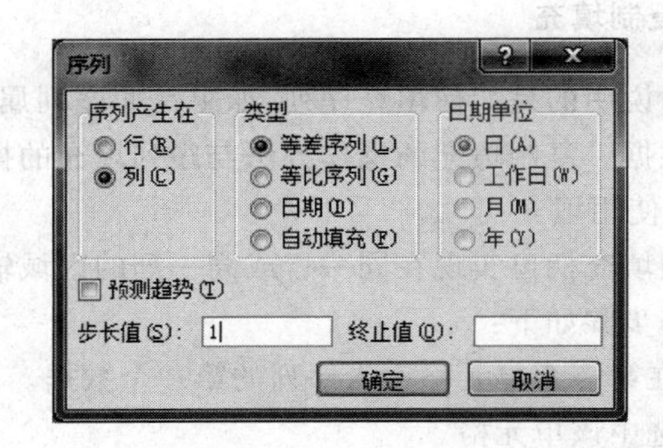

图 4-27 【序列】对话框中的设置

【序列】对话框中默认的是使用等差序列、步长1、按列填充,本题按默认设置(见图4-27)即可。用户可在此对话框中进行所需的设置。

- 等差序列　按a、a+p、a+2p、…的顺序建立序列,其中p为步长值。
- 等比序列　按a、a*p、a*p²、…的顺序建立序列,其中p为步长值。
- 日期。按年、月、日期、星期建立序列。
- 自动填充。自动选择填充方式填充。

④ 单击【确定】按钮,操作结果如图4-28所示。

	A	B	C	D	E	F
1						工资表
2	编号	姓名	职务	年龄	性别	基本工资
3	26001	艾小群			女	450
4	26002	陈美华			女	78
5	26003	关汉瑜			女	68
6	26004	梅颂军			男	82
7	26005	蔡雪敏			女	680
8	26006	林淑仪			男	790
9	26007	区俊杰			男	470
10	26008	王玉强			男	700

图4-28　使用填充柄的结果

例4-8　打开工作簿文件403.xlsx,在Sheet2工作表单元格区域A1:A10中依次输入1、3、5、…、19。

操作步骤:首先在A1和A2单元格中分别输入1和3,然后选择A1和A2,把鼠标指针移到所选区域右下角,鼠标指针变成黑色"+",按住鼠标左键拖动到A10,释放鼠标按键。

例4-9　打开工作簿文件403.xlsx,在Sheet2工作表单元格区域C1:C10中依次输入1、2、4、8、…。

!提示:等比序列的填充不能用填充柄操作来完成。

操作步骤:在C1单元格中输入1,选择C1:C10,选择【开始】→【编辑】→【填充】命令,在弹出的下拉菜单中选择【系列】命令,弹出【序列】对话框;在【类型】框中选择【等比序列】,在【步长值】中输入"2",单击【确定】按钮。

2. 复制填充

前面说明的是如何填充序列,如果是非序列属性的数据,则在执行填充操作时,会变成复制数据。复制填充的操作方法与序列填充的操作方法基本一样。

(1) 使用填充柄

使用填充柄可实现在同一行或同一列的区域输入完全相同的数据。

操作步骤如下:

① 在第一个单元格输入序列的第一个数据。

② 选中该单元格。

③ 将鼠标指针放在该单元格右下角的填充柄上(即鼠标指针形状变成+时),向下

拖动到最后一个单元格后释放。

！提示：在使用填充柄的同时按住 Ctrl 键，可使填充的数据按照序列形式填充。

(2) 使用填充命令

操作步骤如下：

① 选择要产生序列的第一个单元格，输入序列的第一个数据。

② 选择要建立序列的单元格区域，包括第一个单元格。

③ 选择【开始】→【编辑】→【填充】命令，在弹出的下拉菜单中选择【向下填充】(或【向上、向右、向左】)命令来实现重复数据填充。

例 4-10 打开工作簿文件 403. xlsx，在 Sheet2 工作表单元格区域 E1:E10 中依次输入初级、中级、初级、中级……

操作步骤：在 E1 单元格中输入"初级"，在 E2 单元格中输入"中级"，选择 E1:E10；选择【开始】→【编辑】→【填充】命令，在弹出的下拉菜单中选择【系列】，弹出【序列】对话框；在【类型】框中选择【自动填充】，单击【确定】按钮。

4.5.5 数据的查找与替换

使用查找和替换功能，能在工作表中快速定位要找的信息，并且也能有选择地用其他值代替。Excel 中用户可以在一个工作表和多个工作表中进行查找与替换。

1. 查找数据

查找数据的操作步骤如下：

(1) 选择【开始】→【编辑】→【查找和选择】命令，在弹出的下拉菜单中选择【查找】命令或按 Ctrl＋F 组合键，弹出【查找和替换】对话框。

(2) 在【查找内容】文本框中输入要查找的内容，单击【选项】按钮可以设置查找的格式、范围、方式等。

- 格式。单击【格式】按钮以根据单元格的格式属性进行搜索。在【查找格式】对话框中，【从单元格选择格式】允许通过选择符合格式条件的单元格来设置要在本搜索中使用的格式。【清除】选项允许删除以前的搜索条件。
- 范围。选择【工作表】将搜索范围限制在活动工作表。选择【工作簿】则搜索活动工作簿中的所有工作表。
- 搜索。选择所需的搜索方向，使用【按列】设置按列向下搜索，或使用【按行】设置按行向右搜索。
- 查找范围。指定是搜索单元格的值还是搜索其中隐含的公式。在【查找范围】下拉列表中可选择【公式】、【值】或【附注】。
- 区分大小写。区分大小写字符。
- 单元格匹配。搜索与【查找内容】框中指定的内容完全匹配的字符。

(3) 单击【查找下一个】按钮，查找下一个符合条件的单元格，并用该单元格会自动成为活动单元格，此操作是逐个查找。如果单击【查找全部】则查找指定的工作表或工作簿中符合搜索条件的所有内容。

(4) 在输入查找数据内容时,也可以使用通配符?或 * 来代替某些不确定的字符,以方便查找。

2. 替换数据

如果查找的内容需要替换为其他的数据或格式,则可以使用替换功能。替换数据的操作步骤如下:

(1) 选择【开始】→【编辑】→【查找和选择】命令,然后在弹出的下拉菜单中选择【查找和替换】命令(或按 Ctrl+H 组合键),弹出【查找和替换】对话框。

(2) 在【查找内容】文本框中输入要查找的内容,在【替换内容】文本框中输入要替换的内容,单击【查找下一个】按钮,查找到相应的内容后,单击【替换】按钮将其替换成指定的内容。

(3) 单击【全部替换】按钮,则替换当前工作表或指定工作簿中的所有符合条件的数据,全部替换完,弹出替换提示对话框。

(4) 单击【确定】按钮

! **提示:** 若要从文件中删除【查找内容】文本框中的字符,请保持【替换为】文本框为空。

4.5.6 插入和编辑批注

批注是为查看表格的人提供的说明,是一种十分有效的提醒方式,附加在单元格中。当鼠标指针指向含有批注的单元格中时,批注内容会马上显示在该单元格的右上侧。

1. 插入批注

在单元格插入批注的操作步骤如下:

(1) 选择要添加批注的单元格。

(2) 选择【审阅】→【批注】→【新建批注】命令,在弹出的快捷菜单中选择【插入批注】命令。

(3) 在批注框中输入批注文本。如不想要批注框中原有的内容可以将其删除后再输入。

(4) 完成文本输入后,单击批注框外部的任一单元格即可。已插入批注的单元格右上角有个红色的三角形。

插入批注,也可以右击要插入批注的单元格,从弹出的快捷菜单中选择【插入批注】命令,然后输入批注文本。

2. 编辑批注

选择要编辑批注的单元格,选择【审阅】→【批注】→【编辑批注】命令,进行相应的修改。

右击要编辑批注的单元格，在弹出的快捷菜单中选择【编辑批注】命令，进行相应的修改。

3. 删除批注

单击选中要编辑批注的单元格，选择【审阅】→【批注】→【删除批注】命令，进行删除批注操作。

右击要删除批注的单元格，在弹出的快捷菜单中选择【删除批注】命令即可。

例 4-11 打开工作簿文件 402. xlsx，在"员工资料"工作表 B2 单元格中插入批注"工号是文本型数据"。

操作步骤：右击 B2 单元格，在弹出的快捷菜单中选择【插入批注】命令，在出现的批注框中删除原有内容并输入新内容"工号是文本数据"，然后单击其他单元格即可。执行效果如图 4-29 所示。

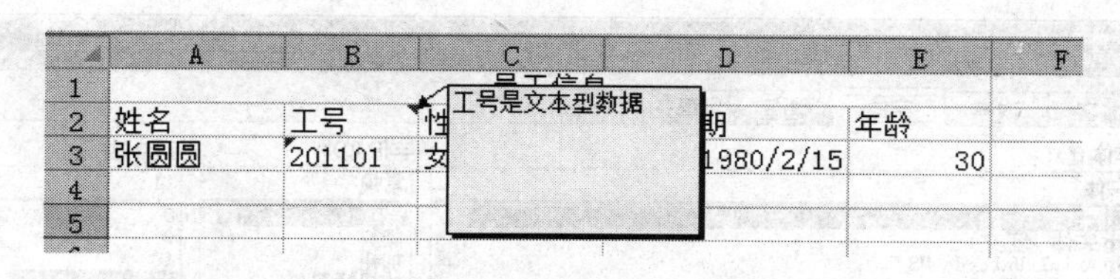

图 4-29 例 4-11 的执行效果

4.5.7 撤销与恢复

1. 撤销

撤销功能可以取消刚刚完成的一步或多步操作。

操作方法：单击快速启动工具栏中的【撤销】按钮可恢复上一步的操作。按 Ctrl＋Z 组合键可达到同样的效果。

撤销操作可以多次执行。如果要撤销多项操作，可单击快速启动工具栏中【撤销】按钮右侧的向下箭头，打开其下拉列表，再从中选择要撤销的多项操作。

2. 恢复

【恢复】功能用于恢复被撤销的各种操作。

操作方法：单击快速启动工具栏中的【恢复】按钮一次恢复上一步的操作（或按 Ctrl＋Y 组合键）。要恢复多项操作，可单击【恢复】按钮右边的向下箭头，在其下拉列表中选择要恢复的多项操作。

提示： 文件执行了关闭操作后，再打开前面的所有操作是不能进行撤销和恢复的。

4.6　单元格格式化

4.6.1　字体格式的设置

单元格中字体格式的设置包含字体、字号、字形、下划线、特殊效果、颜色等。字体格式设置有以下两种方法。

方法一：选择【开始】→【字体】选项组中的相应按钮来设置。

方法二：选择【开始】→【字体】选项组右下方的 按钮，在弹出的【设置单元格格式】对话框(见图 4-30)中的【字体】选项卡中进行设置，之后单击【确定】按钮。

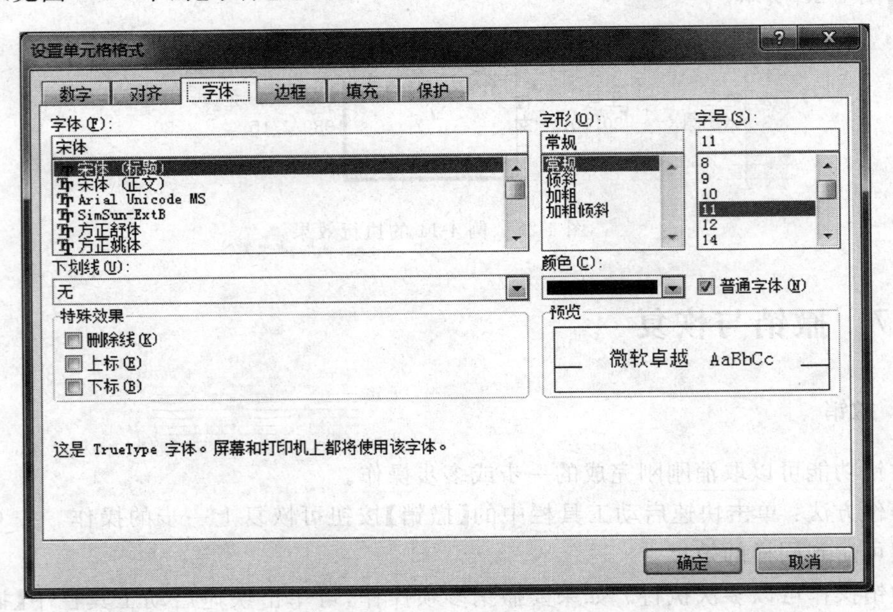

图 4-30　【设置单元格格式】对话框

1. 字体、字号、字形、下划线、特殊效果设置

操作方法：单击【开始】→【字体】选项组右下方的 按钮，在弹出的【设置单元格格式】对话框中的【字体】下拉列表中选择，拖动“字体”、“字形”下方的滚动条再选择需要的字体、字形即可；可在【字号】下拉列表中选择所需的字号，也可直接在字号下拉列表框中输入需要的字号后按 Enter 键。特殊效果的设置只需选中所需效果前的复选框即可。

2. 字体颜色设置

操作方法：选择【开始】→【字体】选项组右下方的 按钮，在弹出的【设置单元格格式】对话框中的【字体】选项卡的“颜色”下拉列表(见图 4-31)中选择需要的颜色即可。

如果调色板中没有所需的颜色，可以自定义颜色，选择调色板中的【其他颜色】选项，弹出【颜色】对话框（见图 4-32），在【标准】选项卡下选择颜色或在【自定义】选项卡的红、绿、蓝中输入 R、G、B 颜色数值，单击【确定】按钮确定设置。

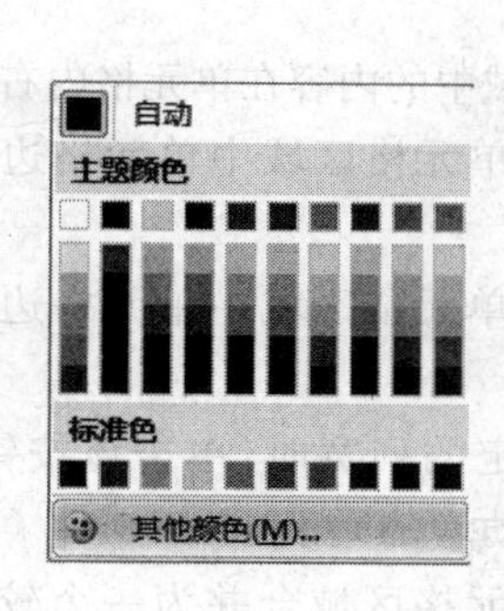

图 4-31 调色板

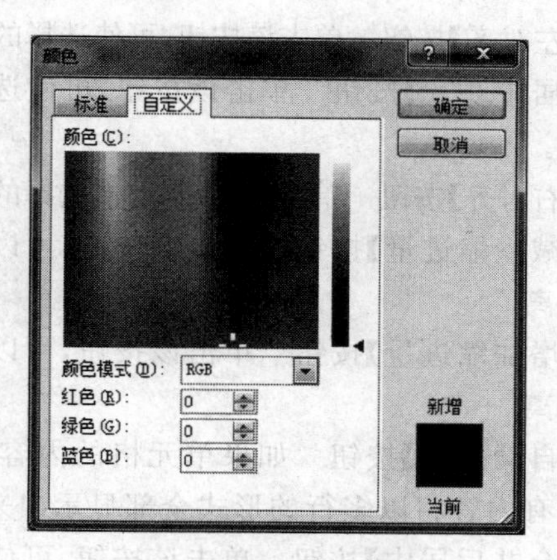

图 4-32 【颜色】对话框

4.6.2 对齐方式的设置

对齐方式是指单元格中的数据显示在单元格中的相对位置，主要有水平对齐、垂直对齐、合并居中等。默认情况下，Excel 靠左对齐文本、靠右对齐数字，逻辑值和错误值居中对齐。默认的水平对齐方式为“常规”。更改数据的对齐方式不会更改数据的类型。

设置单元格内容的对齐方式主要如下：

选择【开始】→【对齐方式】命令，从选项组中单击相应按钮来设置。对齐按钮的功能如图 4-33 所示。

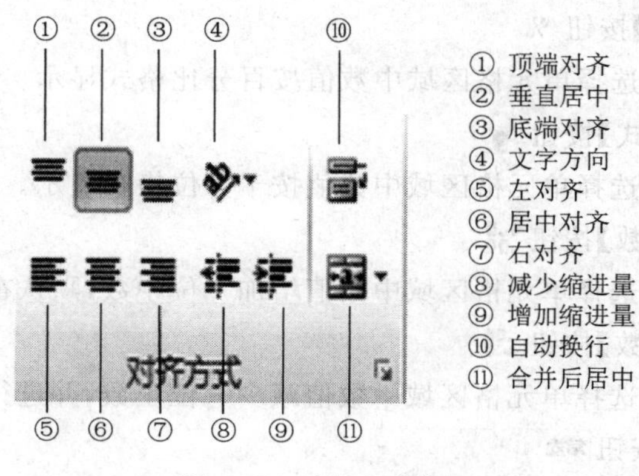

图 4-33 对齐方式按钮

①【顶端对齐】按钮 单击该按钮，可使选择的单元格区域中的内容沿单元格的顶端对齐。

②【垂直居中】按钮 单击该按钮，可使选择的单元格区域中的内容在单元格内上下居中对齐。

③【底端对齐】按钮　单击该按钮,可使选择的单元格区域中的内容沿单元格内底端对齐。

④【文字方向】按钮　单击该按钮,弹出快捷菜单,从中将选择的单元格内容进行相应的设置。

⑤【左对齐】按钮　单击该按钮,可使选择的单元格区域中的内容在单元格内左对齐。

⑥【居中对齐】按钮　单击该按钮,可使选择的单元格区域中的内容在单元格内水平居中显示。

⑦【右对齐】按钮　单击该按钮,可使选择的单元格区域中的内容在单元格内右对齐。

⑧【减少缩进量】按钮　单击该按钮,可以减少选择单元格区域中单元格边框与内容之间的距离。

⑨【增加缩进量】按钮　单击该按钮,可以增加选择单元格区域中单元格边框与内容之间的距离。

⑩【自动换行】按钮　如果单元格的内容超过所设定的列宽时,单击该按钮,可使单元格中所有内容将以多行的形式全部显示出来(行高自动增加)。

⑪【合并后居中】按钮　单击该按钮,可使选择的单元格区域合并为一个较大的单元格,并将合并后的单元格内容水平居中显示。

4.6.3　数字格式的设置

Excel 的基本数据类型包括数字型、文字型、日期型及时间型。Excel 为数值数据提供了不少预定义的数字格式,如会计专用、日期、时间、百分比等。

使用【开始】→【数字】选项组中的相应按钮来设置。

(1)【会计数字格式】按钮

单击该按钮,可对选择单元格区域中数值添加货币符号￥显示。如要添加其他货币符号显示则单击该按钮右侧的 ▾ ,在弹出的下拉菜单中选择相应的选项即可。

(2)【百分比样式】按钮 %

单击该按钮,可使选择单元格区域中数值按百分比格式显示。

(3)【千位分隔样式】按钮 ,

单击该按钮,可使选择单元格区域中数值按千分位格式显示。

(4)【增加小数位数】按钮

单击该按钮,可对选择单元格区域中数值增加一位小数,默认在小数结尾处加 0。

(5)【减少小数位数】按钮

单击该按钮,可对选择单元格区域中数值减少一位小数,并进行四舍五入。

(6)【数字格式】按钮 常规

① 单击【数字格式】按钮右侧的 ▾ 按钮,其下拉菜单可对选择的单元格数值进行常规、货币、会计专用、时间、百分等数字格式设置。如要进行其他数字格式设置,选择【其他数字格式】命令,弹出【设置单元格格式】对话框,选择【数字】选项卡进行相应设置,最后单击【确认】按钮。

② 选择【开始】→【数字】选项组中右侧的 ▾ 按钮，弹出【设置单元格格式】对话框，选择【数字】选项卡下的相应选项进行设置。

此外，用户还可以自定义数字格式。定义数字格式需要使用一些特殊字符，它们的含义如下。

- #：数字预留位。当单元格无数字时，不显示 0 值，如果数字的小数位数比格式中小数点右边#的数位多，Excel 会将数字四舍五入，使小数点右边的位数与格式中#的位数一样多。如数字 121.45，若采用格式###.#，则显示为 121.5。
- 0：数字预留位。使用的规则与#相同，但如果数字的位数小于格式中 0 的位数时，Excel 会显示 0，例如，格式中设置“000.000”，数值 2.7 则显示为 002.700。
- 红色、黄色、绿色、蓝色、青色、黑色、白色、颜色 n：将单元格的数字显示为指定的颜色，如果省略则表示显示为黑色。
- ;：表示将数字格式分为两部分，分号之前为正数格式，分号之后为负数格式。

③ 单击【确定】按钮。

例 4-12　打开工作簿文件 402.xlsx，在图 4-34 所示的“利润表”中按要求操作：将 B3:B4 区域的数据正数的显示格式设置为￥#，##0.00，负数的显示格式设置为￥-#，##0.00 且为红色。

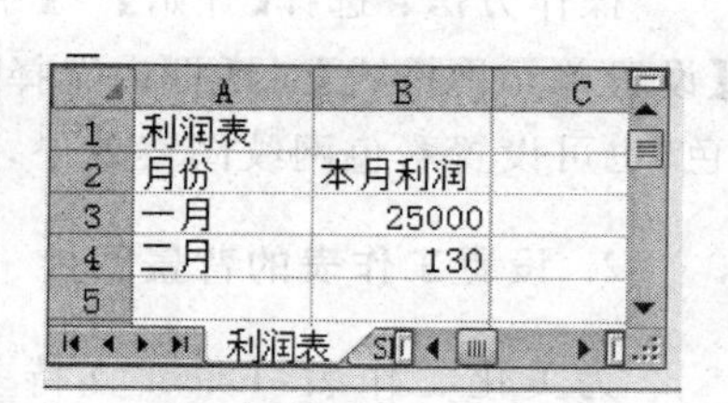

	A	B	C
1	利润表		
2	月份	本月利润	
3	一月	25000	
4	二月	130	
5			

图 4-34　工作表数据

操作步骤：选择区域 B3:B4，选择【开始】→【字体】选项组右下方的 按钮，在弹出的【设置单元格格式】对话框中选择【数字】选项卡，在【分类】列表框中选择【自定义】，然后在【类型】中输入“￥#，##0.00;[红色]￥-#，##0.00”或在其下的下拉列表中选择“￥#，##0.00;[红色]￥-#，##0.00”(见图 4-35)，单击【确定】按钮。执行结果如图 4-36 所示。

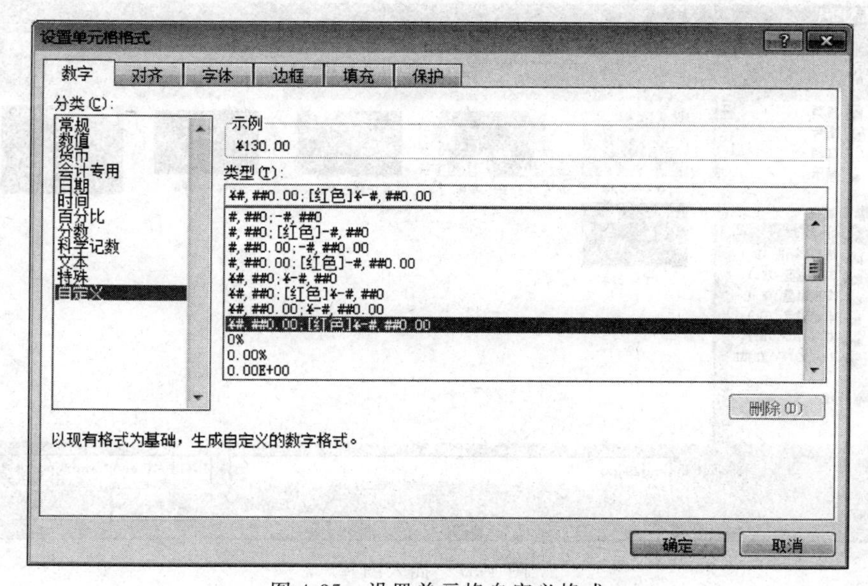

图 4-35　设置单元格自定义格式

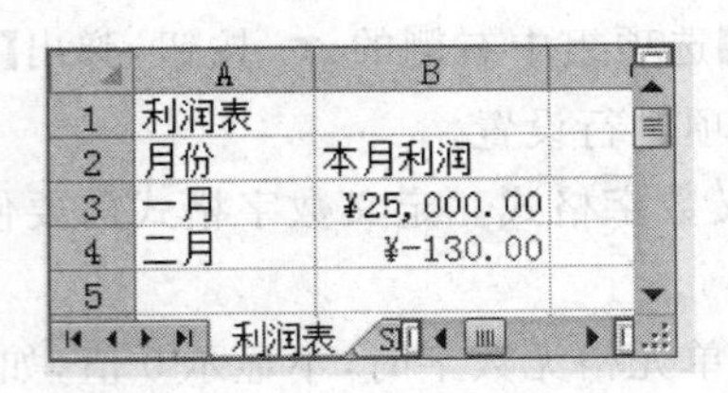

图 4-36　例 4-12 的执行结果

4.6.4　背景颜色和图案的设置

为使单元格的颜色更加鲜艳和突出,可以设置单元格的背景颜色或图案。

1. 设置单元格区域的背景颜色或图案

操作方法:选择【开始】→【字体】或【对齐方式】选项组右下方的 按钮,在弹出的【设置单元格格式】对话框中选择【填充】选项卡进行相应的设置,可以设置纯色的背景颜色,也可设置彩色网纹图案效果,设置完成后单击【确定】按钮。

2. 设置工作表的背景图片

为美化工作表,Excel 支持多种格式的图片文件作为工作表的背景图片,如 JPG、GIF、BMP 格式图片。为了不遮挡工作表中的文字,背景图片一般为颜色较淡的图片。

操作方法:选择【页面布局】→【页面设置】→【背景】按钮 ,在弹出的【工作表背景】对话框中选择准备好的背景图片文件(见图 4-37),如选择图片 C:\Windows\Web\Wallpaper\场景\img29.jpg 作为工作表背景,单击【插入】按钮。执行效果如图 4-38 所示。

图 4-37　插入图片

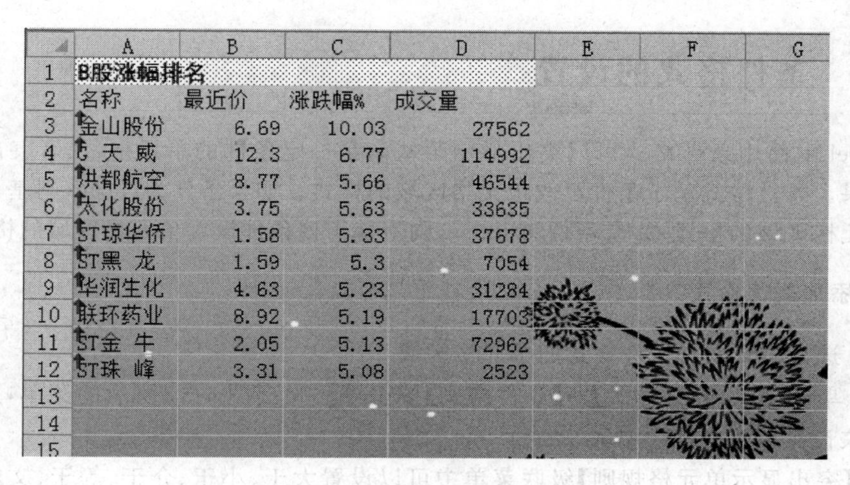

	A	B	C	D	E	F	G
1	B股涨幅排名						
2	名称	最近价	涨跌幅%	成交量			
3	金山股份	6.69	10.03	27562			
4	C 天 威	12.3	6.77	114992			
5	洪都航空	8.77	5.66	46544			
6	太化股份	3.75	5.63	33635			
7	ST琼华侨	1.58	5.33	37678			
8	ST黑 龙	1.59	5.3	7054			
9	华润生化	4.63	5.23	31284			
10	联环药业	8.92	5.19	17703			
11	ST金 牛	2.05	5.13	72962			
12	ST珠 峰	3.31	5.08	2523			
13							
14							
15							

图 4-38 设置工作表背景图片效果

3. 删除工作表的背景图片

操作方法：选择【页面布局】→【页面设置】→【删除背景】按钮即可删除当前工作表的背景图片。

4.6.5 边框线的设置

边框线可以明确区分工作表上的各个范围，突出显示含有重要数据的单元格。设定边框线的方法如下。

1. 使用菜单命令

(1) 选择要设定边框线的单元格区域。

(2) 单击【开始】→【字体】选项组右下方的 ↘ 按钮，在弹出的【设置单元格格式】对话框中选择【边框】选项卡。

(3) 在【线条样式】中选择线条样式；在【颜色】下拉列表中选择需要的颜色；在【预置】中选择【内部】或【外边框】进行内部线或外边框的设置，也可在【边框】中选择要加上边框线的位置，如外框、内部、左边、右边、中间、上方、下方、交叉斜线等。

(4) 单击【确定】按钮。

2. 使用【开始】→【字体】选项组中的 ⊞ ▾ 按钮

(1) 选择要设定边框线的单元格区域。

(2) 单击【开始】→【字体】选项组中 ⊞ ▾ 按钮右侧的 ↘ 按钮。

(3) 单击所需要的边框线即可。

4.6.6 条件格式的设置

Excel 中使用条件格式可以突出显示某些满足一定条件的单元格，或者突出显示公式的结果。条件格式基于条件更改单元格区域的格式。如果条件为 True，则基于该条件设置单元格区域的格式；如果条件为 False，则不基于该条件设置单元格区域的格式。

1. 添加条件格式

(1) 选择需要设置条件格式的单元格区域。

(2) 单击【开始】→【样式】→【条件格式】按钮，弹出图 4-39 所示的菜单，选择相应的命令来设置所需的条件格式。

①【突出显示单元格规则】级联菜单中可以设置大于、小于、介于、等于、文本包含等条件规则，如图 4-40 所示。

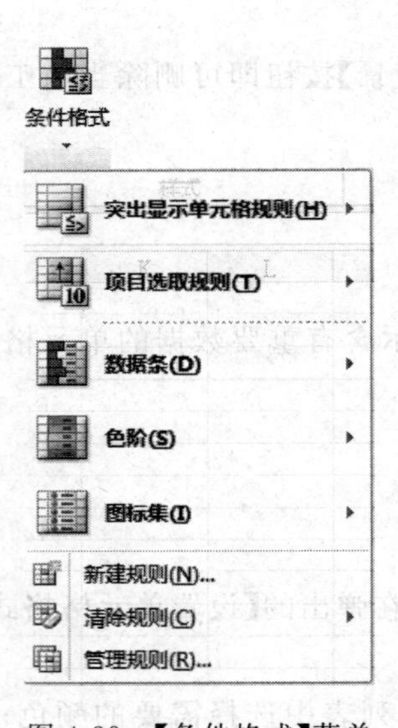

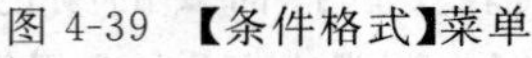
图 4-39 【条件格式】菜单

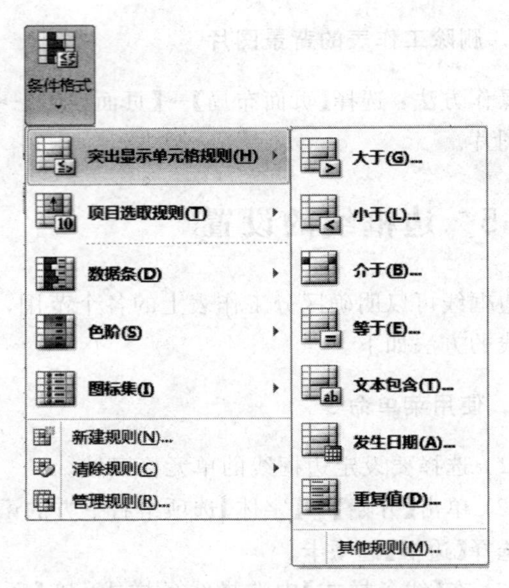

图 4-40 【突出显示单元格规则】级联菜单

②【项目选取规则】级联菜单可以设置值最大的 10 项、值最大的 10％项、值最小的 10 项、值最小的 10％项、高于平均值等条件规则，如图 4-41 所示。

③【数据条】级联菜单，可以设置不同的颜色条(即数据条)注释数值，数据条的长度表示单元格中数值的大小，数据条越长，表示值越大，这对观察大量数据中的较小值或较大值很有用，如图 4-42 所示。

④【色阶】菜单可以设置双色渐变或三色渐变颜色注释数值。双色渐变用两种颜色的深浅程度显示数据，颜色的深浅表示值的大小。三色渐变用 3 种颜色的深浅程度显示数据，颜色的深浅表示值的大、中、小。例如，在绿-白-红三色渐变中，绿色表示较大值，白色表示中间值，红色表示较小值，如图 4-43 所示。

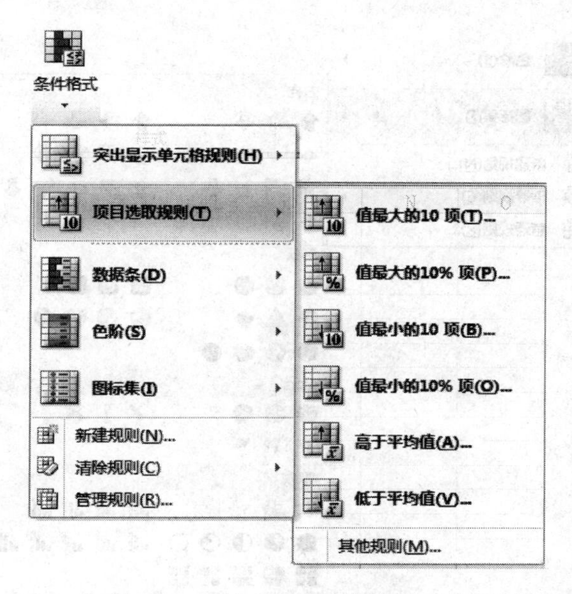

图 4-41 【项目选取规则】级联菜单

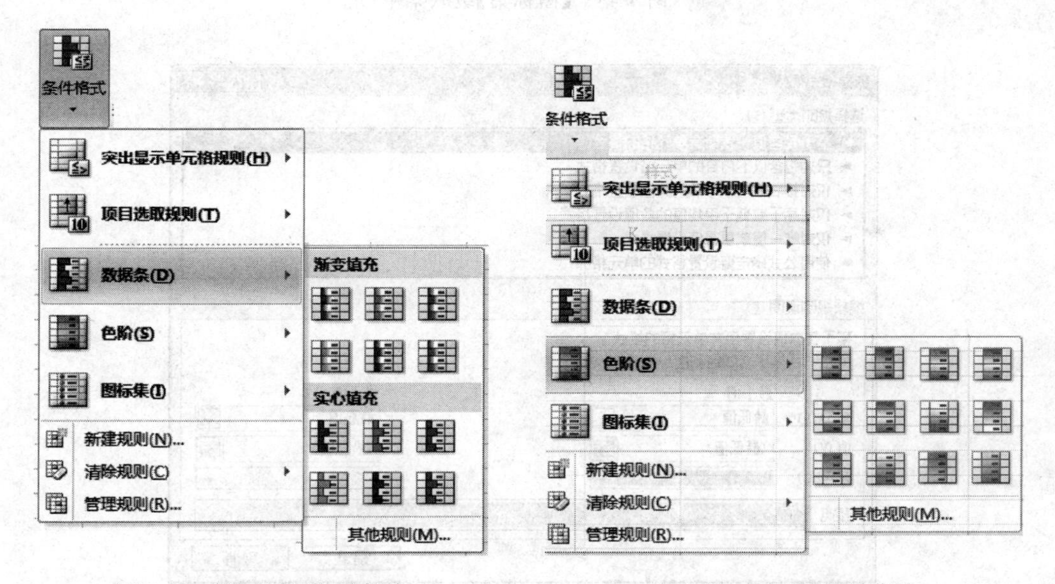

图 4-42 【数据条】级联菜单　　　　图 4-43 【色阶】级联菜单

⑤【图标集】级联菜单可以设置不同类型的图标注释数值。每个图标表示一个数值范围。例如，用在三向箭头(彩色)图标集中，绿色表示较大值，黄色表示中间值，红色表示较小值，如图 4-44 所示。

⑥ 选择【新建规则】菜单项，将弹出【新建格式规则】对话框，在该对话框中可以根据需要设置条件规则和相应的格式，如图 4-45 所示。

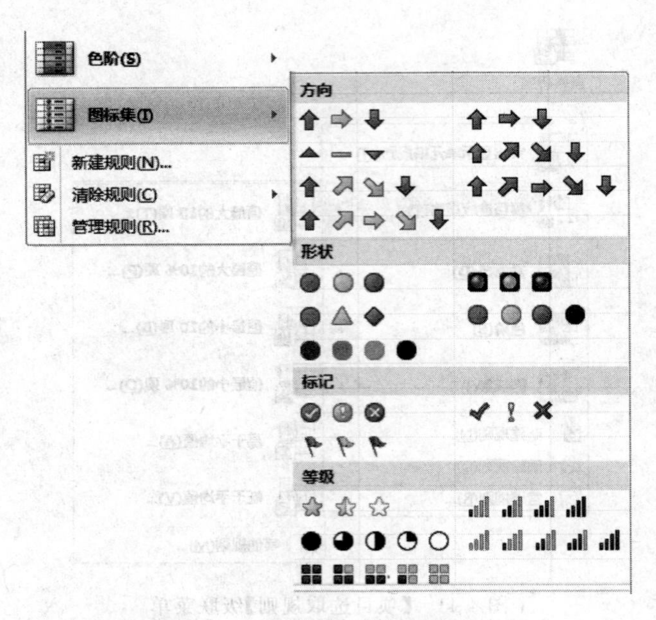

图 4-44 【图标集】级联菜单

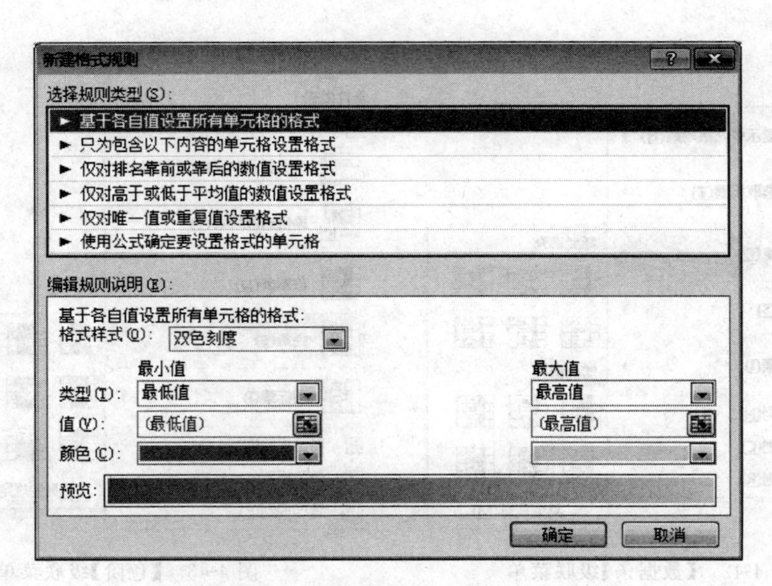

图 4-45 【新建格式规则】对话框

2. 管理条件格式

(1) 选择要管理条件格式的单元格区域。

(2) 单击【开始】→【样式】菜单中的【条件格式】按钮，弹出图 4-46 所示的【条件格式规则管理器】对话框，可以在其中管理条件格式。

① 添加新的条件格式。单击【新建规则】按钮添加新的条件规则。

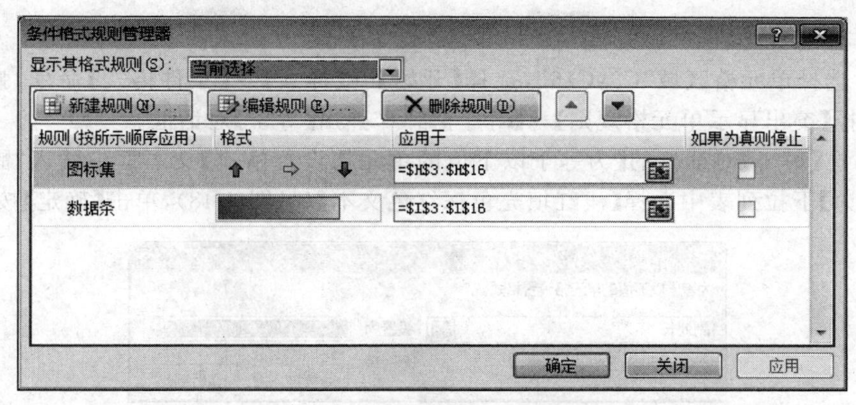

图 4-46 【条件格式规则管理器】对话框

② 编辑条件格式。选择要编辑的条件规则，单击【编辑规则】按钮，弹出【编辑格式规则】对话框，在此对话框中进行所需的编辑，单击【确定】按钮。

③ 清除条件格式。选择要编辑的条件规则，单击【删除规则】按钮。

(3) 单击【确定】按钮。

3. 清除条件格式

(1) 选择要清除条件规则的单元格区域。

(2) 选择【开始】→【样式】→【条件格式】命令，在弹出的下拉菜单中选择【清除规则】命令。

(3) 在弹出的级联菜单中选择【清除所选单元格的规则】命令清除选择单元格区域中的条件格式；选择【清除整个工作表的规则】命令清除当前工作表中所有已设置的条件格式。

例 4-13 打开工作簿文件 404.xlsx，在图 4-47 所示的 Sheet2 工作表中相应区域按不同条件设置显示格式：使“职务”列为“副处长”的数据突出显示为“浅红填充色深红色文本”；使“基本工资”列数据用绿色渐变数据条显示；使“应发工资”列高于平均值的数据采用浅蓝色、“细对角线 条纹”的图案。

	A	B	C	D	E	F	G	H	I	J
1	工资表									
2	编号	姓名	职务	出生日期	性别	基本工资	补贴	津贴	扣款	应发工资
3	36001	艾小群	科员	1982/1/1	女	450	580	66	320	776
4	36002	陈美华	副科长	1975/2/2	女	700	920	78	460	1238
5	36003	关汉瑜	科员	1980/3/3	女	520	620	68	280	928
6	36004	梅颂军	副处长	1968/4/5	男	900	1020	82	600	1402
7	36005	蔡雪敏	科员	1977/5/4	女	680	640	70	500	890
8	36006	林淑仪	副处长	1971/6/3	男	790	840	80	400	1310
9	36007	区俊杰	科员	1983/7/6	男	470	600	58	350	778
10	36008	王玉强	科长	1975/8/9	男	700	760	78	200	1338
11	36009	黄在左	处长	1956/3/4	男	1200	1400	90	300	2390
12	36010	朋小林	科长	1979/12/10	男	680	780	82	400	1142
13	36011	李静	科员	1980/11/23	女	600	630	60	300	990
14	36012	莒寺白	副科长	1976/10/8	男	740	700	75	200	1315
15	36013	白城发	科员	1981/8/4	男	520	560	60	180	960
16	36014	昌吉五	副处长	1957/9/13	男	1000	1200	88	600	1688

图 4-47 例 4-13 的工作表原数据

操作步骤如下:

(1) 选择单元格区域“C3:C16”,选择【开始】→【样式】→【条件格式】命令,弹出下拉菜单,选择【突出显示单元格规则】→【等于】命令,弹出【等于】对话框。

(2) 在【等于】对话框的【为等于以下值的单元格设置格式】文本框中输入“副处长”,在【设置为】下拉列表中选择【浅红填充色深红色文本】(见图 4-48),单击【确定】按钮。

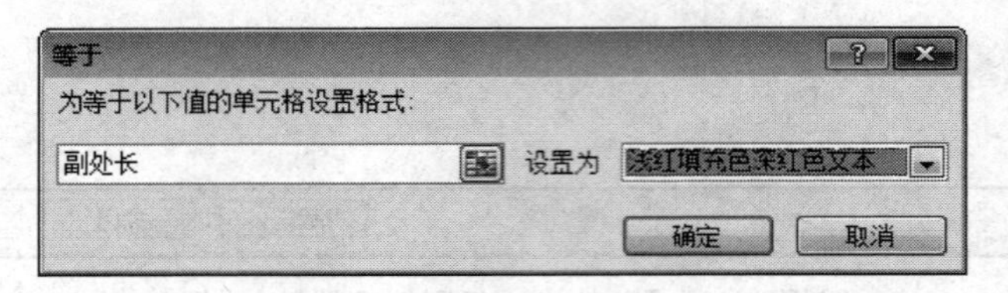

图 4-48 【等于】对话框的设置

(3) 选择单元格区域“F3:F16”,选择【开始】→【样式】→【条件格式】命令,在弹出的下拉菜单中选择【数据条】→【渐变填充】中的第一行第二列的样式【绿色渐变】即可,如图 4-49 所示。

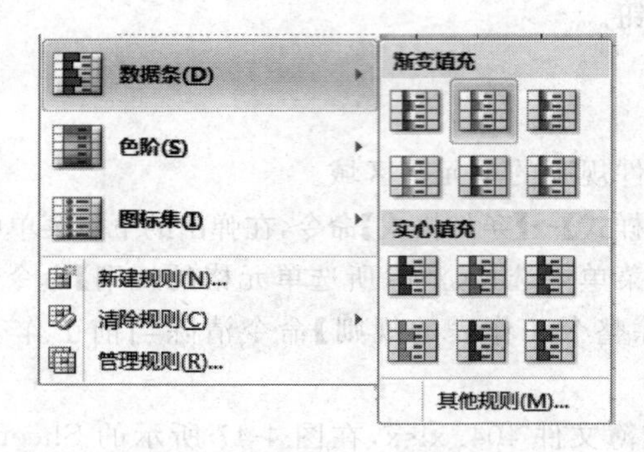

图 4-49 【数据条】设置

(4) 选择单元格区域“J3:J16”,选择【开始】→【样式】→【条件格式】命令,在弹出的下拉菜单中选择【项目选取规则】→【高于平均值】命令,弹出【高于平均值】对话框。

(5) 在【高于平均值】对话框的【为高于平均值】下拉列表中选择【自定义格式】选项,弹出【设置单元格格式】对话框。

(6) 在【设置单元格格式】对话框中进行图 4-50 所示的设置。选择【填充】选项卡,在【图案颜色】下拉列表中选择【浅蓝色】,在【图案样式】下拉列表中选择【细 对角线 条纹】,单击【确定】按钮返回【高于平均值】对话框。

(7) 单击【确定】按钮完成操作,执行结果如图 4-51 所示。

4.6.7 套用表格格式

Excel 的套用表格格式功能可以根据预设的 60 种常用内置样式来快速设置表格格式,将报表格式化,使其更加美观。本节通过以下例题介绍套用表格样式的方法与操作步骤。

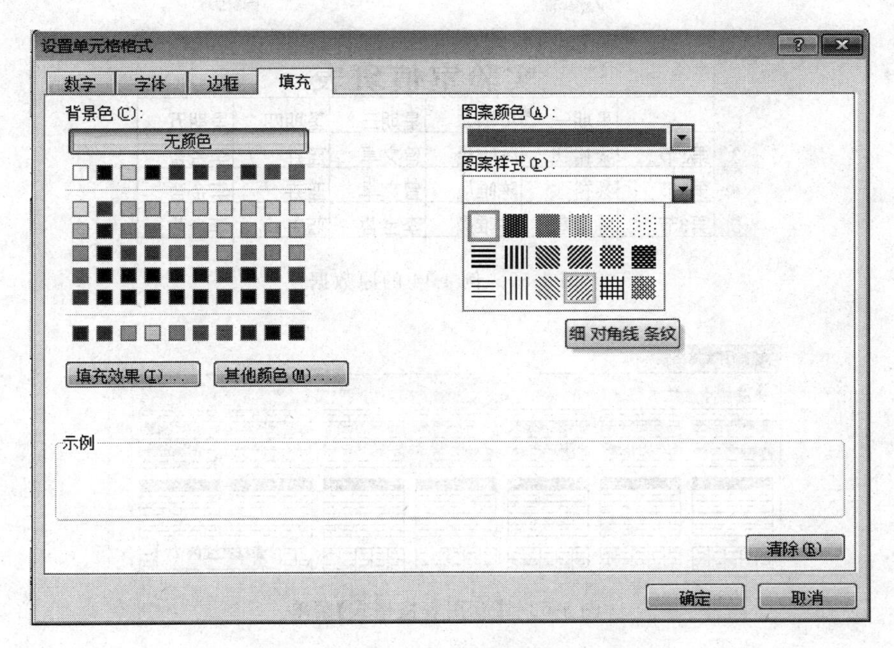

图 4-50 【设置单元格格式】对话框

	A	B	C	D	E	F	G	H	I	J
1	工资表									
2	编号	姓名	职务	出生日期	性别	基本工资	补贴	津贴	扣款	应发工资
3	36001	艾小群	科员	1982/1/1	女	450	580	66	320	776
4	36002	陈美华	副科长	1975/2/2	女	700	920	78	460	1238
5	36003	关汉瑜	科员	1980/3/3	女	520	620	68	280	928
6	36004	梅颂军	副处长	1968/4/5	男	900	1020	82	600	1402
7	36005	蔡雪敏	科员	1977/5/4	女	680	640	70	500	890
8	36006	林淑仪	副处长	1971/6/3	男	790	840	80	400	1310
9	36007	区俊杰	科员	1983/7/6	男	470	600	58	350	778
10	36008	王玉强	科长	1975/8/9	男	700	760	78	200	1338
11	36009	黄在左	处长	1956/3/4	男	1200	1400	90	300	2390
12	36010	朋小林	科长	1979/12/10	男	680	780	82	400	1142
13	36011	李静	科员	1980/11/23	女	600	630	60	300	990
14	36012	莒寺白	副科长	1976/10/8	男	740	700	75	200	1315
15	36013	白城发	科员	1981/8/4	男	520	560	60	180	960
16	36014	昌吉五	副处长	1957/9/13	男	1000	1200	88	600	1688
17										

图 4-51　例 4-13 的执行结果

例 4-14　打开工作簿文件 405.xlsx，将图 4-52 所示的 Sheet1 工作表中“实验室值班表”单元格区域 A2:F13 套用表格样式“表样式浅色 13”，表包含标题。

套用表格格式的步骤如下：

(1) 选择要套用表格格式的单元格区域 A2:F13。

(2) 选择【开始】→【样式】→【套用表格格式】命令，在弹出的下拉菜单中选择【浅色】→【表样式浅色 13】命令(见图 4-53)，弹出【套用表格式】对话框。

(3) 在【套用表格格式】对话框中选中【表包含标题】复选框，如图 4-54 所示。

(4) 单击【确定】按钮即可，执行效果如图 4-55 所示。

	A	B	C	D	E	F
1	实验室值班表					
2		星期一	星期二	星期三	星期四	星期五
3	第1节	黎裕飞	陈唯晟	曾文卓	蓝卉	李金哲
4	第2节	黎裕飞	陈唯晟	曾文卓	蓝卉	李金哲
5	第3节	陈雨雪	陈唯晟	李金哲	蓝卉	李金哲

图 4-52 例 4-14 的原数据

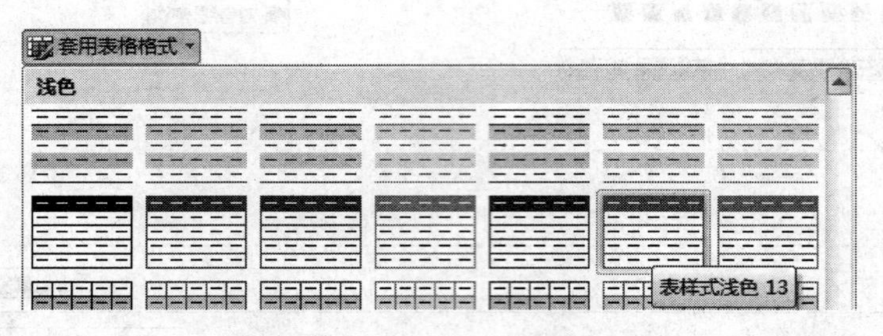

图 4-53 【套用表格格式】菜单

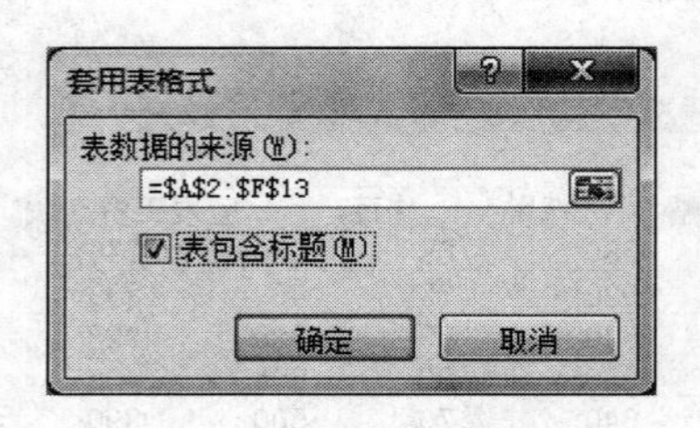

图 4-54 【套用表格式】对话框

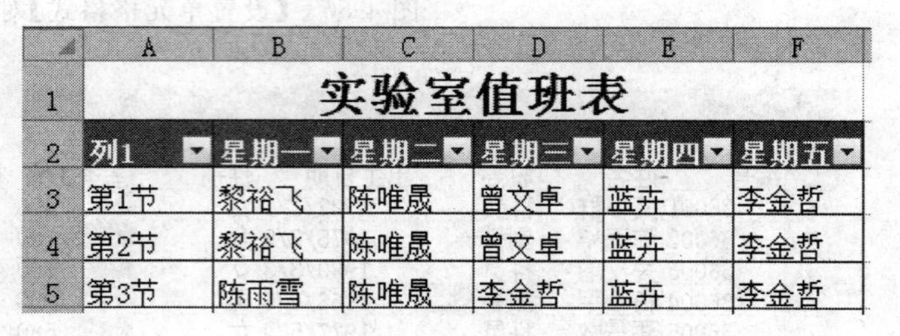

	A	B	C	D	E	F
1	实验室值班表					
2	列1	星期一	星期二	星期三	星期四	星期五
3	第1节	黎裕飞	陈唯晟	曾文卓	蓝卉	李金哲
4	第2节	黎裕飞	陈唯晟	曾文卓	蓝卉	李金哲
5	第3节	陈雨雪	陈唯晟	李金哲	蓝卉	李金哲

图 4-55 例 4-14 的执行结果

4.6.8 单元格样式

单元格样式是指一组已定义的单元格格式的组合。使用单元格样式可以快速对单元格区域进行格式化，从而提高工作效率并使工作表格式规范统一。Excel 预置了一些典型的样式，用户可以直接套用这些样式来快速设置单元格格式。

1. 自动套用单元格样式

选择要套用单元格样式的单元格区域，再选择【开始】→【样式】→【单元格样式】命令，弹出【单元格样式】下拉菜单，从中选择所需的样式即可自动套用此单元格样式。

例 4-15 打开工作簿文件 406.xlsx，在图 4-56 所示的“统计表”工作表中按要求自动套用相应的单元格样式：单元格区域 A2:D2 应用“标题”样式，单元格区域 A3:A8 应用“强调文字格式 3”主题单元格样式，单元格区域 B3:B8 应用“百分比”数字格式。

	A	B	C	D
1	泰州各市区废气主要污染物排放量统计表（单位：吨）			
2	市区	二氧化硫	烟尘	粉尘
3	海陵区	3751	1055	79.6
4	高港区	757.4	241	5.8
5	泰兴区	9112	2898	917.3
6	靖江市	4378.8	1417.8	14.4
7	姜堰市	4865.4	1746	1535.8
8	兴化市	5379	2791.3	2200
9				

图 4-56　例 4-15 的工作表数据

操作步骤如下：

(1) 选择单元格区域 A2:D2。

(2) 选择【开始】→【样式】→【单元格样式】命令，在弹出的【单元格样式】下拉菜单中选择【标题】项下的标题样式(见图 4-57)。

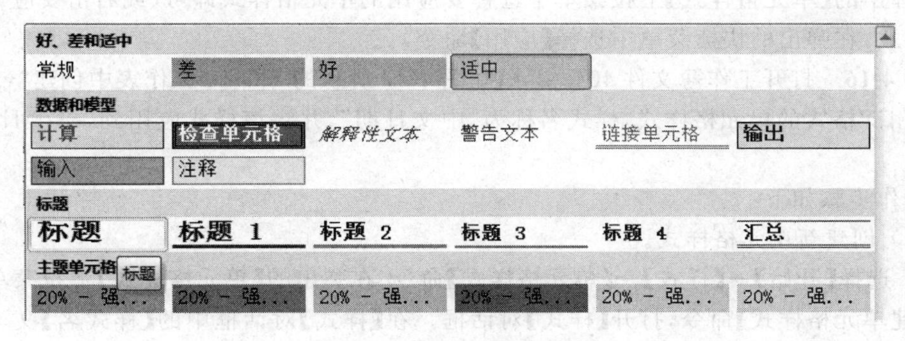

图 4-57　【单元格样式】下拉菜单

! 提示：将鼠标指针移至【标题】下拉列表下的“标题”样式，选择的单元区域立即会显示此样式的效果，选择即可应用该样式。

(3) 选择单元格区域 A3:A8，按照步骤(2)的方法应用“强调文字格式 3”主题单元格样式。

(4) 选择单元格区域 B3:B8，按照步骤(2)的方法应用“百分比”数字样式。

(5) 执行结果如图 4-58 所示。

	A	B	C	D
1	泰州各市区废气主要污染物排放量统计表（单位：吨）			
2	市区	二氧化硫	烟尘	粉尘
3	海陵区	375100%	1055	79.6
4	高港区	75740%	241	5.8
5	泰兴区	911200%	2898	917.3
6	靖江市	437880%	1417.8	14.4
7	姜堰市	486540%	1746	1535.8
8	兴化市	537900%	2791.3	2200

图 4-58　例 4-15 的执行结果

2. 创建新单元格样式

创建新单元格样式又称为创建自定义单元格样式。

选择【开始】→【样式】→【单元格样式】命令,在弹出的【单元格样式】下拉菜单中选择【新建单元格样式】命令,打开【样式】对话框。在【样式名】文本框中输入样式的名称,单击【格式】按钮,弹出【设置单元格格式】对话框,从中按要求进行单元格格式设置,单击【确定】按钮返回【样式】对话框,单击【确定】按钮即可创建新单元格样式。

自定义单元格样式后,该样式会出现在样式下拉列表上方的【自定义】样式区,其中包括新建单元格样式的名称。

3. 应用单元格样式

选择要应用单元格样式的单元格区域,然后选择【开始】→【样式】→【单元格样式】命令,在弹出的【单元格样式】下拉菜单中选择要应用的单元格样式即可(或右击要应用的单元格样式,在弹出的快捷菜单中选择【应用】命令)。

例 4-16 打开工作簿文件 404. xlsx,在图 4-47 所示的 Sheet2 工作表中创建"yyyy 年 m 月 d 日"格式的单元格样式,样式名称为"中文日期",并将该样式应用到"出生日期"数据中。

操作步骤如下:

(1) 创建新单元格样式。

① 选择【开始】→【样式】→【单元格样式】命令,在弹出的【单元格样式】下拉菜单中选择【新建单元格样式】命令,打开【样式】对话框。在【样式】对话框中的【样式名】文本框中输入样式的名称"中文日期"。

② 单击【格式】按钮,打开【设置单元格格式】对话框,在【分类】列表中选择【日期】,在【类型】列表中选择【2001 年 3 月 14 日】格式,单击【确定】按钮返回【样式】对话框,如图 4-59 所示。

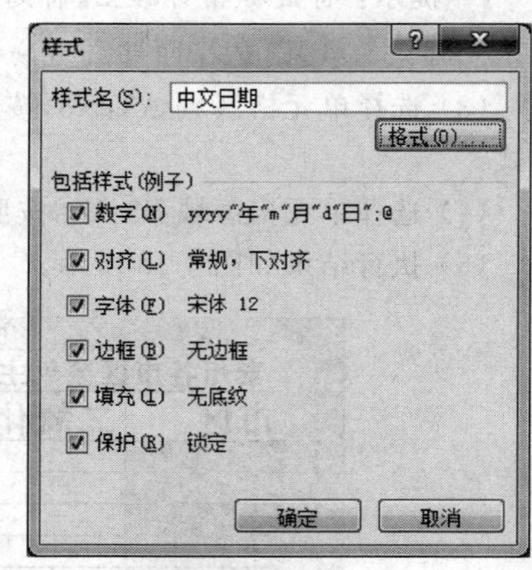

图 4-59 【样式】对话框

③ 单击【确定】按钮即可创建"中文日期"单元格样式。新建的单元格样式的名称会出现单元格样式下拉列表上方的【自定义】样式中。

(2) 应用自定义单元格样式。

① 选择单元格区域 D3:D16。

② 选择【开始】→【样式】→【单元格样式】命令,弹出【单元格样式】下拉菜单,从中选择【自定义】样式中的【中文日期】单元格样式即可(或右击【自定义】样式中的【中文日期】单元格样式,在弹出的快捷菜单中选择【应用】命令)。

③ 执行结果如图 4-60 所示。

	A	B	C	D	E	F	G	H	I
1					工资表				
2	编号	姓名	职务	出生日期	性别	基本工资	补贴	津贴	扣款
3	36001	艾小群	科员	1982年1月1日	女	450	580	66	320
4	36002	陈美华	副科长	1975年2月2日	女	700	920	78	460
5	36003	关汉瑜	科员	1980年3月3日	女	520	620	68	280
6	36004	梅颂军	副处长	1968年4月5日	男	900	1020	82	600
7	36005	蔡雪敏	科员	1977年5月4日	女	680	640	70	500
8	36006	林淑仪	副处长	1971年6月3日	男	790	840	80	400
9	36007	区俊杰	科员	1983年7月6日	男	470	600	58	350
10	36008	王玉强	科长	1975年8月9日	男	700	760	78	200
11	36009	黄在左	处长	1956年3月4日	男	1200	1400	90	300
12	36010	朋小林	科长	1979年12月10日	男	680	780	82	400
13	36011	李静	科员	1980年11月23日	女	600	630	60	300
14	36012	莒寺白	副科长	1976年10月8日	男	740	700	75	200
15	36013	白城发	科员	1981年8月4日	男	520	560	60	180
16	36014	昌吉五	副处长	1957年9月13日	男	1000	1200	88	600

图 4-60　例 4-16 的执行结果

4. 修改单元格样式

操作步骤如下：

(1) 选择【开始】→【样式】→【单元格样式】命令，在弹出的【单元格样式】下拉菜单中右击要修改的单元格样式，在弹出的快捷菜单中选择【修改】命令，打开【样式】对话框。

(2) 在【样式】对话框中单击【格式】按钮，弹出【设置单元格格式】对话框。在此对话框中根据需要对相应样式的单元格格式进行修改，修改完后单击【确定】按钮返回【样式】对话框。

(3) 在【样式】对话框中单击【确定】按钮实现单元格样式的修改。

5. 删除单元格样式

选择【开始】→【样式】→【单元格样式】命令，在弹出的【单元格样式】下拉菜单中右击要删除的单元格样式，在弹出的快捷菜单中选择【删除】命令即可。

6. 合并单元格样式

在工作簿中创建新单元格样式后，只会保存在当前工作簿中，不会出现在其他工作簿的单元格样式中。如果需要在其他工作簿中使用这些样式，可以将这些单元格样式从当前工作簿复制到另一工作簿，即用合并样式来实现。

例 4-17　将工作簿文件 1001.xlsx 中创建的“中文日期”单元格样式应用到 1002.xlsx 工作簿文件 Sheet4 工作表的“工作日期”数据中。

操作步骤如下：

(1) 合并样式。

① 打开源工作簿即包含已创建新单元格样式的工作簿。本例打开“1001.xlsx”工作簿文件，如图 4-61 所示。

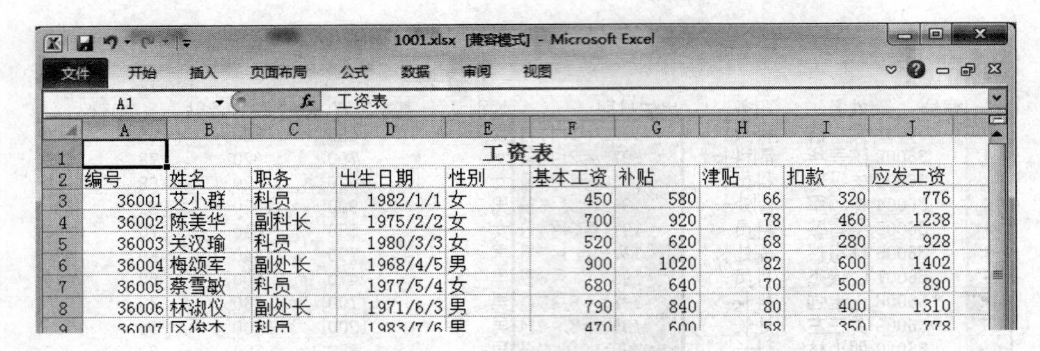

	A	B	C	D	E	F	G	H	I	J
1					工资表					
2	编号	姓名	职务	出生日期	性别	基本工资	补贴	津贴	扣款	应发工资
3	36001	艾小群	科员	1982/1/1	女	450	580	66	320	776
4	36002	陈美华	副科长	1975/2/2	女	700	920	78	460	1238
5	36003	关汉瑜	科员	1980/3/3	女	520	620	68	280	928
6	36004	梅颂军	副处长	1968/4/5	男	900	1020	82	600	1402
7	36005	蔡雪敏	科员	1977/5/4	女	680	640	70	500	890
8	36006	林淑仪	副处长	1971/6/3	男	790	840	80	400	1310

图 4-61　工作簿文件 1001. xlsx

② 打开目标工作簿(即需要复制单元格样式的工作簿),本例打开 1002. xlsx 工作簿文件,如图 4-62 所示。

	A	B	C	D	E
1	姓名	性别	工作日期	基本工资	
2	卢植茵	女	1988/10/7	205.00	
3	林寻	男	1970/6/15	335.00	
4	李禄	男	1967/2/15	305.00	
5	吴心	女	1986/4/16	245.00	
6	李伯仁	男	1966/11/24	335.00	
7	陈醉	男	1982/11/23	265.00	
8	马甫仁	男	1987/11/9	205.00	
9	夏雪	女	1984/7/7	245.00	
10	钟成梦	女	1975/5/30	305.00	
11	王晓宁	男	1976/3/4	425.00	
12	魏文鼎	男	1993/2/15	190.00	

图 4-62　工作簿文件 1002. xlsx

③ 在 1002. xlsx 工作簿文件中,选择【开始】→【样式】→【单元格样式】命令,在弹出的【单元格样式】下拉菜单中选择【合并样式】命令,打开【合并样式】对话框。

④ 在【合并样式】对话框中的【合并样式来源】列表中选择 1001. xlsx,如图 4-63 所示。

⑤ 单击【确定】按钮实现合并样式。

(2) 应用样式。

① 选择 1002. xlsx 工作簿文件中的单元格区域 C2:C12。

② 选择【开始】→【样式】→【单元格样式】命令,在弹出的【单元格样式】下拉菜单中选择【自定义】样式中的【中文日期】单元格样式即可。

③ 执行的结果如图 4-64 所示。

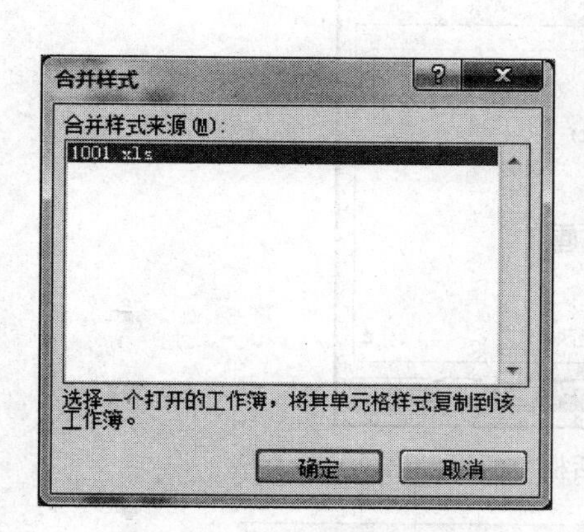

图 4-63 【合并样式】对话框

	A	B	C	D
1	姓名	性别	工作日期	基本工资
2	卢植茵	女	1988年10月7日	205.00
3	林寻	男	1970年6月15日	335.00
4	李禄	男	1967年2月15日	305.00
5	吴心	女	1986年4月16日	245.00
6	李伯仁	男	1966年11月24日	335.00
7	陈醉	男	1982年11月23日	265.00
8	马甫仁	男	1987年11月9日	205.00
9	夏雪	女	1984年7月7日	245.00
10	钟成梦	女	1975年5月30日	305.00
11	王晓宁	男	1976年3月4日	425.00
12	魏文鼎	男	1993年2月15日	190.00

图 4-64 例 4-17 的执行结果

4.6.9 数据有效性

利用 Excel 数据菜单中的有效性功能可以控制输入数据的类型、范围，提高数据输入速度和准确性，控制输入信息的正确性，自动判断、即时分析并弹出警告。本文重点讲解 Excel 数据有效性功能的应用。

1. 设置数据有效性

(1) 制定下拉列表提高数据输入速度

通过下面例题说明制定下拉列表操作方法。

例 4-18 打开工作簿文件 407.xlsx，对 Sheet1 工作表进行数据有效性设置。当用户选中“应聘学校”列的任一单元格时，在其右侧显示一个下拉列表框箭头，并提供“田家炳初中部”、“田家炳高中部”和“韶关市一中”选项供选择。

制定下拉列表的操作步骤如下：

① 选择【职称】列中的所有需设置的单元格区域，本题选择区域 B3:B12，选择【数据】→【数据工具】→【数据有效性】命令，弹出【数据有效性】对话框。

② 在【数据有效性】对话框设置有效性条件，选择【设置】选项卡，在【允许】下拉列表中选择【序列】选项，在【来源】文本框中输入序列“田家炳初中部，田家炳高中部，韶关市一中”(见图 4-65)。各数据项间必须使用英文标点。

③ 单击【确定】按钮，执行效果如图 4-66 所示。

! 提示：把光标拖放在需要输入数据的单元格内，此时便会有一个下拉箭头，单击此箭头，在弹出的下拉列表中选择需要的数据，按 Enter 键。

(2) 设置输入前的提示信息

只要设置好提示信息，当选择某个单元格时，系统就会弹出提示信息提醒用户进行数据的输入。

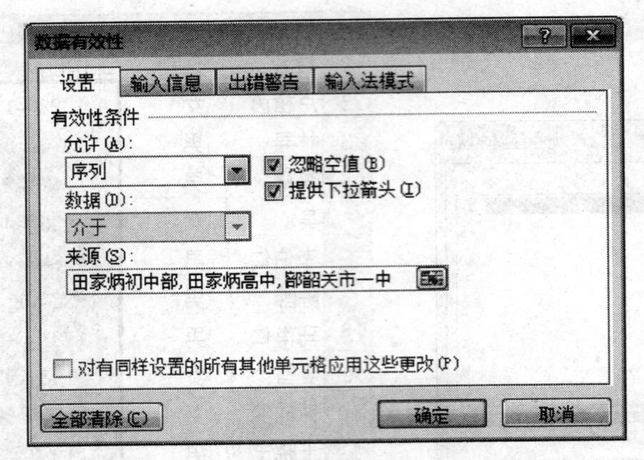

图 4-65 【数据有效性】对话框中的设置

	A	B	C	D
1	武江区招聘教师考试部分人员名单			
2	序号	应聘学校	应聘科目	姓名
3	1			刘仰鹏
4	2	田家炳初中部 田家炳高中部 韶关市一中		洪喜彬
5	3			杨鑫
6	4			董玉晶
7	5			闫敬娜
8	6			黄香香
9	7			张纳
10	8			张凌云
11	9			秦志跃
12	10			刘美丽
13				

图 4-66 例 4-18 的执行结果

设置提示信息的操作步骤如下：

① 选择要设置输入信息提示的单元格区域，选择【数据】→【数据工具】→【数据有效性】命令，弹出【数据有效性】对话框。

② 选择【输入信息】选项卡，在【标题】文本框中输入提示信息的标题，在【输入信息】文本框中输入提示信息的内容。

③ 单击【确定】按钮。

提示：当选择设置输入信息提示的单元格后，其右侧下方会出现相应的提示，只起提示作用。当单击其他没有设置提示的单元格时提示会自动隐藏。

(3) 设置有效性条件控制数据输入

Excel 数据菜单中的有效性功能可以控制输入数据的数据类型、范围。如果需要在工作表 Sheet7 中的 A 列只能输入 2006 年的所有日期数据。

操作步骤如下：

① 选中“A 列”单元区域，选择【数据】→【数据工具】→【数据有效性】命令，弹出【数据有效性】对话框。

② 选择【设置】选项卡，在【有效性条件】下的【允许】下拉列表中选择【日期】，在【数据】下拉列表中选择【介于】，在【开始日期】文本框中输入“2006-01-01”，在【结束日期】文

本框中输入“2006-12-31”,如图 4-67 所示。

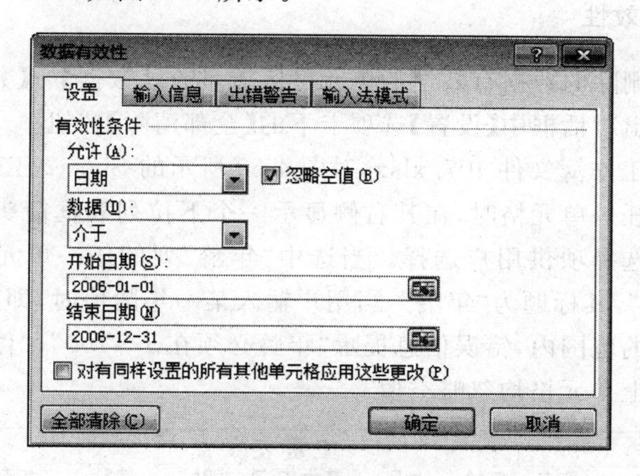

图 4-67 【数据有效性】对话框

③ 单击【确定】按钮。用户在 A 列区域只允许输入以上区间的日期,如果输入区间以外的日期,会弹出错误提示,如图 4-68 所示。

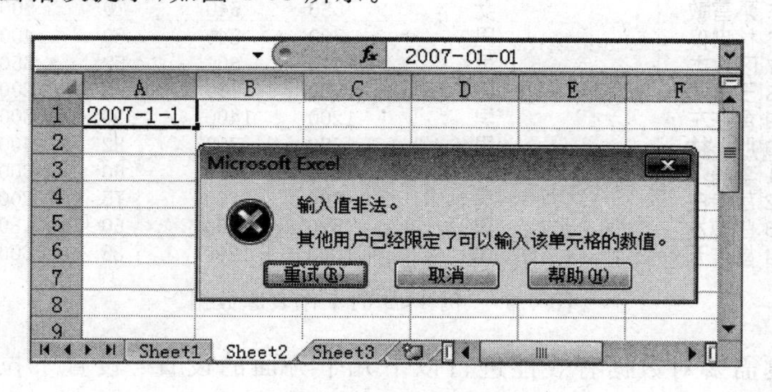

图 4-68 提示对话框

(4) 设置输入错误数据时的出错警告

如果设置了出错警告,则当单元格中的输入的数据出错时就会弹出相应的警告,警告的信息内容可以根据需要来设置。

操作步骤如下:

① 选择要设置出错警告的单元格区域,选择【数据】→【样式】→【数据有效性】命令,弹出【数据有效性】对话框。

② 选择【出错警告】选项卡,选择适当的样式,在【标题】文本框中输入信息标题,在【输入信息】文本框中输入信息内容。

③ 单击【确定】按钮即可。

2. 复制数据有效性

选择已设置数据有效性的单元格区域先进行复制操作,然后选择要粘贴的单元格区域进行粘贴操作即可。

3. 删除数据有效性

选择包含所要删除的数据有效性的单元格区域，选择【数据】→【数据工具】→【数据有效性】命令，单击弹出对话框中【设置】选项卡下的【全部清除】按钮。

例 4-19 打开工作簿文件 407. xlsx，对图 4-69 所示的 Sheet2 工作表进行设置，当用户选中“职务”列的任一单元格时，在其右侧显示一个下拉列表框箭头，并提供“副处长”、“处长”和“科长”的选择项供用户选择。当选中“年龄”列的任一单元格时，显示“请输入 1～100 的有效年龄”，其标题为“年龄”，当用户输入某一年龄值时，即进行检查，如果所输入的年龄不在指定的范围内，错误信息提示“年龄必须在 1～100”，“停止”样式，同时标题为“年龄非法”。以上单元格均忽略空值。

1	工资表									
2	编号	姓名	职务	年龄	性别	基本工资	补贴	津贴	扣款	应发工资
3	36001	艾小群			女	450	580	66	320	776
4	36002	陈美华			女	700	920	78	460	1238
5	36003	关汉瑜			女	520	620	68	280	928
6	36004	梅颂军			男	900	1020	82	600	1402
7	36005	蔡雪敏			女	680	640	70	500	890
8	36006	林淑仪			男	790	840	80	400	1310
9	36007	区俊杰			男	470	600	58	350	778
10	36008	王玉强			男	700	760	78	200	1338
11	36009	黄在左			男	1200	1400	90	300	2390
12	36010	朋小林			男	680	780	82	400	1142
13	36011	李静			女	600	630	60	300	990
14	36012	莒寺白			男	740	700	75	200	1315
15	36013	白城发			男	520	560	60	180	960
16	36014	昌吉五			男	1000	1200	88	600	1688

图 4-69　例 4-19 的工作表原数据

分析：本题需要对数据有效性进行以下几个方面的设置：设置下拉列表、设置输入信息提示、设置有效性条件控制数据输入、设置出错警告。

操作步骤如下：

(1) 设置下拉列表。选择单元格区域 C3:C16(见图 4-69)，选择【数据】→【数据工具】→【数据有效性】命令，弹出【数据有效性】对话框，进行图 4-70 所示的设置。

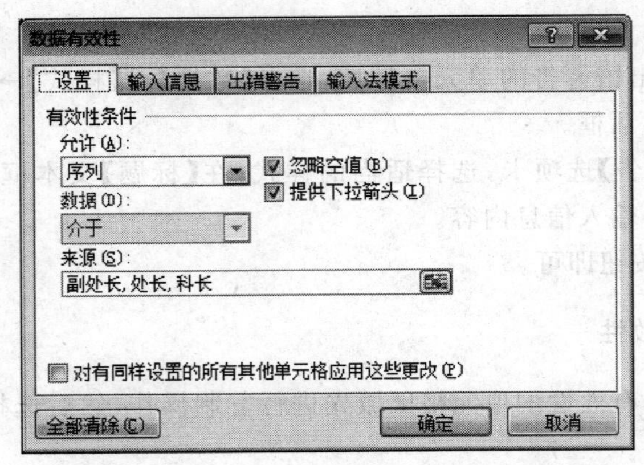

图 4-70　设置下拉列表

（2）设置有效性条件。选择单元格区域 D3：D6，选择【数据】→【数据工具】→【数据有效性】命令，弹出【数据有效性】对话框。选择【设置】选项卡，在【有效性条件】下的【允许】下拉列表中选择【整数】，在【数据】下拉列表中选择【介于】，在【最小值】文本框中输入“1”，在【最大值】文本框中输入 100，如图 4-71 所示。

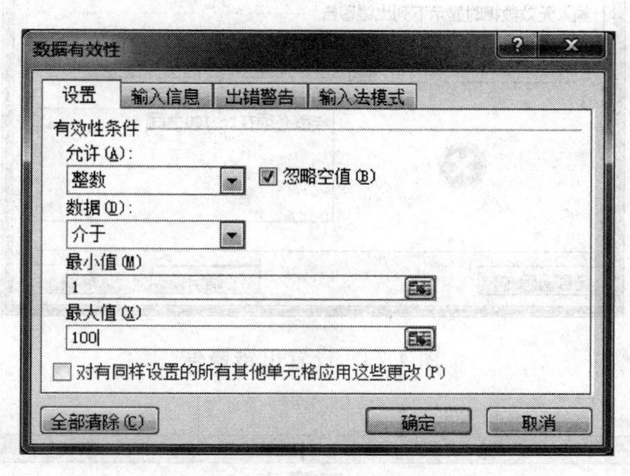

图 4-71　设置【有效性条件】

（3）设置输入提示信息。选择【数据有效性】对话框中的【输入信息】选项卡，在【标题】文本框中输入“年龄”，在【输入信息】文本框中输入“请输入 1～100 的有效年龄”，如图 4-72 所示。

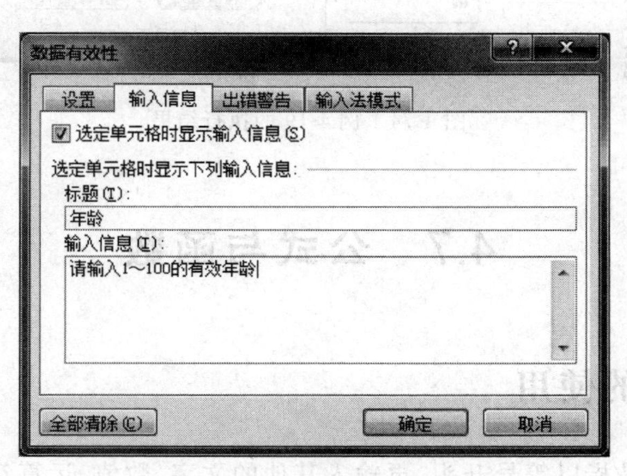

图 4-72　设置输入提示信息

（4）设置出错警告。选择【数据有效性】对话框中的【出错警告】选项卡，选择【样式】下拉列表中的【停止】，在【标题】文本框中输入“年龄非法”，在【输入信息】文本框中输入“年龄必须在 1～100 之间”，如图 4-73 所示。

（5）单击【确定】按钮，然后进行输入检查，如本例在 D2 单元格中输入“101”，则结果如图 4-74 所示。

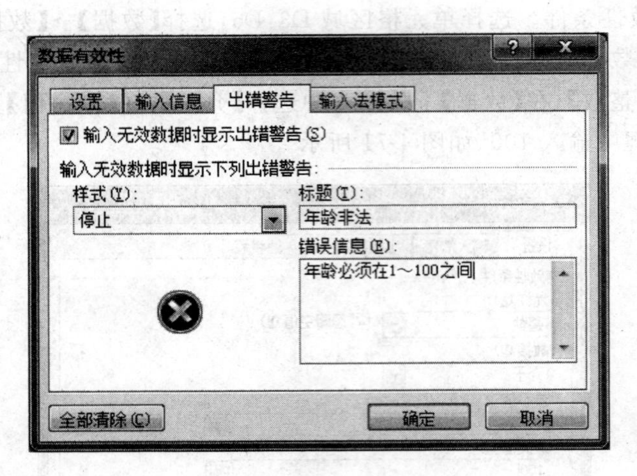

图 4-73　设置出错警告

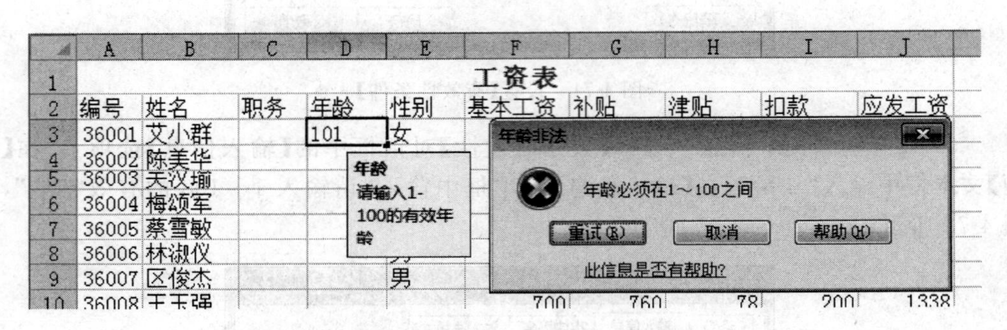

图 4-74　例 4-19 的执行结果

4.7　公式与函数

4.7.1　公式的使用

Excel 的公式是指以等号开头,再输入其他的文字、数值、运算符、函数、引用地址或名称等的特定形式。公式一般由用户自定义产生。

1. 公式中使用的运算符

公式中可用的运算符分为算术运算符、文本运算符和比较运算符。

(1) 算术运算符

算术运算符主要用于数学计算,常用的算术运算符如表 4-1 所示。

表 4-1　算术运算符

算术运算符	含　义	应用公式示例	运 算 结 果
＋	加	＝1＋2	3
－	减	＝3－1	2
*	乘	＝2*3	6
^	乘方	＝2^4	16
%	百分比	＝45%	45%
/	除	＝8/2	4

日期/时间型数据也可以使用＋、－进行简单的运算。如 A2、A3 单元格的内容分别是 2003-05-12、5，则公式＝A2－A3 的结果为 2003-05-7。

（2）文本运算符

文本运算符只有一个运算符"&"，表示把两个或多个字符串连接生成一个新的字符串。如"广州"&"日报"得到的结果是"广州日报"；又如，B2、B3 单元格的内容分别是 2003 和 1218，则公式＝B2&B3 的结果为"20031218"。

（3）比较运算符

比较运算符主要用于数值比较。比较运算符的结果是逻辑值，即 TRUE（真）和 FALSE（假）。注意，公式中所用到的标点符号必须应用英文标点。常用的比较运算符如表 4-2 所示。

表 4-2　比较运算符

算术运算符	含　义	应用公式示例	运算结果
＝	等于	＝1＝2	FALSE
＞	大于	＝3＞1	TRUE
＜	小于	＝2＜3	TRUE
＞＝	大于等于	＝2＞＝4	FALSE
＜＝	小于等于	＝45＜＝45	TRUE
＜＞	不等于	＝8＜＞2	TRUE

（4）运算符的优先级

常用的运算符的优先级如表 4-3 所示。

表 4-3　运算符优先级

运算符（优先级从高到低）的含义	说　明
－	负号
%	百分比
^	乘方
* 和/	乘和除
＋和－	加和减
&	文本运算符
＝、＞、＜、＞＝、＜＝、＜＞	比较运算符

2. 公式的输入、修改、复制和填充

(1) 输入公式

输入公式时，以“＝”号开头，紧接着输入公式的表达式。在公式中可以包含各种运算符、函数、常量、变量、单元格地址等。公式一般手动输入。

手动输入公式的具体的操作是：单击要输入公式的单元格，首先输入“＝”号，接着输入公式的内容，最后按 Enter 键来确定和结束输入。

(2) 修改公式

操作步骤如下：

① 单击包含要修改的公式的单元格。

② 在编辑栏中对公式进行修改，或者双击该单元格或按 F2 键进行修改，可直接在单元格中修改。

③ 输入公式内容。

④ 按 Enter 键来确定和结束修改。

(3) 公式的复制和填充

例 4-20 打开工作簿文件 408. xlsx，在图 4-75 所示的 Sheet3 工作表记录了某校某次计算机考试的情况。要求进行如下操作。

① 在 D2:D10 中计算每个考生的准考证号，已知准考证号是由班别代号和机号所组成，如考场号为 200301，座位号为 01，则准考证号为 20030101。

② 在 G2:G10 中计算每个考生的总评成绩，计算规则是笔试占 20%，机试占 80%。

	A	B	C	D	E	F	G
1	姓名	班别代号	机号	准考证号	机试成绩	笔试成绩	总评成绩
2	林泽名	20011	008		78	85	
3	罗有	20016	016		90	98	
4	李水凡	20019	018		62	53	
5	江阳	20008	028		89	78	
6	李华	20012	088		55	70	
7	越宁	20011	001		90	78	
8	赵凯	20020	009		72	68	
9	张玉婉	20001	006		81	86	
10	刘育文	20003	005		66	83	

图 4-75 例 4-20 的工作表数据

操作步骤如下：

① 手动输入公式。单击 D2 单元格，输入公式“＝B2&C2”，按 Enter 键确定输入，此时在单元格 D2 处显示出计算结果 20011008。

② 公式复制。选择 D2 单元格，选择【开始】→【剪贴板】→【复制】命令；选择单元格区域 D3:D10，选择【开始】→【剪贴板】→【粘贴】命令。

③ 公式填充。在 G2 单元格中输入公式“＝E2＊0.2＋F2＊0.8”并按 Enter 键，此时在单元格 G2 处显示出计算结果：72.6。选择 G2 单元格，将鼠标指针放在 G2 单元格右下角的填充柄上(即鼠标指针形状变成＋时)，向下拖动到 G10 单元格后释放。执行结果

如图 4-76 所示。

G2 f_x =E2*0.8+F2*0.12

	A	B	C	D	E	F	G
1	姓名	班别代号	机号	准考证号	机试成绩	笔试成绩	总评成绩
2	林泽名	20011	008	20011008	78	85	72.6
3	罗有	20016	016	20016016	90	98	83.76
4	李水凡	20019	018	20019018	62	53	55.96
5	江阳	20008	028	20008028	89	78	80.56
6	李华	20012	088	20012088	55	70	52.4
7	越宁	20011	001	20011001	90	78	81.36
8	赵凯	20020	009	20020009	72	68	65.76
9	张玉婉	20001	006	20001006	81	86	75.12
10	刘育文	20003	005	20003005	66	83	62.76

图 4-76　例 4-20 的执行结果

提示：本例第①题采用的是公式复制方法，第②题采用的是公式填充方法，并在公式中引用相对地址。无论是公式复制还是公式填充，当把公式引用到其他单元格时，相对地址会随单元格位置的改变而改变。如第②题，当公式由 D2 复制到 D3 时，由于行号由 2 变成 3，所以公式中的行号也相应发生变化，其公式相应改变为“=B3&C3”。

书写公式时的注意事项：公式中的数值、等于号、标点符号、单元格地址、函数名、运算符都必须在英文状态下输入；在公式中不能有空格；公式输入错误，可按 F2 键进行修改。

3. 单元格的引用

单元格引用的作用是用于标枳工作表上的单元格和单元格区域，并指明使用数据的位置。通过单元格的引用，可以使用同一工作表中不同区域或同一单元格中的数据，还可以使用不同工作表中的单元格或单元格区域中的数据。单元格引用就是单元格地址的引用。单元格地址有以下 3 种表示方式。

(1) 相对地址(又称相对坐标)。由列标和行号组成，如 A4、B5、D2 等。在进行公式复制、填充等操作时，若引用公式的单元格地址发生变化，公式中的相对地址会随之变动；

(2) 绝对地址(又称绝对坐标)。由列标和行号前加上“$”组成，如 $A$4、$B$5、$D$2 等。在进行公式复制、填充等操作时，若引用公式的单元格地址发生变化，公式中的绝对地址保持不变；

(3) 混合地址(又称混合坐标)。它是上述两种地址的混合使用方式，如 $A4、B$5、D$2 等。在进行公式复制、填充等操作时，公式中的相对行和相对列会随引用公式的单元格地址变动而变动，而绝对行和绝对列部分保持不变。

提示：在单元格中输入公式后，可以按 F4 键在 3 种方式之间进行切换。

例 4-21　打开工作簿文件 408.xlsx，在图 4-77 所示的 Sheet4 工作表记录了不同年龄段人数汇总结果，要求在 C2:C16 计算各年龄段人数占总人数的比例。

操作步骤：在 C2 单元格中输入公式“=B3/$B$17”并按 Enter 键，此时在单元格 C2 处显示出计算结果 4.83%；选择 C2 单元格，将鼠标指针放在 C2 单元格右下角的填充柄上(即鼠标指针形状变成✚时)，向下拖动到 C16 单元格后释放。执行结果如图 4-78 所示。

C2 f_x

	A	B	C	D
1	年龄段	人数	所占比例	
2	5岁及以下	1089900		
3	6~10岁	1278909		
4	11~15岁	1104839		
5	16~20岁	2002033		
6	21~25岁	1502334		
7	25~30岁	3009230		
8	31~35岁	2009343		
9	36~40岁	1803394		
10	41~45岁	1709343		
11	46~50岁	1600089		
12	51~55岁	1508493		
13	56~60岁	1558437		
14	61~65岁	1089843		
15	66~70岁	729988		
16	71岁及以上	569000		
17	总人数	22565175		

图 4-77　例 4-21 的原数据

C2 f_x =B2/$B$17

	A	B	C	D
1	年龄段	人数	所占比例	
2	5岁及以下	1089900	4.83%	
3	6~10岁	1278909	5.67%	
4	11~15岁	1104839	4.90%	
5	16~20岁	2002033	8.87%	
6	21~25岁	1502334	6.66%	
7	25~30岁	3009230	13.34%	
8	31~35岁	2009343	8.90%	
9	36~40岁	1803394	7.99%	
10	41~45岁	1709343	7.58%	
11	46~50岁	1600089	7.09%	
12	51~55岁	1508493	6.69%	
13	56~60岁	1558437	6.91%	
14	61~65岁	1089843	4.83%	
15	66~70岁	729988	3.24%	
16	71岁及以上	569000	2.52%	
17	总人数	22565175		

图 4-78　例 4-21 的执行结果

4. 出错信息

当公式或函数表达不正确时,系统将显示出错信息。常见出错信息及其含义如表 4-4 所示。

表 4-4　常见出错信息及含义

出错信息	含　义
#DIV/0!	除数为 0
#NAME?	引用了不能识别的文字
###……	数值长度超过了单元格的列宽
#VALUE!	错误的参数或运算对象
#N/A	引用了当前不能使用的数值
#NUM	数字错
#REF!	无效的单元格

4.7.2　函数的使用

在 Excel 中含有大量的函数帮助我们完成各种各样的计算工作。这些函数大体上可以分为常用函数、财务函数、日期与时间函数、数学与三角函数、统计函数、查找与引用函数、数据库函数、文字函数、逻辑函数和信息函数。

1. 函数的组成

函数的一般格式为

=函数名称(函数参数)

说明：函数名称一般是对应英文单词的缩写；函数参数主要有常量、单元格引用、函数等；使用函数时通常需要指定计算时所需要的参数，这些参数的个数可能较少，也可能很多，同一个函数所要求的参数个数可能是固定的，也可能是可变的，只有正确地给函数指定了所要求的参数后，才能够正常地工作。

2. 函数的输入

(1) 手动输入函数。手动输入函数输入普通的公式一样。

(2) 使用函数向导插入函数。选择【公式】→【函数库】→【插入函数】命令或单击编辑栏上的【插入函数】按钮 fx 进行，弹出【插入函数】对话框，然后按需要完成函数的输入。使用【插入函数】对话框可以保证正确的函数拼写和正确的参数顺序及个数。

3. 常用的统计函数

下面介绍7个常用的统计函数，其余有关函数将在其他常用函数章节中介绍。

(1) 求和函数SUM

格式：=SUM(参数1,参数2,…)。

其中参数可能是数值、单元格引用或函数，最多30个参数。

功能：返回参数表中的所有数值之和。

(2) 求平均值函数AVERAGE

格式：=AVERAGE(参数1,参数2,…)。

其中参数可能是数值、单元格引用或函数，最多30个参数。

功能：返回参数表中的所有数值之均值。

(3) 求最大值函数MAX

格式：=MAX(参数1,参数2,…)。

其中参数可能是数值、单元格引用坐标或函数，最多30个参数。

功能：返回参数表中的所有数值的最大值。

(4) 求最小值函数MIN

格式：=MIN(参数1,参数2,…)。

其中参数可能是数值、单元格引用坐标或函数，最多30个参数。

功能：返回参数表中的所有数值的最小值。

例4-22 打开工作簿文件408.xlsx，在图4-79所示的Sheet2工作表中的E3:E5中计算每个同学的总分。

A10 fx

	A	B	C	D	E	F
1	成绩表					
2	姓名	语文	数学	英语	总分	平均分
3	高玉成	76	82	58		
4	陈天秀	58	65	92		
5	李自才	91	72	92		
6	最高分					
7	最低分					

图4-79 例4-22的原数据

① 直接输入函数。操作步骤：在 E3 单元格中输入公式"＝SUM(B3:D3)"，并按 Enter 键，此时在 E3 单元格中显示结果 216，选择 E3 单元格，将鼠标指针放在 E3 单元格右下角的填充柄上(即鼠标指针形状变成✚时)，向下拖动到 E5 单元格后释放，执行结果如图 4-80 所示。

E3 =SUM(B3:D3)

	A	B	C	D	E	F
1	成绩表					
2	姓名	语文	数学	英语	总分	平均分
3	高玉成	76	82	58	216	
4	陈天秀	58	65	92	215	
5	李自才	91	72	92	255	
6	最高分					
7	最低分					

图 4-80 例 4-22 的执行结果

② 使用函数向导插入函数。操作步骤：首先单击要输入函数的单元格 E3；然后选择【公式】→【函数库】→【插入函数】命令或单击编辑栏中的【插入函数】按钮 f_x，弹出【插入函数】对话框。在【或选择类别】下拉列表中选择【常用函数】选项，在【选择函数】列表框中选择 SUM 函数，列表框下方会显示关于该函数功能的提示，如图 4-81 所示。单击【确定】按钮，弹出【函数参数】对话框，在 Number1 文本框中输入"B3:D3"，或先单击 Number1 框，再选择单元格区域"B3:D3"，如图 4-82 所示。单击【确定】按钮完成 E3 单元格函数的输入，此时 E3 单元格中的值为"216"，将公式复制到 E4:E5。

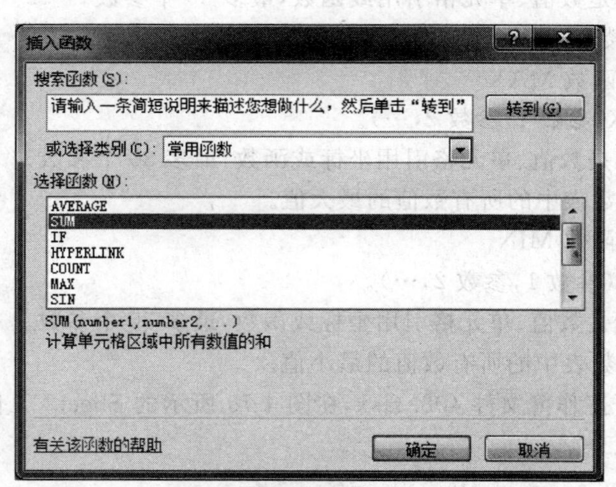

图 4-81 【插入函数】对话框

说明：本题要计算高玉成的总分，也可输入公式"＝SUM(B3,C3,D3)"，但由于这种方法输入较麻烦，建议不要采用。

因为 SUM 函数比较常用，所以在 Excel 选择【公式】→【函数库】→【自动求和】命令。利用此【自动求和】按钮可以对一列至多列求和。例 4-22 也可以这样做：先选择单元格区域 B3:D3，再单击 $\sum$ 按钮即可。

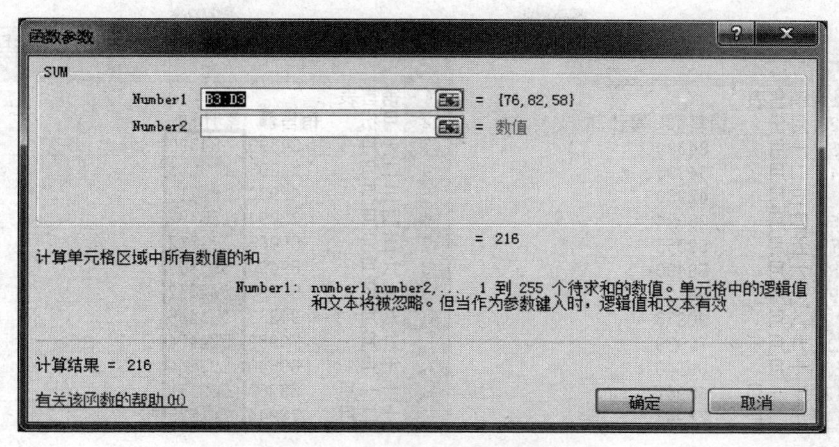

图 4-82 【函数参数】对话框

例 4-23 打开工作簿文件 408.xlsx，在图 4-80 所示的 Sheet2 工作表中按要求进行下列操作：在 F3:F5 中计算每个同学的平均分，在 B6:D6 中计算每门课的最高分，在 B7:D7 中计算每门课的最低分。

操作步骤如下：

① 求平均值。在 F3 单元格中输入公式"=AVERAGE(B3:D3)"，此时在 F3 单元格中显示结果 72，选择 F3 单元格，将鼠标指针放在 F3 单元格右下角的填充柄上(即鼠标指针形状变成✚时)，向下拖动到 F5 单元格后释放。

② 求最大值。在 B6 单元格中输入公式"=MAX(B3:B5)"，并按 Enter 键，然后将公式复制到 C6 和 D6 单元格。

③ 求最小值。在 B7 单元格中输入公式"=MIN(B3:B5)"，并按 Enter 键，然后将公式复制到 C7 和 D7。

例 4-24 打开工作簿文件 408.xlsx，在图 4-83 所示的 Sheet6 工作表中，要求在相应区域中求出至当月为止的当年累计销售额。例如，一、二、三月份的销售额分别为 100、200 和 150，则一月份累计销售额为 100，二月份为 100+200=300，三月份为 100+200+150=450。

分析：对于本题，一月的累计销售额可表示为"=SUM(B3:B3)"，二月的累计销售额可表示为"=SUM(B3:B4)"，三月的累计销售额可表示为"=SUM(B3:B5)"，由此可见，每个公式的冒号前面的单元格引用，即 B3 在公式复制时是保持不变的，所以应用绝对地址表示。而冒号后面的单元格引用，随着公式复制在不同的单元格而发生变化，所以应用相对地址表示。

操作步骤：在 C3 单元格中输入公式"=SUM($B$3:B3)"并按 Enter 键，选择 C3 单元格，将鼠标指针放在 C3 单元格右下角的填充柄上(即鼠标指针形状变成✚时)，向下拖动到 C14 单元格后释放。执行结果如图 4-84 所示。

(5) 求数字个数函数 COUNT

格式：=COUNT(参数 1,参数 2,…)。

功能：返回参数表中的所有数值数据的个数。

	A	B	C
1	销售表		
2	月份	销售额	累计额
3	一月	84390	
4	二月	34893	
5	三月	42930	
6	四月	23094	
7	五月	59065	
8	六月	59490	
9	七月	58790	
10	八月	90833	
11	九月	70939	
12	十月	69540	
13	十一月	68967	
14	十二月	78944	

图 4-83　例 4-24 的原数据

C3　=SUM($B$3:B3)

	A	B	C	D	E
1	销售表				
2	月份	销售额	累计额		
3	一月	84390	84390		
4	二月	34893	119283		
5	三月	42930	162213		
6	四月	23094	185307		
7	五月	59065	244372		
8	六月	59490	303862		
9	七月	58790	362652		
10	八月	90833	453485		
11	九月	70939	524424		
12	十月	69540	593964		
13	十一月	68967	662931		
14	十二月	78944	741875		

图 4-84　例 4-24 的执行结果

(6) 求非空个数函数 COUNTA

格式：＝COUNTA(参数 1,参数 2,…)。

功能：返回参数表中的所有非空数据的个数。

注意区分 COUNTA 和 COUNT,如 A1、A2、A3、A4 分别为 12、空、“ABC”、0,则函数 COUNT(A1:A4)的结果为 2,而 COUNTA(A1:A4)的结果为 3。

例 4-25　打开工作簿文件 408. xlsx,在 Sheet7 工作表中按要求进行操作：在 B6 单元格计算参加 C 语言考试的实到人数,在 B7 单元格计算总人数。

操作步骤如下：

① 在 B6 单元格中输入公式“＝COUNT(B3:B5)”,并按 Enter 键。

② 在 B7 单元格中输入公式“＝COUNTA(A3:A5)”,并按 Enter 键,结果如图 4-85 所示。

B7　=COUNTA(B3:B5)

	A	B	C	D
2	姓名	C语言		
3	高玉成	76		
4	陈天秀	缺考		
5	李自才	91		
6	参加C语言考试人数	2		
7	总人数	3		

图 4-85　例 4-25 的执行结果

(7) 排名次函数 RANK

格式：RANK(要排名的一个数字,一组数据即全部要排名的数字,排名方式)。

功能：返回某一个数字在一列数字中相对于其他数值大小的排名。

参数说明：第一个参数是一个数字,在单元格引用时一般是相对引用。第二个参数是一组数字,在单元格引用时一般是绝对引用。第三个参数如果取值为 0 或省略,则按降序排名,即越大的数排名越靠前,一般排名次用降序；如果不为零值,则按升序排名,即越小的数排名越靠前。

例 4-26　打开工作簿文件 409.xlsx，在“成绩表”工作表单元格区域 H2:H22 中，根据总分使用 RANK 函数统计出排名，分数越高的名次越靠前。

操作步骤：在单元格 H2 中输入函数公式：“＝RANK(G2，$G$2：$G$16)”或“＝RANK(G2，$G$2：$G$16,0)”，按 Enter 键，然后将公式复制到单元格区域 H3：H22。执行结果如图 4-86 所示。

H2　　fx =RANK(G2,$G$2:$G$16)

	A	B	C	D	E	F	G	H
1	运动员编号	姓名	性别	注泳200米得分	自由泳800米得	蝶泳400米	总分	排名
2	156423460	温婉宁	女	7.9	8.6	8.6	25.1	8
3	156423465	彭梓聪	男	7.6	7.9	8.5	24	15
4	156423457	黄晓露	男	8.9	8.1	8.5	25.5	6
5	156423454	蔡漫利	女	8.8	7.9	9.1	25.8	5
6	156423458	邝思华	女	9.1	7.5	8.6	25.2	7
7	156423468	王琪	女	8.1	7.5	8.6	24.2	14
8	156423467	沈奕彤	男	8.2	8.1	8.8	25.1	11
9	156423456	林琼华	男	8.6	8.6	7.9	25.1	8
10	156423462	番文堂	女	8.6	8.9	9.1	26.6	1
11	156423464	黄秀珠	女	7.5	9.4	7.9	24.8	12
12	156423466	李丽敏	男	7.9	8.5	8.1	24.5	13
13	156423463	黄泓	女	8.1	9.1	9.4	26.6	1
14	156423459	曾絮晖	男	9.4	7.6	8.1	25.1	8
15	156423461	李苑	男	8.5	8.6	8.9	26	4
16	156423455	卢妙	男	8.6	8.5	9.4	26.5	3
17								

图 4-86　例 4-26 的执行结果

4.8　图　表

在 Excel 中，用图表可以非常直观地反映工作表中数据之间的关系，如数据的大小、数据增减变化的关系，可以很方便地对比与分析数据，使读者易于理解、印象深刻，且更容易发现数据变化的趋势和规律，为使用和分析数据提供了便利。当工作表中数据发生变化时，图表中对应项的数据也自动变化。Excel 在这方面提供了强大的功能以满足用户制作图表的需要。

4.8.1　图表的类型及应用

Excel 的图表主要有柱形图、折线图、饼图、条形图、面积图、圆环图、气泡图、雷达图等 11 种类型。每种图表类型又分别包含不同的子类型，不同类型的图表显示不同的数据比较方式。本节主要介绍几种图表类型及相关的应用。

1. 柱形图

柱形图是最常用的图表类型之一，主要用来显示不同数据值之间的差距。在柱形图中，通常沿横坐标轴显示类别，沿纵坐标轴显示数值。它把每个数据系列显示为一个垂直柱体，高度与数值相对应，每个数据系列用不同的颜色显示。柱形图分为二维柱形图、三维柱形图、圆柱图、圆锥图、棱锥图5种类型，每类柱形图又可以分为簇状柱形图、堆积柱形图、百分比堆积柱形图等类型。常用的柱形图如图4-87所示(圆柱图)。

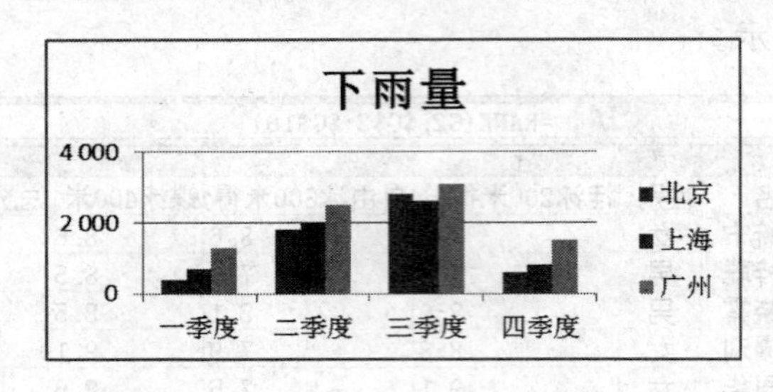

图 4-87 圆柱图

2. 折线图

折线图适用于显示相等时间间隔下数据的趋势，可以显示随时间而变化的连续数据。在折线图中，类别数据沿水平轴均匀分布，所有的数据沿垂直轴均匀分布。折线图分为折线图、带数据标记的折线图、三维折线图3种类型，每类折线图又可以分为折线图、堆积折线图和百分比堆积折线图。一般用来描述销售或开支的波动情况。常用的折线图如图4-88所示(带数据标记的折线图)。

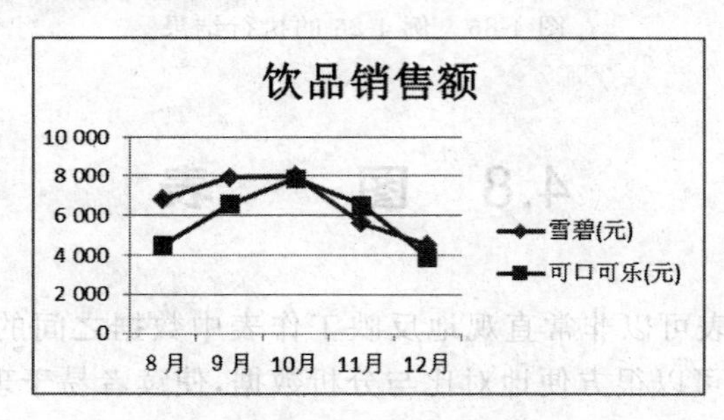

图 4-88 带数据标记的折线图

3. 饼图

饼图是一个圆面，其中划分成若干个扇形面，每个扇形面代表一项数据值。饼图用来排列工作表一列或一行中的数据，显示一个数据系列中各项的太小与各项所占的百分比。饼图分为二维饼图和三维饼图，每类又可以分为饼图、分离型饼图、复合饼图、复合条饼图。常用的饼图如图4-89所示(分离型三维饼图)。

4. 条形图

条形图类似于柱形图，实际上就是顺时针旋转90°的柱形图。主要强调各个数据项之间的差别情况。条形图分为二维条形图、三维条形图、圆柱图、圆锥图及棱锥图5种类

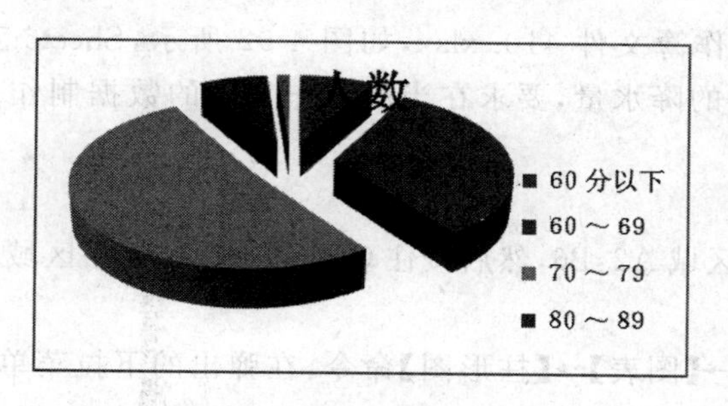

图 4-89　分离型三维饼图

型，每类又可以分为簇状条形图、堆积条形图、百分比堆积条形图。常用的条形图如图 4-90 所示(簇状条形图)。

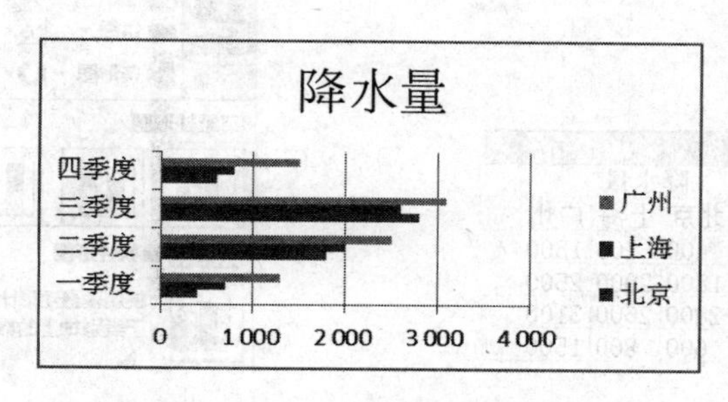

图 4-90　簇状条形图

5. 圆环图

圆环图的作用类似于饼图，用来显示各个部分与整体之间的关系。但它可以显示多个数据系列，并用每个圆环代表一个数据系列。圆环图分为圆环图和分离型圆环图。常用的圆环图如图 4-91 所示。

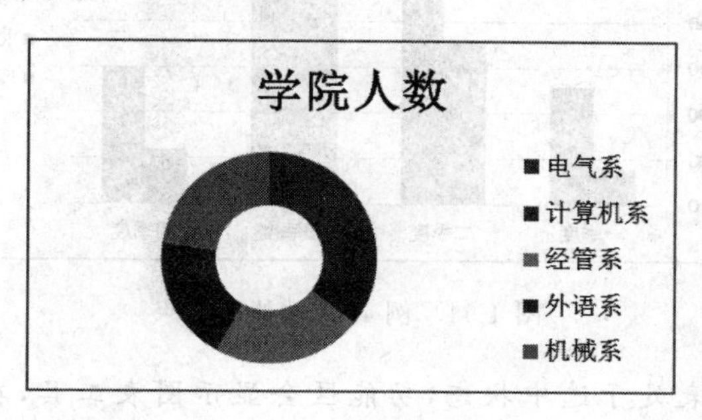

图 4-91　圆环图

4.8.2　使用图表向导创建图表

为方便操作，Excel 使用了图表向导来指引用户一步一步地实现图表制作。创建图表时首先要有数据来源。这些数据要求以行或列的方式存放在工作表的一个区域中。

例 4-27 打开工作簿文件 410.xlsx,如图 4-92 所示,Sheet6 工作表中的数据是北京、上海、广州每季度的降水量,要求在当前工作表中的数据制作为按季度分类的簇状柱形图。

操作步骤如下:

(1) 选择单元格区域 A2:B6,然后按住 Ctrl 键选择单元格区域 D2:D6,之后释放 Ctrl 键和鼠标按键。

(2) 选择【插入】→【图表】→【柱形图】命令,在弹出的下拉菜单中选择【二维柱形图】中的【簇状柱形图】选项(见图 4-93),即可在当前工作表插入图表,执行结果如图 4-94 所示。

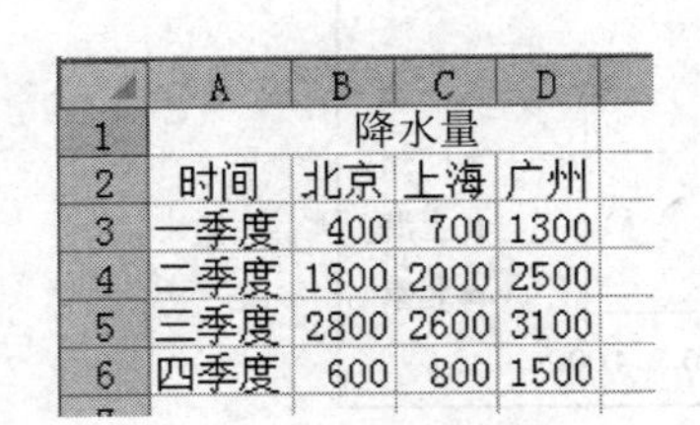

	A	B	C	D
1	降水量			
2	时间	北京	上海	广州
3	一季度	400	700	1300
4	二季度	1800	2000	2500
5	三季度	2800	2600	3100
6	四季度	600	800	1500

图 4-92 降水量数据

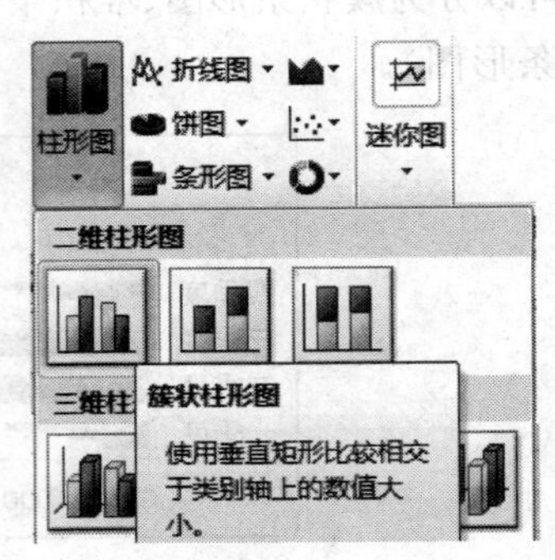

图 4-93 插入簇状柱形图

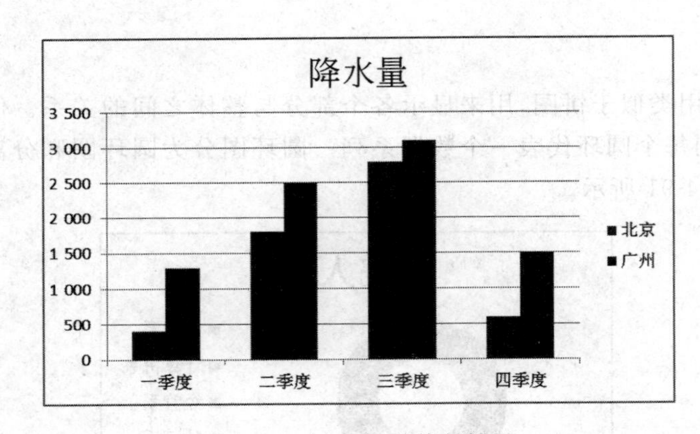

图 4-94 例 4-27 的执行结果

提示:此时图表处于选中状态,功能区会显示图表工具,在其下会增加【设计】、【布局】、【格式】选项卡,通过这 3 个选项卡中的选项对图表进行修改、编辑以达到满意的效果。

4.8.3 图表的组成

图表主要由图表区、绘图区、图表标题、坐标轴、数据系列、图例等组成。

1. 图表区

整个图表以及图表中的全部元素称为图表区。选择图表后，窗口的标题栏会显示图表工具，其下包括【设计】、【布局】、【格式】选项卡。

2. 绘图区

绘图区是图表区中的大部分，主要用于显示数据表中的数据。在二维图表中，绘图区是通过轴来界定的区域，包括所有的数据系列；在三维图表中，绘图区同样是通过轴来界定的，包括所有的数据系列、分类名、刻度线标志和坐标轴标题。

3. 图表标题

图表标题是说明性的文本，可自动与坐标轴对齐或在图表顶端居中。

4. 坐标轴

坐标轴位于图形区边缘的直线，用于为图表提供计量和比较的参照框架。对于大多数图表，主要有数值轴和分类轴。

5. 数据系列

数据系列是由一组数据生成的一个系列，可选择按行生成系列或按列生成系列。

如按行生成一个系列，每一行就是一个系列。如果根据图 4-92 相应数据创建如图 4-95 所示图表，则图 4-95 中共有一季度、二季度、三季度、四季度四个数据系列。如按列生成系列：每一列就是一个系列；如图 4-95 中共有北京、广州两个数据系列。可以为图表中的数据添加数据标签，表示组成系列的数据点的值。

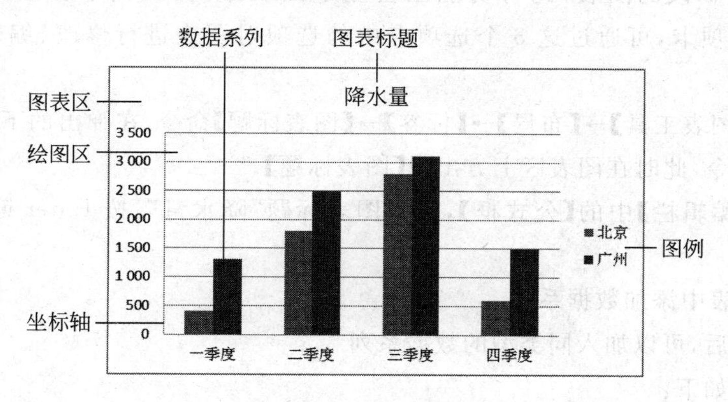

图 4-95 图表的组成

6. 图例

图例用方框表示。用于标识图表中的数据系列及其对应的图案和颜色，默认靠右显示。

4.8.4 修改图表

如果创建的图表不能达到理想的效果，在 Excel 中可以进行修改。要对图表进行修改，必须要先创建图表。

例 4-28 打开工作簿文件 410. xlsx，对图 4-96 所示的“条形图”工作表中的图表进行如下操作。

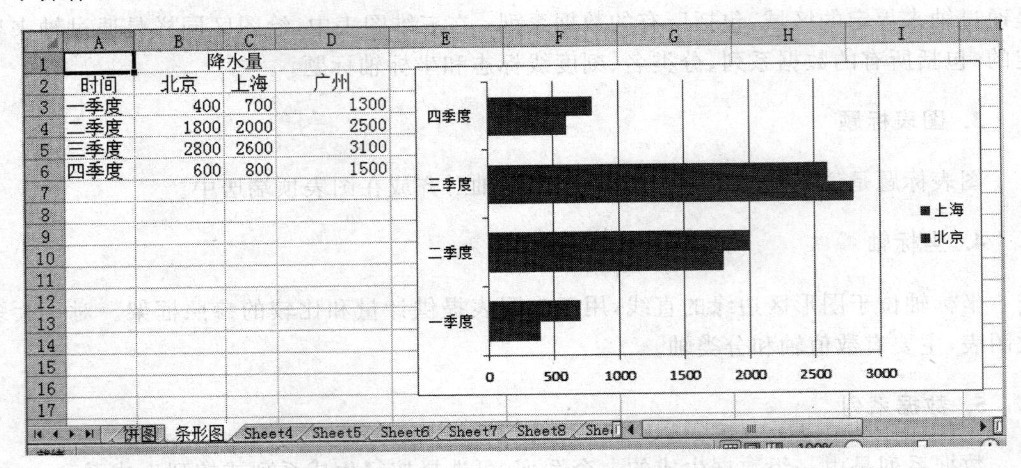

图 4-96 例 4-28 的原图表

(1) 添加图表标题

操作步骤如下：

① 选择要修改的图表，此时功能区会显示图表工具，在其下会增加【设计】、【布局】、【格式】选项卡，可通过这 3 个选项卡中的选项对图表进行修改、编辑以达到满意的效果。

② 选择【图表工具】→【布局】→【标签】→【图表标题】命令，在弹出的下拉菜单中选择【图表上方】命令，此时在图表区上方出现【图表标题】。

③ 单击【编辑栏】中的【公式框】，输入图表标题“降水量”，按 Enter 键确认，效果如图 4-97 所示。

(2) 在图表中添加数据系列

创建图表后，可以加入同类型的数据系列。

操作步骤如下：

① 选择图表。

② 选择【图表工具】→【设计】→【数据】→【选择数据】命令，弹出【选择数据源】对话框，如图 4-98 所示；或在图表上右击，在弹出的快捷菜单中选择【选择数据】选项。

③ 单击【图例项(系列)】列表中的【添加】按钮，弹出【编辑数据系列】对话框。

④ 在【编辑数据系列】对话框中单击【系列名称】文本框右侧的 按钮，选择 D2 单元

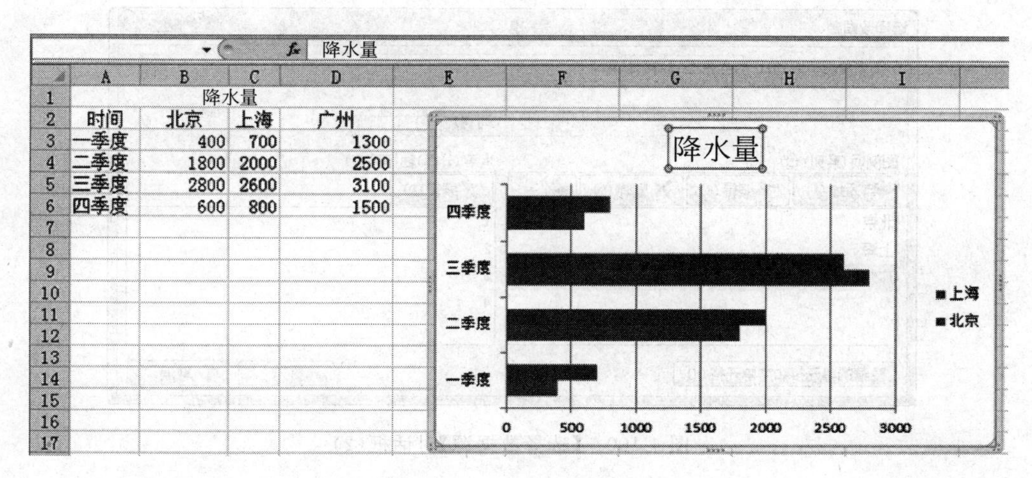

图 4-97 添加图表标题

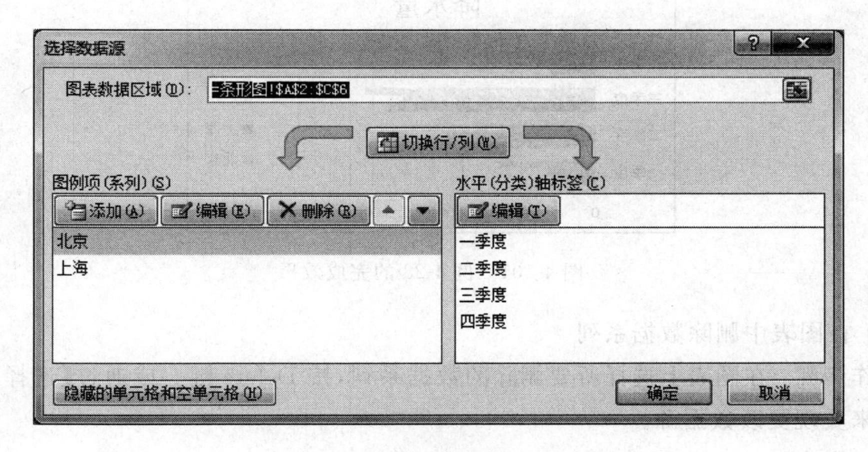

图 4-98 【选择数据源】对话框(1)

格,单击【系列值】文本框右侧的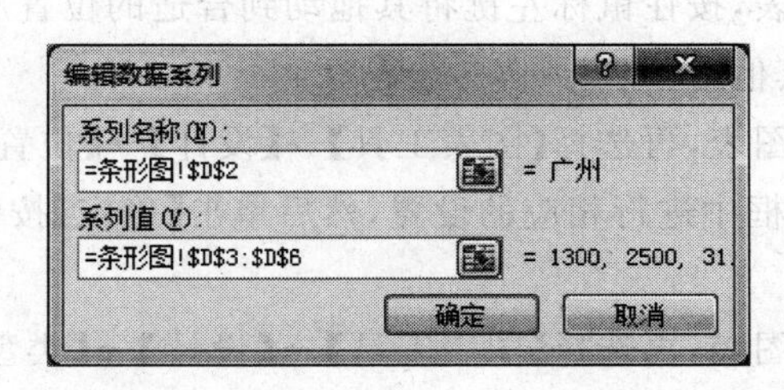按钮,选择 D3:D6 单元格,如图 4-99 所示。

图 4-99 【编辑数据系列】对话框

⑤ 单击【确定】按钮返回【选择数据源】对话框。“广州”数据系列已经添加到【图例项(系列)】中,如图 4-100 所示。

⑥ 单击【确定】按钮完成数据系列添加。最后效果如图 4-101 所示。

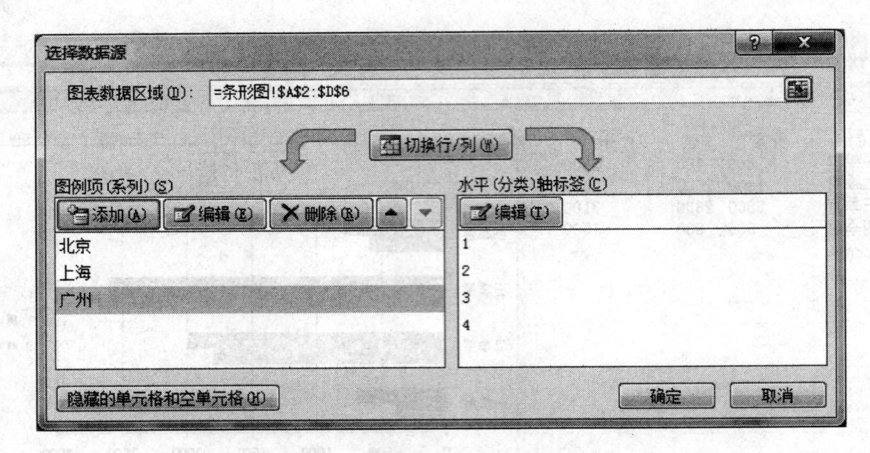

图 4-100 【选择数据源】对话框(2)

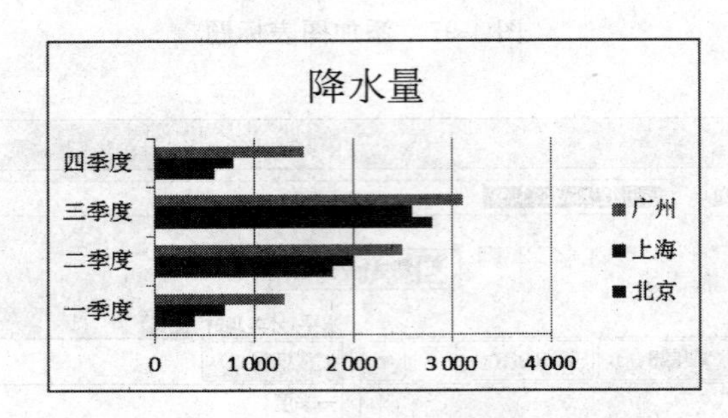

图 4-101 例 4-28 的完成效果

(3) 在图表中删除数据系列

操作步骤：在图表上选择所要删除的数据系列，按 Delete 键。或通过【选择数据源】对话框来实现更改数据源。

(4) 移动图表

① 在原工作表上移动图表。

操作步骤：选择图表，按住鼠标左键将其拖动到合适的位置后释放即可。

② 将图表移动到其他工作表中。

操作步骤：先选择图表，再选择【图表工具】→【设计】→【位置】→【移动图表】命令，在弹出的【移动图表】对话框中进行相应的设置，然后单击【确定】按钮即可。

(5) 更改图表类型

操作步骤：先选择图表，再选择【图表工具】→【设计】→【类型】→【更改图表类型】命令(或右击图表，在弹出的快捷菜单中选择【更改图表类型】命令)，在弹出的【更改图表类型】对话框中选择所需的图表类型和子图表类型，单击【确定】按钮即可。

(6) 调整图表大小

操作步骤：选择图表，将鼠标指针移到图表边框或四个角任一角，当指针变成双箭头时按住左键拖动即可调整图表的大小。

提示：如要精确地调整图表区的大小，可选择【图表工具】→【格式】→【大小】命令，在【高度】、【宽度】微调框中输入相应的数值和单位，按 Enter 键确认即可。

（7）更改图表布局

操作步骤：先选择图表，再选择【图表工具】→【设计】→【图表布局】命令中相应的按钮即可更改为相应的布局。

（8）删除图表

操作步骤：先选择图表，再执行【剪切】操作或按 Delete 键即可。

4.8.5　图表格式化

建立图表后，为了使图表更加美观，可以设置图表格式。Excel 提供了多种图表样式，直接套用即可美化图表。要设置图表的格式，必须先建立图表。

1. 套用图表样式

操作步骤：先选择图表，再选择【图表工具】→【设计】→【图表样式】中所需的样式即可更改图表的外观。

2. 套用图表艺术字样式美化文字

操作步骤：先选择图表，再选择【图表工具】→【格式】→【艺术字样式】选项组中 AAA 右下侧的 按钮，在弹出的下拉列表中选择所需要的样式。

提示：通过选择图表，选择【图表工具】→【格式】→【艺术字样式】选项组中右下侧的 按钮，在弹出的【设置文本效果格式】对话框中自定义设置所需的文字格式。

3. 格式化图表区

可通过设置【设置图表区格式】对话框来实现设置图表区填充颜色、图案和边框等格式。

方法一：先选择图表，再选择【图表工具】→【格式】→【大小】选项组中右下侧的 按钮，在弹出的【设置图表区格式】对话框中自定义设置所需的格式，单击【关闭】按钮确认。

方法二：右击图表区空白处，在弹出的快捷菜单中选择最后一项【设置图表区格式】命令，在弹出的【设置图表区格式】对话框中自定义设置所需的格式，单击【关闭】按钮确认。

4. 格式化绘图区

可通过设置【设置绘图区格式】对话框来实现设置绘图区填充颜色、图案和边框等格式。

操作步骤：右击绘图区空白处，在弹出的快捷菜单中选择【设置绘图区格式】命令，在弹出的【设置绘图区格式】对话框中自定义设置所需的格式，单击【关闭】按钮确认。

5. 格式化坐标轴

操作步骤：右击或双击图表中要修改的坐标轴上的任意一个刻度值，在弹出的快捷菜单中选择【设置坐标轴格式】命令，在弹出的【坐标轴格式】对话框中进行相应的设置，之后单击【关闭】按钮确认。

例 4-29 请打开 410. xlsx 工作簿文件，在图 4-102 所示的 Sheet9 工作表中按以下要求作图：建立带数据标记的折线图以显示各个区在各个月份的二手楼房成交均价，数据系列产生在行，分类轴标题为“月份”，数值轴标题为“均价”，数值轴刻度的最小值为 2 000，最大值为 6 000，主要刻度单位为 500，建立的图表放置在原工作表中。

	A	B	C	D	E	F
1	二手楼成交均价统计表					
2						
3	地点	七月	八月	九月	十月	
4	天河区	5020	5000	5160	5180	
5	东山区	4680	4620	4580	4600	
6	海珠区	3800	3650	3720	3620	
7	白云区	2580	2683	2845	2654	
8	番禺区	2055	2135	2060	2088	
9						

图 4-102 例 4-29 中的数据

操作步骤如下：

(1) 创建图表。先选择数据区域 A3:E8，再选择【插入】→【图表】→【折线图】命令，在弹出的下拉列表中选择【带数据标记的折线图】按钮 (见图 4-103)，建立图 4-104 所示的折线图。该折线图数据系列默认为列。

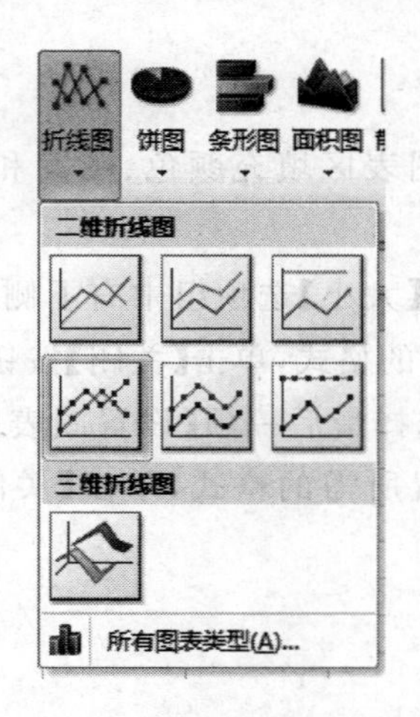

图 4-103 【折线图】下拉菜单

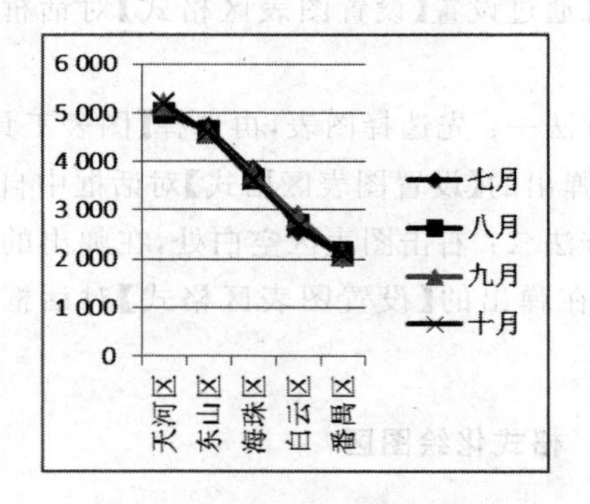

图 4-104 带数据标记的折线图

（2）修改图表数据系列产生的方式。先选择图表，再选择【图表工具】→【设计】→【数据】→【切换行/列】命令，即可将数据系列产生在列修改为数据系列产生在行。

（3）添加坐标轴标题。先选择图表，再选择【图表工具】→【布局】→【标题】→【坐标轴标题】命令，在弹出的下拉菜单中选择【主要横坐标轴标题】→【坐标轴下方标题】命令，在图表下方出现【坐标轴标题】，在此框中输入“月份”。按同样方法设置【主要纵坐标轴标题】为“均价”，效果如图 4-105 所示。

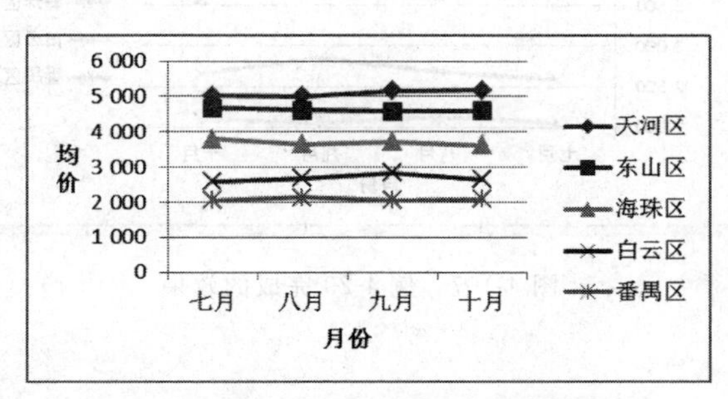

图 4-105　添加坐标轴标题及设置数据系列

（4）设置坐标轴格式。双击图表中的数值轴任意一个刻度值（或右击图表中的数值轴中任意一个刻度值，在弹出的快捷菜单中选择【设置坐标轴格式】命令），弹出【设置坐标轴格式】对话框；在此对话框左侧列表中选择【坐标轴选项】，在【最小值】后选中【固定】单选按钮，在其后的文本框中输入“2 000”。按同样的方法在【最大值】文本框中输入“6 000”，在【主要刻度单位】文本框中输入“500”即可，如图 4-106 所示。

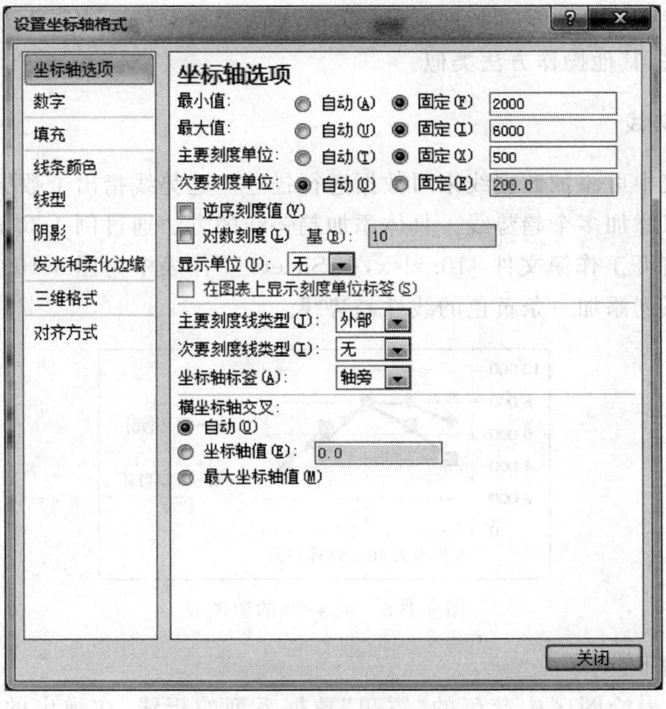

图 4-106　设置坐标轴格式

(5) 单击【关闭】按钮完成操作。完成的效果如图 4-107 所示。

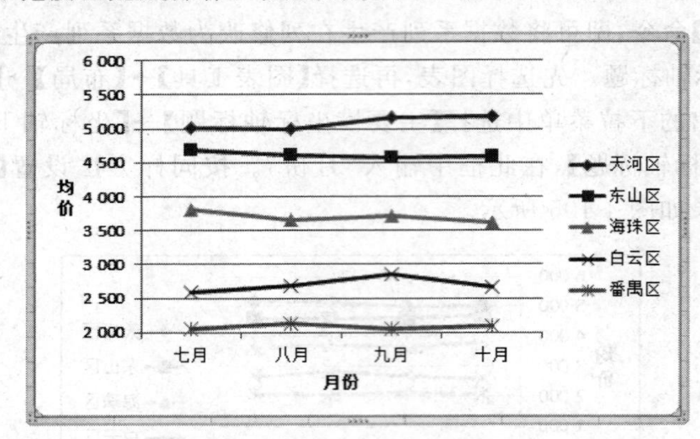

图 4-107　例 4-29 完成的效果

6. 格式化图例

创建图表后,图例以默认的颜色来显示数据系列,也可以按需要来设置图例格式。操作方法是在图表区的图例上右击,在弹出的快捷菜单中选择【设置图例格式】命令,在弹出的【设置图例格式】对话框中进行所需设置后单击【关闭】按钮即可。

4.8.6　图表分析

可为图表添加趋势线、折线、涨/跌柱线、误差线等来分析图表。本节只讲述趋势线的添加和删除方法,其他操作方法类似。

1. 添加趋势线

制作的图表中可添加数据线来对数据进行描述。趋势线指出了数据的发展趋势。单个数据系列可以添加多个趋势线。具体添加趋势线的方法通过例 4-30 进行说明。

例 4-30　打开工作簿文件 410. xlsx,在 Sheet4 工作表中为图 4-108 所示的折线图中的"雪碧"数据系列添加一条黄色的线性趋势线。

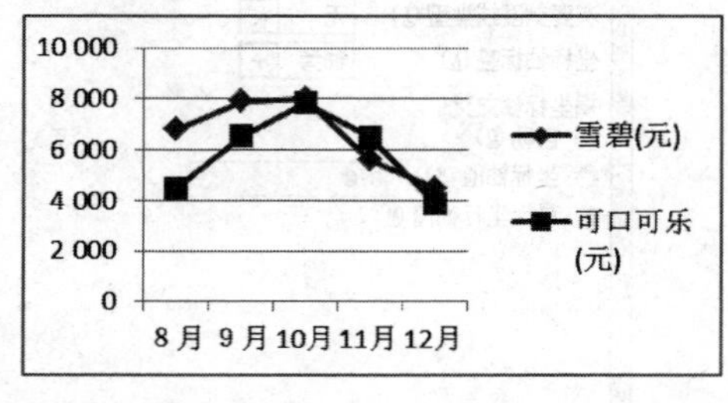

图 4-108　例 4-30 的原图表

操作步骤如下:

(1) 右击图表绘图区中蓝色的"雪碧"数据系列的折线,在弹出的快捷菜单中选择

【添加趋势线】命令，即可添加一条黑色的线性趋势线（见图 4-109），同时弹出【设置趋势线格式】对话框。

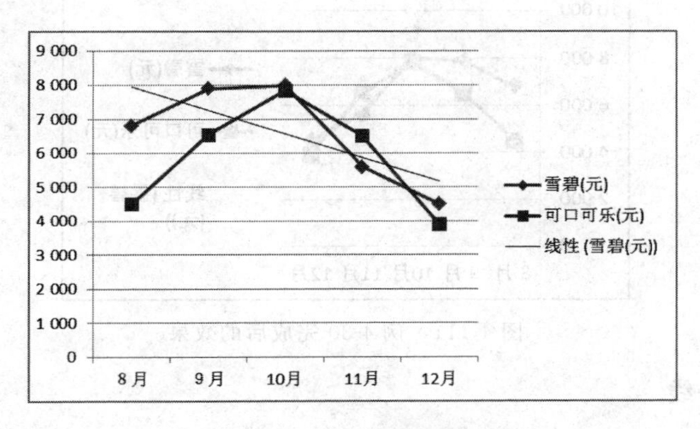

图 4-109　添加线性趋势线

提示：选择【图表工具】→【布局】→【分析】→【趋势线】命令，在弹出的快捷菜单中选择【线性趋势线】命令即为所选的数据系列添加一条黑色的线性趋势线。

（2）在【设置趋势线格式】对话框中选择左侧下拉列表中的【线条颜色】选项，然后选择【实线】类型，再单击【颜色】右侧的 按钮，设置为黄色（见图 4-110）。在此对话框中还可定义趋势线的名称、线型、阴影、发光和柔化边缘等。

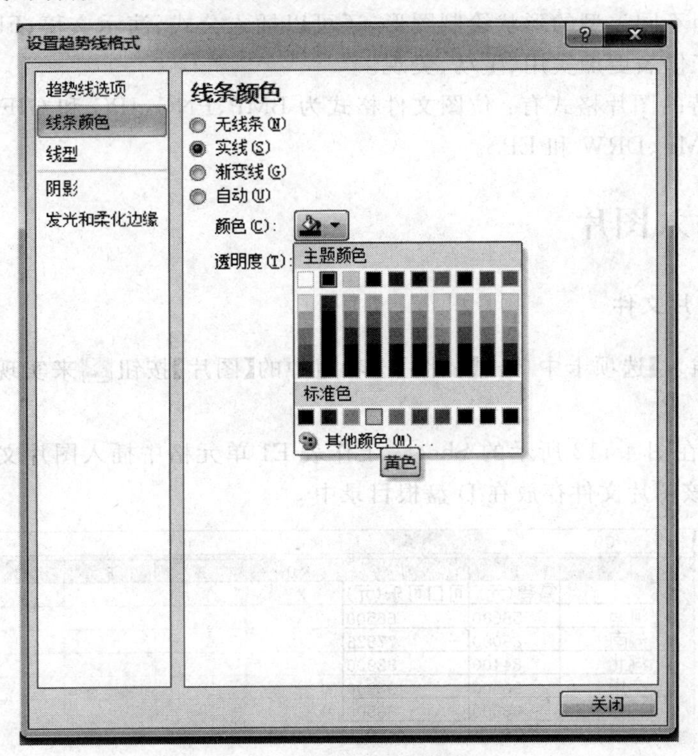

图 4-110　设置趋势线格式

(3) 单击【关闭】按钮，完成后的效果如图 4-111 所示。

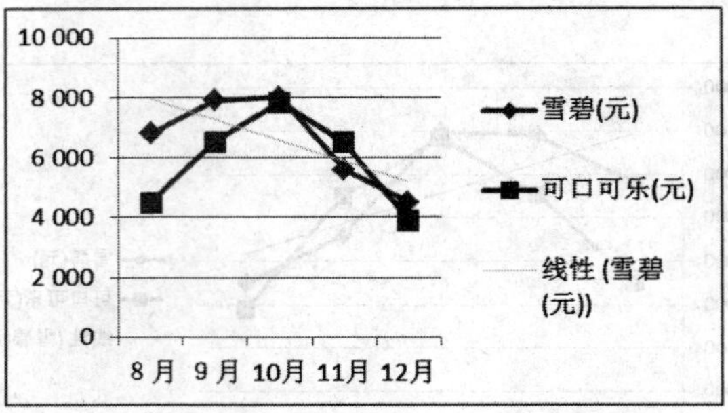

图 4-111　例 4-30 完成后的效果

2. 删除趋势线

右击图表中要删除的趋势线，在弹出的快捷菜单中选择【删除】命令即可。添加或删除折线、涨/跌柱线、误差线等方法跟添加或删除趋势线方法相同。

4.9　图　形

Excel 具有强大的绘图功能，可以在工作表中插入艺术字、图片、剪贴画、SmartArt 图形，也可以使用不同类型的形状绘制图形，还可以插入公式、演示文稿、Flash 文档等外部对象，从而使工作表更加实用、生动、美观。

Excel 支持的图片格式有：位图文件格式为 BMP、PNG、JPG 和 GIF；矢量图文件格式为 CGM、WMF、DRW 和 EPS。

4.9.1　插入图片

1. 插入图片文件

通过在【插入】选项卡中单击【插图】选项组中的【图片】按钮来实现，具体操作步骤见例 4-31。

例 4-31　在图 4-112 所示的 Sheet1 工作表 E1 单元格中插入图片文件“迪拜的钻戒旅馆.jpg”，将该图片文件存放在 D 盘根目录中。

G9

	A	B	C	D	E	F	G
1		雪碧(元)	可口可乐(元)				
2	河南	56600	66500				
3	湖南	89000	77836				
4	湖北	84400	83900				
5	广州	96500	93900				
6	江西	68600	68500				
7	贵州	78904	56532				

图 4-112　例 4-31 的原数据

操作步骤如下：

(1) 选择 E1 单元格。

(2) 选择【插入】→【插图】→【图片】命令，弹出【插入图片】对话框。

(3) 在【插入图片】对话框中选择图片文件“迪拜的钻戒旅馆.jpg”。

(4) 单击【插入】按钮即可，执行效果如图 4-113 所示。

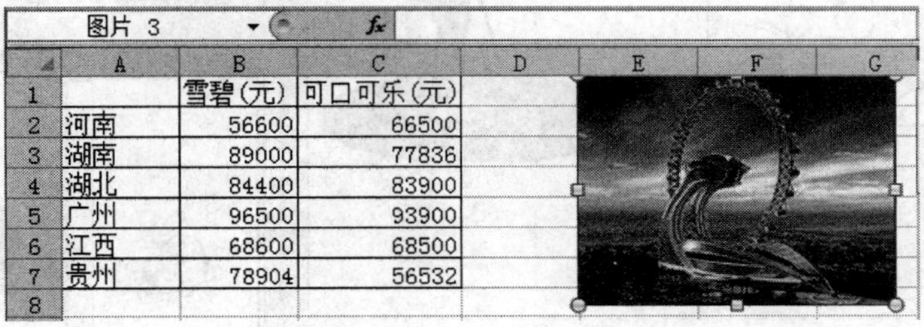

图片 3

	A	B	C	D	E	F	G
1		雪碧(元)	可口可乐(元)				
2	河南	56600	66500				
3	湖南	89000	77836				
4	湖北	84400	83900				
5	广州	96500	93900				
6	江西	68600	68500				
7	贵州	78904	56532				
8							

图 4-113　例 4-31 的执行效果

2. 插入剪贴画

可通过在【插入】选项卡中单击【插图】选项组中的【剪贴画】按钮来插入剪贴画。

例 4-32　打开工作簿文件 411.xlsx，在如图 4-114 所示的 Sheet2 工作表 A1 开始的单元格插入一张剪贴画。

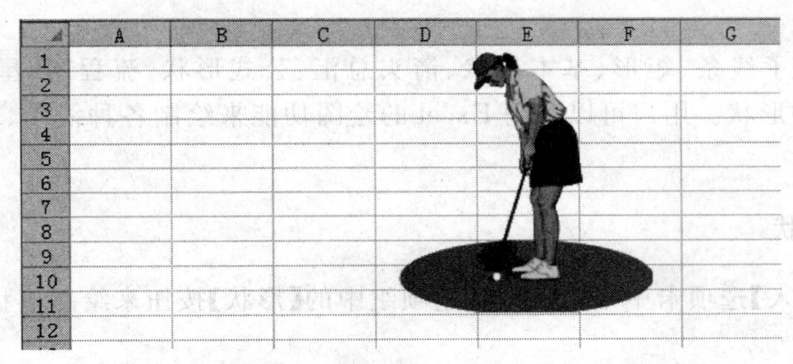

图 4-114　例 4-32 的原工作表

操作步骤如下：

(1) 选择 A1 单元格。

(2) 选择【插入】→【插图】→【剪贴画】命令，在工作表右侧弹出【剪贴画】对话框。在此对话框中进行图 4-115 所示的设置。

(3) 单击【搜索】按钮，在【剪贴画】中出现显示剪贴画下拉列表，在该下拉列表中单击所需的剪贴画即可将其插入当前工作表中的相应位置上。本例单击“小白兔”，效果如图 4-116 所示。

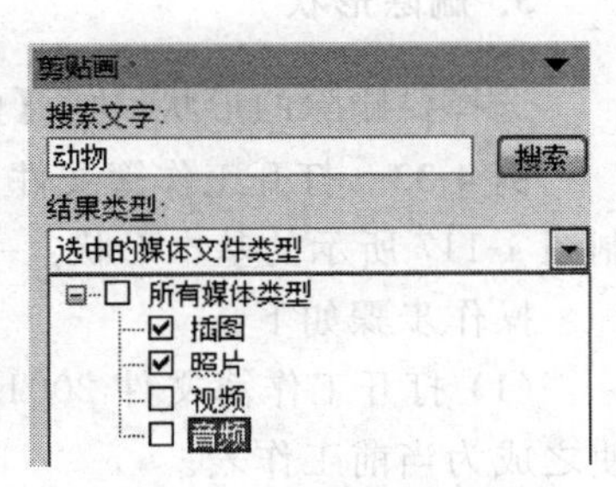

图 4-115 设置剪贴画

提示：插入图片后，此时图片处于选中状态，功能区会出现【图片工具→格式】选项卡，在此选项卡中可以编辑图片，包括调整图片、设置图片样式、排列图片(组合、旋转等)、改变图片大小等。

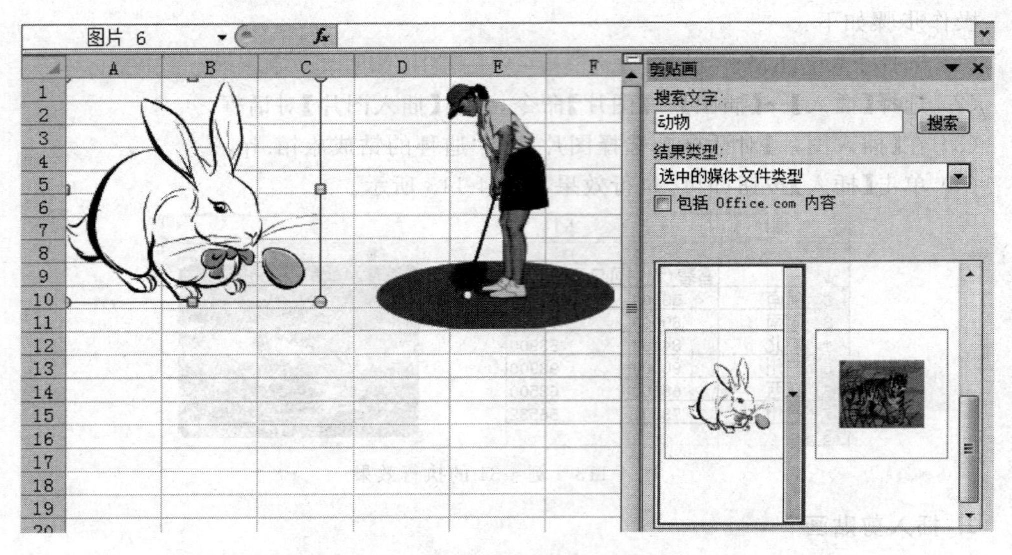

图 4-116　例 4-32 的执行效果

4.9.2　使用形状绘制图形

Excel 提供了线条、矩形、基本形状、箭头总汇、公式形状、流程图、星与旗帜和标注 8 大类近 170 种形状。用户可以利用 Excel 的绘图功能来绘制各种线条、流程图、标注等形状。

1. 绘制形状

通过在【插入】选项卡中单击【插图】选项组中的【形状】按钮来绘制形状。具体操作步骤见例 4-33。

2. 修改形状

选择要修改的形状,在功能区会显出【图片工具】,在其下增加【格式】选项卡,单击该选项卡下的按钮来设置相应的格式。具体操作步骤见例 4-33。

3. 删除形状

选择要删除的形状,执行【剪切】操作或按 Delete 键。

例 4-33　打开工作簿文件 411.xls,在工作表 Sheet1 中绘制图 4-117 所示的基本形状:一个同心圆,一个心形。

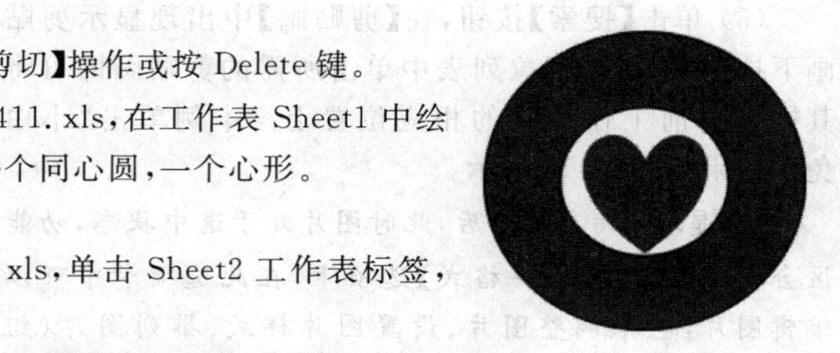

图 4-117　要绘制的形状

操作步骤如下:

(1) 打开工作簿文件 2001.xls,单击 Sheet2 工作表标签,使之成为当前工作表。

(2) 绘制形状。选择【插入】→【插图】→【形状】命令,在弹出的下拉列表中选择【基本形状】→【同心圆】命令，此时鼠标指针为“＋”形状。在相应的位置按住鼠标左键画出合适大小的形状即可。用同样的方法画一个心形。

(3) 修改形状。右击已绘制的心形形状，在弹出的快捷菜单中选择【设置形状格式】命令。在弹出的【设置形状格式】对话框中将【填充】设置为【纯色填充】，【填充颜色】设置为红色，在【线条颜色】中选【实线】，【颜色】设置为红色。

4.9.3 插入SmartArt图形

SmartArt图形是信息和观点的视觉表示形式，主要有列表、流程、循环、层次、关系、棱锥图、图片7种类型。用户可以根据需要传达的信息内容、信息传递方式、显示方式的不同，通过从多种不同类型和布局中进行选择来创建SmartArt图形，从而快速、轻松、清晰、有效地传达信息。

1. 插入SmartArt图形

通过在【插入】选项卡中单击【插图】选项组中的【SmartArt图形】按钮来创建所需的SmartArt图形。

2. 修改SmartArt图形

选择要修改的SmartArt图形，在功能区会显出【图片工具】，在其下增加【格式】选项卡，单击该选项卡下按钮来设置相应的格式。

3. 删除SmartArt图形

选择要删除的SmartArt图形，执行【剪切】操作或按Delete键。

例4-34 打开工作簿文件411. xls，在工作表Sheet3中绘制图4-118所示的SmartArt图形。采用公式布局的流程图，设置颜色为【彩色范围－强调文字颜色5至6】，SmartArt样式为“优雅”。

图4-118 例4-34要绘制的SmartArt图形

操作步骤如下：

(1) 打开工作簿文件2002. xls，单击Sheet1工作表标签，使之成为当前工作表。

(2) 插入SmartArt图形。选择【插入】→【插图】→【SmartArt图形】命令，在弹出的【选择SmartArt图形】对话框左侧选择【流程】，在右侧的列表中选择【公式】选项(见图4-119)，单击【确定】按钮即可在当前工作表中创建SmartArt图形，如图4-120所示。

提示： 插入SmartArt图形后，此时SmartArt图形第1个形状处于选中状态，功能区会出现【SmartArt 工具】,其下增加的【设计】、【格式】选项卡;在这两个选项卡中可以进一步设计和修改 SmartArt 图形,包括更改布局、修改 SmartArt 样式、修改文本格式和添加形状等。

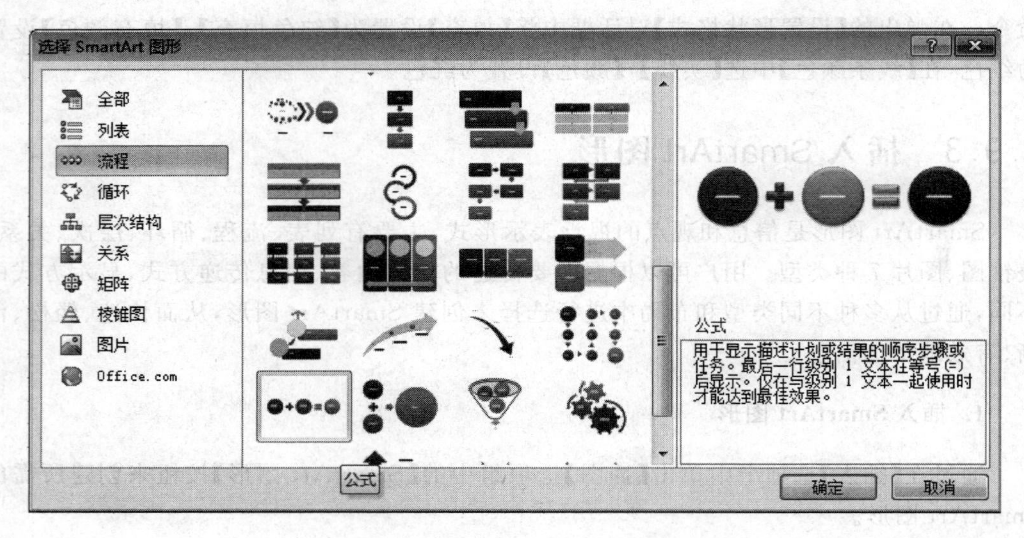

图 4-119 选择 SmartArt 图形

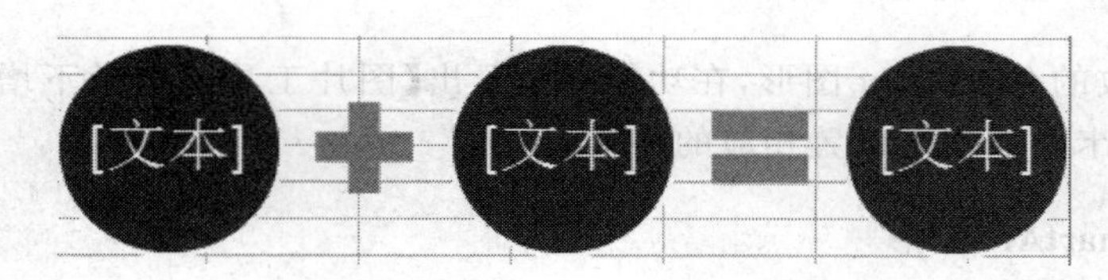

图 4-120 插入 SmartArt 图形

(3) 添加文本。单击 SmartArt 图形中相应的形状输入文本。

(4) 更改颜色。选择【设计】→【SmartArt 样式】→【更改颜色】命令,在弹出的下拉列表中选择【彩色】中的【彩色范围一强调文字颜色 5 至 6】选项。

(5) 更改 SmartArt 样式。选择【设计】→【SmartArt 样式】→【其他】命令,在弹出的下拉列表中选择【三维】→【优雅】样式即可。

4.9.4 屏幕截图

选择【插入】→【插图】→【屏幕截图】命令,在弹出的下拉列表中显示已打开的窗口的截图,单击即可将其插入当前工作表中,如图 4-121 所示。

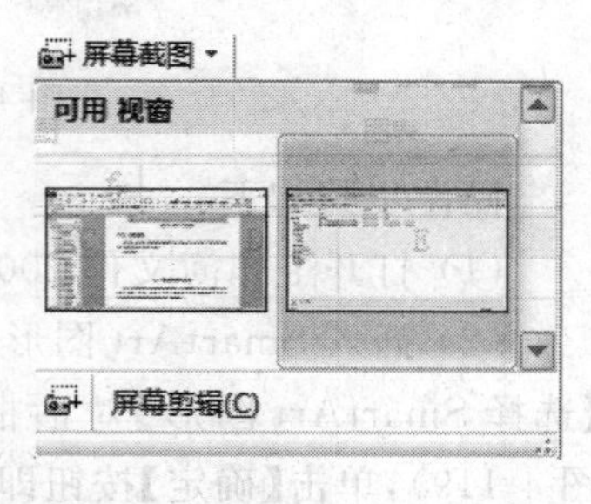

图 4-121 屏幕截图下拉菜单

如果只需截取一定范围大小,则选择图 4-121 所示下拉列表中的【屏幕剪辑】命令,在当前屏幕上会出现“＋”形光标,此时可按住鼠标左键来选择截取范围,释放鼠标按键即可将选取的范围插入当前工作表。

4.10　数据管理与统计

Excel 数据库是按行和列组织起来的信息的集合，称为数据清单。其中，除了列标题之外，每行都表示一组数据，称为记录。每列称为一个字段，列标题名称称为字段名。数据清单建立后，就可以用 Excel 提供的工具对数据清单中的记录进行排序、筛选等操作了。

4.10.1　数据排序

排序是将数据的值按从小到大(或从大到小)的顺序进行排列。排序时，最多可以同时使用 3 个关键字。

1. 单列排序

单列排序就是根据某一列数据进行排序。选择【数据】→【排序和筛选】→【升序】或【降序】命令，可以快速地对单列数据按升序或降序进行排列，也可通过快捷菜单来实现排序。

例 4-35　打开工作簿文件 412. xlsx，对图 4-122 所示的“单列排序”工作表中数据按照单价进行升序排序。

方法一：用选项卡进行排序。

(1) 选择序列中的任一单元格。本例选择“排名”列中的 D3 单元格(见图 4-122)。

	A	B	C	D	E	F	G	H	I
1	飞宏集团产品月销售情况								
2	编号	产品名称	营销员	单价(￥)	数量	完成额(￥)	计划额(￥)	完成率(%)	销售日期
3	CP0001	产品A	高峰	¥3,500	9	¥31,500.00	¥35,000.00	90.00%	2006.4.2
4	CP0002	产品D	李晓敏	¥5,000	8	¥40,000.00	¥40,000.00	100.00%	2006.4.3
5	CP0003	产品B	张桐	¥4,200	10	¥42,000.00	¥45,000.00	93.33%	2006.4.5
6	CP0004	产品G	吴渺渺	¥1,800	15	¥27,000.00	¥30,000.00	90.00%	2006.4.7
7	CP0005	产品B	刘海峰	¥2,600	6	¥15,600.00	¥32,000.00	48.75%	2006.4.8
8	CP0006	产品A	王慧	¥3,400	12	¥40,800.00	¥42,000.00	97.14%	2006.4.8
9	CP0007	产品C	徐伟	¥2,900	11	¥31,900.00	¥32,000.00	99.69%	2006.4.11
10	CP0008	产品F	蔡小小	¥3,800	9	¥34,200.00	¥30,000.00	114.00%	2006.4.12
11	CP0009	产品F	乔丹	¥4,100	13	¥53,300.00	¥48,000.00	111.04%	2006.4.15
12	CP0010	产品E	赵美菱	¥5,000	8	¥40,000.00	¥42,000.00	95.24%	2006.4.15
13	CP0011	产品G	周末	¥3,700	9	¥33,300.00	¥30,000.00	111.00%	2006.4.16
14	CP0012	产品C	程方方	¥4,300	7	¥30,100.00	¥32,000.00	94.06%	2006.4.16
15	CP0013	产品B	王宏伟	¥4,600	15	¥69,000.00	¥50,000.00	138.00%	2006.4.18
16	CP0014	产品G	李志	¥3,800	10	¥38,000.00	¥40,000.00	95.00%	2006.4.20
17	CP0015	产品A	谢圆圆	¥4,200	8	¥33,600.00	¥35,000.00	96.00%	2006.4.21

图 4-122　例 4-35 的原数据

(2) 选择【数据】→【排序和筛选】→【升序】命令即可，执行结果如图 4-123 所示。

方法二：右击排序列中的任一单元格(本例右击“单价”列中的单元格 D3)，在弹出的

	A	B	C	D	E	F	G	H	I
1	飞宏集团产品月销售情况								
2	编号	产品名称	营销员	单价(￥)	数量	完成额（￥）	计划额（￥）	完成率（%）	销售日期
3	CP0004	产品G	吴渺渺	¥1,800	15	¥27,000.00	¥30,000.00	90.00%	2006.4.7
4	CP0005	产品B	刘海峰	¥2,600	6	¥15,600.00	¥32,000.00	48.75%	2006.4.8
5	CP0007	产品C	徐伟	¥2,900	11	¥31,900.00	¥32,000.00	99.69%	2006.4.11
6	CP0006	产品A	王慧	¥3,400	12	¥40,800.00	¥42,000.00	97.14%	2006.4.8
7	CP0001	产品A	高峰	¥3,500	9	¥31,500.00	¥35,000.00	90.00%	2006.4.2
8	CP0011	产品G	周末	¥3,700	9	¥33,300.00	¥30,000.00	111.00%	2006.4.16
9	CP0008	产品F	蔡小小	¥3,800	9	¥34,200.00	¥30,000.00	114.00%	2006.4.12
10	CP0014	产品G	李志	¥3,800	10	¥38,000.00	¥40,000.00	95.00%	2006.4.20
11	CP0009	产品F	乔丹	¥4,100	13	¥53,300.00	¥48,000.00	111.04%	2006.4.15
12	CP0003	产品B	张桐	¥4,200	10	¥42,000.00	¥45,000.00	93.33%	2006.4.5
13	CP0015	产品A	谢圆圆	¥4,200	8	¥33,600.00	¥35,000.00	96.00%	2006.4.21
14	CP0012	产品C	程方方	¥4,300	7	¥30,100.00	¥32,000.00	94.06%	2006.4.16
15	CP0013	产品B	王宏伟	¥4,600	15	¥69,000.00	¥50,000.00	138.00%	2006.4.18
16	CP0002	产品D	李晓敏	¥5,000	8	¥40,000.00	¥40,000.00	100.00%	2006.4.3
17	CP0010	产品E	赵美菱	¥5,000	8	¥40,000.00	¥42,000.00	95.24%	2006.4.15

图 4-123 例 4-35 的执行结果

快捷菜单中选择【排序】→【升序】命令即可。

2. 多列排序

多列排序就是根据两列或两列以上的数据进行排序。

例 4-36 打开工作簿文件 412.xlsx,对图 4-122 所示的“多列排序”工作表中的数据清单进行排序操作。主要关键字为产品名称、降序,次要关键字为单价、升序。

操作步骤如下:

(1) 选择数据清单中的任一单元格。本例选择 A3 单元格或选择数据区域“A2:I17”。

(2) 选择【数据】→【排序和筛选】→【排序】命令,弹出【排序】对话框。

(3) 在【排序】对话框中的【主要关键字】下拉列表中选择【产品名称】,在【次序】下拉列表中选择【降序】,单击【添加条件】按钮添加【次要关键字】,并将【次要关键字】设置为【单价】,【次序】为默认值【升序】,如图 4-124 所示。

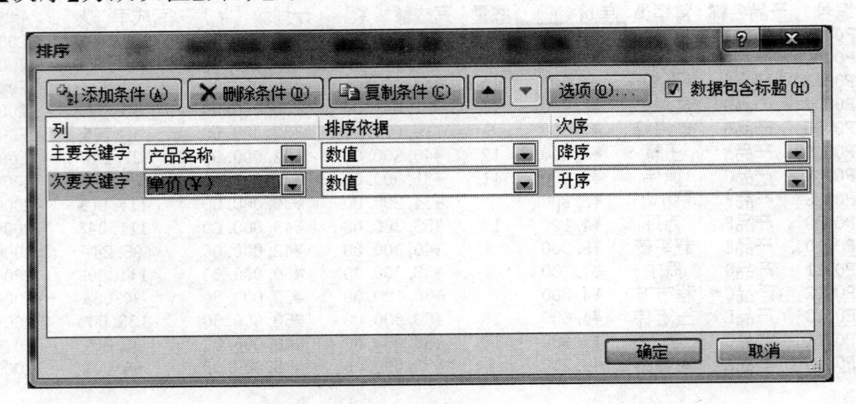

图 4-124 【排序】对话框(1)

(4) 单击【确定】按钮即可,排序效果如图 4-125 所示。

	A	B	C	D	E	F	G	H	I
1	飞宏集团产品月销售情况								
2	编号	产品名称	营销员	单价(￥)	数量	完成额(￥)	计划额(￥)	完成率(%)	销售日期
3	CP0004	产品G	吴渺渺	¥1,800	15	¥27,000.00	¥30,000.00	90.00%	2006.4.7
4	CP0011	产品G	周末	¥3,700	9	¥33,300.00	¥30,000.00	111.00%	2006.4.16
5	CP0014	产品G	李志	¥3,800	10	¥38,000.00	¥40,000.00	95.00%	2006.4.20
6	CP0008	产品F	蔡小小	¥3,800	9	¥34,200.00	¥30,000.00	114.00%	2006.4.12
7	CP0009	产品F	乔丹	¥4,100	13	¥53,300.00	¥48,000.00	111.04%	2006.4.15
8	CP0010	产品E	赵美菱	¥5,000	8	¥40,000.00	¥42,000.00	95.24%	2006.4.15
9	CP0002	产品D	李晓敏	¥5,000	8	¥40,000.00	¥40,000.00	100.00%	2006.4.3
10	CP0007	产品C	徐伟	¥2,900	11	¥31,900.00	¥32,000.00	99.69%	2006.4.11
11	CP0012	产品C	程方方	¥4,300	7	¥30,100.00	¥32,000.00	94.06%	2006.4.16
12	CP0005	产品B	刘海峰	¥2,600	6	¥15,600.00	¥32,000.00	48.75%	2006.4.8
13	CP0003	产品B	张桐	¥4,200	10	¥42,000.00	¥45,000.00	93.33%	2006.4.5
14	CP0013	产品B	王宏伟	¥4,600	15	¥69,000.00	¥50,000.00	138.00%	2006.4.18
15	CP0006	产品A	王慧	¥3,400	12	¥40,800.00	¥42,000.00	97.14%	2006.4.8
16	CP0001	产品A	高峰	¥3,500	9	¥31,500.00	¥35,000.00	90.00%	2006.4.2
17	CP0015	产品A	谢圆圆	¥4,200	8	¥33,600.00	¥35,000.00	96.00%	2006.4.21

图 4-125　例 4-36 的执行结果

3. 自定义排序

例 4-37　打开工作簿文件 412.xlsx，对图 4-126 所示的“自定义排序”工作表数据清单进行排序，要求按职称高工、工程师、助工、技术员的顺序排列。

	A	B	C	D	E
1	工资表				
2	工号	姓名	职称	工资	
3	10001	郑海涛	工程师	850	
4	10003	罗青霞	助工	720	
5	10004	罗薇	工程师	870	
6	10008	黄小磊	高工	1030	
7	10009	何小明	助工	680	
8	10010	郑玉莲	工程师	900	
9	10087	陈洪	技术员	600	
10	10099	李少波	高工	980	
11					

图 4-126　例 4-37 的原数据

分析：本题由于要求按高工、工程师、助工、技术员的顺序排列，运用前面所讲的方法达不到想要的效果，所以需要按自定义序列进行排序。

操作步骤如下：

(1) 选择数据清单中的任一单元格。本例选择 A3 单元格或选择数据区域 A2:D10。

(2) 选择【数据】→【排序和筛选】→【排序】命令，在弹出的【排序】对话框的【主要关键字】下拉列表中选择【职称】，在【次序】下拉列表中选择【自定义序列】，弹出【自定义序列】对话框。

(3) 在【自定义序列】下拉列表中选择所需的序列。若选择【新序列】，在【输入序列】列表中输入新序列，本例输入高工、工程师、助工、技术员序列；单击【添加】按钮即可将输入的新序列添加到【自定义序列】下拉列表中(见图 4-127)。

(4) 单击【自定义序列】对话框中的【确定】按钮返回【排序】对话框，如图 4-128 所示。

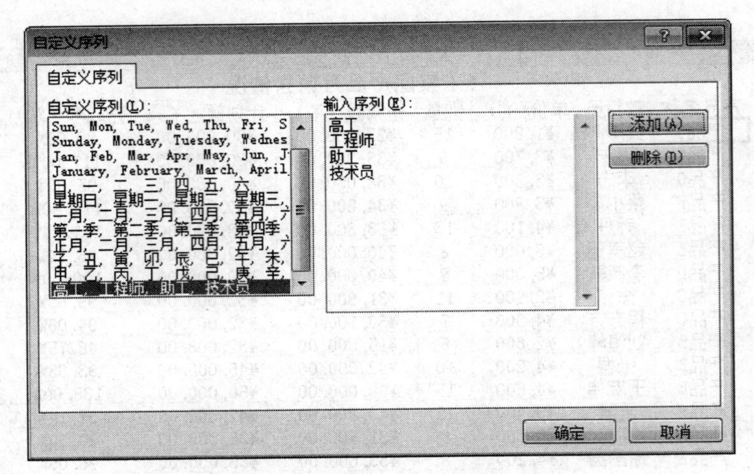

图 4-127　输入并添加新序列

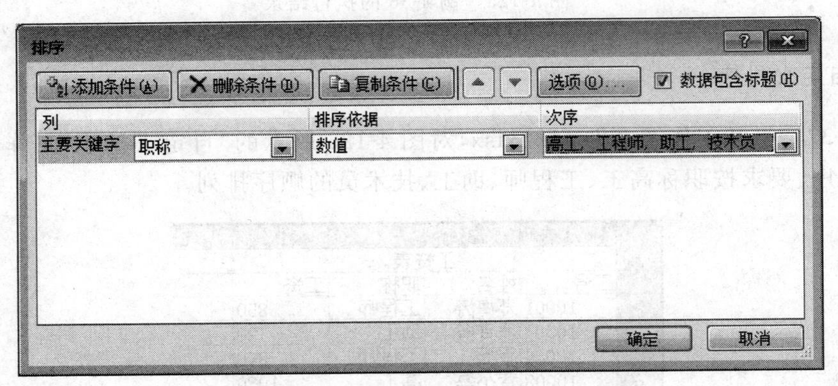

图 4-128　【排序】对话框(2)

(5) 单击【确定】按钮即可实现按自定义序列排序，执行结果如图 4-129 所示。

	A	B	C	D	E
1			工资表		
2	工号	姓名	职称	工资	
3	10008	黄小磊	高工	1030	
4	10099	李少波	高工	980	
5	10001	郑海涛	工程师	850	
6	10004	罗薇	工程师	870	
7	10010	郑玉莲	工程师	900	
8	10003	罗青霞	助工	720	
9	10009	何小明	助工	680	
10	10087	陈洪	技术员	600	
11					

图 4-129　例 4-37 的执行结果

4.10.2　数据筛选

数据筛选是在数据库中找出符合条件的数据。Excel 的数据筛选主要有自动筛选、高级筛选。自动筛选采用简单条件来快速筛选记录，将不符合条件的记录暂时隐藏起来，而将满足条件的记录显示在工作表中。高级筛选采用复合条件来筛选记录，并允许把满足条件的记录复制到另外的区域，以生成一个新的数据清单。

1. 自动筛选

自动筛选通过【数据】选项卡【排序和筛选】选组中的【筛选】按钮来实现。

例 4-38　打开工作簿文件 413. xlsx，对图 4-130 所示的“自动筛选”工作表采用自动筛选的方法，筛选出职称为工程师且工资介于 800 至 899(含 800 和 899)之间的信息。

操作步骤如下：

(1) 选择 A2 单元格或选择数据区域 A2:D11(见图 4-130)。

(2) 选择【数据】→【排序和筛选】→【筛选】命令，进入【自动筛选】状态，此时标题行中每列的列标题右侧出现一个下拉箭头。

(3) 单击【职称】右边的下拉箭头，在弹出的下拉菜单中取消选中【全选】复选框，选中【工程师】复选框(见图 4-131)。

	A	B	C	D
1	工资表			
2	工号	姓名	职称	工资
3	10001	郑海涛	工程师	850
4	10003	罗青霞	助工	720
5	10004	罗薇	工程师	870
6	10008	黄小磊	高工	1030
7	10009	何小明	助工	680
8	10010	郑玉莲	工程师	900
9	10087	陈洪	技术员	600
10	10099	李少波	高工	980
11	10099	李红	工程师	1300

图 4-130　例 4-38 的原数据

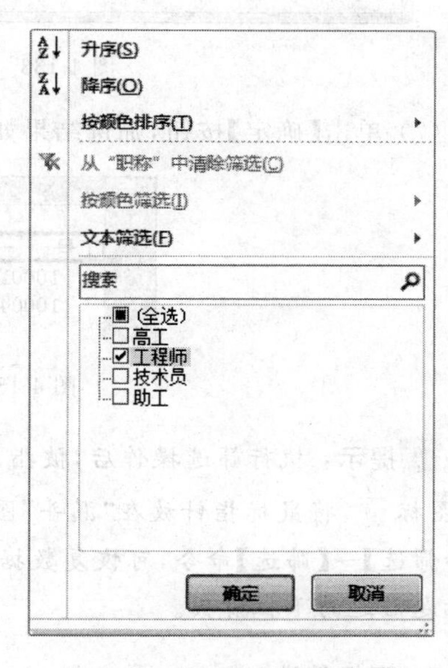

图 4-131　设置职称筛选条件

(4) 单击【确定】按钮。在数据清单中即可筛选职称为“工程师”的记录，其他记录则被隐藏(见图 4-132)。

	A	B	C	D
1	工资表			
2	工号	姓名	职称	工资
3	10001	郑海涛	工程师	850
5	10004	罗薇	工程师	870
8	10010	郑玉莲	工程师	900
11	10099	李红	工程师	1300

图 4-132　对职称列执行自动筛选的结果

(5) 单击【工资】右边的下拉箭头,在弹出的下拉菜单中选择【数学筛选】→【自定义筛选】命令,弹出【自定义自动筛选方式】对话框。

(6) 在【自定义自动筛选方式】对话框中,单击【工资】下方左侧列表箭头,在弹出的下拉列表中选择【大于或等于】比较运算符,在右边组合框中输入“800”; 选择【与】,单击【与】下方左侧列表的箭头,并在弹出的下拉列表中选择【小于或等于】比较运算符,在右边组合框中输入“899”,如图 4-133 所示。

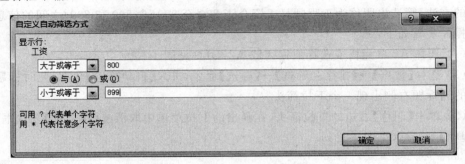

图 4-133 设置自定义自动筛选条件

(7) 单击【确定】按钮,筛选结果如图 4-134 所示。

	A	B	C	D
1	工资表			
2	工号	姓名	职称	工资
3	10001	郑海涛	工程师	850
5	10004	罗薇	工程师	870
12				

图 4-134 例 4-38 的执行结果

提示:执行筛选操作后,被指定筛选条件的列标题右侧的下拉箭头上将显示“漏斗”图标,将鼠标指针放在“漏斗”图标上即可显示相应的筛选条件。选择【数据】→【排序和筛选】→【筛选】命令,可恢复数据清单原显示状态(即显示全部记录)并去掉标题行中列标题右边的下拉箭头。

2. 高级筛选

在进行高级筛选之前,必须先建立条件区域。条件区域的定义方法有两种:一种是比较条件式条件区域;另一种是计算条件式条件区域。本文只讲述比较条件式。

比较条件式条件区域的第一行为条件字段标题,第二行开始是条件行。条件字段名与数据清单的字段名相同,排列顺序可以不同,在指定筛选条件时,可使用以下运算符。

(1) 比较运算符:＝(等于)、＞(大于)、＞＝(大于等于)、＜(小于)、＜＝(小于等于)、＜＞(不等于)。

(2) 通配符:?(代表单个字符)、*(代表连续多个字符)。

提示:建立条件区域时有如下注意事项。

(1) 同一条件行的条件互为“与”(AND)的关系,表示筛选出同时满足这些条件的记录。

（2）不同条件行的条件互为“或”(OR)的关系，表示筛选出满足任何一个条件的记录。

（3）条件区域中所用到的标点符号必须应用英文标点。

例 4-39　打开工作簿文件 413.xlsx，对“高级筛选”工作表中数据采用高级筛选的方法，将不姓李或工资介于 800 至 899（含 800 和 899）之间的记录筛选至 E5 开始的区域，条件区域设置在 F2 开始的区域。

操作步骤如下：

（1）在单元格区域 F2:H4 建立条件区域。建立条件区域的操作方法是：先把字段名“姓名”及“工资”复制到 F2:H2，然后在 G3:H4 中输入相应的条件，如图 4-135 所示。

（2）选择 A2 单元格或选择数据区域 A2:D11。

（3）选择【数据】→【排序和筛选】→【高级】命令，在弹出的【高级筛选】对话框中进行如图 4-136 所示的设置。

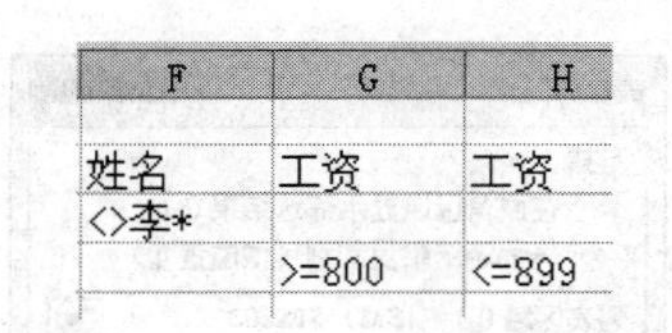

F	G	H
姓名	工资	工资
<>李*		
	>=800	<=899

图 4-135　例 4-39 的条件区域

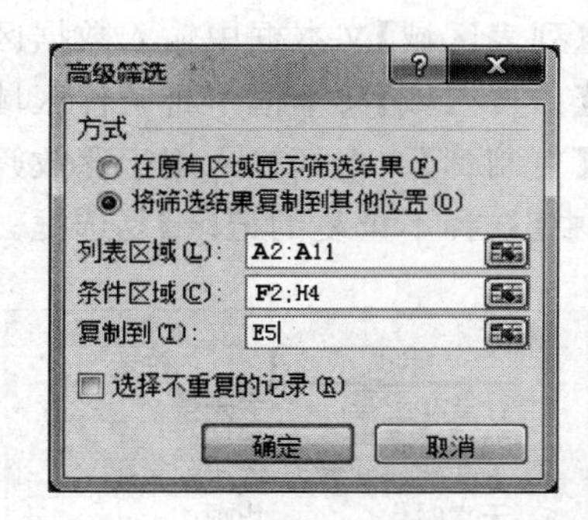

图 4-136　【高级筛选】对话框

- 在【方式】框中选择【将筛选结果复制到其他位置】。
- 在【列表区域】文本框中输入列表区域范围 A2:A11 或单击按钮选择列表区域。
- 在【条件区域】文本框中输入条件区域范围 F2:H4 或单击按钮在选择条件区域。
- 在【复制到】文本框中输入用于存放筛选结果区域左上角单元格地址 E5 或单击按钮选择 E5 单元格。

（4）单击【确定】按钮完成高级筛选。执行结果如图 4-137 所示。

	A	B	C	D	E	F	G	H
1		工资表						
2	工号	姓名	职称	工资		姓名	工资	工资
3	10001	郑海涛	工程师	850		<>李*		
4	10003	罗青霞	助工	720			>=800	<=899
5	10004	罗薇	工程师	870	工号	姓名	职称	工资
6	10008	黄小磊	高工	1030	10001	郑海涛	工程师	850
7	10009	何小明	助工	680	10003	罗青霞	助工	720
8	10010	郑玉莲	工程师	900	10004	罗薇	工程师	870
9	10087	陈洪	技术员	600	10008	黄小磊	高工	1030
10	10099	李少波	高工	980	10009	何小明	助工	680
11	10099	李红	工程师	1300	10010	郑玉莲	工程师	900
12					10087	陈洪	技术员	600

图 4-137　例 4-39 的执行结果

3. 筛选不重复记录

高级筛选功能除可以筛选符合条件的记录到另一个区域外，还可以将不重复的记录筛选到另一个区域。

例 4-40 打开工作簿文件 413. xlsx，将图 4-138 所示的“筛选不重复记录”工作表 A1:B203 所给的数据库中书名重复的记录删除。

操作步骤如下：

(1) 选择 A1 单元格或选择数据区域 A1:B203。

(2) 选择【数据】→【排序和筛选】→【高级】命令，在弹出的【高级筛选】对话框中进行设置。

- 在【方式】框中选择【将筛选结果复制到其他位置】。
- 在【列表区域】文本框中输入数据区域范围 A1:B203。
- 在【条件区域】文本框中将条件区域置空。
- 在【复制到】文本框输入用于存放筛选结果区域左上角单元格地址 A205。
- 选中【选择不重复的记录】复选框。对话框设置情况如图 4-139 所示。

	A	B
1	书名	作者
2	行星和卫星	卡夫曼
3	我们看花去	李蓝
4	岛国的法利赛人	高尔斯华绥
5	天真时代	华顿
6	天文学手册	罗思
7	老子仍是王	胡利奥
8	妙意曲:英国抒情	李霁野
9	爱默森文选	爱默森
10	物证:侦探小说	弗朗西斯

图 4-138 例 4-40 的工作表原数据

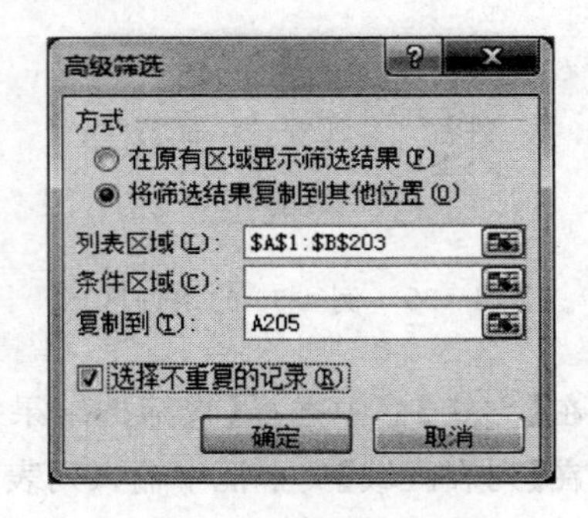

图 4-139 高级筛选设置

(3) 单击【确定】按钮。这时不重复的记录已经复制到 A205 开始的区域。

(4) 删除区域 A1:B204，下方单元格上移。

4. 删除重复数据

删除重复数据功能可以自动搜索数据清单中的重复记录，然后将后面的重复记录删除。

用删除重复数据功能实现将 Sheet5 工作表 A1:B203 所给的数据库中书名重复的记录删除的操作方法和步骤如下：

(1) 选择 A1 单元格。

(2) 单击【数据】选项卡中【数据工具】选项组中的【删除重复项】按钮，弹出【删除重复项】对话框，单击【全选】按钮，如图 4-140 所示。

(3) 单击【确定】按钮，弹出提示对话框，如图 4-141 所示。

(4) 单击【确定】按钮即可删除 38 条重复记录。

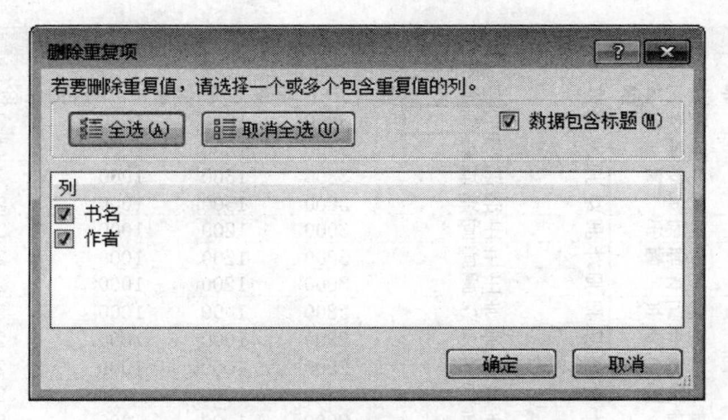

图 4-140　【删除重复项】对话框

图 4-141　提示对话框

4.10.3　分类汇总

分类汇总是数据清单的数据按某字段进行(或称分类关键字)分类，在分类的基础上对相应列进行汇总。进行分类汇总时，系统自动创建公式，对数据清单中的字段进行求和、求平均值、求最大值、计数等函数数据运算。分类汇总的结果将分级显示出来。本文只讲述依据一个分类字段进行汇总。为了得到正确的汇总结果，请将数据清单先按分类字段排序，再按分类字段汇总。

例 4-41　打开工作簿文件 413.xlsx，对“分类汇总”工作表中“银河科技有限公司员工工资表”数据清单按“职务”字段分类汇总“基本工资”的平均值(即统计各类职称的平均工资)，将汇总结果显示在数据下方。

操作步骤如下：

(1) 按分类字段“职务”进行排序。

① 单击“职务”列中任一单元格，本题选择 D3 单元格。

② 选择【数据】→【排序和筛选】→【升序】或【降序】命令即可。本例选择【升序】。按“职务”排序的结果如图 4-142 所示。

(2) 按“职务”字段分类汇总。

① 在完成第一步操作后，选择【数据】→【分级显示】→【分类汇总】命令，在弹出的【分类汇总】对话框中进行如图 4-143 所示的设置。

- 在【分类字段】组合框中选择【职务】。
- 在【汇总方式】组合框中选择【平均值】。
- 在【选定汇总项】列表框中只选择【基本工资】。注意要取消对其他选项的选择。

② 单击【确定】按钮完成分类汇总，效果如图 4-144 所示。

	A	B	C	D	E	F	G	H	I
1	银河科技有限公司员工工资表								
2	员工编号	员工姓名	性别	职务	基本工资	职务工资	奖金	应扣保险金	应扣公积金
3	YH0001	宋秋波	男	经理	3800	1500	1000	220	300
4	YH0002	钱唯一	男	经理	3800	1500	1000	220	300
5	YH0004	许多树	男	经理	3800	1500	1000	220	300
6	YH0003	黄梦	女	经理	3800	1500	1000	220	300
7	YH0005	吴家乐	男	主管	3000	1200	1000	220	300
8	YH0006	毛蓉蓉	女	主管	3000	1200	1000	220	300
9	YH0007	罗本	男	主管	3000	1200	1000	220	300
10	YH0015	梁万年	男	专员	2800	1000	1000	220	300
11	YH0008	郭生秀	男	专员	2800	1000	1000	220	300
12	YH0012	钟央	男	专员	2800	1000	1000	220	300
13	YH0009	郑美金	女	专员	2800	1000	1000	220	300
14	YH0010	韩序	女	专员	2800	1000	1000	220	300
15	YH0011	钟共	男	专员	2800	1000	1000	220	300
16	YH0013	张秀才	男	专员	2800	1000	1000	220	300
17	YH0014	易佳伊	女	专员	2800	1000	1000	220	300

图 4-142　按“职务”排序的结果

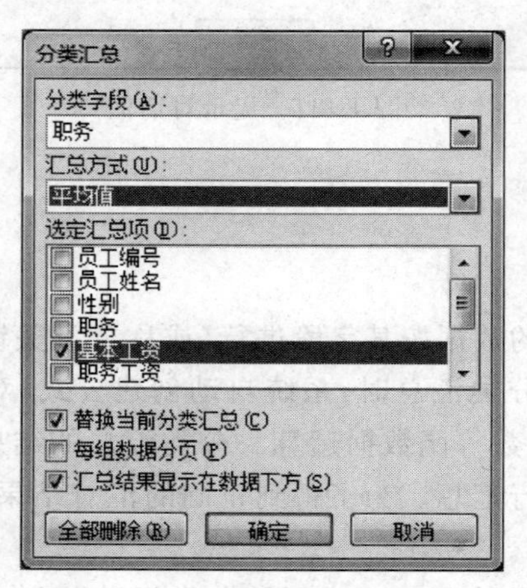

图 4-143　【分类汇总】对话框

分类汇总.xls [兼容模式]

	A	B	C	D	E	F	G	H	I	J
1	银河科技有限公司员工工资表									
2	员工编号	员工姓名	性别	职务	基本工资	职务工资	奖金	应扣保险金	应扣公积金	
3	YH0001	宋秋波	男	经理	3800	1500	1000	220	300	
4	YH0002	钱唯一	男	经理	3800	1500	1000	220	300	
5	YH0004	许多树	男	经理	3800	1500	1000	220	300	
6	YH0003	黄梦	女	经理	3800	1500	1000	220	300	
7				**经理 平均值**	3800					
8	YH0005	吴家乐	男	主管	3000	1200	1000	220	300	
9	YH0006	毛蓉蓉	女	主管	3000	1200	1000	220	300	
10	YH0007	罗本	男	主管	3000	1200	1000	220	300	
11				**主管 平均值**	3000					
12	YH0015	梁万年	男	专员	2800	1000	1000	220	300	
13	YH0008	郭生秀	男	专员	2800	1000	1000	220	300	
14	YH0012	钟央	男	专员	2800	1000	1000	220	300	
15	YH0009	郑美金	女	专员	2800	1000	1000	220	300	
16	YH0010	韩序	女	专员	2800	1000	1000	220	300	
17	YH0011	钟共	男	专员	2800	1000	1000	220	300	
18	YH0013	张秀才	男	专员	2800	1000	1000	220	300	
19	YH0014	易佳伊	女	专员	2800	1000	1000	220	300	
20				**专员 平均值**	2800					
21				**总计平均值**	3106.667					

成绩表　Sheet1　Sheet2　自定义排序　Sheet3　Sheet4

图 4-144　例 4-41 的执行结果

4.10.4 合并计算

Excel 的“合并计算”功能可以汇总或者合并多个数据源区域中的数据，具体方法有两种：一种是按类别合并计算；另一种是按位置合并计算。合并计算的数据源区域可以是同一工作表中的不同单元格区域，也可以是同一工作簿中不同工作表的单元格区域，还可以是不同工作簿中的单元格区域。

1. 按类别合并

按类别合并运算就是通过分类来合并计算。

例 4-42 打开工作簿文件按类别合并运算. xlsx，运用合并计算功能将图 4-145 所示的工作表 Sheet3 中的“新一佳 1 月份饮品销售额”和“新一佳 2 月份饮品销售额”两个单元格区域中的数据进行合并求和，将结果合并到 A15 开始的单元格区域。

	A	B	C	D	E	F	G	H
1								
2	新一佳1月份饮品销售额					新一佳2月份饮品销售额		
3		雪碧(元)	可口可乐(元)				雪碧(元)	可口可乐(元)
4	河南	45003	39600			江西	68600	68500
5	湖南	68060	45700			贵州	78904	56532
6	湖北	79504	65532			湖南	89000	77836
7	广州	88000	74836			河南	56600	66500
8	江西	96000	65500			湖北	84400	83900
9	贵州	11500	89800			广州	96500	93900
10								
11								
12								
13								
14	新一佳1、2月份饮品销售总额							
15								
16								
17								
18								

图 4-145 例 4-42 的工作表原数据

操作步骤如下：

(1) 选择 A15 单元格。即要存放汇总结果的单元格区域的最左上角单元格。

(2) 选择【数据】→【数据工具】→【合并计算】命令，弹出【合并计算】对话框，对此对话框进行如图 4-146 所示的设置。

- 函数。按默认选择【求和】。
- 引用位置。将光标定位到该文本框中，然后选择“新一佳 1 月份饮品销售额”的单元格区域 A3:C9，单击【添加】按钮，添加到【所有引用位置】列表框中。使用同样的方法将“新一佳 2 月份饮品销售额”的单元格区域 F3:H9 添加到【所有引用位置】列表框中。
- 标签位置。依次选中【首行】、【最左列】复选框。

(3) 单击【确定】按钮。合并计算后的结果如图 4-147 所示。

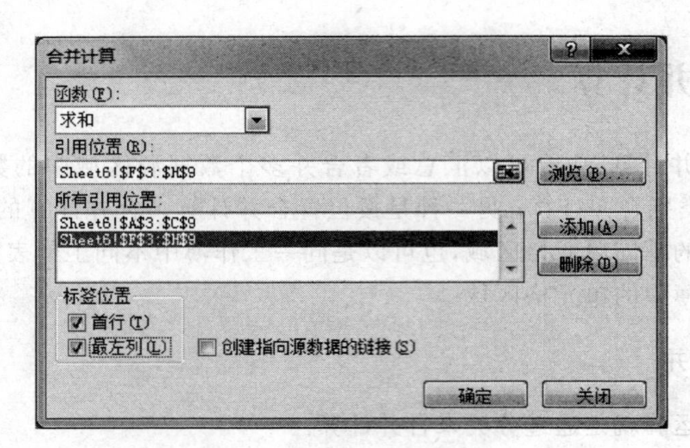

图 4-146 【合并计算】对话框

	A	B	C	D	E	F	G	H
1								
2	新一佳1月份饮品销售额					新一佳2月份饮品销售额		
3		雪碧(元)	可口可乐(元)				雪碧(元)	可口可乐(元)
4	河南	45003	39600			江西	68600	68500
5	湖南	68060	45700			贵州	78904	56532
6	湖北	79504	65532			湖南	89000	77836
7	广州	88000	74836			河南	56600	66500
8	江西	96000	65500			湖北	84400	83900
9	贵州	11500	89800			广州	96500	93900
10								
11								
12								
13								
14	新一佳1、2月份饮品销售总额							
15		雪碧(元)	可口可乐(元)					
16	河南	101603	106100					
17	湖南	157060	123536					
18	湖北	163904	149432					
19	广州	184500	168736					
20	江西	164600	134000					
21	贵州	90404	146332					

图 4-147 例 4-42 的执行结果

提示：

(1) 在使用按类别合并的功能时，数据源列表必须包含行或列标题，并且要在【合并计算】对话框的【标签位置】组合框中选中相应的复选框。

(2) 合并后，结果表的数据项排列顺序是按第一个数据源表的数据项顺序排列。

(3) 如果要在源区域的数据更改的同时自动更新合并表，选中【创建指向源数据的链接】复选框。

2. 按位置合并

按位置合并计算就是按同样的顺序排列所有工作表中的数据，并将它们放在同一位置中。使用按位置合并的方式，Excel 不关心多个数据源表格的行列标题内容是否相同，而只是将数据源表格相同位置上的数据进行简单合并计算。这种合并计算多用于数据源表结构完全相同情况下的数据合并。如果数据源表结构不同,则会计算错误。

上题中如果在【合并计算】对话框中取消选中【首行】、【最左列】复选框,就是按位置合并计算。此时汇总结果会出错,只是实现将单元格区域 A3:C9 和 F3:H9 相对应位置上的数求和,如图 4-148 所示,将 B4 与 G4 单元格中的数求和结果合并到 G16 单元格中。所以上题中要按类别合并计算才能得到正确的汇总结果。

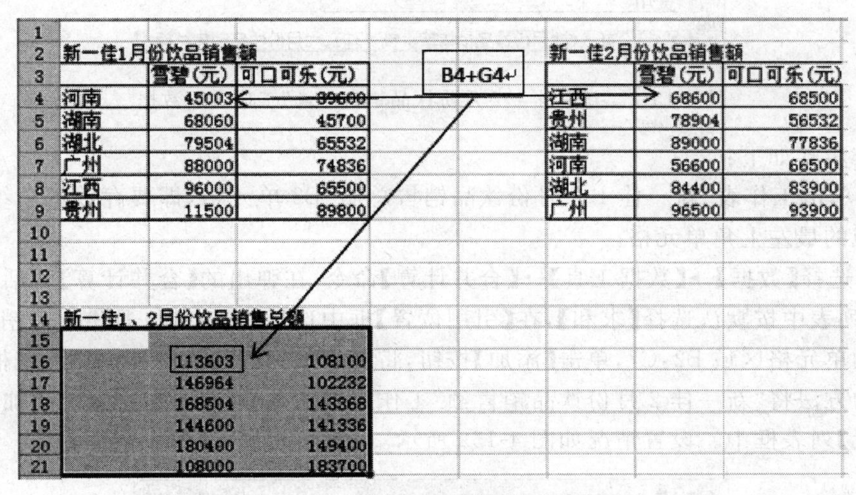

	A	B	C	F	G	H
1						
2	新一佳1月份饮品销售额			新一佳2月份饮品销售额		
3		雪碧(元)	可口可乐(元)		雪碧(元)	可口可乐(元)
4	河南	45003	39600	江西	68600	68500
5	湖南	68060	45700	贵州	78904	56532
6	湖北	79504	65532	湖南	89000	77836
7	广州	88000	74836	河南	56600	66500
8	江西	96000	65500	湖北	84400	83900
9	贵州	11500	89800	广州	96500	93900
14	新一佳1、2月份饮品销售总额					
15						
16		113603	108100			
17		146964	102232			
18		168504	143368			
19		144600	141336			
20		180400	149400			
21		108000	183700			

图 4-148 按位置合并计算分析图

例 4-43 打开工作簿文件按位置合并运算. xlsx,对图 4-149～图 4-151 所示的 3 个工作表按要求进行操作:请运用合并计算功能将工作表“新一佳 1 月份饮品销售额”和工作表“新一佳 2 月份饮品销售额”中的数据进行合并求和,并将结果合并到工作表“新一佳 1、2 月份饮品销售总额”B2 开始的单元格区域(请不要更改工作表中的任何数据)。

	A	B	C
1		雪碧(元)	可口可乐(元)
2	河南	45003	39600
3	湖南	68060	45700
4	湖北	79504	65532
5	广州	88000	74836
6	江西	96000	65500
7	贵州	11500	89800

新一佳1月份饮品销售额 | 新一佳2月份

图 4-149 “新一佳 1 月份饮品销售额”工作表数据

	A	B	C	D	E
1		雪碧(元)	可口可乐(元)		
2	河南	56600	66500		
3	湖南	89000	77836		
4	湖北	84400	83900		
5	广州	96500	93900		
6	江西	68600	68500		
7	贵州	78904	56532		

新一佳1月份饮品销售额 | 新一佳2月份饮品销售额

图 4-150 “新一佳 2 月份饮品销售额”工作表数据

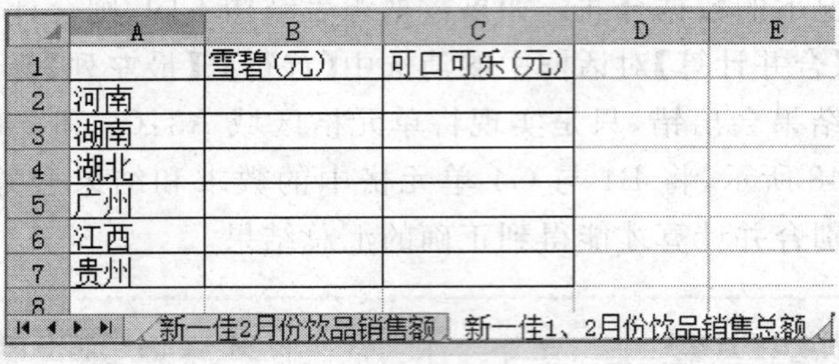

	A	B	C	D	E
1		雪碧(元)	可口可乐(元)		
2	河南				
3	湖南				
4	湖北				
5	广州				
6	江西				
7	贵州				

新一佳2月份饮品销售额　新一佳1、2月份饮品销售总额

图 4-151　“新一佳 1、2 月份饮品销售总额”工作表原数据

操作步骤如下：

(1) 单击工作表“新一佳 1、2 月份饮品销售总额”B2 单元格，即要存放汇总结果的单元格区域的最左上角单元格。

(2) 选择【数据】→【数据工具】→【合并计算】命令，在弹出的【合并计算】对话框中【函数】下拉列表中按默认选择【求和】，在【引用位置】框中选择“新一佳 1 月份饮品销售额”工作表中的单元格区域 B2:C7，单击【添加】按钮，将其添加到【所有引用位置】列表框中。使用同样的方法将“新一佳 2 月份饮品销售额”工作表中的单元格区域 B2:C7 添加到【所有引用位置】列表框中。设置情况如图 4-152 所示。

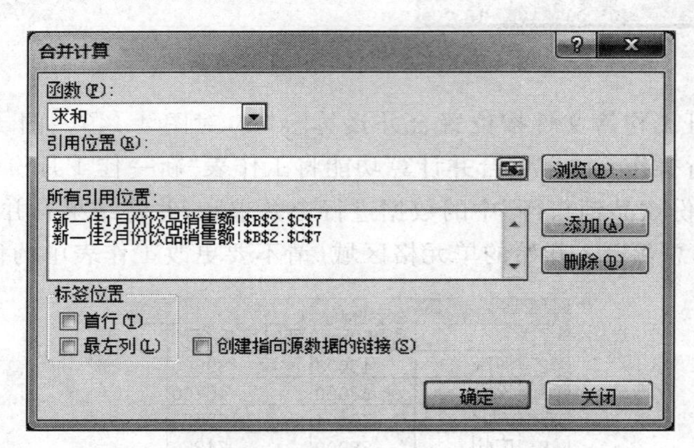

图 4-152　设置【合并计算】对话框

(3) 单击【确定】按钮，合并计算后的结果如图 4-153 所示。

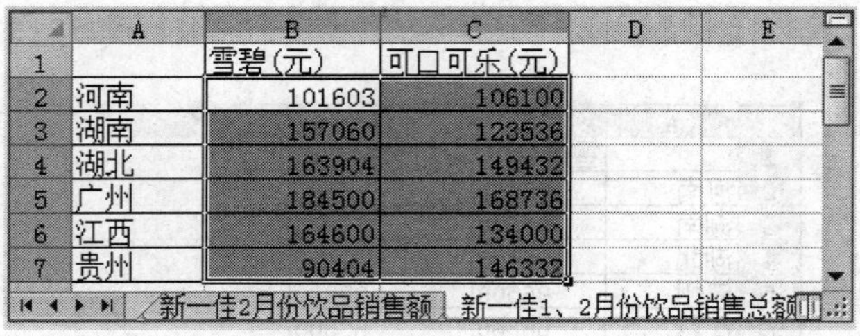

	A	B	C	D	E
1		雪碧(元)	可口可乐(元)		
2	河南	101603	106100		
3	湖南	157060	123536		
4	湖北	163904	149432		
5	广州	184500	168736		
6	江西	164600	134000		
7	贵州	90404	146332		

新一佳2月份饮品销售额　新一佳1、2月份饮品销售总额

图 4-153　例 4-43 的执行结果

3. 合并计算总结

(1) 合并计算的计算方式默认为求和,也可以选择为计数、平均值等其他方式。

(2) 当合并计算执行分类合并操作时,会将不同的行或列的数据根据标题进行分类合并。相同标题的合并成一条记录,不同标题的则形成多条记录。最后形成的结果表中包含了数据源表格中所有的行标题或列标题。

(3) 当需要根据列标题进行分类合并计算时,则选取【首行】;当需要根据行标题进行分类合并计算时,则选取【最左列】;如果需要同时根据列标题和行标题进行分类合并计算时,则同时选取【首行】和【最左列】。

(4) 如果数据源中没有列标题或行标题(仅有数据记录),而用户又选择了【首行】和【最左列】,Excel 将数据源列表的第一行和第一列分别默认作为列标题和行标题。

(5) 如果不选【首行】或【最左列】两个选项,则 Excel 将按数据源列表中数据按相对应单格位置进行计算,不会进行分类计算。

4.10.5 数据透视表

数据透视表是一种交互式工作表。Excel 可使用数据透视表对已有数据库的大量数据进行汇总和分析。

1. 创建数据透视表

操作步骤如下:

(1) 选择要创建数据透视表的数据清单。

(2) 选择【插入】→【表格】→【数据透视表】命令,在弹出的【创建数据透视表】对话框中设置数据透视表要放置的位置。

(3) 单击【确定】按钮,创建了一个空数据透视表并弹出【数据透视表字段列表】窗格(在工作表右侧)。此时在标题栏上会出现【数据透视表工具】,并在其下增加了【选项】、【设计】选项卡。

(4) 在【数据透视表字段列表】窗格中选择要添加到的字段,完成数据透视表的创建。并可适当调整行标签和列标签中的字段及数据汇总的方式等。

2. 修改和调整数据透视表

对创建的数据透视表不满意时,在 Excel 中可以通过对数据透视表进行相应的修改或调整以达到所需的要求。要对数据透视表进行修改或调整,必须要先创建数据透视表。修改或调整数据透视表的方法:一是利用快捷菜单;二是利用功能区的按钮。本节主要讲解利用功能区的按钮来实现数据透视表的修改和调整。

(1) 添加或删除字段

操作方法:选择要编辑的数据透视表,然后在【数据透视表字段列表】窗格中【选择要添加到报表的字段】列表中选择要添加到的字段,或取消要删除字段的选择。

!提示:可通过选择【数据透视表工具】→【选项】→【显示】→【字段列表】命令来打开或关闭【数据透视表字段列表】窗格。

(2) 设置数据透视表名称

操作方法:选择要编辑的数据透视表,通过选择【数据透视表工具】→【选项】→【数据透视表】→【选项】命令,在弹出的下拉菜单中选择【选项】命令,然后在弹出的【数据透视表选项】对话框中【名称】文本框中输入数据透视表的名称,单击【确定】按钮。

!提示:在【数据透视表选项】对话框中还可设置其他的选项。

(3) 改变数值汇总方式、显示方式

操作方法:选择要编辑的数透据视表,然后选择【数据透视表字段列表】窗格中【Σ 数据】列表中的 求和项:基本工资 ▼ 选项,在弹出的菜单中选择【值字段设置】命令,再在弹出的【值字段设置】对话框中【值汇总方式】下的【计算类型】列表中选择相应的计算类型,最后单击【确定】按钮。

(4) 启用或禁用数据透视表总计

操作方法:选择要编辑的数据透视表,然后选择【数据透视表工具】→【设计】→【布局】→【总计】命令,在弹出的菜单中选择所需的选项即可。

(5) 行列标签互换

行标签移动到列标签的操作方法:选择要编辑的数据透视表,在打开的【数据透视表字段列表】窗格的【行标签】列表中,单击需要移动的行标签字段右侧的箭头 ▼,在弹出的下拉菜单中选择【移动到列标签】选项即可。或使用鼠标直接拖动行标签字段到【列标签】列表中即可。

列标签移动到行标签的操作方法与将行标签移动到列标签的操作方法类似。

本节通过例题来讲述创建数据透视表和编辑数据透视表的具体的操作方法和步骤。

例 4-44 打开工作簿文件数据透视表.xlsx,用图 4-154 所示的 Sheet4 工作表作为数据源创建数据透视表,以反映不同性别、不同职务的平均基本工资情况。将"性别"设置为行标签,"职务"设置为列标签,取消行总计项和列总计项。请把所创建的透视表放在 Sheet4 工作表的 B14 开始的区域中,并将透视表命名为"基本工资透视表"。

	A	B	C	D	E	F	G	H
1	姓名	性别	职务	基本工资	岗位工	奖金	应发工资	
2	张小红	女	工程师	645	340	120	1105	
3	李建军	男	助工	690	370	130	1190	
4	孙爱国	男	高级工程	580	340	120	1040	
5	吴晓英	女	教师	540	360	110	1010	
6	张斌	男	辅导员	670	400	140	1210	
7	赵娜	女	教师	570	330	110	1010	
8	赵明明	男	高级工程	560	300	100	960	
9	李菲	女	高级工程	650	350	150	1150	
10	苏汉胜	男	高级工程	600	340	100	1040	
11	罗丹	女	辅导员	600	350	130	1080	
12	李会明	男	工程师	670	350	120	1140	

图 4-154 例 4-44 的原数据清单

操作步骤如下：

（1）选择 A1:G12 单元格区域。

（2）选择【插入】→【表格】→【数据透视表】命令，在弹出【创建数据透视表】对话框中选择【选择放置数据透视表的位置】下方的【现有工作表】单选按钮，在【位置】文本框中输入数据透视表要放置位置的起始地址“B14”。设置情况如图 4-155 所示。

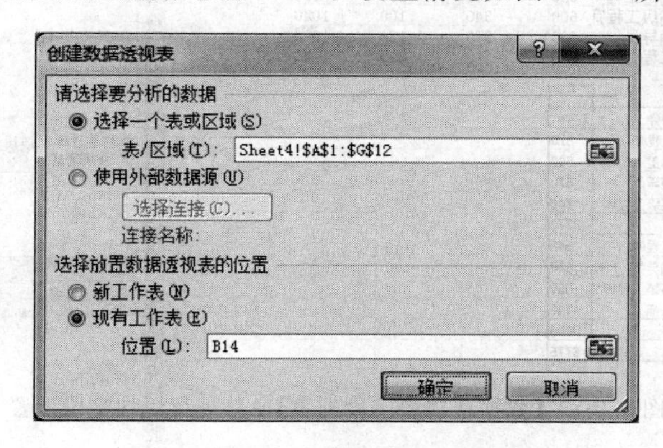

图 4-155　【创建数据透视表】对话框

（3）单击【确定】按钮，创建了一个空数据透视表并打开【数据透视表字段列表】窗口（在工作表右侧），如图 4-156 所示。

姓名	性别	职务	基本工资	岗位工资	奖金	应发工资
张小红	女	工程	645	340	120	1105
李建军	男	助工	690	370	130	1190
孙爱国	男	高级	580	340	120	1040
吴晓英	女	教师	540	360	110	1010
张斌	男	辅导	670	400	140	1210
赵娜	女	教师	570	330	110	1010
赵明明	男	高级	560	300	100	960
李菲	女	高级	650	350	150	1150
苏汉胜	男	高级	600	340	100	1040
罗丹	女	辅导	600	350	130	1080
李会明	男	工程	670	350	120	1140

将列字段拖至此处
将行字段拖至此处
将值字段拖至此处
数据透视表字段列表
选择要添加到报表的字段:
姓名
性别
职务
基本工资
岗位工资
奖金
应发工资
在以下区域间拖动字段:
报表筛选
列标签
行标签
数值

图 4-156　创建一个空数据透视表

（4）添加字段。在【数据透视表字段列表】窗口的【选择要添加到报表的字段】列表中选中要添加的字段，本例选择【性别】、【职务】、【基本工资】三个字段，默认把【性别】、【职务】添加到【行标签】，如图 4-157 所示。

（5）移动行标签。在【行标签】框中，单击【职务】右侧的箭头▼，在弹出的菜单中选择【移动到列标签】选项即可。移动行标签后的数据透视表如图 4-158 所示。

	A	B	C	D	E	F	G
1	姓名	性别	职务	基本工	岗位工资	奖金	应发工资
2	张小红	女	工程师	645	340	120	1105
3	李建军	男	助工	690	370	130	1190
4	孙爱国	男	高级工程师	580	340	120	1040
5	吴晓英	女	教师	540	360	110	1010
6	张斌	男	辅导员	670	400	140	1210
7	赵娜	女	教师	570	330	110	1010
8	赵明明	男	高级工程师	560	300	100	960
9	李菲	女	高级工程师	650	350	150	1150
10	苏汉胜	男	高级工程师	600	340	100	1040
11	罗丹	女	辅导员	600	350	130	1080
12	李会明	男	工程师	670	350	120	1140
13							
14		求和项:基					
15		性别	职务	汇总			
16		⊟男	工程师	670			
17			助工	690			
18			辅导员	670			
19			高级工程师	1740			
20		男 汇总		3770			
21		⊟女	工程师	645			
22			辅导员	600			
23			高级工程师	650			
24			教师	1110			
25		女 汇总		3005			
26		总计		6775			

数据透视表字段列表

选择要添加到报表的字段:

- 姓名
- ☑性别
- ☑职务
- ☑基本工资
- 岗位工资
- 奖金
- 应发工资

在以下区域间拖动字段:

报表筛选　列标签

行标签: 性别、职务　Σ 数值: 求和项:基本工资

图 4-157　【数据透视表字段列表】窗口进行添加字段设置

求和项:基本工资	职务					
性别	工程师	助工	辅导员	高级工程师	教师	总计
男	670	690	670	1740		3770
女	645		600	650	1110	3005
总计	1315	690	1270	2390	1110	6775

图 4-158　移动行标签后的数据透视表

(6) 更改数据汇总方式。双击工作表中数据透视表左上角的【求和项：基本工资】按钮，在弹出的【值字段设置】对话框中【值汇总方式】下的【计算类型】列表中选择【平均值】(见图 4-159)，最后单击【确定】按钮。

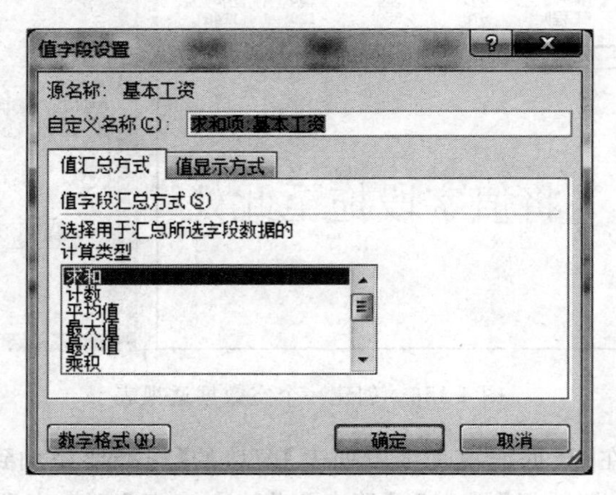

图 4-159　【值字段设置】对话框

(7) 禁用数据透视表总计。选择【数据透视表工具】→【设计】→【布局】→【总计】命令，在弹出的菜单中选择【对行和列禁用】即可。

(8) 设置数据透视表名称。选择【数据透视表工具】→【选项】→【数据透视表】→【选项】命令，在弹出的菜单中选择【选项】，然后在弹出的【数据透视表选项】对话框的【名称】文本框中输入"基本工资透视表"(见图 4-160)，单击【确定】按钮。

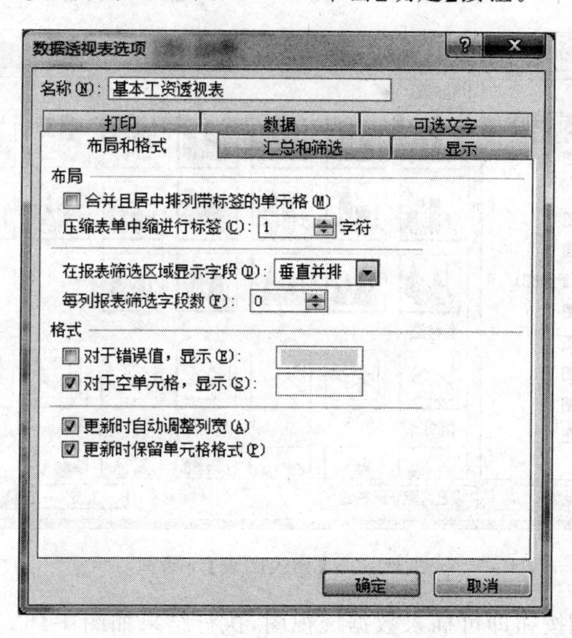

图 4-160 【数据透视表选项】对话框

(9) 最后完成的数据透视表如图 4-161 所示。

平均值项:基本工资	职务				
性别	工程师	助工	辅导员	高级工程师	教师
男	670	690	670	580	
女	645		600	650	555

图 4-161 例 4-44 的执行结果

4.10.6 数据透视图

数据透视图是以图形的形式表示数据透视表中所分析的数据，可以从数据透视表中显示相应的汇总数据，还可以查看和比较数据的趋势。本节将介绍数据透视表的创建方法：一是在现有的数据透视表中插入数据透视图；二是根据工作表数据创建数据透视图。

1. 在现有的数据透视表中插入数据透视图

例 4-45 在例 4-44 所做的数据透视表中插入数据透视图，要求图表类型为簇状柱形图。

操作步骤如下：

(1) 选择数据透视表左上角单元格。本例选择单元格 B14。

(2) 选择【数据透视表工具】→【选项】→【工具】→【数据透视图】命令，弹出【插入图表】对话框。

(3) 在【插入图表】对话框中选择相应的图表类型。本例选择【柱形图】中的【簇状柱形图】(见图 4-162)。

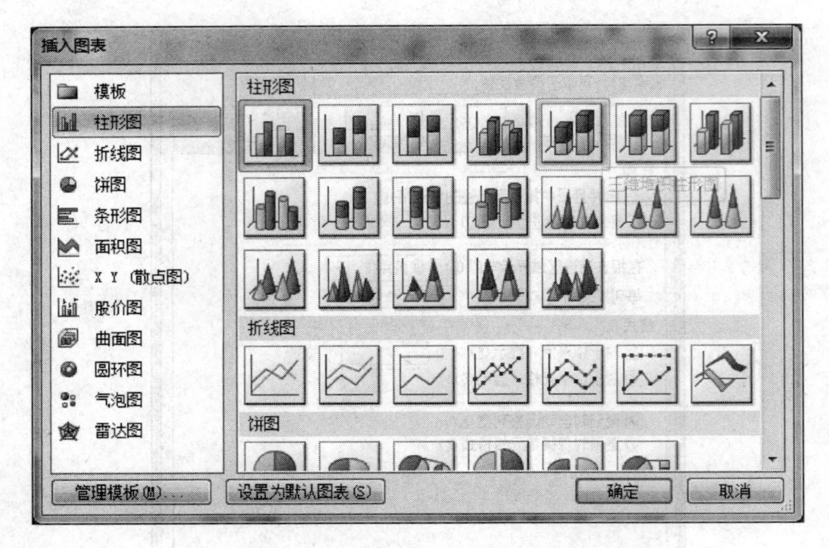

图 4-162 【插入图表】对话框

(4) 单击【确定】按钮即可插入数据透视图,执行结果如图 4-163 所示。

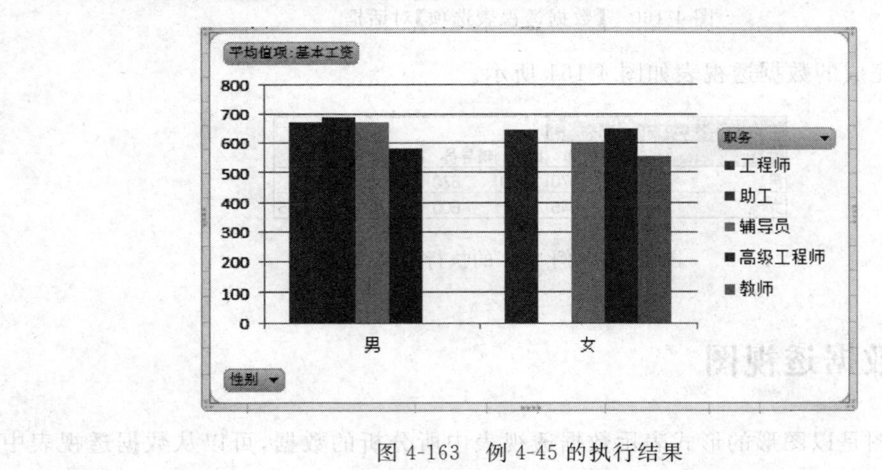

图 4-163 例 4-45 的执行结果

2. 根据工作表数据创建数据透视图

使用工作表中的数据创建数据透视图时,该数据成为数据透视表的原数据。用此方法能同时创建数据透视表与数据透视图。具体的操作步骤和方法如下:

(1) 选择要创建数据透视图的数据清单。

(2) 选择【插入】→【表格】→【数据透视表】按钮下方的▼,在弹出的下拉菜单中选择【数据透视图】命令,弹出【创建数据透视表及数据透视图】对话框。

(3) 在弹出的【创建数据透视表及数据透视图】对话框中设置数据透视表及数据透视图要放置的位置。

(4) 单击【确定】按钮,创建了一个空数据透视表及数据透视图并弹出【数据透视表字段列表】窗格(在工作表右侧)。此时在标题栏上出现【数据透视图工具】,并在其下增加了【设计】、【布局】、【格式】、【分析】选项卡。

(5) 在【数据透视表字段列表】窗格中选择要添加的字段,完成数据透视表及数据透视图的创建。并可适当调整【图例字段(系列)】和【轴字段(分类)】中的字段及数据汇总的方式等。

3. 编辑数据透视图

在Excel中可以通过编辑数据透视图达到所需要的效果,更便于数据的分析和处理。编辑数据透视图的方法:一是利用快捷菜单;二是利用【数据透视图工具】中【设计】选项卡的命令按钮。本节主要介绍移动图表、更改图表类型、添加图表标题、更改图表布局、应用图表样式等。

(1) 移动图表

① 在原工作表上移动。操作步骤:选择要修改的图表,按住鼠标左键拖动到合适的位置后释放即可。

② 将图表移动到其他工作表中。操作步骤:选择要修改的图表,选择【数据透视图工具】→【设计】→【位置】→【移动图表】命令,在弹出的【移动图表】对话框中进行相应的设置,然后单击【确定】按钮即可。

(2) 添加图表标题

操作步骤:选择要修改的图表,选择【数据透视图工具】→【布局】→【标签】→【图表标题】命令,在弹出的下拉菜单中选择【图表上方】命令,此时在图表区上方出现【图表标题】文本框,在【图表标题】文本框中输入相应的标题即可。

(3) 更改图表类型

操作步骤:选择要修改图表,选择【数据透视图图表工具】→【设计】→【类型】→【更改图表类型】命令(或右击图表,在弹出的快捷菜单中选择【更改图表类型】命令),在弹出的【更改图表类型】对话框中选择所需的图表类型和子图表类型,单击【确定】按钮即可。

(4) 调整图表大小

操作步骤:选择要修改的图表,将鼠标移到图表边框或4个角任一角,当指针变成双箭头时按住左键拖动即可调整图表大小。

如果想精确地调整图表区大小,选择【数据透视图工具】→【格式】→【大小】选项组中,在【高度】、【宽度】微调框中输入相应的数值和单位,按Enter键确认即可。

(5) 更改图表布局

操作步骤:选择要修改的图表,选择【数据透视图工具】→【图表工具】→【设计】→【图表布局】命令中相应的按钮即可更改为相应的布局。

(6) 删除图表

操作步骤:先选择图表,再执行【剪切】操作或按Delete键即可。

4.10.7 数据库函数

为方便用户对数据库中符合条件的记录进行各种统计，Excel 提供了多种数据库统计函数。

1. 数据库函数的格式

=函数名(数据区域,汇总字段,条件区域)

2. 常用数据库函数名

DSUM：计算满足条件记录的数值字段值总和。
DAVERAGE：计算满足条件记录的数值字段值的平均值。
DCOUNT：计算满足条件记录的数值字段的记录数。
DCOUNTA：计算满足条件记录的非空字段的记录数。
DMAX：计算满足条件记录的数值字段值的最大值。
DMIN：计算满足条件记录的数值字段值的最小值。

3. 参数说明

(1) 数据区域指数据库的单元格区域。

(2) 汇总字段指函数进行计算所用的字段，汇总字段有 3 种表示方法。

- 可用 1、2、3、…表示，1 代表第一个字段、2 代表第二个字段、…。
- 可用【字段名】表示。
- 可用字段所对应的单元格引用表示。

(3) 条件区域是指所建立的条件所在的区域。与高级筛选中建立条件区域的方法一样。

例 4-46 打开工作簿文件数据库函数.xlsx，对图 4-164 所示的成绩表按要求进行计算。

(1) 在 A12 单元格计算姓名第二个汉字为“文”的语文总分，条件放在 G1 开始的区域。

(2) 在 E12 单元格计算语文成绩及格的人数，条件放在 G4 开始的区域。

操作步骤如下：

(1) 在单元格区域 G1:G2 建立条件区域，然后在 A12 中输入公式“=DSUM(A2:E9,B2,G1:G2)”，按 Enter 键。

(2) 在单元格区域 G4:G5 建立条件区域，然后在 E12 中输入公式“=DCOUNT(A2:E9,B2,G4:G5)”，按 Enter 键。

(3) 执行结果如图 4-164 所示。

提示：对于本例，由于语文成绩是数值数据，所以本题应用 DCOUNT 函数，而不是 DCOUNTA 函数。

E12 =DCOUNT(A2:E9,B2,G4:G5)

	A	B	C	D	E	F	G
1			成绩表				姓名
2	姓名	语文	数学	英语	政治		?文*
3	艾小群	45	58	60	66		
4	陈美华	83	90	78	71		语文
5	李汉瑜	52	47	64	83		>=60
6	梅文军	90	78	88	67		
7	李雪敏	68	62	74	90		
8	林文仪	79	84	65	73		
9	区俊杰	47	53	32	58		
10							
11	姓名第二个汉字为文的语文总分				语文成绩及格的人数		
12	169				4		
13							

图 4-164 例 4-46 的执行结果

4.11 其他常用函数

4.11.1 数学函数

数学函数如表 4-5 所示。

表 4-5 数学函数

函数	功能	应用举例	显示结果
INT(数值表达式)	求数值表达式的整数部分	=INT(43.85)	43
ROUND(数值表达式 1,数值表达式 2)	按指定位数四舍五入	=ROUND(43.85,1)	43.9
TRUNC(数值表达式 1,数值表达式 2)	将数字截为整数或保留指定位数的小数	=TRUNC(43.85,1)	43.8
PI()	计算 π 值	=PI()	3.14
RAND()	产生 0～1 的一个随机数	=RAND()	0～1 的随机数
SQRT(数值表达式)	求数值表达式的平方根值	=SQRT(16)	4
ABS(数值表达式)	求数值表达式的绝对值	=ABS(−5)	5
MOD(数值表达式 1,数值表达式 2)	求数值表达式 1 除以数值表达式 2 的余数	=MOD(10,3)	1

例 4-47 打开工作簿文件 414.xlsx,对工作表“数学函数”按要求进行操作,完成后按原文件名存盘。

(1) 在“数学函数”工作表中的 F3:F7 单元格区域中,分别计算各个地区的年度收益即各个季度收益之和。

(2) 计算每个季度企业的收益之和以及每个季度的收益平均值,再使用 ROUND() 函数将平均值取值为保留 2 位小数。

操作步骤如下：

(1) 在单元格 F3 输入公式“=SUM(B3:E3)”，按 Enter 键，将公式复制到 F4:F7。

(2) 在单元格 B8 输入公式“=SUM(B3:B7)”，按 Enter 键，将公式复制到 C8:E8；在单元格 B9 输入公式：“=ROUND(AVERAGE(B3:B7),2)”，按 Enter 键，将公式复制到 C8:E8。

(3) 执行结果如图 4-165 所示。

	A	B	C	D	E	F
1	各地区营业收益明细					
2	地区	第一季	第二季	第三季	第四季	合计
3	广东	45247.5	2546.5	54354	10242	112390
4	澳门	62434.7	64547	65454	545	192980.7
5	上海	54313.5	54315.8	50000.8	543521	702151.1
6	北京	53005	64541	102562	23550	243658
7	香港	3543.5	5465	54578	8000	71586.5
8	各季度合计	218544.2	191415.3	326948.8	585858	
9	收益平均值	43708.84	38283.06	65389.76	117171.6	
10						

图 4-165　例 4-47 的执行结果

4.11.2　文本函数

文本函数如表 4-6 所示。

表 4-6　文本函数

函　数	功　能	应用举例	显示结果
LEFT(字符表达式,长度)	取字符表达式左边指定长度的字符	=LEFT("CDEF",3)	CDE
RIGHT(字符表达式,长度)	取字符表达式右边指定长度的字符	=RIGHT("CDEF",3)	DEF
MID(字符表达式,起始位置,长度)	从字符表达式指定起始位置开始取指定长度的字符	=MID("CDEF",2,2)	DE
FIND(字符表达式 1,字符表达式 2)	从字符表达式 2 中查找字符表达式 1,如果找不到返回 #VALUE!,否则返回字符表达式 1 在字符表达式 2 的位置	=FIND("CD","ABCD") =FIND("BC","CDEF")	3 #VALUE!
LEN(字符表达式)	返回字符表达式的长度,其中一个汉字长度为 1	=LEN("中国")	2
TRIM(字符表达式)	从字符串中去除头、尾空格	=TRIM("AB C")	AB C
VALUE(字符表达式)	把字符转变为数字	=VALUE("88.88")	88.88

续表

函　数	功　能	应用举例	显示结果
FIXED(数值表达式,小数点位,逻辑表达式)	将数值舍入成特定位数,并返回带或不带逗号的文本字符	=FIXED(88.88,1) =FIXED(1234.5,2,FALSE)	88.9 1 234.50
SEARCH(字符表达式 1,字符表达式 2,数值表达式)	从字符表达式 2 中的第＜数值表达式＞个字符开始查找字符表达式 1,如果找不到返回 # VALUE!,否则返回字符表达式 1 在字符表达式 2 的位置	=SEARCH("B?D","ABCD") =SEARCH("B?D","ABCD",3)	2 # VALUE!

例 4-48　打开工作簿文件 414.xlsx,如图 4-166 所示的"文本函数"工作表数据,已知准考证号前 4 位表示入学年份,第 5、6 位表示系号,第 7、8 位表示专业号,第 9 位表示班号,第 10、11 位表示座位号,要求在工作表相应的区域中分别求出各位考生的入学年份、系号、班号和座位号。

	A	B	C	D	E	F
1			报名表			
2	学号	姓名	入学年份	系号	班号	座位号
3	20130504228	陈紫函				
4	20130504229	吴晓利				
5	20130504230	潘嘉加				
6	20130504231	李胜梅				
7	20130504232	刘小京				
8	20130504233	钟小纯				
9	20130504234	张妙燕				
10	20130504235	李晓红				
11	20130504236	戴小婷				
12	20130504237	陈惠敏				
13	20130504238	钟杰				
14	20130504239	王少芬				

图 4-166 "文本函数"工作表数据

操作步骤如下:

(1) 在 C3 中输入公式"=LEFT(A3,4)",然后将公式复制到 C4:C14。

(2) 在 D3 中输入公式"=MID(A3,5,2)",然后将公式复制到 D4:D14。

(3) 在 E3 中输入公式"=MID(A3,9,1)",然后将公式复制到 E4:E14。

(4) 在 F3 中输入公式"=RIGHT(A3,2)",然后将公式复制到 F4:F14。

执行结果如图 4-167 所示。

D3 =MID(A3,5,2)

	A	B	C	D	E	F
1			报名表			
2	学号	姓名	入学年份	系号	班号	座位号
3	20130504228	陈紫函	2013	05	2	28
4	20130504229	吴晓利	2013	05	2	29
5	20130504230	潘嘉加	2013	05	2	30
6	20130504231	李胜梅	2013	05	2	31
7	20130504232	刘小京	2013	05	2	32
8	20130504233	钟小纯	2013	05	2	33
9	20130504234	张妙燕	2013	05	2	34
10	20130504235	李晓红	2013	05	2	35
11	20130504236	戴小婷	2013	05	2	36
12	20130504237	陈惠敏	2013	05	2	37
13	20130504238	钟杰	2013	05	2	38
14	20130504239	王少芬	2013	05	2	39

图 4-167　例 4-48 的执行结果

4.11.3 时间和日期函数

时间和日期函数如表 4-7 所示。

表 4-7　时间和日期函数

函　　数	功　　能	应 用 举 例	显 示 结 果
DATE(年,月,日)	生成日期	＝DATE(2003,9,1)	2003-09-01
DAY(日期)	取日期的天数	＝DAY ("2003-9-1")	1
MONTH(日期)	取日期的月份	＝MONTH("2003-9-1")	9
YEAR(日期)	取日期的年份	＝YEAR("2003-9-1")	2003
TODAY()	取系统日期	＝TODAY()	当前系统日期
NOW()	取系统日期和时间	＝NOW ()	当前系统日期和时间
TIME(小时,分,秒)	生成时间	＝TIME(1,30,36)	1:30:36
HOUR(时间)	取时间的小时数	＝HOUR(1:30:36)	1
MINUTE(时间)	取时间的分钟数	＝MINUTE (1:30:36)	30
SECOND(时间)	取时间的秒数	＝SECOND E (1:30:36)	36

例 4-49　打开工作簿文件 414.xlsx,在“日期函数”工作表中进行如下操作。

(1) 在 F3:F16 区域统计出各位职工的出生年份(必须使用日期函数计算)。

(2) 在 G3:G16 区域统计出各位职工的出生月份(必须使用日期函数计算)。

操作步骤如下:

(1) 在 F3 中输入公式“＝YEAR(E3)”,然后将公式复制到 F4:F16。

(2) 在 G3 中输入公式“＝MONTH(E3)”,然后将公式复制到 G4:G16。

(3) 执行结果如图 4-168 所示。

例 4-50　打开工作簿文件时间函数 xlsx,图 4-169 所示的“赛跑成绩表”工作表为某单位的定向越野团队活动的成绩公布表,请在 C2:E8 区域统计出各小组的小时数、分钟

F3 =YEAR(E3)

	B	C	D	E	F	G
1	职工信息表					
2	姓名	职务	性别	出生日期	出生年份	出生月份
3	艾小群	科员	女	1982/1/1	1982	1
4	陈美华	副科长	女	1975/2/2	1975	2
5	关汉瑜	科员	女	1980/3/3	1980	3
6	梅颂军	副处长	男	1968/4/5	1968	4
7	蔡雪敏	科员	女	1977/5/4	1977	5
8	林淑仪	副处长	男	1971/6/3	1971	6
9	区俊杰	科员	男	1983/7/6	1983	7
10	王玉强	科长	男	1975/8/9	1975	8
11	黄在左	处长	男	1956/3/4	1956	3
12	朋小林	科长	男	1979/12/10	1979	12
13	李静	科员	女	1980/11/23	1980	11
14	莒寺白	副科长	男	1976/10/8	1976	10
15	白城发	科员	男	1981/8/4	1981	8
16	昌吉五	副处长	男	1957/9/13	1957	9

图 4-168 例 4-49 的执行结果

数和秒数(必须使用时间函数计算),并在 F2:F8 区域统计出名次(使用 RANK 函数统计,使用的时间数越少名次越靠前)。

	A	B	C	D	E	F
1	姓名	成绩	小时数	分钟数	秒数	名次
2	艾小群	4:35:42				
3	陈美华	5:37:02				
4	关汉瑜	4:50:01				
5	梅颂军	4:40:10				
6	蔡雪敏	5:01:20				
7	林淑仪	5:30:40				
8	区俊杰	4:31:02				

图 4-169 例 4-50 的原数据

操作步骤如下:

(1) 在 C2 中输入公式"=HOUR(B2)",然后将公式复制到 C4:C8。

(2) 在 D2 中输入公式"=MINUTE(B2)",然后将公式复制到 D4:D8。

(3) 在 E2 中输入公式"=SECOND(B2)",然后将公式复制到 E4:E8。

(4) 在 F2 中输入公式"=RANK(B2,$B$2:$B$8,1)",然后将公式复制到 F4:F8。

(5) 执行结果如图 4-170 所示。

	A	B	C	D	E	F
1	姓名	成绩	小时数	分钟数	秒数	名次
2	艾小群	4:35:42	4	35	42	2
3	陈美华	5:37:02	5	37	2	7
4	关汉瑜	4:50:01	4	50	1	4
5	梅颂军	4:40:10	4	40	10	3
6	蔡雪敏	5:01:20	5	1	20	5
7	林淑仪	5:30:40	5	30	40	6
8	区俊杰	4:31:02	4	31	2	1

图 4-170 例 4-50 的执行结果

4.11.4 查找函数

格式：VLOOKUP(lookup_value,table_array,col_index_num,range_lookup)。

可简写为＝VLOOKUP(要查找的值,查找区域,返回值在查找区域中的列序号(第几列),TRUE 或 FALSE)。

功能：搜索表区域内首列满足条件的元素,找到时返回其所在行指定列的值。

参数说明：参数 1 可以是数值、引用或文字串；参数 2 可以使用对区域或区域名称的引用；参数 3 是返回值在查找区域中的列序号数值；参数 4 为一逻辑值,是精确匹配还是近似匹配,如果为 TRUE 或省略,则返回近似匹配值,如果 range_value 为 FALSE,函数 VLOOKUP 将返回精确匹配值,如果找不到,则返回错误值＃N/A。

提示：要查找的值一定在查找区域的第一列中。如要进行公式的复制,查找区域要用绝对地址。

例 4-51 打开工作簿文件 Vlookup 函数.xlsx,在 Sheet1 工作表 H2 单元格计算显示“韦金宏”的捐款额,要求使用 Vlookup 函数。

分析：本题需要在查找区域第一列中查找的数值为“韦金宏”；查找区域为 B2:G16；Vlookup 函数返回值为韦金宏的捐款额,返回值在查找区域中的列序号为“5”。即韦金宏的捐款额在单元格区域 B2:G16 中是第 5 列；查找方式是精确查找为 FALSE。

操作步骤：在单元格 H4 中输入公式：“＝VLOOKUP("韦金宏",B2:G16,5,FALSE)”,按 Enter 键。执行结果如图 4-171 所示。

H2　=VLOOKUP("韦金宏",B2:G16,5,FALSE)

	A	B	C	D	E	F	G	H	I	J	K
1	学号	姓名	性别	学历	出生日期	捐款额	党龄	韦金宏的捐款额是（使用Vlookup函数）：			
2	20131101000	蔡洁漩	男	大专	1982/1/1	320	9	350			
3	20131101001	叶煦艳	女	博士	1989/2/2	460	3				
4	20131101002	郭泽源	男	博士	1980/3/3	280	11				
5	20131101003	麦洁英	女	学士	1968/4/5	600	25				
6	20131101004	王妍涵	女	大专	1977/5/4	500	5				
7	20131101005	计弘毅	男	大专	1983/6/3	400	4				
8	20131101006	李建忠	男	博士	1983/7/6	350	1				
9	20131101007	李顺	男	硕士	1985/8/9	200	5				
10	20131101008	韦金宏	男	博士	1986/3/4	350	4				
11	20131101009	陈俊宏	男	大专	1989/12/1	400	3				
12	20131101010	麦丽诗	女	硕士	1980/11/3	330	7				
13	20131101011	莫瑞霞	女	大专	1986/10/8	200	3				
14	20131101012	欧晓瑜	女	大专	1987/8/4	180	3				
15	20131101013	潘洁婷	女	硕士	1987/9/13	600	3				
16	20131101014	张恒远	男	大专	1987/7/4	310	2				

图 4-171　例 4-51 的执行结果

4.11.5 逻辑函数

1. IF 函数

格式：＝IF(条件式,条件成立时的值,不成立时的值)。

功能：判断给出的条件式的值,如果结果为真,取条件成立时的值；如果结果为假,取不成立时的值。

例 4-52 打开工作簿文件 IF 函数.xlsx，在 Sheet1 工作表区域 E3:E21 中输入公式计算员工的美妆补贴，其计算规则为如果该员工是女性，则美妆补贴为 250，否则为 100（必须使用 IF 函数，结果值为“250”或“100”）。

操作步骤：在 E3 输入公式“=IF(B3="女",250,100)”，按 Enter 键，然后将公式复制到 E3:E21。执行结果如图 4-172 所示。

D3 　 =IF(B3="女",250,100)

	A	B	C	D	E
1	客房部员工工资单				
2	姓名	性别	员工编号	美妆补贴	基本工资
3	杨韵莹	女	KH8323	250	1500
4	林晓玲	男	KH8324	100	1500
5	杨文娴	男	KH8325	100	1500
6	陈秀雯	男	KH8326	100	2000
7	张湃	女	KH8327	250	2000
8	魏文凤	男	KH8328	100	1500
9	刘小伍	女	KH8329	250	1500
10	陈静平	男	KH8330	100	1500
11	何佩琪	女	KH8331	250	1500
12	黄嘉永	女	KH8332	250	1500
13	韦秋月	男	KH8333	100	1500
14	王琎	男	KH8334	100	2000
15	王惠英	男	KH8335	100	1500
16	彭路儿	女	KH8336	250	1500
17	丁雁琼	男	KH8337	100	1500
18	朱艳敏	女	KH8338	250	2000
19	阮华盛	男	KH8339	100	2000
20	王璐	女	KH8340	250	2000
21	杨耀祥	女	KH8341	250	2000

图 4-172　例 4-52 的执行结果

例 4-53 打开工作簿文件 IF 函数.xlsx，在“员工情况表”工作表 G 列计算补贴，计算标准为加班天数在 3 天以内（含 3 天），每天加班工资为 70 元，3 天以上的按每天加班工资为 80 元发放（即第 4 天开始按 80 元发放）（提示：必须使用 IF 函数）。

分析：假设某个员工的加班天数为 6 天，则其加班补贴应为 3 * 70+(6−3) * 80=450。

操作步骤：在 G2 单元格中输入公式“=IF(F2<=3,F2 * 70,3 * 70+(F2−3) * 80)”，按 Enter 键，然后将公式复制到 G3:G19。执行结果如图 4-173 所示。

2. AND 函数

格式：=AND(条件 1,条件 2,…)。

功能：如果所有条件结果都为 TRUE(真)，结果为 TRUE(真)，否则结果为 FALSE(假)。

3. OR 函数

格式：=OR(条件 1,条件 2,…)。

功能：如果给出的条件中有一个或多个结果都为 TRUE(真)，则结果为 TRUE(真)，否则结果为 FALSE(假)。

G2 =IF(F2<=3,F2*70,3*70+(F2-3)*80)

	A	B	C	D	E	F	G
1	员工编号	姓名	性别	部门	职务	加班天数	补贴
2	001	李新	男	办公室	总经理	3	210
3	002	王文辉	男	销售部	经理	5	370
4	003	孙英	女	办公室	文员	0	0
5	004	张在旭	男	开发部	工程师	6	450
6	005	金翔	男	销售部	销售员	3	210
7	006	郝心怡	女	办公室	文员	0	0
8	007	扬帆	男	销售部	销售员	8	610
9	008	黄开芳	女	客服部	文员	0	0
10	009	张磊	男	开发部	经理	6	450
11	010	王春晓	女	销售部	销售员	0	0
12	011	陈松	男	开发部	工程师	2	140
13	012	姚玲	女	客服部	工程师	0	0
14	013	张雨涵	女	销售部	销售员	4	290
15	014	钱民	男	开发部	工程师	0	0
16	015	王力	男	客服部	经理	1	70
17	016	高晓东	男	客服部	工程师	5	370
18	017	张平	男	销售部	销售员	7	530
19	018	黄莉莉	女	开发部	文员	2	140

图 4-173　例 4-53 的执行结果

4. NOT 函数

格式：＝NOT(逻辑表达式)。

功能：对逻辑表达式的值进行取反。如逻辑表达式的值为 TRUE(真)，则结果为 FALSE(假)；如逻辑表达式的值为 FALSE(假)，则结果为 TRUE(真)。

例 4-54　打开工作簿文件 IF 函数. xlsx，要求根据工作表 Sheet2 中“计算机等级考试成绩表(二级 C 语言)”数据，在 D3:D20 中求出每个考生的成绩。已知某次计算机考试成绩的评定标准为如果上机和理论有一门不及格，成绩为“不及格”，如果两门都及格，但有一门课程不足 80 分，成绩为“及格”，两门课程都 80 分以上，成绩为“优秀”。

操作步骤：在 D3 输入公式“＝IF(OR(B3＜60,C3＜60),"不及格",IF(AND(B3＞＝80,C3＞＝80),"优秀","及格"))”，按 Enter 键，然后将公式复制到 D4:D20。执行结果如图 4-174 所示。

5. COUNTIF 函数

格式：＝COUNTIF(单元格区域，条件式)。

功能：计算在单元格区域中满足条件的单元格的个数。其中条件式如果包含运算符或者是文本数据，应加上双引号。如果条件式中由单元格引用和运算符组成，则运算符应加上双引号，并用 & 将运算符和单元格引用相连。另外，在条件式中可使用通配符，但不能使用公式。

例 4-55　打开工作簿文件 COUNTIF 函数. xlsx，根据 Sheet1 工作表单元格区域 A2:I20 所示的数据，在 I3:I20 中求出每个考生的不及格课程数。

操作步骤：在单元格 I3 中输入公式“＝COUNTIF(B3:H3,"＜60")”，按 Enter 键，然后将公式复制到 I3:I20。执行结果如图 4-175 所示。

D3　　=IF(OR(B3<60,C3<60),"不及格",IF(AND(B3>=80,C3>=80),"优秀","及格"))

	A	B	C	D
1	计算机等级考试成绩表（二级C语言）			
2	姓名	上机	理论	成绩
3	毕宇峰	89	93	优秀
4	罗书元	63	64	及格
5	林敏杰	73	79	及格
6	夏雪	69	92	及格
7	朱泽艳	64	93	及格
8	林新颜	80	57	不及格
9	区国钦	45	74	不及格
10	谢泳虹	67	79	及格
11	李税良	81	88	优秀
12	叶伟	97	65	及格
13	张清云	80	86	优秀
14	吴燕芳	47	69	不及格
15	罗汉	87	69	及格
16	潘战	73	85	及格
17	徐泽江	78	80	及格
18	丁琼敏	74	83	及格
19	李润茂	85	94	优秀
20	雷鸣	81	58	不及格

图 4-174　例 4-54 的执行结果

I3　　=COUNTIF(B3:H3,"<60")　　编辑栏

	A	B	C	D	E	F	G	H	I
1									
2	姓名	大学英语	高等数学	机械制图	AutoCAD	VB程序设计	高等数学	工程力学	不及格课程数
3	郭艳	63	88	67	90	60	56	82	1
4	廖时媚	62	95	79	94	60	95	92	0
5	冯穗明	64	70	65	94	70	70	64	0
6	徐燕习	44	81	78	94	60	91	70	1
7	彭浪花	65	81	72	90	65	81	67	0
8	林旗帜	60	71	85	90	62	71	66	0
9	丘小杰	67	94	60	56	60	94	72	1
10	王海英	65	78	71	85	60	78	70	0
11	温森林	54	94	81	94	82	94	78	1
12	欧阳富	60	69	76	80	60	69	66	0
13	张伟雄	66	82	93	90	56	82	68	1
14	高小波	57	36	60	90	60	36	60	3
15	张益林	68	67	65	87	54	67	68	1
16	李旭锴	54	95	74	94	83	95	79	1
17	王伟明	71	65	94	93	60	65	65	0
18	张以勇	56	91	66	80	80	91	74	1
19	刘远肯	60	95	89	94	80	95	81	0
20	刘培钿	60	75	93	75	70	75	74	0

图 4-175　例 4-55 的执行结果

6. SUMIF 函数

格式：=SUMIF(条件判断的区域,条件式,实际求和区域)。

功能：根据指定条件对若干单元格的数值求和。

例 4-56　打开工作簿文件 sumif 函数.xlsx,在工作表"旅游资料表"单元格 G1 中计算最贵的线路价格,根据 B2:B16 区域中的数据在 G2:G3 区域中使用 COUNTIF 函数分别计算出两个公司的旅游线路数(天数不同也算不同线路),在单元格 G4 计算出天数为 5 天的线路的平均价格(提示:使用 SUMIF 函数计算出天数为 5 的价格总和,用

COUNTIF 算出天数为 5 的线路总数)。

操作步骤如下:

(1) 在 G1 单元格中输入公式:＝MAX(D2:D16)。

(2) 在 G2 单元格中输入公式:＝COUNTIF(B2:B16,"快乐度假")。

(3) 在 G3 单元格中输入公式:＝COUNTIF(B2:B16,"开心度假")。

(4) 在 G4 单元格中输入公式:＝SUMIF(C2:C16,5,D2:D16)/COUNTIF(C2:C16,5)。

执行结果如图 4-176 所示(提示:天数为 5 天的线路的平均价格＝天数为 5 的价格总和/天数为 5 的线路总数)。

G4 =SUMIF(C2:C16,5,D2:D16)/COUNTIF(C2:C16,5)

	A	B	C	D	E	F	G
1	线路	旅游公司名	天数	价格		最贵的线路价格:	20000
2	广州~深圳	快乐度假	1	68		快乐度假线路总数:	7
3	广州~清远	快乐度假	1	125		开心度假线路总数:	8
4	广州~香港	开心度假	2	475		天数为5的线路的平均价格:	4140
5	广州~马尔代夫	快乐度假	6	12000			
6	广州~清远	开心度假	3	500			
7	广州~香港	开心度假	4	700			
8	广州~丽江	快乐度假	5	8000			
9	广州~英国	快乐度假	8	20000			
10	广州~印度	开心度假	8	12000			
11	广州~厦门	开心度假	5	2200			
12	广州~武夷山	快乐度假	5	2300			
13	广州~青岛	开心度假	7	10000			
14	广州~澳门	开心度假	5	4000			
15	广州~上海	快乐度假	5	4200			
16	广州~北京	开心度假	8	6000			

图 4-176 例 4-56 的执行结果

7. CHOOSE 函数

格式:＝CHOOSE(数字表达式,值 1,值 2,…)。

功能:当数字表达式结果为 1 时,结果为值 1;为 2 时,结果为值 2,以此类推。

例如,如果 A2 是 2,则公式"＝CHOOSE(A2,"优","良")"结果为良。

4.11.6 频率分布函数

频率分布函数用于统计一组数据在各个数值区间的分布情况,这是对数据进行分析的常用方法之一。

格式:＝FREQUENCY(要统计的数据区域,统计的间距数据区域)。

功能:计算一组数分布在指定各区间的个数。

例 4-57 打开工作簿文件频率分布函数.xlsx,在图 4-177 所示的"成绩表"工作表单元格区域 E3:E7 中,统计出 0～59 分、60～69 分、70～79 分、80～89 分、90～100 分各个分数段的学生个数。

操作步骤如下:

(1) 在一个空区域(如 F3:F7)中输入各分数段的上限。

	A	B	C	D	E
1	成绩表				
2	姓名	数学			
3	艾小群	58		0～59分	
4	陈美华	90		60～69分	
5	关汉瑜	47		70～79分	
6	梅颂军	78		80～89分	
7	蔡雪敏	62		90～100分	
8	林淑仪	84			
9	区俊杰	53			
10					

图 4-177　例 4-57 的原数据

(2) 选择存放统计结果的区域 E3:E7。

(3) 输入函数"＝FREQUENCY(B3:B9,F3:F7)"。

(4) 按 Ctrl＋Shift＋Enter 组合键。

执行结果如图 4-178 所示。

E3　　f_x　{=FREQUENCY(B3:B9,F3:F7)}

	A	B	C	D	E	F
1	成绩表					
2	姓名	数学				
3	艾小群	58		0～59分	3	59
4	陈美华	90		60～69分	1	69
5	关汉瑜	47		70～79分	1	79
6	梅颂军	78		80～89分	1	89
7	蔡雪敏	62		90～100分	1	100
8	林淑仪	84				
9	区俊杰	53				

图 4-178　例 4-57 的执行结果

说明：按 Ctrl＋Shift＋Enter 组合键表示进行数组运算，有些函数如 FREQUENCY 需要对一组数据同时运算，这时在计算时应先选择结果区域，然后再按 Ctrl＋Shift＋Enter 组合键。另外，修改数组运算的公式，修改结束后必须按 Ctrl＋Shift＋Enter 组合键，否则会出现提示"不能改变数组的某一部分"。

4.11.7　财务函数

1. 贷款函数 PV

格式：＝PV(各期利率，分期偿还的总期数，每期偿还的金额)。

注意： 付出的现金以负数表示，得到的现金以正数表示。

例 4-58　某人现看中一套价值 40 万元的新房，由于手头只有 25 万元的现金，想向银行贷款，计划在往后的 10 年内逐年还清，其偿还能力是每月 2 000 元。已知银行的当前年利率为 7%。打开工作簿文件 PV 函数.xlsx，根据图 4-179 所示的 Sheet1 工作表中的数据在 B5 单元格中计算出可向银行贷款多少金额。

	A	B
1	银行贷款计算	
2	年利率	7%
3	还款年限（年）	10
4	每月能偿还的金额（元）	2000
5	可向银行贷款的金额：	

图 4-179　例 4-58 的原数据

分析：本例所求的是向银行贷款的金额，是得到的资金，因此为正值；因为题目已知是每月偿还，所以利率为月利率，总期数为总月份数。

操作步骤：在 B5 单元格中输入公式"＝PV(B2/12，B3＊12，－B4)"，按 Enter 键即可。执行结果如图 4-180 所示。

B5　　fx　=PV(B2/12,B3*12,-B4)

	A	B	C
1	银行贷款计算		
2	年利率	7%	
3	还款年限（年）	10	
4	每月能偿还的金额（元）	2000	
5	可向银行贷款的金额：	¥172,252.71	

图 4-180　例 4-58 的执行结果

2. PMT 函数

(1) 偿还贷款。

格式：＝PMT(各期利率，分期偿还的总期数，贷款金额)。

(2) 投资。

格式：＝PMT(各期利率，投资总期数，现值，未来值，type)。

说明：现值即从该项投资开始计算时已经入账的款项，或一系列未来付款的当前值的累积和，也称为本金，如果省略该参数，则假设其值为零。Type 为数字 0 或 1(0 或省略为期末，1 为期初)。

注意：函数中支出的金额以负数表示，得到的金额以正数表示。

例 4-59　某人 2012 年 7 月按揭买房首付后向银行贷款 20 万元，计划 5 年还清。已知当前银行贷款期限为三至五年(含)的贷款利率是 6.90％。打开工作簿文件 PMT 函数.xlsx，使用 PMT 函数在 Sheet1 工作表单元格 E2 中计算出每月月供多少金额，根据条件在 B2:B5 单元格中补充所需内容。

分析：本题要求的是每月月供的金额，是要付出的，因此为负；因而总期数为总月份数，利率为月利率。

操作步骤如下：

(1) 在 B2:B4 单元格依次输入数据：200000，5，6.90％。

(2) 在 E2 单元格输入公式"＝PMT(B4/12，B3＊12，B2)"，并按 Enter 键得到每月月供金额。执行结果如图 4-181 所示。

B6 =PMT(B4/12,B3*12,B2)

	A	B	C
1	说明	数据	
2	贷款金额（元）	200000	
3	偿还年限（年）	5	
4	贷款的年利率(%)	6.90%	
5			
6	每月月供金额	¥-3,950.81	

图 4-181 例 4-59 的执行结果

例 4-60 打开工作簿文件 PMT 函数. xlsx，使用 PMT 函数在 Sheet2 工作表 B5 单元格计算：为使 18 年后得到 5 万元的存款，现在每月应存多少钱？当前年利率为 6%。根据条件在 B2:B4 补充所需内容。

分析：本例 18 年后得到 5 万元，所以 5 万元为未来值，又因为 5 万元为得到的钱，因此为正；没有给出现值，因此为 0。因为要求的是每月存入的钱，所以利率为月利率，总期数为总月份数。最后返回值是每月要存入银行的，因此为负。

操作步骤如下：

(1) 在 B2:B4 单元格内输入题目所要求的数据。

(2) 在 B5 单元格输入公式“=PMT(B2/12,B3*12,0,B4)”，按 Enter 键。执行结果如图 4-182 所示。

B5 =PMT(B2/12,B3*12,0,B4)

	A	B	C
1	说明	数据	
2	年利率	6%	
3	计划储蓄的年数	18	
4	18 年内计划储蓄的数额	50,000	
5	为18 年后最终得到 50,000，每个月应存的数额：	¥-129.08	
6			

图 4-182 例 4-60 的执行结果

3. 未来值函数 FV

格式：=FV(rate,nper,pmt,pv,type)。

功能：基于固定利率及等额分期付款方式，返回某项投资的未来值。

参数说明如下：

(1) 参数 rate 为各期利率。

(2) 参数 nper 为投资总期数。

(3) 参数 pmt 为各期所支付的金额，如果省略 pmt，则必须包括 pv 参数。

(4) 参数 pv 为现值，即从该项投资开始计算时已经入账的款项，或一系列未付款的当前值的累积和，也称为本金；如果省略 pv，则假设其值为零，并且必须包括 pmt 参数。

(5) 参数 type 为数字 0 或 1，用以指定付款的时间是期初还是期末（0 或省略为期末，1 为期初）。

格式：＝FV(各期利率,存款期总数,各期所支付的金额,现值,存款时间类型)。

例 4-61 某人两年后需要一笔比较大的学习费用支出,计划从现在起每月月初存入 2 000 元,如果按年利率为 2.25％,按月计息(月利率为 2.25％/12),计算两年以后该账户的存款额。输入公式“＝FV(2.25％/12,24,－2000,0,1)”并按 Enter 键,结果为 49 141 元。

例 4-62 打开工作簿文件 FV 函数.xlsx,对图 4-183 所示的 Sheet1 工作表进行以下操作(没有要求操作的项目请不要更改):某人参加银行的零存整取储蓄,每月月末存入 500 元,年利率为 3.6％,首先在 B2 至 B4 输入相应数值,然后在 B5 单元格用函数公式计算出 1 年期满本息总金额,设置 B5 单元格格式,如￥1 500.22(注:必须使用公式,取 2 位小数位数)。

	A	B
1	银行存款计算	
2	利率	
3	存款期(月)	
4	每期存款金额	
5	一年后本息总金额	

图 4-183 例 4-62 的原数据

分析:本题每月存入 500 元为支出的钱,所以该参数为负值。

操作步骤如下:

(1) 在 B2 中输入“3.6％”,在 B3 中输入“12”,在 B4 中输入“500”,然后在 B5 单元格中输入公式“＝FV(B2/B3,B3,－B4)”并按 Enter 键,得到一年后的本息总金额。

(2) 设置单元格数字格式。选择单元格 B5,单击【开始】→【数字】选项组右侧的按钮,在弹出的【设置单元格格式】对话框中选择【数字】选项卡,在【分类】中选择【自定义】,在【类型】中输入“￥＃＃＃0.00;￥－＃＃＃0.00”,单击【确定】按钮即可。执行结果如图 4-184 所示。

B5 =FV(B2/B3,B3,-B4)

	A	B	C
1	银行存款计算		
2	利率	3.60%	
3	存款期(月)	12	
4	每期存款金额	500	
5	一年后本息总金额	¥6100.00	

图 4-184 例 4-62 的执行结果

4.12 模拟分析

模拟分析可以利用模拟运算表来实现。模拟运算表可以对工作表中一个单元格区域的数据进行模拟运算,查看计算已给出的公式中某一个或两个数值改变时对公式运算结果的影响。Excel 中主要有单变量模拟运算表和双变量模拟运算表。

4.12.1　单变量模拟运算表

单变量模拟运算表可以对一个变量输入不同的值,查看它对公式的影响,从而得到想要的分析结果。

例 4-63　某人向银行贷款 68 000 元,计划在往后的 5 年内逐年进行偿还,已知当前年利率为 4%,计算每月应偿还给银行多少金额。打开工作簿文件模拟运算.xlsx,在“单变量模拟运算”工作表中利用模拟运算表根据区域 A7:A10 中不同的年利率,在单元格区域 B7:B10 中模拟运算不同年利率每月应偿还给银行多少金额?

操作步骤如下:

(1) 在 B6 单元格输入函数公式“=PMT(B5/B4,B3 * B4,B2)”,按 Enter 键,即可得到年利率为 4%时每月应偿还的金额。

(2) 选择包括该函数和、需模拟运算输出以及不同年利率所在单元格区域 A6:B10,如图 4-185 所示。

B6　　fx　=PMT(B5/B4,B3*B4,B2)

	A	B	C
1	偿还房贷款计划		
2	贷款金额(元)	68000	
3	偿还年限	5	
4	每年还款的期数(月)	12	
5	贷款年利率	4%	
6	每月应偿还	¥-1,252.32	
7	5%		
8	5.5%		
9	5.8%		
10	6%		
11			

图 4-185　选择区域 A6:B10

(3) 选择【数据】→【数据工具】→【模拟分析】命令,在弹出的菜单中选择【模拟运算表】选项,系统弹出【模拟运算表】对话框。

(4) 在【输入引用列的单元格】右侧的文本框中输入图 4-186 所示的“$B$5”或“B5”。

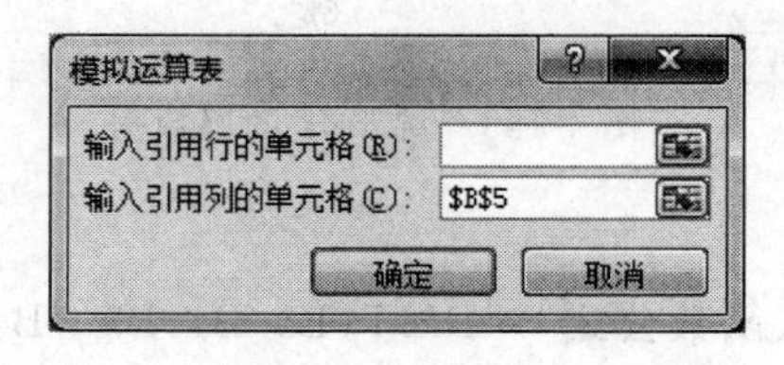

图 4-186　【模拟运算表】对话框设置

!提示:因为本例模拟运算中要变化的量是年利率,不同的年利率是放在单元格区域 A7:A10 中,即放在同一列,所以要在【输入引用列的单元格】文本框中输入原公式中年利率所在的单元格地址。

(5) 单击【确定】按钮。结果如图 4-187 所示,其中 B7:B10 是 A7:A10 中不同年利率对应得到的每月应偿还金额。

	A	B
1	偿还房贷款计划	
2	贷款金额（元）	68000
3	偿还年限	5
4	每年还款的期数（月）	12
5	贷款年利率	4%
6	每月应偿还	￥-1,252.32
7	5%	-1283.243888
8	5.5%	-1298.879028
9	5.8%	-1308.315968
10	6%	-1314.630504
11		

图 4-187　例 4-63 的执行结果

4.12.2　双变量模拟运算表

利用双变量模拟运算表，根据输入两个变量的不同数值，查看它对公式的影响，从而得到想要的分析结果。

例 4-64　某人向银行贷款 68 000 元，计划在往后的 5 年内逐年进行偿还，已知当前年利率为 4%，计算每月应偿还给银行多少金额？打开工作簿文件模拟运算.xlsx，在“双变量模拟运算”工作表中利用模拟运算表根据单元格区域 A7:A10 中不同的年利率和单元格区域 C6:E6 中不同贷款年限，在图 4-188 所示单元格区域 C7:C10 中模拟运算不同年利率和不同贷款年限每月应偿还给银行多少金额。

	A	B	C	D	E
1	偿还房贷款计划				
2	贷款金额（元）	68000			
3	偿还年限	5			
4	每年还款的期数（月）	12			
5	贷款年利率	4%			
6	每月应偿还		6	7	8
7		5%			
8		5.5%			
9		5.8%			
10		6%			

图 4-188　例 4-64 的原数据

操作步骤如下：

(1) 在 B6 单元格输入函数公式“＝PMT(B5/B4,B3 * B4,B2)”并按 Enter 键即可得到贷款年限为 5 年、年利率为 4%时每月应偿还的金额。

(2) 选择包括该函数和不同年利率及不同偿还年限所在单元格区域 B6:E10。

(3) 选择【数据】→【数据工具】→【模拟分析】命令，在弹出的菜单中选择【模拟运算表】命令，系统弹出【模拟运算表】对话框。

(4) 在【输入引用行的单元格】文本框中输入“＄B＄3”或“B3”，在【输入引用列的单元格】文本框中输入“B5”或“＄B＄5”，如图 4-189 所示。

提示：因为本例模拟运算中一个变化量是年利率，不同的年利率是放在单元格区域 A7:A10 中，即放在同一列，所以要在【输入引用列的单元格】文本框中输入原公式中年利率所在的单元格地址；另一个变化量是贷款年限，不同的贷款年限放在单元格区域 C6:E6 中，即放在同一行，所以要在【输入引用行的单元格】文本框中输入原公式中贷款年限所在的单元格地址。

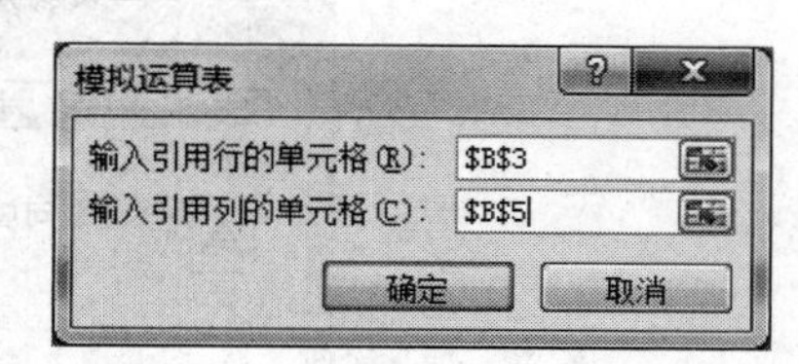

图 4-189　例 4-64 的【模拟运算表】对话框设置

(5) 单击【确定】按钮。双变量模拟运算结果如图 4-190 所示。

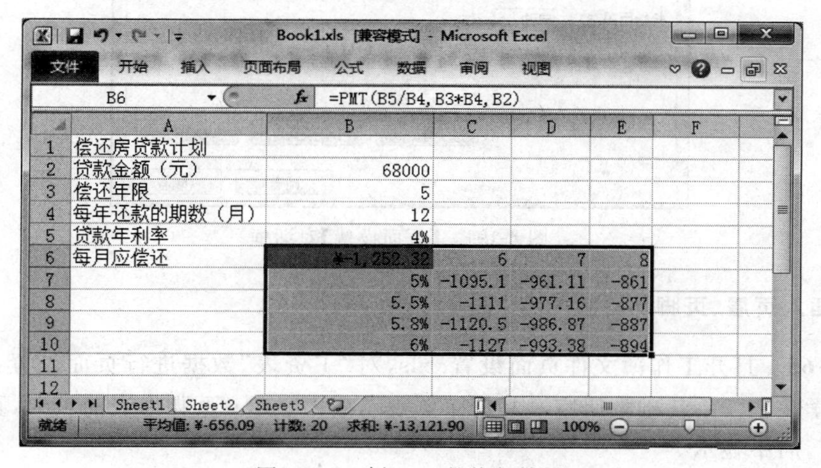

图 4-190　例 4-64 的执行结果

4.13　工作表的打印

在工作表中创建了各种各样的表格后，便可以利用打印机将表格打印出来。为了满足用户打印时对页面的各种要求，Excel 提供了丰富的打印设置选项。

4.13.1　页面设置

通过【页面布局】选项卡中【页面设置】选项组中的按钮对页面进行设置，也可以通过单击【页面布局】选项卡中【页面设置】选项组右下角的 按钮，在弹出图 4-191 所示的【页面设置】对话框中进行设置。

页面：设置纸张大小、打印质量、起始页码、缩放比例和方向等。

页边距：设置上、下、左、右边距、页眉高度、页脚高度和居中方式。

页眉/页脚：设置页眉/页脚的内容，可以直接采用 Excel 提供的预置样式，也可以采用自定义页眉页脚。

工作表：设置打印区域、打印标题、打印网格线、行号列标、打印顺序等。

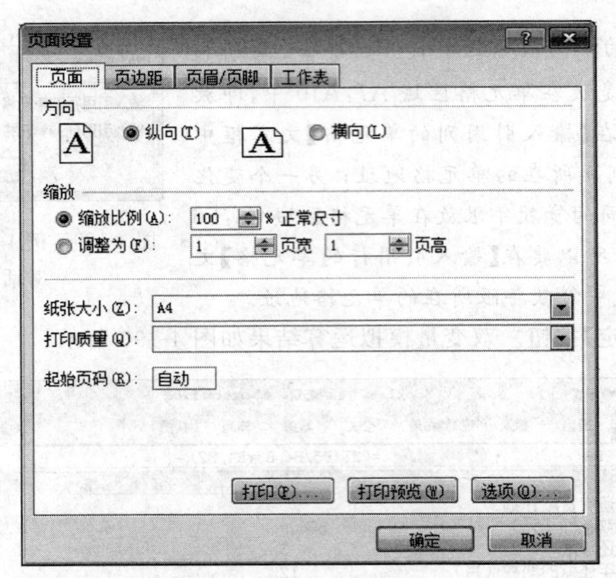

图 4-191 【页面设置】对话框

1. 插入页眉、页脚

例 4-65 打开工作簿文件页面设置.xls,对"工资表"数据进行页面设置:设置页眉为"南方学院数学系基础教研室 5 月份工资表",居中显示;页脚为当前页码,页码格式为"1,2,…",居中显示。

操作步骤如下:

(1) 单击【页面布局】选项卡中【页面设置】选项组右下角的 按钮,弹出【页面设置】对话框。

(2) 选择【页眉/页脚】选项卡,单击【自定义页眉】按钮,在弹出的【页眉】对话框的【中】文本框中输入页眉"南方学院数学系基础教研室 5 月份工资表"(见图 4-192),单击【确定】按钮返回【页面设置】对话框。

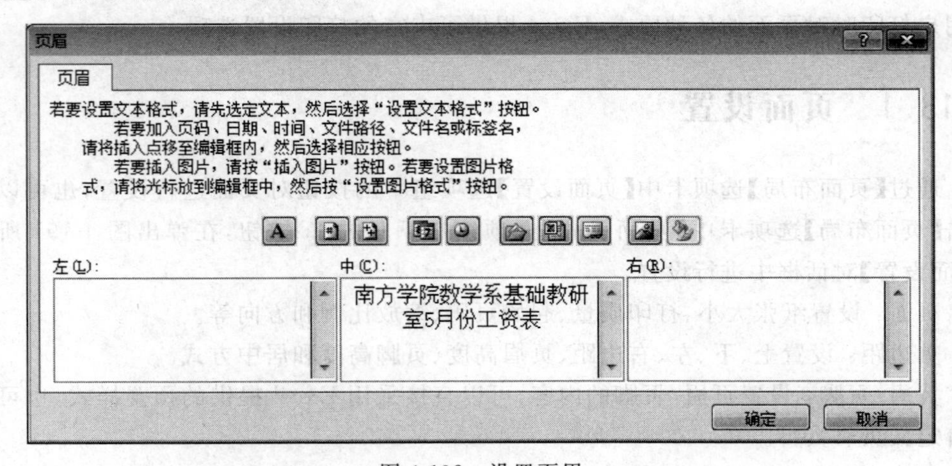

图 4-192 设置页眉

(3) 单击【自定义页脚】按钮，弹出【页脚】对话框，选择【中】文本框，单击【插入页码】按钮（见图 4-193)，单击【确定】按钮返回【页面设置】对话框。

(4) 单击【确定】按钮。

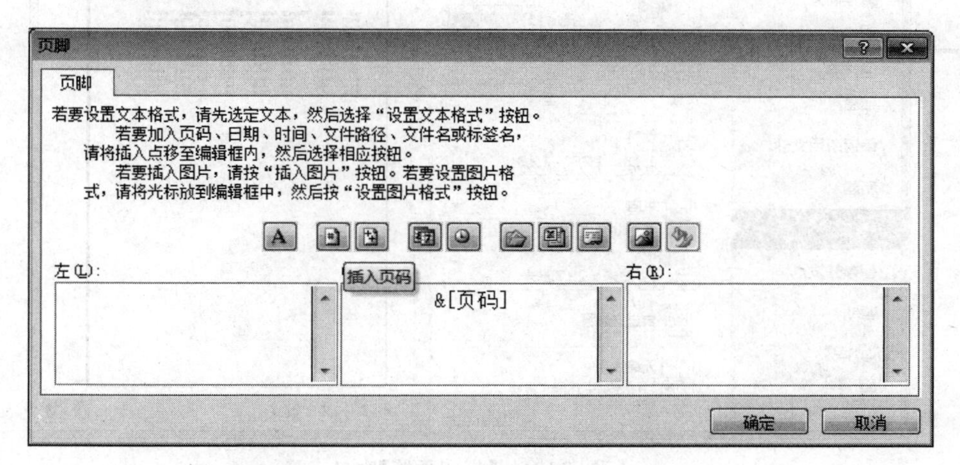

图 4-193　设置页脚

2. 修改页眉、页脚

修改页眉、页脚的方法与插入页眉、页脚的方法相同，只需将【页眉】、【页脚】对话框中的内容更改即可。

3. 删除页眉、页脚

删除页眉、页脚的方法与插入页眉、页脚的方法相同，只需将【页眉】、【页脚】对话框中的内容删除即可。

4.13.2　打印预览

设置的页眉、页脚不显示在普通视图里，可以打印出来；也可以通过单击【视图】选项卡中的【工作簿视图】选项组中的【页面视图】按钮观看设置效果；或通过选择【文件】→【打印】命令，在窗口右侧可以看到如图 4-194 所示的页面设置的预览效果。

在打印预览状态下，右下角有一列命令按钮用于打印预览时的各种操作。其中，【缩放到页面】按钮可放大预览效果。

4.13.3　打印工作表

通过选择【文件】→【打印】命令，可以在窗口中间的列按钮中设置所需的打印设置。主要可能进行以下设置。

【份数】列表：设置打印份数。

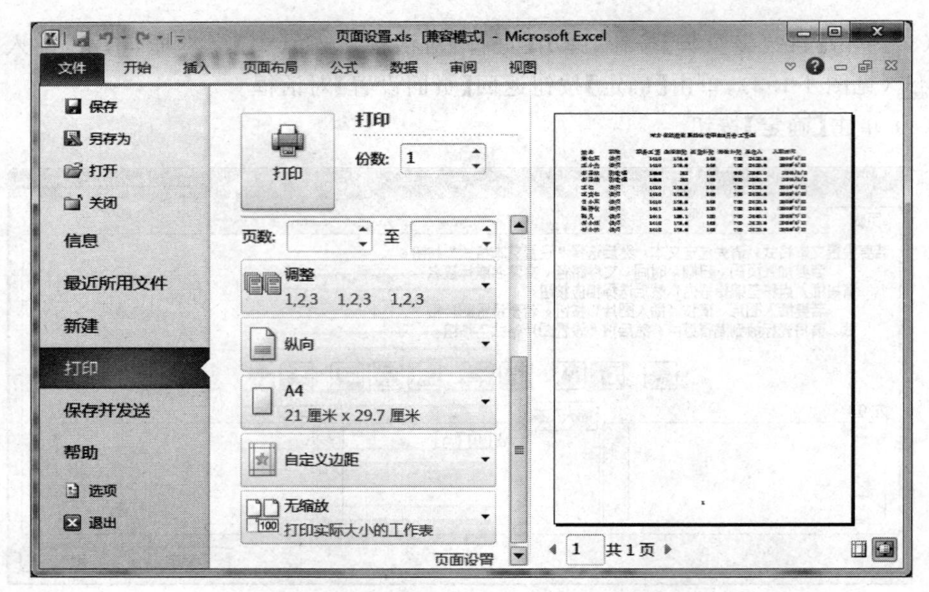

图 4-194 【打印预览】窗口

【设置】列按钮：设置纸张大小、打印页数、打印质量、起始页码、缩放比例和方向等。

【页面设置】列按钮：打开【页面设置】对话框进行相应的设置。

【打印】按钮：将结果输出到打印机，只需单击此按钮即可将当前工作表的全部内容进行打印。

4.14 技能训练

4.14.1 任务要求

轩轩电脑公司在全国设有 6 个销售点，分别位于北京、上海、广州、南京、杭州和成都。2010 年年底，公司销售总监需要了解本年度国内各销售点每月及全年的销售情况，于是委托他的秘书打开工作簿文件分析销售业绩.xlsx，在“销售业绩表”工作表中对公司的销售业绩进行统计分析(见图 4-195)，要求进行以下操作。

(1) 在首行插入一空行，输入标题：“轩轩电脑公司 2010 年销售业绩表”，将标题行水平对齐方式设置为“跨列居中”，字体设为宋体，20 磅，加粗，并填充“细 逆对角线 条纹”、浅绿色的图案。

(2) 在单元格区域 H3:H14 求出每月公司的总销售额。

(3) 利用高级筛选功能在 A16 开始的区域显示各销售点销售额都在 150 000 元以上的记录，条件区域放在 A19 开始的区域。

(4) 根据数据区域 A2:A14 和 H2:H14 制作一个带数据标记的折线图显示各月总销售额变化趋势。

	A	B	C	D	E	F	G	H
1	地区 月份	北京	上海	广州	南京	杭州	成都	合计
2	1月	¥160,055	¥170,345	¥189,512	¥171,245	¥156,421	¥158,542	
3	2月	¥132,303	¥184,560	¥155,412	¥149,514	¥150,145	¥138,412	
4	3月	¥125,502	¥138,947	¥118,217	¥139,120	¥134,125	¥129,450	
5	4月	¥164,250	¥155,870	¥160,245	¥165,130	¥136,845	¥104,215	
6	5月	¥145,370	¥184,216	¥120,478	¥103,236	¥125,712	¥102,548	
7	6月	¥156,120	¥195,742	¥136,847	¥124,578	¥149,687	¥132,023	
8	7月	¥189,620	¥241,036	¥154,962	¥134,562	¥153,624	¥124,502	
9	8月	¥198,745	¥251,487	¥175,246	¥145,231	¥163,204	¥135,462	
10	9月	¥253,640	¥289,745	¥187,456	¥165,428	¥189,751	¥175,628	
11	10月	¥240,450	¥257,413	¥245,124	¥149,475	¥201,479	¥185,621	
12	11月	¥224,870	¥205,748	¥303,654	¥205,238	¥231,478	¥228,451	
13	12月	¥206,750	¥230,210	¥320,367	¥265,248	¥275,416	¥253,241	

图 4-195 操作训练原数据

4.14.2 知识点

此任务突出了本章的学习重点内容，如 Excel 工作表的操作、单元格格式设置、函数、公式复制、图表的制作，完成此项任务涉及的知识点如下：

(1) 插入行，输入数据，设置单元格格式。

(2) 求和函数及公式复制。

(3) 高级筛选。

(4) 制作折线图。

4.14.3 操作步骤

1. 插入行、输入数据、设置单元格格式

(1) 选择第 1 行，右击，在弹出的快捷菜单中选择【插入】命令即可插入一行。

(2) 选择单元格 A1，输入文本“轩轩电脑公司 2010 年销售业绩表”。

(3) 选择单元格区域 A1:H1，选择【开始】→【对齐方式】→【合并后居中】命令，在【开始】→【字体】选项组字体组合框中选择或输入“宋体”，在字号组合框选择或输入“20”，完成单元格格式设置。

(4) 选择单元格区域“A1:H1”，选择【开始】→【字体】或【对齐方式】命令，在弹出的【设置单元格格式】对话框中选择【填充】选项卡，在【图案颜色】下拉列表中选择“浅绿色”，在【图案样式】下拉列表中选择“细 逆对角线 条纹”，单击【确定】按钮。

2. 求和函数及公式复制

(1) 选择单元格区域 B3:G3，单击【公式】→【函数库】中的【Σ 自动求和】按钮。

(2) 选择 H3 单元格，将公式复制到单元格区 H4:H14 单元格区域。

3. 高级筛选

在 A16 单元格开始的区域建立图 4-196 所示的条件区域。

北京	上海	广州	南京	杭州	成都
>150000	>150000	>150000	>150000	>150000	>150000

图 4-196　条件区域

(1) 选择 A18 单元格，选择【数据】→【排序和筛选】→【高级】命令，在弹出对话框进行如下设置。

- 在【方式】框中选择【将筛选结果复制到其他位置】。
- 在【数据区域】文本框中输入数据区域范围“A2:H14”。
- 在【条件区域】文本框中输入条件区域范围“A16:F17”。
- 在【复制到】文本框中输入“A19”。

(2) 单击【确定】按钮。

4. 制作折线图

(1) 选择单元区域 A3:A14，然后按住 Ctrl 键选择单元格区域 H3:H14，释放 Ctrl 键和鼠标按键。

(2) 选择【插入】→【图表】→【折线图】命令，在弹出的下拉菜单【二维折线图】中选择【带数据标记的折线图】即可在当前工作表插入图表。

最后完成的效果如图 4-197 所示。

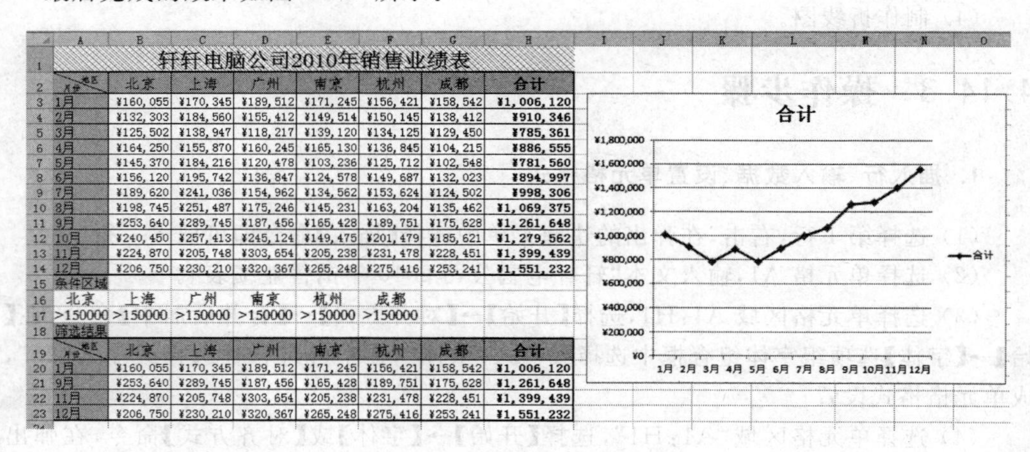

	A	B	C	D	E	F	G	H
1	轩轩电脑公司2010年销售业绩表							
2		北京	上海	广州	南京	杭州	成都	合计
3	1月	¥160,055	¥170,345	¥189,512	¥171,245	¥156,421	¥158,542	¥1,006,120
4	2月	¥132,303	¥184,560	¥155,412	¥149,514	¥150,145	¥138,412	¥910,346
5	3月	¥125,502	¥138,947	¥118,217	¥139,120	¥134,125	¥129,450	¥785,361
6	4月	¥164,250	¥155,870	¥160,245	¥165,130	¥136,845	¥104,215	¥886,555
7	5月	¥145,370	¥184,216	¥120,478	¥103,236	¥125,712	¥102,548	¥781,560
8	6月	¥156,120	¥195,742	¥136,847	¥124,578	¥149,687	¥132,023	¥894,997
9	7月	¥189,620	¥241,036	¥154,962	¥134,562	¥153,624	¥124,502	¥998,306
10	8月	¥198,745	¥251,487	¥175,246	¥145,231	¥163,204	¥135,462	¥1,069,375
11	9月	¥253,640	¥289,745	¥187,456	¥165,428	¥189,751	¥175,628	¥1,261,648
12	10月	¥240,450	¥257,413	¥245,124	¥149,475	¥201,479	¥185,621	¥1,279,562
13	11月	¥224,870	¥205,748	¥303,654	¥205,238	¥231,478	¥228,451	¥1,399,439
14	12月	¥206,750	¥230,210	¥320,367	¥265,248	¥275,416	¥253,241	¥1,551,232
15	条件区域							
16	北京	上海	广州	南京	杭州	成都		
17	>150000	>150000	>150000	>150000	>150000	>150000		
18	筛选结果							
19		北京	上海	广州	南京	杭州	成都	合计
20	1月	¥160,055	¥170,345	¥189,512	¥171,245	¥156,421	¥158,542	¥1,006,120
21	9月	¥253,640	¥289,745	¥187,456	¥165,428	¥189,751	¥175,628	¥1,261,648
22	11月	¥224,870	¥205,748	¥303,654	¥205,238	¥231,478	¥228,451	¥1,399,439
23	12月	¥206,750	¥230,210	¥320,367	¥265,248	¥275,416	¥253,241	¥1,551,232

图 4-197　操作训练完成效果

习　　题

选择题

1. 下列关于 Excel 图表的叙述中，错误的是________。

   A. 选择数据区域时最好选择带表头的一个数据区域

   B. 图表可以放在一个新的工作表中，也可嵌入一个现有的工作表中

C. 当工作表区域中的数据发生变化时，由这些数据产生的图表的形状会自动更新

D. 只能以表格列作为数据系列

2. 为了区别“数字”与“数字字符串”数据，Excel要求在输入项前添加________符号来区别。

A. @　　B. #　　C. '(单引号)　　D. "(双引号)

3. Excel的工作簿窗口最多可包含________张工作表。

A. 1　　B. 16　　C. 8　　D. 255

4. 在Excel中，当用户希望使标题位于表格中央时，可以使用________。

A. 填充　　B. 分散对齐　　C. 置中　　D. 合并及居中

5. 以下选项中，________不属于Excel的主要功能。

A. 表格处理　　B. 文字处理　　C. 图表处理　　D. 数据库管理

6. 下列关于图表的叙述中错误的是________。

A. 当工作表区域中的数据发生变化时，由这些数据产生的图表的形状会自动更新

B. 选择数据区域时最好选择带表头的一个数据区域

C. 只能以表格列作为数据系列

D. 图表可以放在一个新的工作表中，也可嵌入在一个现有的工作表中

7. 在Excel中，将下列概念由大到小(即包含关系)的次序排列，以下选项中排列次序正确的是________。

A. 单元格、工作簿、工作表　　B. 工作簿、单元格、工作表

C. 工作表、工作簿、单元格　　D. 工作簿、工作表、单元格

8. 在Excel工作表中，每个单元格的默认格式为________。

A. 常规　　B. 数字　　C. 文本　　D. 日期

9. 在Excel单元格中输入字符型数据，当宽度大于单元格宽度时正确的叙述是________。

A. 右侧单元格中的数据不会丢失

B. 右侧单元格中的数据将丢失

C. 多余部分会丢失

D. 必须增加单元格宽度后才能录入

10. Excel函数中各参数间的分隔符号一般用________。

A. 空格　　B. 句号　　C. 分号　　D. 逗号

11. 在Excel单元格中输入数值−0.14，错误的输入方法是________。

A. −.14　　B. (.14)　　C. −0.14　　D. (−.14)

12. 已知单元格A1、B1、C1、A2、B2、C2中分别存放数值1、2、3、4、5、6，单元格D1中存放着公式=A1+$B$1+C1，此时将单元格D1复制到D2，则D2中的结果为________。

A. 6　　B. 12　　C. 15　　D. #REF

13. 饼图常用于表示_________。

A. 数据大小比较　　B. 数据变化趋势

C. 数据分布情况　　D. 局部占整体的百分比

14. 在单元格中输入数值和文字数据,默认的对齐方式是________。

A. 全部左对齐

B. 全部右对齐

C. 数值为左对齐,文字数值为右对齐

D. 数值为右对齐,文字数值为左对齐

15. 对单元格数据的字体和大小设定,下列叙述中,正确的是________。

A. 日期型数据不能改变字体和大小

B. 数值型数据不能改变字体和大小

C. 时间型数据不能改变字体和大小

D. 字符型数据允许改变其中一部分字符的字体和大小

16. 下面关于图表与数据源关系的叙述中,正确的是________。

A. 图表中的标记对象会随数据源中的数据变化而变化

B. 数据源中的数据会随着图表中标记的变化而变化

C. 删除数据源中某单元格的数据时,图表中某数据点也会随之被自动删除

D. 所有选项都正确

17. 当向 Excel 工作表单元格输入公式时,使用单元格地址 D$2 引用 D 列 2 行单元格,该单元格的引用称为________。

A. 绝对地址引用　　B. 相对地址引用

C. 交叉地址引用　　D. 混合地址引用

18. 在 Excel 中,下列________是输入正确的公式形式。

A. ='c7+c1　　B. ==sumd1:d2　　C. >=b2*d3+1　　D. =8^2 0001

19. Excel 的主要功能不包括________。

A. 表格处理　　B. 数据库管理　　C. 图表处理　　D. 文字处理

20. 下列数据中,Excel 默认________为文本型数据。

A. '103　　B. 2.6E+3　　C. 0.28　　D. 1 455

第 5 章　制作演示文稿

PowerPoint 是 Office 软件包的一个重要组成部分。它在 Microsoft Windows 环境下运行，使人们可以利用计算机方便地进行学术交流、产品演示、工作汇报和情况介绍，是信息社会中人们进行信息交流的有效工具。

本章将会详细介绍 PowerPoint 2010 演示文稿的常用术语、基本操作方法、演示文稿的格式化、动画设计、超链接技术、应用设计模板和演示文稿放映等内容，并通过案例分析和讲解，将知识融入案例中，达到熟练操作演示文稿的目的。

5.1 PowerPoint 概述

5.1.1 PowerPoint 的功能

用 PowerPoint 制作的文稿是一种电子文稿，其核心是一套可以在计算机屏幕上演示的幻灯片。幻灯片页面中允许包含的元素有文字、表格、图片、图形、动画、声音、影片、FLASH 动画和动作按钮等，每个元素均可任意进行选择、组合、添加、删除、复制、移动、设置动画效果和动作设置等编辑操作。另外，PowerPoint 还提供了多种不同的放映方式，用户可根据需要选择或自行设置幻灯片放映方式，使自己的观点发挥得更加淋漓尽致。

利用 PowerPoint 不仅可以制作出包含文字、图形、声音和各种视频图像的多媒体演示文稿，还可以创建高度交互式的演示文稿，既可以在通用的幻灯机上使用，也可以在与计算机相连的大屏幕投影仪上直接演示，甚至可以通过计算机网络进行演示。这种电子文稿的交流方式在当今极为流行。采用 PowerPoint 进行信息交流可以将所要讲述的信息最大限度地可视化。丰富多彩的幻灯片使别人感觉到听报告简直就是一种艺术享受，在这一过程中，使人们接受所表达的信息的效率得到大幅度的提高，有助于听众了解讲述者的意向，从而使讲述者得到广泛的支持。

5.1.2 PowerPoint 的术语

PowerPoint 中有一些该软件特有的术语，对这些术语的掌握可以帮助学习者更好地理解和学习 PowerPoint。

(1) 演示文稿。一个演示文稿就是一个文档,PowerPoint 文件的扩展名为.ppt。一个演示文稿由若干张“幻灯片”组成。制作一个演示文稿的过程就是依次制作每一张幻灯片的过程。

(2) 幻灯片。视觉形象页,幻灯片是演示文稿的一个个单独的部分。每张幻灯片就是一个单独的屏幕显示。制作一张幻灯片的过程就是在幻灯片中添加和排列每一个被指定对象的过程。

(3) 对象。是可以在幻灯片中出现的各种元素,可以是文字、图形、表格、图表、声音和影像等。

(4) 版式。是各种不同占位符在幻灯片中的“布局”。版式包含了要在幻灯片上显示的全部内容的格式设置、位置和占位符。

(5) 占位符。是首先占住版面中一个固定的位置,供用户向其中添加内容。显示为带有虚线或影线标记边框的区域,虚框内部有“单击此处添加标题”之类的提示,单击时提示语会自动消失,它是绝大多数幻灯片版式的组成部分。这些虚框中可添加如文本(包括正文文本、项目符号列表和标题)、表格、图表、SmartArt 图形、影片、声音、图片及剪贴画等内容。

(6) 幻灯片母版。是指幻灯片的外观设计方案,它存储了有关幻灯片的主题和幻灯片版式的所有信息,包括背景、颜色、字体、效果、占位符大小和位置,也包括为幻灯片特定添加的对象。母版中的信息一般是共有的信息,改变母版中的信息可统一改变演示文稿的外观。

(7) 模板。模板是指预先定义好格式、版式和配色方案的演示文稿。PowerPoint 模板是扩展名为.potx 的一张幻灯片或一组幻灯片的图案或蓝图。模板可以包含版式、主题颜色、主题字体、主题效果和背景样式,甚至还可以包含内容等。

5.1.3 PowerPoint 的启动与退出

1. 启动 PowerPoint

安装完 PowerPoint 之后,它的名字会自动添加到【开始】菜单中,PowerPoint 的快捷方式图标也会在桌面显示(如果在安装时选择了在桌面上创建快捷方式),可以利用它们启动 PowerPoint。下面介绍两种启动 PowerPoint 的常用方法。

(1) 从【开始】菜单。选择【开始】→【所有程序】→Microsoft Office→Microsoft PowerPoint 2010 命令。

(2) 如果桌面上有 PowerPoint 的快捷方式图标,则双击该快捷方式图标直接进入。

用以上两种方式启动 PowerPoint 后,系统将打开 PowerPoint 应用程序窗口,并自动创建一个默认设计模板的 PPT 电子演示文稿文件。

2. 退出 PowerPoint

当完成了演示文稿的编辑以后,需要存盘退出,退出 PowerPoint 可以有以下几种方法。

(1) 选择【文件】→【退出】命令。

(2) 单击 PowerPoint 标题栏右上角的【关闭】按钮。

(3) 按 Alt+F4 组合键。

(4) 双击 PowerPoint 标题栏左上角的控制菜单按钮。

(5) 在标题栏的空白处右击,在弹出的快捷菜单中选择【关闭】命令。

当对演示文稿进行了操作,且在退出之前没有保存文件时,PowerPoint 会显示一个消息框,询问是否在退出之前保存文件。单击【是】按钮,保存所进行的修改(如果没有给演示文稿命名,还会出现【另存为】对话框,让用户给演示文稿命名。在【另存为】对话框中输入新名字之后,单击【保存】按钮);单击【否】按钮,不保存所进行的修改。

5.1.4 PowerPoint 的应用程序窗口与视图方式

1. PowerPoint 的窗口

启动 PowerPoint 以后,系统会自动新建一个空白演示文稿,如图 5-1 所示。这便是 PowerPoint 的基本操作界面。它主要由标题栏、【文件】按钮、快速访问工具栏、选项卡、功能区、【大纲】和【幻灯片】窗格、幻灯片编辑窗格、备注页窗格和状态栏等部分组成。

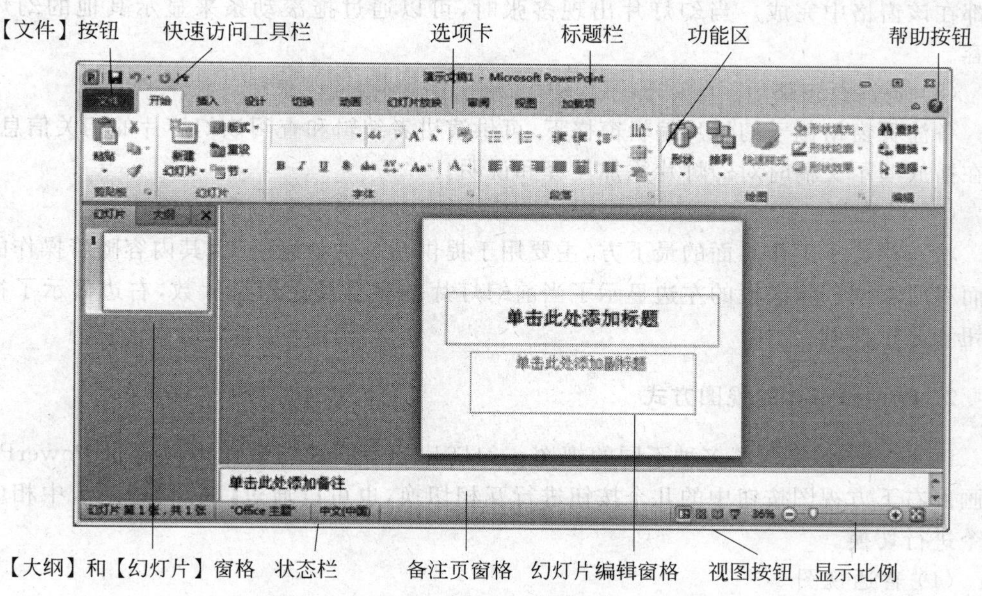

图 5-1 PowerPoint 2010 窗口(普通视图)

(1) 标题栏

标题栏位于工作界面的顶端,其中自左至右显示的是 PowerPoint 控制菜单按钮、快速访问工具栏、当前正在编辑的文档名称"演示文稿 1"、应用程序名称"Microsoft PowerPoint"、【最小化】按钮、【最大化/还原】按钮和【关闭】按钮。

(2)【文件】按钮(选项卡)

位于标题栏下,单击【文件】按钮(选项卡),可以在打开的菜单中,针对文档进行新建、打开、保存、打印等操作。

(3) 快速访问工具栏

快速访问工具栏位于界面的标题栏中,从左向右包括保存按钮、撤销按钮、重复按钮以及扩展按钮。

(4) 选项卡

在【文件】按钮右侧排列了8个选项卡,都是针对文档内容操作的。单击不同的选项卡,可以得到不同的操作设置选项。

(5) 功能区

单击某个选项卡可以打开相应的功能区,功能区显示不同选项卡中包含的操作命令组。例如,【开始】选项卡中主要包括了剪贴板、字体、段落、样式等功能区。在功能区操作命令组右下角带有"↘"标记的按钮表示有命令设置对话框。

(6)【大纲】和【幻灯片】窗格

【大纲】和【幻灯片】窗格位于【幻灯片编辑】窗格的左侧,包括【大纲】和【幻灯片】两个选项卡,选择不同的选项卡可在不同的窗格来回切换。

(7) 幻灯片编辑窗格

幻灯片编辑窗格是PowerPoint中最大也是最重要的部分,关于幻灯片编辑的所有操作都在该窗格中完成。当幻灯片出现多张时,可以通过拖滚动条来显示其他的幻灯片内容。

(8) 备注页窗格

备注页窗格位于幻灯片编辑窗格下,可供演讲者编辑和查阅该幻灯片的相关信息,以及在播放演示文稿时对幻灯片添加注释和说明。

(9) 状态栏

状态栏位于工作界面的最下方,主要用于提供系统的状态信息,其内容随着操作的不同而有所不同。状态栏的左边显示了当前幻灯片的序号及总幻灯片数,右边显示了视图按钮和显示比例。

2. PowerPoint 的视图方式

PowerPoint提供了多种不同的视图。幻灯片的不同视图模式可以通过PowerPoint主画面右下方视图按钮中的几个按钮进行互相切换,也可以通过【视图】选项卡中相应的命令进行切换。

(1) 普通视图

普通视图是主要的编辑视图,可用于撰写或设计演示文稿,如图5-1所示。该视图有3个工作区域:左侧为可在幻灯片文本大纲(【大纲】选项卡)和幻灯片缩略图(【幻灯片】选项卡)之间切换的选项卡;右侧为幻灯片窗格,以大视图显示当前幻灯片;底部为备注页窗格(备注页窗格是在普通视图中输入幻灯片备注的窗格,可将这些备注打印为备注页,或在将演示文稿保存为网页时显示它们)。

①【大纲】选项卡。在大纲窗体中显示幻灯片文本,此区域是开始撰写内容(捕获灵感、计划如何展示这些文本以及如何移动幻灯片和文本)的主要地方。

② 【幻灯片】选项卡。编辑时切换到此选项卡，从而以缩略图大小的图形在演示文稿中观看幻灯片。使用缩略图能更方便地通过演示文稿导航并观看设计更改的效果。也可以重新排列、添加或删除幻灯片。

③ 幻灯片窗格。在大视图中显示当前幻灯片，可以添加文本，插入图片、表格、图表、绘图对象、文本框、电影、声音、超链接和动画。

④ 备注窗格。添加与每个幻灯片的内容相关的备注，并且在放映演示文稿时将它们用作打印形式的参考资料，或者创建希望让观众以打印形式或在网页上看到的备注。

当窗格变窄时，【大纲】和【幻灯片】选项卡变为显示图标，通过拖动边框可调整选项卡和窗格的大小。如果仅希望在编辑窗口中观看当前幻灯片，可以单击右上角的【关闭】按钮关闭选项卡。

(2) 幻灯片浏览视图

幻灯片浏览视图是以缩略图形式显示幻灯片的视图。幻灯片浏览视图如图 5-2 所示。

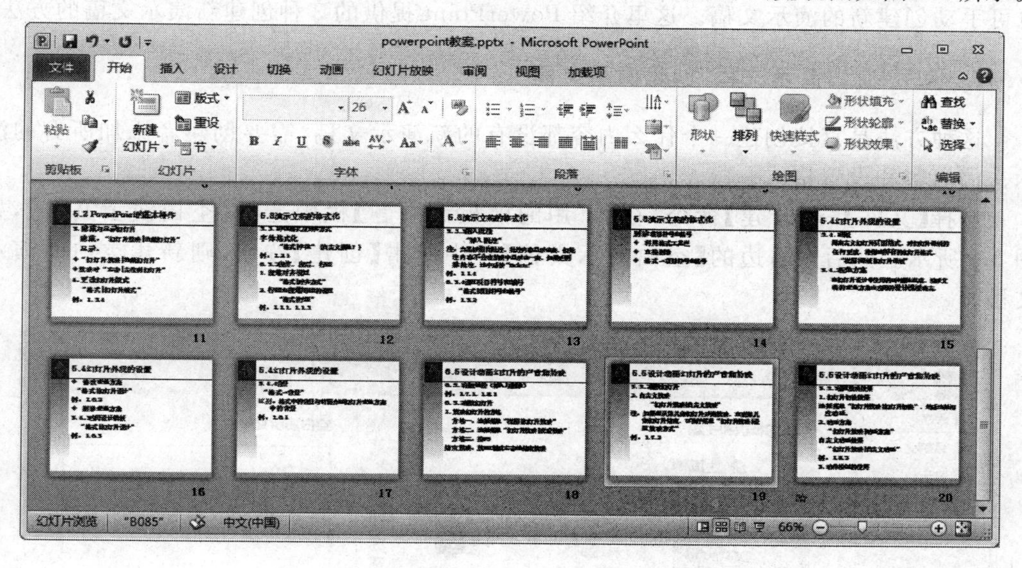

图 5-2 幻灯片浏览视图

结束创建或编辑演示文稿后，幻灯片浏览视图显示演示文稿的整个图片，使重新排列、添加或删除幻灯片以及预览切换和动画效果都变得很容易。

(3) 阅读视图

阅读视图用于加强对幻灯片的查看效果，加强幻灯片的阅读体验。在此模式下，能够像幻灯片放映一样查看幻灯片。可以通过右下角的视图按钮切换到其他视图模式。

(4) 幻灯片放映视图

幻灯片放映视图占据整个计算机屏幕，就像对演示文稿进行真正的幻灯片放映。在这种全屏幕视图中，所看到的演示文稿就是将来观众所看到的。可以看到图形、时间、影片、动画元素以及将在实际放映中看到的切换效果。

(5) 备注页视图

备注页视图是用于给幻灯片添加备注的视图模式。选择【视图】选项卡的【演示文稿视图】功能区中的【备注页】命令,可进入备注页视图模式。

(6) 母版视图

母版视图包括幻灯片母版视图、讲义母版视图和备注母版视图。它们是存储有关演示文稿信息的主要幻灯片,其中包括背景、颜色、字体、效果、占位符大小和位置。

5.2 PowerPoint 演示文稿的基本操作

5.2.1 创建新的演示文稿

启动 PowerPoint 后,系统会自动创建一个文件名为“演示文稿 1”的空白演示文稿,也可手动创建新的演示文稿。这里介绍 PowerPoint 提供的 3 种创建新演示文稿的方法。

1. 使用“空白演示文稿”创建演示文稿

这种方法是直接创建一个什么内容都没有的新演示文稿,需要创建者添加所有的演示文稿内容和设置格式。

选择【文件】→【新建】命令,在【可用的模板和主题】栏中选择【空白演示文稿】,如图 5-3 所示。然后在右边的【空白演示文稿】栏中单击【创建】按钮,则新建空白的演示文稿。

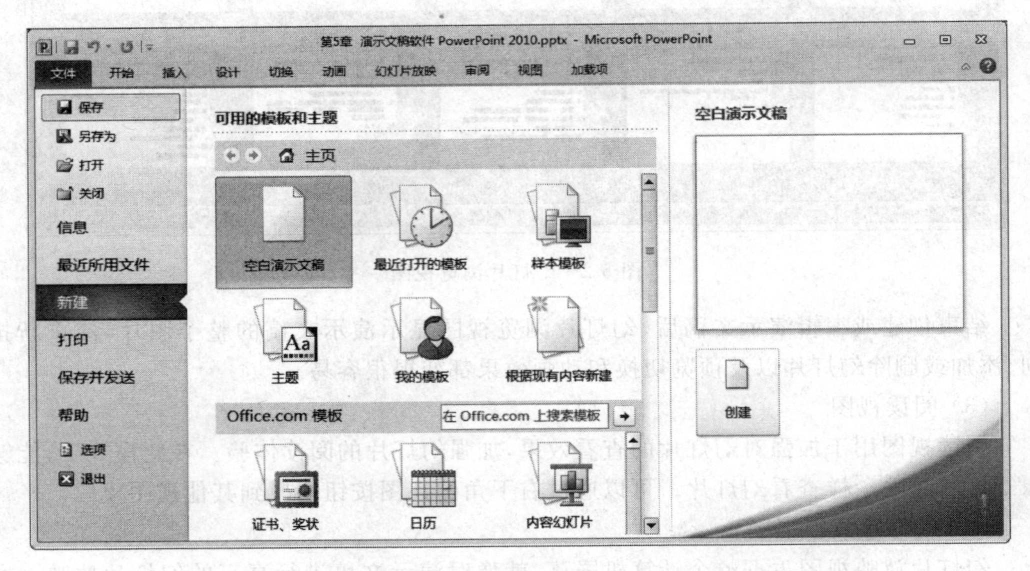

图 5-3 新建空白演示文稿

2. 根据现有内容创建演示文稿

根据现有演示文稿新建演示文稿,就是直接打开原来已经创建好的演示文稿,直接在其中进行内容和格式的修改，然后另存为一个新的文档。这大大地提高了演示文稿的制作效率。

选择【文件】→【新建】命令，在【可用的模板和主题】栏中选择【根据现有内容新建】。在打开的【根据现有演示文稿新建】对话框中，展开【查找范围】下拉列表，选择欲打开的现有演示文稿的位置，然后选中要打开的演示文稿文档，单击【新建】按钮即可。

3. 利用样本模板和主题创建演示文稿

利用模板创建演示文稿，即允许用户从开始就为演示文稿选择主题和配色方案。PowerPoint 中有很多样式和主题以丰富演示文稿的效果。利用其创建新演示文稿的步骤如下：

(1) 选择【文件】→【新建】命令，在【可用的模板和主题】栏中选择【样本模板】选项。

(2) 单击中间【可用的模板和主题】栏中的垂直滚动条浏览样本模板，选择其中之一，如【都市相册】，然后单击右边的【培训】栏中的【创建】按钮。即可在幻灯片编辑窗格中看到新创建的【都市相册】演示文稿。

5.2.2　打开已有的演示文稿

启动 PowerPoint 后，要想打开已有的演示文稿，有以下 3 种方法。

(1) 选择【文件】→【打开】命令，在【打开】对话框中的【查找范围】下拉列表中选择所要打开的演示文稿，单击【打开】按钮即可。

(2) 在演示文稿中直接按 Ctrl＋O 组合键，也可以打开【打开】对话框。

(3) 在所在路径中找到要打开的演示文稿文档，双击该文档，同样可以将演示文稿打开。

5.2.3　保存演示文稿

在退出 PowerPoint 之前一定要对该文件保存，保存的方法有如下几种。

(1) 对于新建的演示文稿，可选择【文件】→【保存】命令。或者单击快速访问工具栏中的【保存】按钮，将弹出【另存为】对话框，在【浏览文件夹】中选择演示文稿的保存位置，在【文件名】文本框中输入演示文稿的保存名称，并单击【保存类型】下拉列表，从中选择演示文稿的保存类型。

(2) 对于已经保存过的文档，可选择【文件】→【保存】命令或者单击快速访问工具栏中的【保存】按钮，演示文稿将以原文件名原位置存盘。如果打算换名或换位置存放，可选择【文件】→【另存为】命令再进行对应的操作。需要注意的是，如果换名保存现有文档后，则将新生成一个该名字的文档，而原来打开的文档将被关闭，且对其内容不做任何修改。

(3) PowerPoint 2010 还提供了一种自动保存的方法，让软件定时对文档进行自动保存，这样可以进一步避免数据信息的丢失。选择【文件】→【选项】命令。打开【PowerPoint 选项】对话框，选择【保存】选项卡，在【保存演示文稿】栏选中【保存自动回复信息事件间隔】复选框,然后在后面的文本框中输入保存时间,单击【确定】按钮即可。建议自动保存时间间隔为5～10分钟。

PowerPoint演示文稿文件存储的默认格式是pptx。此外,还可以保存为其他格式。演示文稿常用的文件格式如表5-1所示。

表5-1 演示文稿常用的文件格式

保存为文件类型	扩展名	用于保存
PowerPoint 演示文稿	.pptx	PowerPoint 2010 或 PowerPoint 2007 演示文稿默认为支持 XML 的文件格式
启用宏的 PowerPoint 演示文稿	.pptm	包含 Visual Basic for Applications (VBA)代码的演示文稿
PowerPoint 97—2003 演示文稿	.ppt	可以在早期版本的 PowerPoint(从 97 到 2003)中打开的演示文稿
PDF 文档格式	.pdf	由 Adobe Systems 开发的基于 PostScript 的电子文件格式,该格式保留了文档格式并允许共享文件
XPS 文档格式	.xps	一种新的电子文件格式,用于以文档的最终格式交换文档
PowerPoint 设计模板	.potx	可用于对将来的演示文稿进行格式设置的 PowerPoint 2010 或 PowerPoint 2007 演示文稿模板
启用宏的 PowerPoint 设计模板	.potm	包含预先批准的宏的模板,这些宏可以添加到模板中以便在演示文稿中使用
PowerPoint 97—2003 设计模板	.pot	可以在早期版本的 PowerPoint(从 97 到 2003)中打开的模板
Office 主题	.thmx	包含颜色主题、字体主题和效果主题的定义的样式表
PowerPoint 放映	.pps .ppsx	始终在幻灯片放映视图(而不是普通视图)中打开的演示文稿
启用宏的 PowerPoint 放映	.ppsm	包含预先批准的宏的幻灯片放映,可以从幻灯片放映中运行这些宏
PowerPoint 97—2003 放映	.ppt	可以在早期版本的 PowerPoint(从 97 到 2003)中打开的幻灯片放映
PowerPoint 加载项	.ppam	用于存储自定义命令、Visual Basic for Applications (VBA)代码和特殊功能(例如加载项)的加载项
PowerPoint 97—2003 加载项	.ppa	可以在 PowerPoint 97 到 Office PowerPoint 2003 中打开的加载项
Windows Media 视频	wmv	另存为视频的演示文稿。PowerPoint 2010 演示文稿可按高质量(1 024 像素×768 像素,30 帧/秒)、中等质量(640 像素×480 像素,24 帧/秒)和低质量(320 像素×240 像素,15 帧/秒)进行保存 WMV 文件格式可在诸如 Windows Media Player 之类的多种媒体播放器上播放

续表

保存为文件类型	扩展名	用 于 保 存
GIF(图形交换格式)	.gif	作为用于网页图形的幻灯片 GIF 文件格式最多支持 256 色。因此,此格式更适合扫描图像(如插图)。GIF 还适用于直线图形、黑白图像以及只有几个像素的小文本。GIF 支持动画和透明背景
JPEG(联合图像专家组)文件格式	.jpg	作为用于网页图形的幻灯片 JPEG 文件格式支持 1 600 万种颜色,最适于照片和复杂图像
PNG(可移植网络图形)格式	.png	作为用于网页图形的幻灯片 万维网联合会(W3C)已批准将 PNG 作为一种替代 GIF 的标准。PNG 不像 GIF 那样支持动画,某些旧版本的浏览器不支持此文件格式
TIFF(Tag 图像文件格式)	.tif	作为用于网页图形的幻灯片 TIFF 是用于在个人计算机上存储为映射图像的最佳文件格式。TIFF 图像可以采用任何分辨率,可以是黑白、灰度或彩色
设备无关位图	.bmp	作为用于网页图形的幻灯片 位图是一种表示形式,包含由点组成的行和列以及计算机内存中的图形图像。每个点的值(不管它是否填充)存储在一个或多个数据位中
Windows 图元文件	.wmf	作为 16 位图形的幻灯片(用于 Microsoft Windows 3.x 和更高版本)
增强型 Windows 元文件	.emf	作为 32 位图形的幻灯片(用于 Microsoft Windows 95 和更高版本)
大纲/RTF	.rtf	演示文稿大纲为纯文本文档,可提供更小的文件大小,并能够和不同版本的 PowerPoint 或操作系统的其他人共享不包含宏的文件。使用这种文件格式不会保存备注窗格中的任何文本
OpenDocument 演示文稿	.odp	可以保存 PowerPoint 2010 文件,以便可以在使用 OpenDocument 演示文稿格式的演示文稿应用程序(如 Google Docs 和 OpenOffice.org Impress)中将其打开。也可以在 PowerPoint 2010 中打开 .odp 格式的演示文稿。保存和打开 .odp 文件时,可能会丢失某些信息

存储演示文稿时,不但要注意保存类型的选择,同时还要注意 PowerPoint 版本之间的差别。一般保存 PowerPoint 文件时,当要将 PowerPoint 文件保存为其他版本的文件时,要遵循较高版本 PowerPoint 软件向下兼容较低版本的原则;反之,较低版本的 PowerPoint 软件则不能打开或不兼容较高版本的 PowerPoint 文件。

5.2.4 关闭演示文稿

当演示文稿文档编辑结束时，需要将其关闭。选择【文件】→【关闭】命令，即关闭当前的演示文稿。注意，使用此命令只是关闭当前文档，而PowerPoint程序并没有关闭。

例5-1 创建一个“学院简介”的演示文稿，文件名为“简介.pptx”，为其制作标题幻灯片。

操作步骤：首先创建一个空白演示文稿，方法可选择直接启动PowerPoint，即创建了文件名为“演示文稿1”的空白演示文稿，此时的演示文稿已经有一张幻灯片了，这张幻灯片就是标题幻灯片，其含有两个占位符：标题占位符与副标题占位符，我们可以在占位符中输入对应文字，具体方法见例5-3。最后选择【文件】→【保存】命令，在【另存为】对话框中输入题目要求的文件名。

5.2.5 管理幻灯片

使用PowerPoint制作的演示文稿一般都由多张幻灯片组成，因此，对演示文稿也就是对各张幻灯片的管理就显得尤为重要。如在编辑演示文稿时，经常需要进行添加新幻灯片、复制幻灯片、调整幻灯片顺序和删除幻灯片等的操作。完成这些操作最方便的是在幻灯片浏览视图中进行，小范围或少量的幻灯片操作也可以在普通视图中完成。

1. 选择幻灯片

在PowerPoint中，可以一次选中一张幻灯片，也可以同时选中多张幻灯片，然后对选中的幻灯片进行操作。

(1) 选择单张幻灯片。无论是在普通视图下的【大纲】或【幻灯片】选项卡中，还是在幻灯片浏览视图中，只需单击目标幻灯片，即可选中该张幻灯片。

(2) 选择连续的多张幻灯片。单击起始编号的幻灯片，然后按住Shift键，再单击结束编号的幻灯片，此时将有多张幻灯片被同时选中。在幻灯片浏览视图中，还可以直接在幻灯片之间的空隙中按下鼠标左键并拖动，此时鼠标划过的幻灯片都将被选中。

(3) 选择不连续的多张幻灯片。在按住Ctrl键的同时，依次单击需要选择的每张幻灯片，此时被单击的多张幻灯片同时选中。在按住Ctrl键的同时再次单击已被选中的幻灯片，则该幻灯片被取消选择。

2. 添加幻灯片

要添加一张新的幻灯片可采用以下几种方法。

(1) 打开【开始】选项卡，在【幻灯片】组中单击【新建幻灯片】按钮，即可添加一张默认版式的幻灯片。

(2) 当需要应用其他版式时，单击【新建幻灯片】按钮右下方的下拉箭头，在弹出的下拉菜单中选择需要的版式，即可将其应用到当前幻灯片中。

(3) 在幻灯片预览窗格中，选择一张幻灯片，按下 Enter 键，将在该幻灯片的下方添加一张新的幻灯片。

(4) 在【大纲】和【幻灯片】窗格中右击，在出现的快捷菜单中选择【新建幻灯片】命令。

3. 更改幻灯片版式

PowerPoint 提供了多个内置的幻灯片版式，用户可以对其进行选择和更改。

操作步骤如下：

(1) 选择需要更改版式的幻灯片。

(2) 选择【开始】→【幻灯片】→【版式】命令，在打开的下拉列表中选择需要的版式即可。

例 5-2 打开例 5-1 创建的演示文稿“简介.pptx”，为其添加第 2 张幻灯片，要求其版式为“两栏内容”。

有两种方法可以实现。

第一种方法是单击【新建幻灯片】按钮右下方的下拉箭头，在弹出的下拉菜单中选择“两栏内容”版式。

第二种方法是直接单击【新建幻灯片】按钮，此时新建的幻灯片的版式为“标题和内容”，再单击【版式】按钮，在弹出的下拉菜单中选择“两栏内容”版式，如图 5-4 所示，以实现对新幻灯片版式的更改。

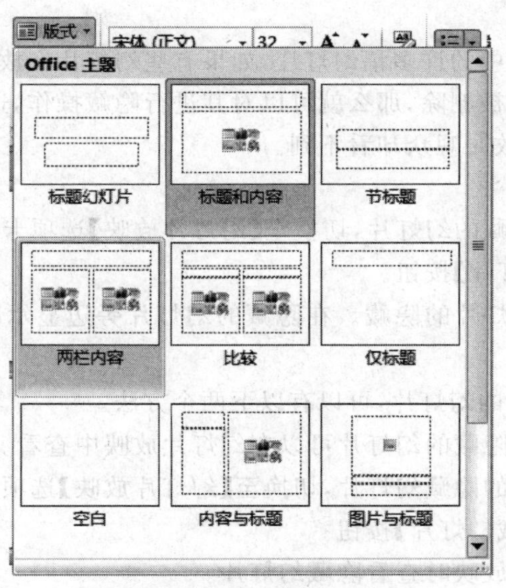

图 5-4 更改版式

4. 移动、复制、粘贴幻灯片

通常一个演示文稿包含多个幻灯片。可以对幻灯片进行复制与移动，并安排一个更加合适的顺序。

(1) 复制幻灯片

在制作演示文稿时，有时会需要两张内容基本相同的幻灯片。此时，可以利用幻灯片的

复制功能,复制出一张相同的幻灯片,然后对其进行适当的修改。复制幻灯片的方法如下:

① 选中需要复制的幻灯片,选择【开始】→【剪贴板】→【复制】命令,或者直接右击,选择【复制】命令。

② 在需要插入幻灯片的位置单击,然后选择【开始】→【剪贴板】→【粘贴】命令,或者直接右击并选择【粘贴】命令。

复制幻灯片也可用鼠标拖动实现:首先选中要调整的幻灯片,然后在按住 Ctrl 键的同时按住鼠标左键将其拖放到适当的位置即可。

(2) 移动幻灯片

在制作演示文稿时,如果需要重新排列幻灯片的顺序,就需要移动幻灯片。移动幻灯片的方法如下:

① 选中需要移动的幻灯片,选择【开始】→【剪贴板】→【剪切】命令,或者直接右击,选择【剪切】命令。

② 在需要移动的目标位置单击,然后选择【开始】→【剪贴板】→【粘贴】命令,或者直接右击,选择【粘贴】命令。

移动幻灯片也可以用鼠标拖动的方法:选中要调整的幻灯片,直接按住鼠标左键将其拖放到适当的位置即可。

5. 隐藏幻灯片

对于一个演示文稿中的许多幅幻灯片,如果有些幻灯片在放映时不想让它们出现,但是又不希望这些幻灯片被删除,那么就可以对其进行隐藏操作,这样编辑时可以看到这些被隐藏的幻灯片,而播放时观众却看不到。

操作步骤如下:

(1) 选择要进行隐藏的幻灯片,切换至【幻灯片放映】选项卡。

(2) 单击【隐藏幻灯片】按钮。

(3) 完成对所选幻灯片的隐藏。在隐藏的幻灯片旁边显示隐藏幻灯片的图标,图标中的数字为幻灯片编号。

若要重新显示隐藏的幻灯片,可以有以下两个方法。

方法一:重新设置隐藏的幻灯片可以在幻灯片放映中查看。

(1) 选择需要显示的隐藏幻灯片,切换至【幻灯片放映】选项卡。

(2) 再次单击【隐藏幻灯片】按钮。

方法二:在幻灯片放映时查看隐藏幻灯片。

(1) 在幻灯片放映时右击任意幻灯片。

(2) 选中【定位到幻灯片】,括号内数字表示隐藏幻灯片的编号。

(3) 单击要查看的幻灯片即可。

6. 删除幻灯片

删除幻灯片的方法主要有以下几种。

(1) 选中需要删除的幻灯片,直接按下 Delete 键。

(2) 右击需要删除的幻灯片,从弹出的快捷菜单中选择【删除幻灯片】命令。

(3) 选中幻灯片,选择【开始】→【剪贴板】→【剪切】命令。

5.2.6 制作幻灯片

演示文稿制作后,可以对其中的幻灯片进行具体的编辑和美化操作,这些操作包括向幻灯片中输入不同的内容、设置不同的格式,以及对幻灯片整体进行的操作等。

在幻灯片普通视图中,用户能集中精力于一张幻灯片上,输入和编辑文本,还可绘图、插入和编辑图形对象。下面以实例说明。

1. 输入和编辑文本

在 PowerPoint 中,不能直接在幻灯片中输入文本,只能通过占位符或文本框来添加。

(1) 在文本占位符中输入文本

例 5-3 打开例 5-1 创建的演示文稿"简介. pptx",为其第一张幻灯片的标题占位符输入学校名称"广东松山职业技术学院",在副标题占位符中输入"概况简介"。

操作步骤:单击文本占位符,占位符的虚线框变成粗边线的矩形框,原有文本消失,同时在文本框中出现一个闪烁的"I"形插入光标,表示可以直接输入文本内容,此时可输入题目要求的文本;输入完毕后,单击文本占位符以外的地方即可结束输入,占位符的虚线框消失,效果如图 5-5 所示。

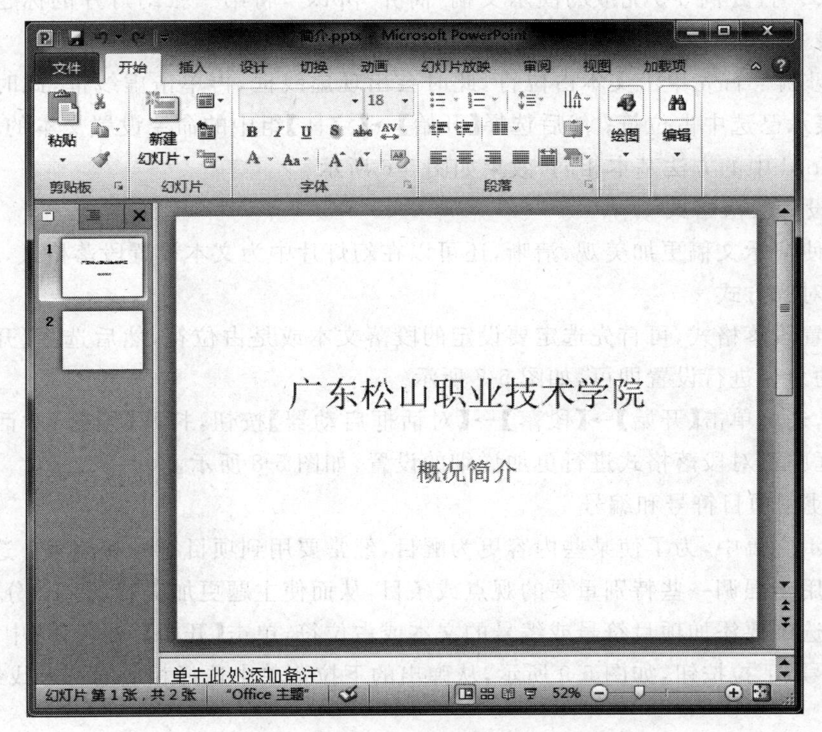

图 5-5 输入文字后的幻灯片

注意：输入文本时，PowerPoint会自动将超出占位符位置的文本切换到下一行，用户也可按Shift＋Enter组合键进行人工换行。若要另起一个段落可直接按Enter键。

(2) 在文本框中输入文本

如果要在占位符外插入文字，就必须先添加文本框。文本框的操作方法与Word类似。

例5-4 在图5-4的副标题“概况简介”下面插入横排文本框，并添加文字“制作：学院团委”。

操作步骤如下：

① 选择【插入】→【文本】→【文本框】命令，在下拉菜单中选择【横排文本框】。

② 移动鼠标到幻灯片上，按住鼠标左键拖动鼠标来确定文本框的宽度。在文本框的宽度达到要求时，放开鼠标左键，此时在文本框中会出现一个闪烁的插入点，表明可以输入文字。

③ 在文本框中输入文本，然后单击文本框之外的任何地方。

(3) 设置文本格式

为了使演示文稿更加美观、清晰，通常需要对文本属性进行设置。文本的基本属性设置包括字体、字形、字号及字体颜色等设置。在PowerPoint中，当幻灯片应用了版式后，幻灯片中的文字也具有预先定义的属性。但在很多情况下，用户仍然需要按照自己的要求对它们重新进行设置。

例5-5 打开例5-3完成的演示文稿“简介.pptx”，将第一张幻灯片的标题文本设置格式为“隶书，48号”；副标题文本格式设置为“华文隶书，黑色”。

操作步骤：首先单击文本占位符，此时会出现虚线框，再单击虚线框，此时虚线会变成实线，表示已选中占位符；然后选择【开始】→【字体】组中的命令设置文本的对应格式，方法与Word中的方法基本相同，效果如图5-6所示。

(4) 设置段落格式

为了使演示文稿更加美观、清晰，还可以在幻灯片中为文本设置段落格式，如缩进值、间距值和对齐方式。

要设置段落格式，可首先选定要设定的段落文本或是占位符，然后选择【开始】→【段落】组中的命令进行设置即可，如图5-7所示。

另外，还可单击【开始】→【段落】→【对话框启动器】按钮，打开【段落】对话框，在【段落】对话框中可对段落格式进行更加详细的设置，如图5-8所示。

(5) 使用项目符号和编号

在演示文稿中，为了使某些内容更为醒目，经常要用到项目符号和编号。这些项目符号和编号用于强调一些特别重要的观点或条目，从而使主题更加美观、突出、分明。

首先选中要添加项目符号或编号的文本或占位符，单击【开始】→【段落】中的【项目符号】或【编号】下拉按钮，如图5-9所示，从弹出的下拉菜单中选择相应的符号或编号。

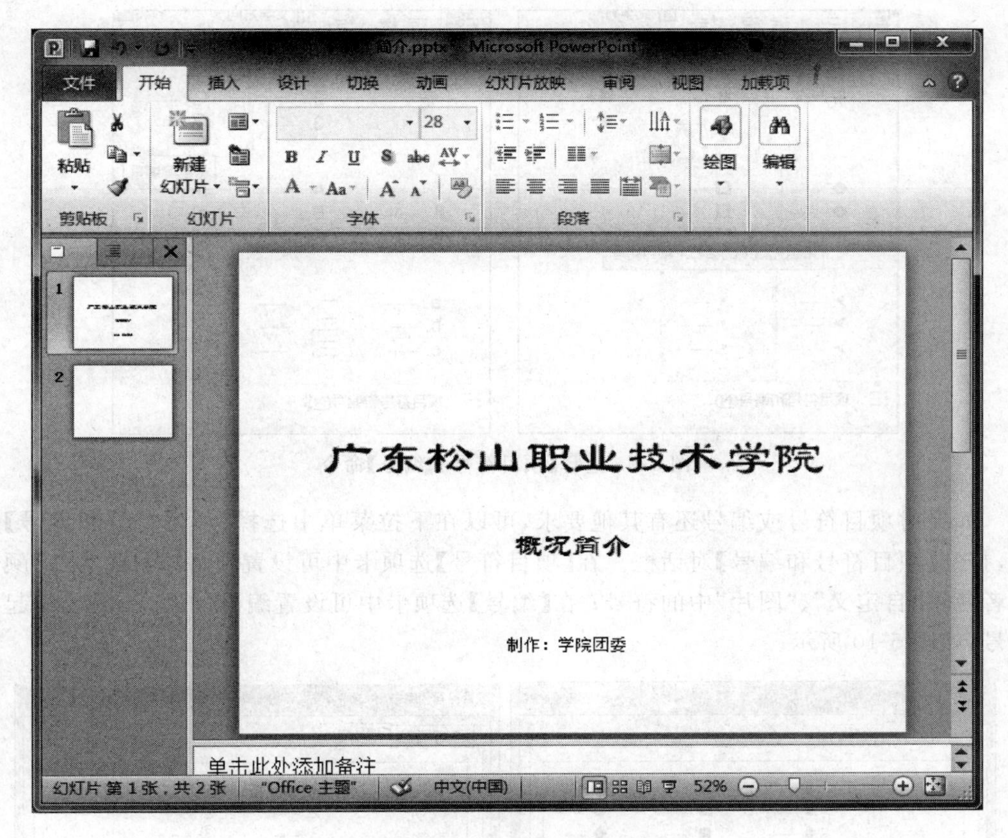

图 5-6　设置字体格式后的标题幻灯片

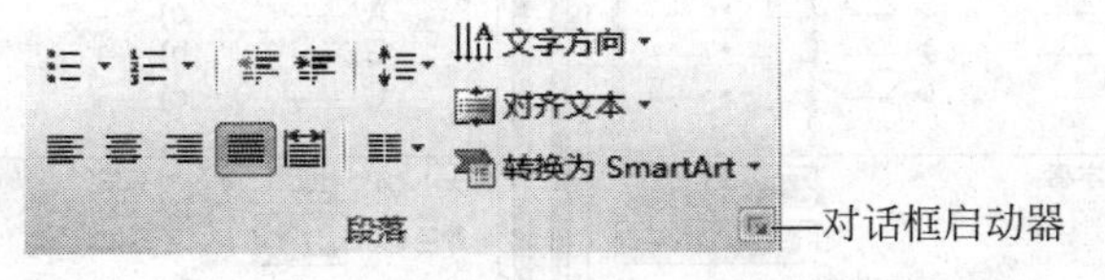

图 5-7　设置段落

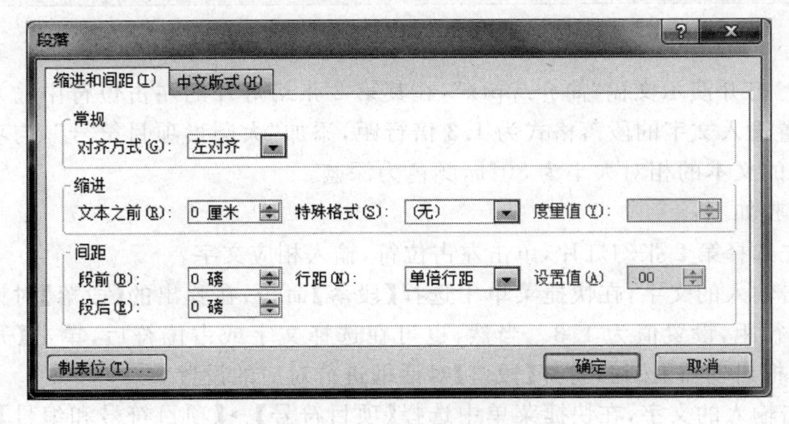

图 5-8　【段落】对话框

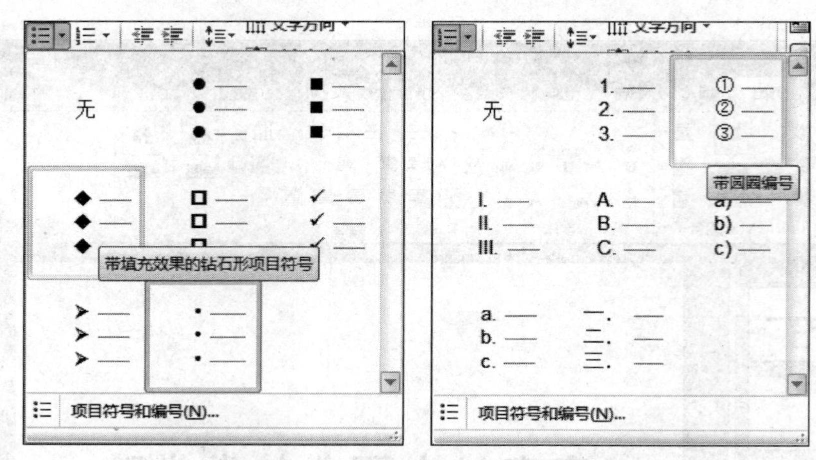

图 5-9　选择【项目符号和编号】命令

如果对项目符号或编号还有其他要求，可以在下拉菜单中选择【项目符号和编号】命令，打开【项目符号和编号】对话框。在【项目符号】选项卡中可设置项目符号的大小、颜色或者使用“自定义”、“图片”中的符号；在【编号】选项卡中可设置编号的大小、颜色及起始编号，如图 5-10 所示。

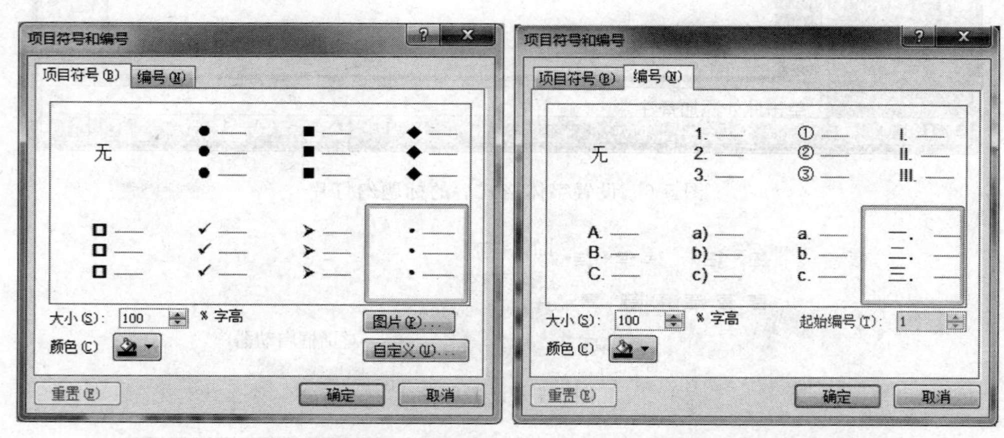

图 5-10　【项目符号和编号】对话框

例 5-6　打开演示文稿“简介.pptx”，在其第 2 张幻灯片的左占位符中输入简介的相关文字，设置输入文字的段落格式为 1.3 倍行距，添加“大圆形项目符号”，与项目符号或编号相关联的文本的相对大小为 80%，颜色为深蓝。

操作步骤如下：

① 首先选择第 2 张幻灯片，单击左占位符，输入相应文字。

② 右击输入的文字，在快捷菜单中选择【段落】命令，在弹出的【段落】对话框中选择行距为多倍行距，设置值为 1.3。当然，也可在选择文字或占位符后，单击【开始】→【段落】→【对话框启动器】按钮，打开【段落】对话框进行对应的设置。

③ 右击输入的文字，在快捷菜单中选择【项目符号】→【项目符号和编号】命令，在弹出的【项目符号和编号】对话框中选择“大圆形项目符号”，在颜色下拉框中选择“深蓝”，大

小为“80%”。当然，也可在选择文字或占位符后，选择【开始】→【段落】→【项目符号】→【项目符号和编号】命令，打开【项目符号和编号】对话框进行相应的设置，效果如图 5-11 所示。

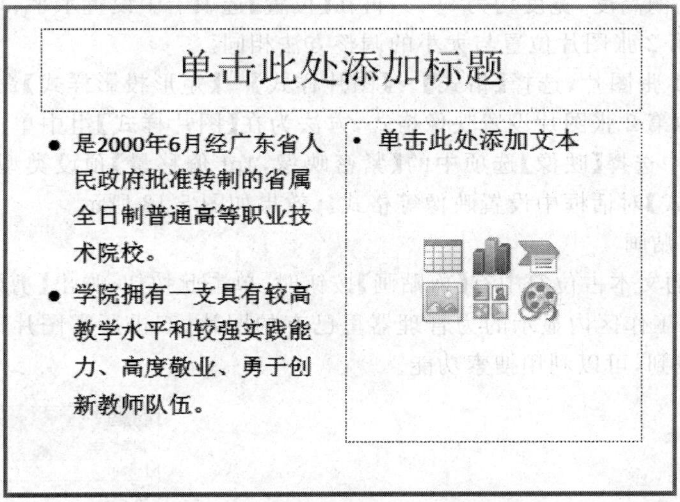

单击此处添加标题

- 是2000年6月经广东省人民政府批准转制的省属全日制普通高等职业技术院校。
- 学院拥有一支具有较高教学水平和较强实践能力、高度敬业、勇于创新教师队伍。

- 单击此处添加文本

图 5-11　为文字加上项目符号

2. 添加图形类对象

一张满页文字的幻灯片所含的信息量很难与一张仅有一幅图片的幻灯片相比，在幻灯片中加入图片会使幻灯片更加优美、生动。有的幻灯片版式提供了相应添加对象的按钮，例如，图 5-12 分别是表格、图表、SmartArt 图形、图片、剪贴画及媒体剪辑的按钮，用户只需要直接使用这些按钮，即可在该张幻灯片的指定位置插入需要的对象。除此之外，用户还可以在【插入】选项卡中添加对应对象。以下介绍常用的图形类对象的添加方法。

图 5-12　幻灯片中的按钮

(1) 插入图片

① 幻灯片的文本占位符中有【插入来自文件的图片】按钮时，单击此按钮，弹出【插入图片】对话框，在【查找范围】下拉列表中选择图片所在的位置，然后在下面的列表框中选择需要使用的图片，单击【插入】按钮即可插入图片。

② 也可以选择【插入】→【图像】→【图片】命令，同样弹出【插入图片】对话框，再进行对应操作。

另外，还可以用复制、粘贴的办法将剪贴板中的图片复制到幻灯片中。

例 5-7　打开演示文稿“简介.pptx”，在其第 2 张幻灯片的右占位符中插入两张图片，适当调整位置和大小，并为图片加上适当的图片样式。

操作步骤如下：

① 单击第 2 张幻灯片右占位符的【插入来自文件的图片】按钮，在弹出的对话框中选

择图片“宽字楼.jpg”和“综合楼.jpg”，注意在选择时按住 Ctrl 键，如果插入的多幅图片不在同一目录下，则需要反复使用【插入】选项卡中的【图片】按钮，以实现多幅图片的插入。

② 右击第 1 张图片，选择【大小与位置】命令，在弹出的【设置图片格式】对话框中设置大小为缩放比例高度、宽度均为 90%，再在【位置】选项卡中设置水平、垂直位置为13 厘米、2.5 厘米。第 2 张图片位置与大小的调整方法相同。

③ 双击第 1 张图片，选择【格式】→【图片样式】→【矩形投影样式】命令，给图片加上阴影效果。选中第 2 张图片设置映像格式，方法为在【图片样式】组中单击【图片效果】按钮，在下拉列表中选择【映像】选项中的【紧密映像，4pt 偏移量】预设类型。当然，也可以在【设置图片格式】对话框中设置映像等格式。效果如图 5-13 所示。

(2) 插入剪贴画

① 幻灯片的文本占位符中有【剪贴画】按钮时，单击此按钮，弹出【剪贴画】任务窗格，如图 5-14 所示，工作区内显示的为管理器里已有的图片，双击所需图片即可插入。如果图片太多难以找到，可以利用搜索功能。

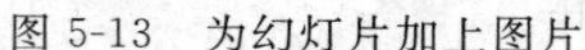

图 5-13 为幻灯片加上图片

图 5-14 【剪贴画】任务窗格

② 也可以选择【插入】→【图像】→【剪贴画】命令，同样弹出【剪贴画】任务窗格，再进行对应操作。

(3) 插入自选图形

用户可以通过为幻灯片插入自选图形，使演示文稿更具感染力。绘制自选图形的方法与 Word 中的操作相同。在【插入】选项卡中单击【形状】按钮，展开【形状】下拉列表，在其中选择某种形状样式后单击，此时鼠标变成十字星形状，在幻灯片的对应位置拖动鼠标绘制形状。

例 5-8 打开演示文稿“简介. pptx”,为其第 2 张幻灯片添加“对角圆角矩形”自选图形作为标题,并对此图形进行相应的设置。

操作步骤如下:

① 首先删除第 2 张幻灯片的标题占位符。

② 选择【插入】→【形状】命令,在下拉列表中选择“对角圆角矩形”图标,在幻灯片的空白处按住鼠标左键拖动鼠标,画出一个对角圆角矩形,调整好其位置和大小。

③ 双击对角圆角矩形,在【绘图工具】的【格式】选项卡中设置其对应格式,在【形状样式】组中选择“彩色填充-蓝色,强调颜色 1”,如图 5-15 所示。单击【形状填充】右侧的箭头,在下拉菜单中将主题颜色设为“蓝色”。

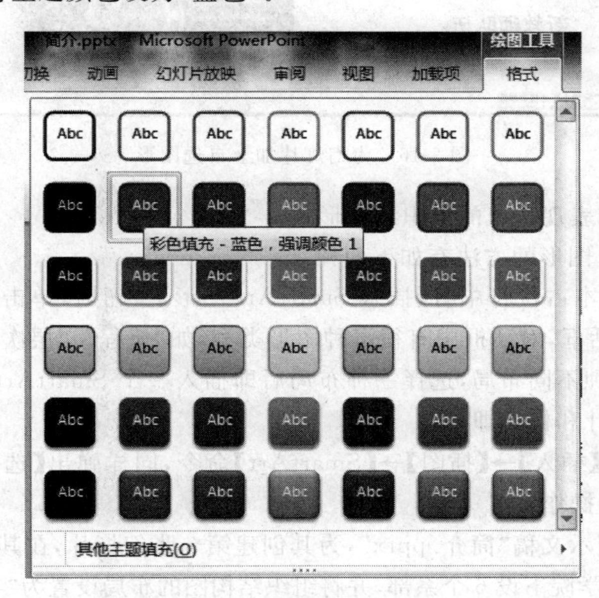

图 5-15　为自选图形选择形状样式

④ 右击绘制的矩形,选择【编辑文字】命令,输入文字“学院简介”,在【开始】选项卡的【字体】组中将文字格式设为隶书、32 号、白色、加粗及居中对齐,效果如图 5-16 所示。

(4) 插入艺术字

使用艺术字可以将形状特异的文本或花样插入到一个演示文稿中,艺术字可以增强文字效果。艺术字提供一个选择库,可以在水平、垂直或者对角方向拉伸文本。

在幻灯片中插入艺术字的方法是:选择【插入】→【文本】→【艺术字】命令,在【艺术字】下拉列表中选择一种样式,然后在【艺术字】编辑框中输入文字即可。

选中艺术字后,可以在【绘图工具】的【格式】选项卡中设置其对应格式,设置方法与自选图形的格式设置一样。

(5) 插入 SmartArt 图形

SmartArt 图形是信息和观点的视觉表示形式。可以通过从多种不同布局中进行选择来创建 SmartArt 图形,幻灯片中加入 SmartArt 图形(包括以前版本的组织结构图),

图 5-16　为幻灯片加上自选图形

可使版面整洁,便于表现系统的组织结构形式。

创建 SmartArt 图形的方法有如下两种。

① 幻灯片的文本占位符中有【插入 SmartArt 图形】按钮时,单击此按钮,弹出【选择 SmartArt 图形】对话框,对话框中有很多种图形类型,如“流程”、“层次结构”或“关系”,并且每种类型包含几种不同布局,选择一种布局后即插入一个 SmartArt 图形,然后再输入对应内容和修改设计和格式即可。

② 也可以选择【插入】→【插图】→【SmartArt】命令,同样弹出【选择 SmartArt 图形】对话框,再进行对应操作。

例 5-9　打开演示文稿“简介. pptx”,为其创建第 3 张幻灯片,在其中插入“系部设置”组织结构图,显示出学院下设 6 个系部,并将组织结构图的布局设置为“半圆组织结构图”。

操作步骤如下:

① 选择第 2 张幻灯片,在【开始】选项卡中打开【新建幻灯片】下拉列表,选择【空白】版式,创建了一张没有任何占位符的第 3 张幻灯片。

② 复制第 2 张幻灯片的自选图形,粘贴为第 3 张幻灯片的标题,修改文字为“系部设置”。

③ 单击【插入】选项卡的【SmartArt】按钮,在弹出【选择 SmartArt 图形】对话框中选择【层次结构】类型的【组织结构图】,单击【确定】按钮后即插入了一张组织结构图。

④ 利用【SmartArt 工具】的【设计】选项卡按需要对组织结构图进行设计。根据题目要求需要调整图形中的形状,首先选中组织结构图中的助手框(第一层形状与第二层形状之间的框即为助手框),按 Delete 键删除,然后选中第一层形状,再单击【创建图形】组的【添加图形】右侧的箭头,在下拉列表中选择【在下方添加形状】按钮,反复执行三次,第二层共有 6 个形状。

⑤ 为各个形状输入对应的文字。

⑥ 选择组织结构图占位符，在【布局】组中选择【半圆组织结构图】，效果如图 5-17 所示。

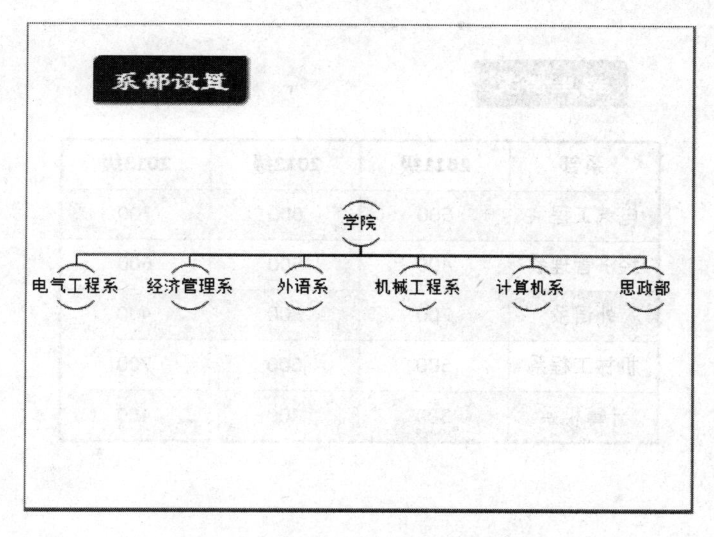

图 5-17　为幻灯片加上组织结构图

3. 插入表格

(1) 幻灯片的文本占位符中有【插入表格】按钮时，单击此按钮，弹出【插入表格】对话框，选择或输入要插入的表格行数或列数，确定后即可在幻灯片中插入表格，然后在【表格工具】的【设计】和【布局】选项卡中可以对表格格式进行对应的设置，具体设置方法与 Word 类似。

(2) 也可以单击【插入】选项卡中的【表格】按钮，同样弹出【插入表格】对话框，再进行对应操作。

例 5-10　打开演示文稿“简介. pptx”，为其创建第 4 张幻灯片，在其中插入“招生情况”的 6 行 4 列表，输入相应内容并进行适当的设置。

操作步骤如下：

(1) 选择第 3 张幻灯片，在【开始】选项卡中单击【新建幻灯片】按钮，即创建了一个版式为“标题和内容”的幻灯片。

(2) 复制第 3 张幻灯片的自选图形，粘贴为第 4 张幻灯片的标题，修改文字为“招生情况”。

(3) 在幻灯片中单击【插入表格】按钮，弹出【插入表格】对话框，设置“列数”为“4”，“行数”为“6”，确定后即插入对应表格，然后在表格中输入相应内容，并适当调整文字大小与表格高度、宽度。

(4) 单击表格表框选中表格，在【表格工具】的【布局】选项卡中的【对齐方式】工作组中单击【居中】和【垂直居中】按钮设置内容的对齐格式。

(5) 在【表格工具】的【设计】选项卡中的【表格样式】工作组中单击【其他】按钮，选择“浅色样式 3-强调 5”样式。

(6) 在【绘图边框】工作组中设置笔画粗细为 3.0 磅,笔颜色为深蓝,再单击【表格样式】工作组中【边框】右侧的箭头,选择【外侧边框】为表格加上了外边框,效果如图 5-18 所示。

招生情况

系部	2011级	2012级	2013级
电气工程系	500	600	700
经济管理系	400	500	600
外语系	200	300	400
机械工程系	500	600	700
计算机系	300	400	400

图 5-18　为幻灯片加上表格

4. 插入图表

图表比文字更能直观地显示数据,PowerPoint 可以利用“图表生成器”提供的各种图表类型和图表向导,创建具有复杂功能和丰富界面的各种图表,增强演示文稿的演示效果。

幻灯片的文本占位符中有【插入图表】按钮时,单击此按钮,或在【插入】选项卡中单击【图表】按钮,在弹出的【插入图表】对话框中选择要使用的图形,然后单击【确定】按钮即可。当单击【确定】按钮时,会自动弹出 Excel 软件的界面,根据提示可以输入所需要显示的数据,输入完毕后关闭 Excel 表格即可完成图表的插入。

例 5-11　打开演示文稿“简介. pptx”,为其创建第 5 张幻灯片,在其中插入“就业率”图表。

操作步骤如下:

(1) 选择第 4 张幻灯片,在【开始】选项卡中单击【新建幻灯片】按钮,即创建了一个版式为“标题和内容”的幻灯片。

(2) 复制第 4 张幻灯片的自选图形,粘贴为第 5 张幻灯片的标题,修改文字为“就业率”。

(3) 在幻灯片中单击【插入图表】按钮,弹出【插入图表】对话框,切换至【柱形图】选项卡,在右侧界面中选择图表类型【三维簇状柱形图】,确定后插入图表,同时弹出 Excel 工作表,显示默认的数据信息。

(4) 在打开的 Excel 工作表中修改要显示的数据内容,并调整图表区域大小如图 5-19 所示,此时幻灯片中的图表根据更改的数据源,重新显示图表信息,图表效果如图 5-20 所示,关闭打开的 Excel。

	A	B	C	D	E	F
1		2009年	2010年	2011年	2012年	2013年
2	就业率	98.63%	95.85%	99.18%	99.36%	99.71%
3						

图 5-19 图表所用数据

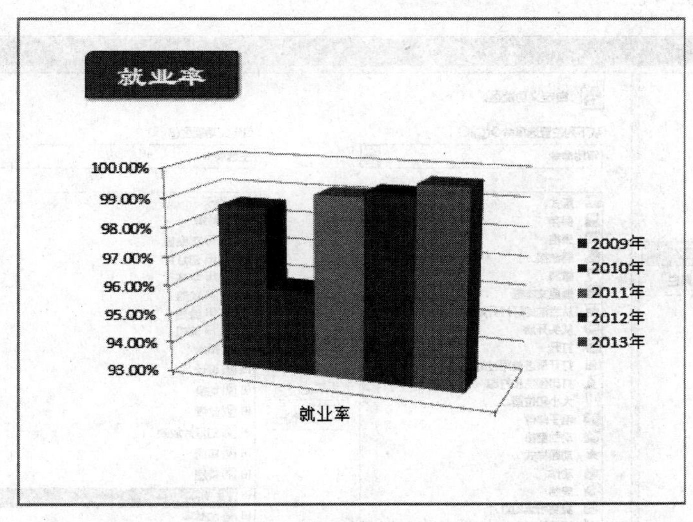

图 5-20 为幻灯片加上图表

5. 插入声音和视频

作为一个优秀的多媒体演示文稿制作程序，PowerPoint 允许用户方便地插入影片和声音等多媒体对象来丰富幻灯片。

(1) 插入声音

用户可以插入“文件中的音频”、“剪贴画音频”以及“录制音频”，方法是：在【插入】选项卡的【媒体】组中单击【音频】按钮，在弹出的【插入音频】任务窗格中选择需要的选项，如【剪贴画音频】，在右侧展开【剪贴画】任务窗格，在其列表框中显示搜索的“音频”剪贴画，单击需要的剪贴画即可完成插入。

在幻灯片上插入音频后，将显示一个表示音频文件的图标。选中这个图标，通过【音频工具】的【格式】选项卡可以对该图标进行样式设置；通过【音频工具】的【播放】选项卡可以调整音频文件的音量、开始播放的方式以及循环播放等选项。

(2) 插入视频

在【插入】选项卡的【媒体】组中单击【视频】按钮，选择【文件中的视频】或【剪贴画视频】，再选择要插入的视频，可以插入视频。选择【视频工具】的【格式】或【播放】选项卡也可以进一步对视频进行编辑。

注意： 如果要删除幻灯片中的声音或视频，只需要对应的音频或视频图标删除即可。

6. 插入 Flash 动画

在 PowerPoint 文件中还可以插入 Flash 文件，操作步骤如下：

(1) 调出【开发工具】选项卡。单击【文件】选项卡，在弹出的列表中选择【选项】，打开【PowerPoint 选项】对话框，单击其中的【自定义功能区】，选中【自定义功能区】列表框中的【开发工具】复选框，如图 5-21 所示，单击【确定】按钮后在 PowerPoint 功能区中会出现【开发工具】选项卡。

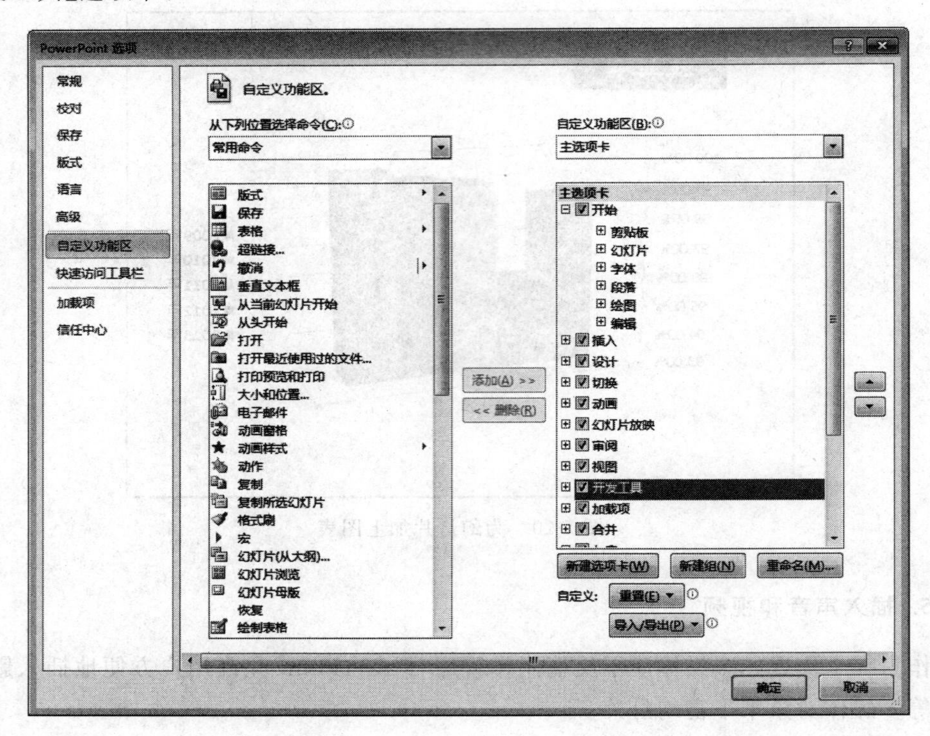

图 5-21 【PowerPoint 选项】对话框

(2) 插入 Flash 控件。单击【开发工具】选项卡【控件】组中的【其他控件】按钮。在弹出的【其他控件】对话框中选择 Shockwave Flash Object 对象，单击【确定】按钮返回，此时鼠标变成“＋”形状，在需要的位置画出一个矩形，如图 5-22 所示。

(3) 设置 Flash 控件。右击矩形区域，选择【属性】选项，在弹出的【属性】对话框中选择 Movie 选项，输入 Flash 文件的文件名，如图 5-23 所示，此时 PowerPoint 文件与 Flash 文件须在同一文件夹内，否则要输入 Flash 文件的绝对路径。

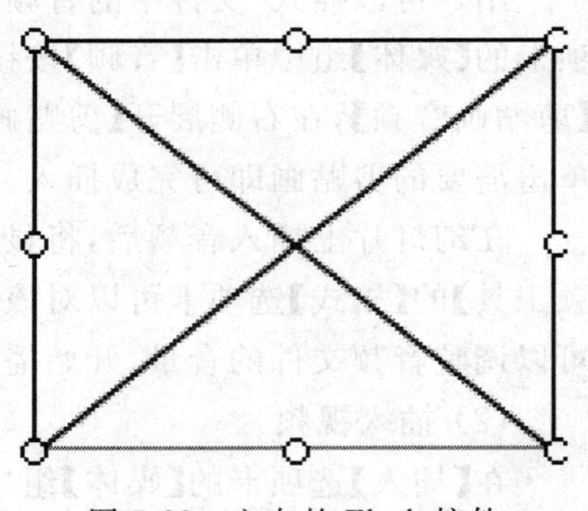

图 5-22 空白的 Flash 控件

7. 插入页眉和页脚

在制作幻灯片时，使用 PowerPoint 提供的页眉页脚功能，可以为每张幻灯片添加相对固定的信息。

要插入页眉和页脚，只需在【插入】选项卡的【文本】组中单击【页眉和页脚】按钮，打开【页眉和页脚】对话框，如图 5-24 所示，在其中进行如下操作即可。

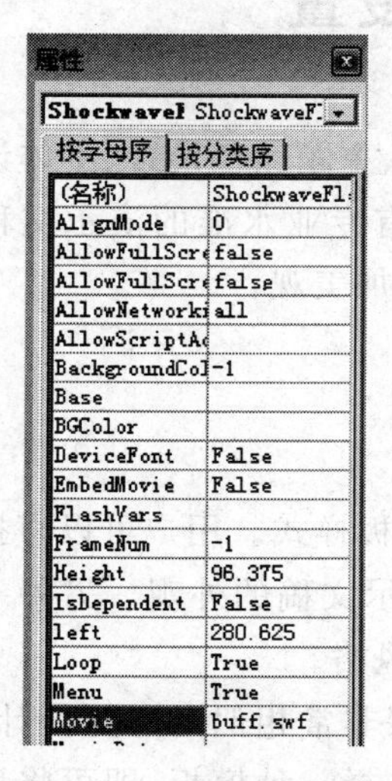

图 5-23 Flash 控件的【属性】对话框

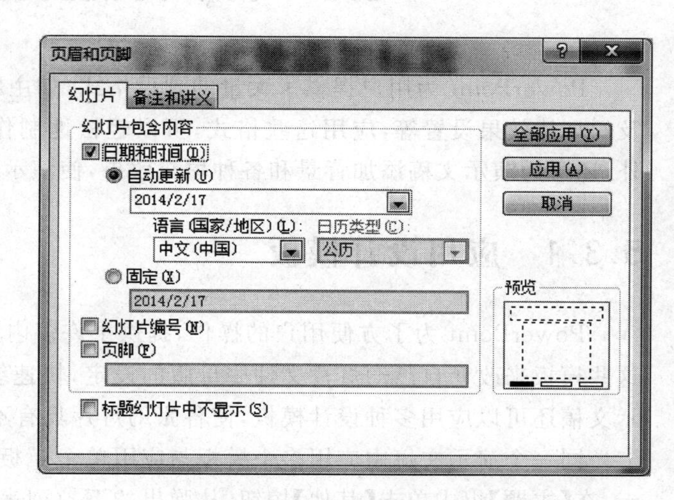

图 5-24 【页眉和页脚】对话框

(1) 若要添加自动更新的日期和时间，请在【日期和时间】之下选择【自动更新】，然后选择日期和时间格式。若要添加固定日期和时间，选择【固定】，然后输入日期和时间。

(2) 若要添加编号，选择【幻灯片编号】。

(3) 若要添加页脚文本，选择【页脚】，再输入文本。

(4) 若要向当前幻灯片或所选的幻灯片添加信息，单击【应用】按钮；若要向演示文稿中的每个幻灯片添加信息，单击【全部应用】按钮。

(5) 如果不想使信息出现在标题幻灯片上，选中【标题幻灯片中不显示】复选框。

插入页眉和页脚后，可以在幻灯片母版视图中对其格式进行统一设置。

8. 插入批注

利用批注的形式可以对演示文稿提出修改意见。批注就是审阅文稿时在幻灯片上插入的附注，批注会出现在黄色的批注框内，不会影响原演示文稿。

选择要添加批注的幻灯片，在【审阅】选项卡中单击【新建批注】按钮，在当前幻灯片上出现批注内容，在框内输入批注，然后单击批注框以外的区域。

提示：当使用者用鼠标指向批注标识时，批注内容即刻显示出来，但批注内容不会在放映过程中显示出来。如果想删除批注，只需要选中批注，按 Delete 键即可。

9. 插入公式

在【插入】选项卡的【符号】组中单击【公式】按钮，选择其中的某一公式项，即在幻灯片中插入已有的公式，再单击此公式，在【公式工具】→【设计】选项卡中编辑公式。

5.3 演示文稿的外观设置

PowerPoint 为用户提供了大量的预设格式，如主题样式、主题颜色设置、字体设置以及幻灯片效果设置等，应用这些格式，可以轻松地制作出具有专业水准的演示文稿。此外，还可为演示文稿添加背景和各种填充效果，使演示文稿更加美观。

5.3.1 应用设计模板

PowerPoint 为了方便用户的操作，提供了许多内置的模板样式。用户可以直接选择这些模板来改变自己幻灯片文件中母版的设定，快速统一演示文稿的外观。另外一个演示文稿还可以应用多种设计模板，使各张幻灯片具有不同的风格。

同一个演示文稿中应用多个模板与应用单个模板的步骤非常相似，打开【设计】选项卡，在【主题】组中单击【其他】按钮，从弹出的下拉列表框中选择一种模板，即可将该模板应用于单个演示文稿中。

如果想为某张单独的幻灯片设置不同的风格，可选择该幻灯片，在【设计】选项卡的【主题】组单击【其他】按钮，从弹出的下拉列表框中右击需要的模板，从弹出的快捷菜单中选择【应用于选定幻灯片】命令，该模板将应用于所选中的幻灯片上。

例 5-12 打开演示文稿"简介.pptx"，为其第 1 张幻灯片应用"聚合"主题。

操作步骤如下：

(1) 选中第 1 张幻灯片，单击【主题】组中的【其他】按钮，在打开的列表中找到"聚合"。

(2) 右击此主题，在弹出的快捷菜单中选择【应用于选定幻灯片】命令即可，效果如图 5-25 所示。

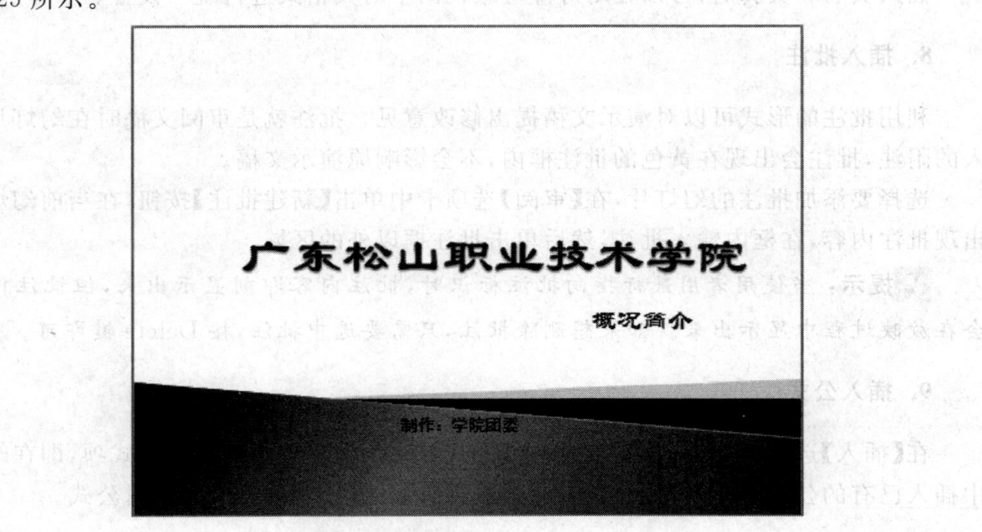

图 5-25 为幻灯片应用模板

5.3.2　设置主题颜色和字体样式

PowerPoint 为每种设计模板提供了几十种内置的主题颜色，用户可以根据需要选择不同的颜色来设计演示文稿。这些颜色是预先设置好的协调色，自动应用于幻灯片的背景、文本线条、阴影、标题文本、填充、强调和超链接。

应用设计模板后，打开【设计】选项卡，单击【主题】组中的【颜色】按钮，将打开主题颜色菜单。

在该菜单中可以选择内置主题颜色，或者用户还可以自定义设置主题颜色。

在【主题】组中单击【颜色】按钮，从弹出的菜单中选择【新建主题颜色】命令，打开【新建主题颜色】对话框，如图 5-26 所示，在该对话框中用户可对主题颜色进行自定义。

图 5-26　【新建主题颜色】对话框

如果单击【主题】组中【字体】按钮，可以更改字体样式；单击【效果】按钮可以在展开的“库”中更改当前的主题效果。

5.3.3　设置幻灯片背景

在设计演示文稿时，用户除了在应用模板或改变主题颜色时更改幻灯片的背景外，还可以根据需要任意更改幻灯片的背景颜色和背景设计，如添加底纹、图案、纹理或图片等。

要应用 PowerPoint 自带的背景样式，可以打开【设计】选项卡，在【背景】组中单击【背景样式】按钮，在弹出的菜单中选择需要的背景样式即可。

当用户不满足于 PowerPoint 提供的背景样式时，可以在背景样式列表中选择【设置背景格式】命令，打开【设置背景格式】对话框，在该对话框中可以设置背景的填充样式、渐变以及纹理格式等。

5.3.4 设置幻灯片母版

每个演示文稿至少包含一个幻灯片母版。使用幻灯片母版的主要优点是可以对演示文稿中的每张幻灯片进行统一的样式更改。

在【视图】选项卡的【母版视图】组中单击【幻灯片母版】按钮，将进入幻灯片母版的编辑视图。默认情况下，演示文稿的母版由12张幻灯片组成，其中包括1张主母版和11张幻灯片版式母版。编辑美化母版包括设置母版的背景样式、设置标题和正文的字体格式、选择主题、页面设置等，这些操作可以在【幻灯片母版】选项卡中实现，在母版幻灯片中设置的格式和样式都将被应用到演示文稿中。

在PowerPoint中，提供了3种母版，均可在【母版视图】组中打开，其功能分别如下。

(1) 幻灯片母版：用以确定演示文稿的样式和风格。

(2) 讲义母版：用来设置讲义的外观样式。

(3) 备注母版：用来设置演示文稿的备注页的格式。

例 5-13 打开演示文稿"简介.pptx"，设置除第2～5张幻灯片的母版背景为图片"log.jpg"。

操作步骤如下：

(1) 选中第2张幻灯片，选择【视图】→【母版视图】→【幻灯片母版】命令，此时显示的是"两栏内容版式"母版。

(2) 右击"两栏内容版式"母版幻灯片空白处，在弹出的快捷菜单中单击【设置背景格式】命令，打开【设置背景格式】对话框，选择【填充】选项下的【图片或纹理填充】，选择【插入自：文件】，打开【插入图片】对话框，选择要插入的"log.jpg"图片，确定后即设置了两栏内容版式母版幻灯片的背景图片，效果如图5-27所示。

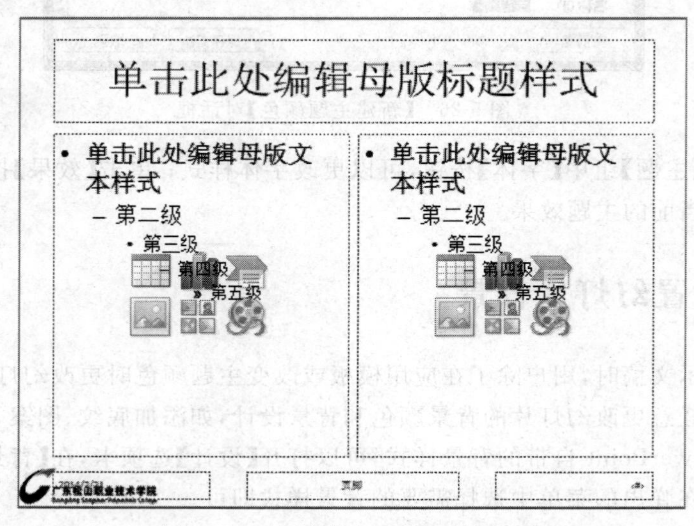

图 5-27 为母版幻灯片插入背景图片

(3) 选中“标题和内容版式”母版幻灯片,以同样的方法插入背景图片。

由于第 2 张幻灯片使用的版式为“两栏内容版式”,第 3~5 张幻灯片使用的版式为“标题和内容版式”,所以为这两种版式的母版幻灯片插入了背景图片；也可以直接为主母版插入背景图片,均可以得到题目要求的结果。

5.4 为演示文稿设置动画及交互效果

为演示文稿中的文本或其他对象添加的特殊视觉效果被称为动画效果。PowerPoint 中的动画效果主要有两种类型：一种是自定义动画,是指为幻灯片内部各个对象设置的动画,如文本的段落、图形、表格、图示等；另一种是幻灯片切换效果,又称翻页动画,是指幻灯片在放映时更换幻灯片时屏幕显示的变化。

5.4.1 设置幻灯片切换效果

幻灯片切换时产生类似动画的效果,是在演示期间从一张幻灯片移到下一张幻灯片时在一进入或退出屏幕时的特殊视觉效果,可以控制切换效果的速度,添加声音,甚至还可以对切换效果的属性进行自定义。既可以为选择的某张幻灯片设置切换方式,也可以为一组幻灯片设置相同的切换方式。

要为幻灯片添加切换效果,可以打开【切换】选项卡,在【切换到此幻灯片】组中进行设置。

例 5-14 打开演示文稿“简介.pptx”,将第 1 张幻灯片设置为自左侧“推进”切换方式。

操作步骤如下：

(1) 选中第 1 张幻灯片,选择【切换】→【切换到此幻灯片】→【推进】命令,如图 5-28 所示。

图 5-28 【切换】选项卡

(2) 在【效果选项】中选择【自左侧】效果,这样就为第 1 张幻灯片加上了切换效果。

另外,还可以在【计时】组中为切换效果添加属性,如“声音”为“风声”,“持续时间”为“1 秒”等,若单击【全部应用】按钮,则切换方式将应用到整个演示文稿的全部幻灯片上。

5.4.2 设置对象动画

用户可以对幻灯片中的文本、图片、形状、表格等对象添加不同的动画效果。这样就可以突出重点、控制信息流量,并提高演示文稿的趣味性。例如,文字以打字机的效果出现,而不是一下子全部出现在屏幕上;图片或图形按百叶窗方式循序渐进地演示出来等。

PowerPoint 有 4 种不同类型的动画效果,分别是进入动画、强调动画、退出动画和动作路径动画。可以单独使用其中任何一种动画,也可以将多种效果组合在一起。可以通过【动画】选项卡的【动画】组来进行设置动画效果,通过【高级动画】和【计时】组对动画效果进行编辑。

例 5-15 打开演示文稿“简介.pptx”,为第 2 张幻灯片设置相应的动画效果,具体要求为:为自选图形标题添加“擦除”进入效果及“跷跷板”强调效果,要求“擦除”效果完成后自动执行“跷跷板”效果;为文字添加“出现”进入效果,要求添加“打字机”声音,动画文本为“按字/词”,组合文本为“作为一个对象”。

操作步骤如下:

(1) 选中第 2 张幻灯片的自选图形,在【动画】选项卡的【动画】组中选择“擦除”按钮,也可以通过单击【其他】按钮选择更多的其他动画效果。

(2) 单击【高级动画】组的【添加动画】按钮,选择强调动画中的“跷跷板”效果,单击【动画窗格】按钮,此时可以看到【动画窗格】中有标号为“1”、“2”的两个动画,单击【计时】组中【动画计时】下拉列表,选择“上一动画之后”,此时第二个动画前的标号“2”将会消失。

(3) 选中文字文本框,在【动画】选项卡的【动画】组中选择“出现”按钮,在“动画任务窗格”中增加了标号为“2”的第三个动画,如图 5-29 所示。

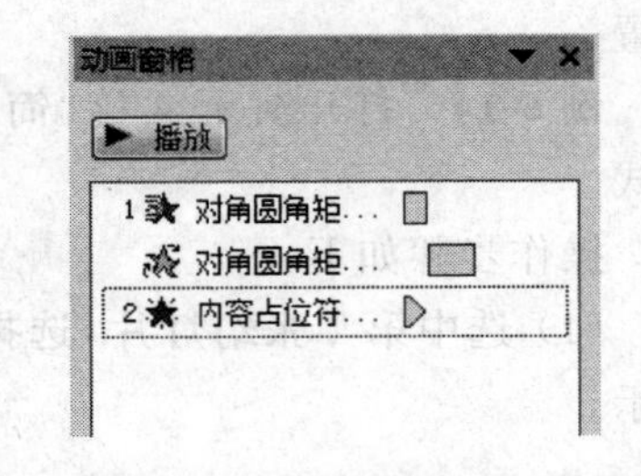

图 5-29 添加了动画的【动画窗格】

注意:其中的标号代表动画的播放顺序,可在【计时】组中使用相应按钮进行修改。

(4) 右击标号为“2”的动画,在弹出的快捷菜单中选择【效果选项】,打开【出现】对话框,在【效果】选项卡的【声音】下拉列表中选择【打字机】选项,在【动画文本】下拉列表中选择【按字/词】,在【正文文本动画】选项卡的【组合文本】下拉列表中选择【作为一个对象】选项。

5.4.3 设置超链接

在 PowerPoint 中,使用超链接可以从一张幻灯片转至另一张幻灯片、网页、电子邮件或文件。超链接的对象可以是文本、图形或形状等。

创建超链接的方法是:选中用于超链接的文本或对象,在【插入】选项卡的【链接】组中单击【超链接】按钮,打开图 5-30 所示的【编辑超链接】对话框,在其中选择需要创建的超链接类型并选择或输入链接对象,确定后即完成超链接的插入。幻灯片放映时单击该

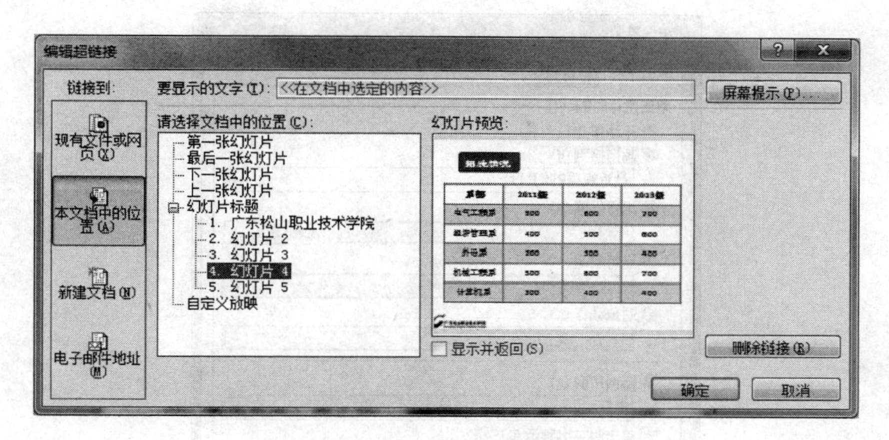

图 5-30　【编辑超链接】对话框

文字或对象才可启动超链接。

例 5-16　打开演示文稿"简介.pptx",为第 2 张幻灯片的第一张图片添加一个超链接,单击这个图片后链接到第 4 张幻灯片,并输入屏幕文字提示。

操作步骤如下:

(1) 右击第一张图片,在弹出的快捷菜单中选择【超链接】命令,也可以单击【插入】选项卡【超链接】按钮,弹出图 5-30 所示的【编辑超链接】对话框。

(2) 选择【链接到】列表框中的【本文档中的位置】选项,在【请选择文档中的位置】列表中选择【幻灯片 4】。

(3) 单击【屏幕提示】按钮,在弹出的【设置超链接屏幕提示】对话框中输入提示信息,然后单击【确定】按钮返回【编辑超链接】对话框,确定后即可完成。

5.4.4　设置按钮的交互

动作按钮是预先设置好带有特定动作的图形按钮。应用设置好的按钮,可以实现在放映幻灯片跳转的目的。

操作方法:单击【插入】选项卡的【插图】组中的【形状】按钮,在弹出的下拉列表中选择【动作按钮】组中的任意一种按钮,返回幻灯片中按住鼠标左键拖曳,绘制出按钮,释放鼠标后,在弹出的【动作设置】对话框中进行相应设置即可。

例 5-17　打开演示文稿"简介.pptx",为第 4 张幻灯片添加一个动作按钮,当单击这个按钮时返回上一次观看的幻灯片,并附加有声音。

操作步骤如下:

(1) 选中第 5 张幻灯片,单击【形状】按钮,拖动滚动条到最下边,选择【动作按钮:后退或前一项】按钮。

(2) 在幻灯片中拖曳鼠标绘制图形到合适大小,释放鼠标后打开【动作设置】对话框,在【单击鼠标】选项卡中如图 5-31 所示的设置即可。

不同的动作按钮【超链接到】的选项会有所不同,用户可以根据自身需要进行修改,如

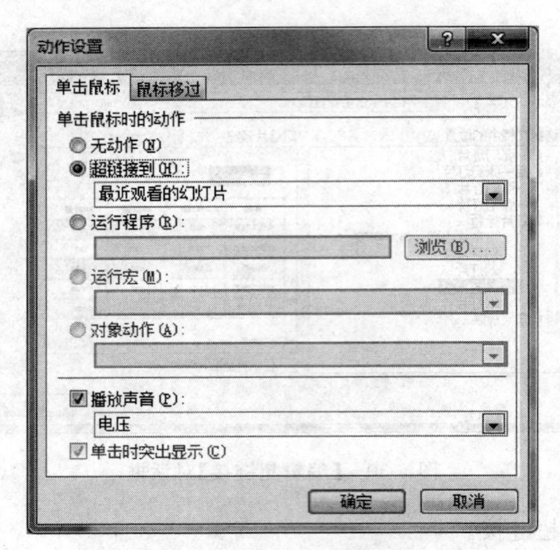

图 5-31 【动作设置】对话框

果要对已经添加好的动作按钮的属性做修改,可以右击按钮图标选择【编辑超链接】,再在打开的【动作设置】对话框中进行更改。

另外,超链接对象也可以设置动作,方法是选中要设置动作的某个超链接对象,再单击【插入】选项卡中【链接】组中的【动作】按钮,在弹出的【动作设置】对话框中进行设置即可。

5.5 放映演示文稿

演示文稿的最终作用是放映给观众观看,在放映演示文稿之前可对放映方式进行设置。PowerPoint 提供了多种演示文稿的放映方式,用户可选用不同的放映方式以满足放映时的需要。

5.5.1 设置放映方式

打开【幻灯片放映】选项卡,在【设置】组中单击【设置幻灯片放映】按钮,打开【设置放映方式】对话框,如图 5-32 所示,对话框中各个选项区域的含义如下。

1. 放映类型

用于设置放映的操作对象,包括如下 3 种类型。

(1) 演讲者放映(全屏幕)。常规的全屏幕放映方式,可以用手工方法控制幻灯片和动画,可以使用快捷菜单或 PgUp 键、PgDn 键显示不同的幻灯片,也可以使用绘图笔。

(2) 观众自行浏览(窗口)。以窗口形式显示演示文稿,窗口中包含自定义菜单和命令,在显示时可以使用滚动条或“浏览”菜单进行浏览。

(3) 在展台浏览(全屏幕)。以全屏幕方式显示幻灯片,在这种方式下,PowerPoint

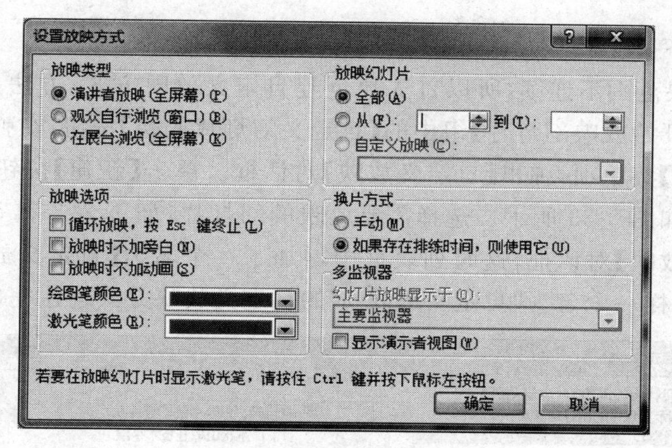

图 5-32 【设置放映方式】对话框

会自动选中【循环放映，按 Esc 键终止】复选框，放映时只能单击超链接和动作按钮，终止只能使用 Esc 键，其他功能全部无效。

2. 放映选项

用于设置是否循环放映、旁白和动画的添加，以及设置笔触的颜色。

3. 放映幻灯片

用于设置具体播放的幻灯片，在默认情况下，选择全部播放。

4. 换片方式

用于设置换片方式，包括手动换片和自动换片。

5.5.2 开始幻灯片放映

完成放映前的准备工作后就可以开始放映幻灯片了。PowerPoint 提供了 4 种开始放映的方式，常用的放映方法为从头开始放映和从当前幻灯片开始放映。

(1) 从头开始放映。按 F5 键，或者在【幻灯片放映】选项卡的【开始放映幻灯片】组中单击【从头开始】按钮。

(2) 从当前幻灯片开始放映。在状态栏的幻灯片视图切换按钮区域中单击【幻灯片放映】按钮，或者在【幻灯片放映】选项卡的【开始放映幻灯片】组中单击【从当前幻灯片开始】按钮。

(3) 广播幻灯片。是 PowerPoint 2010 的一项新功能，它可以使用户通过 Internet 向远程观众广播演示文稿。

(4) 自定义幻灯片放映。可以仅显示选择的幻灯片，因此可以对同一个演示文稿进行多种不同的放映。

例 5-18 打开演示文稿“简介.pptx”，设置放映方式，放映类型为【观众自选浏览(窗口)】，放映范围为第 1～3 张和第 5 张幻灯片。

操作步骤如下：

(1) 由于放映范围不连续,所以首先要创建自定义放映方式,方法是:单击【幻灯片放映】选项卡中【开始放映幻灯片】组中的【自定义幻灯片放映】按钮,在弹出的下拉菜单中选择【自定义放映】菜单项,弹出【自定义放映】对话框。单击【新建】按钮,弹出【定义自定义放映】对话框,如图 5-33 所示。选择需要放映的幻灯片,如 1、2、3 和 5,依次添加,再确定,返回【自定义放映】对话框,这时列表框中增加了一个名为【自定义放映 1】的选项,单击【关闭】按钮,这样一个名为"自定义放映 1"的自定义放映方式创建完成。

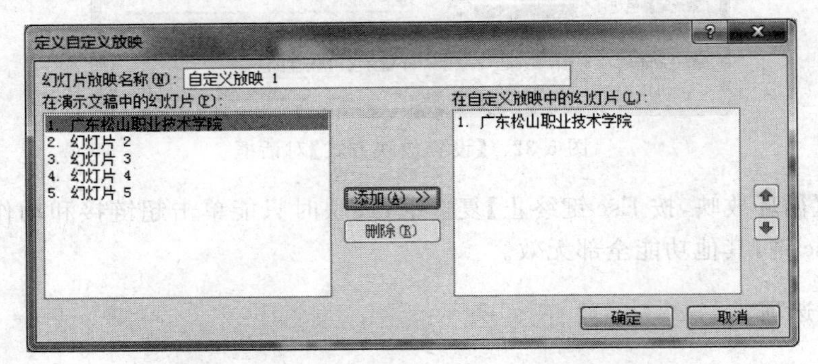

图 5-33 【定义自定义放映】对话框

(2) 单击【设置幻灯片放映】按钮,打开【设置放映方式】对话框,选择【放映类型】为【观众自行浏览(窗口)】;选择【放映幻灯片】为【自定义放映】,并在其下拉列表中选择【自定义放映 1】,再单击【确定】按钮完成设置。

5.5.3 控制放映过程

在放映演示文稿的过程中,用户可以根据需要按放映次序依次放映、快速定位幻灯片、为重点内容做上标记、使屏幕出现黑屏或白屏和结束放映等,控制方法为在放映过程中右击,再选择对应的命令即可,图 5-34 所示为修改指针选项的快捷菜单。

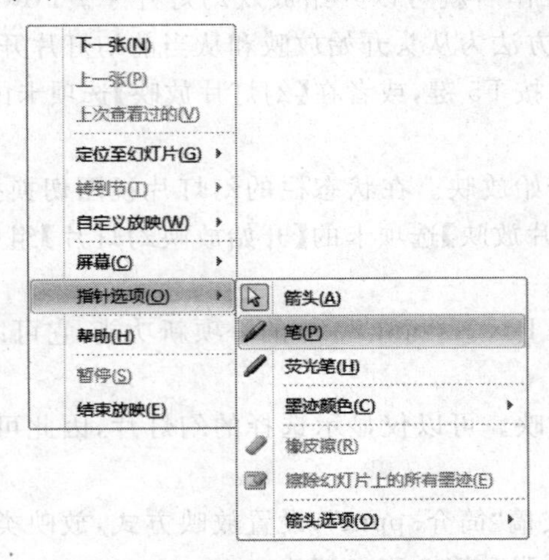

图 5-34 修改指针选项的快捷菜单

5.6　演示文稿的打包与打印

5.6.1　演示文稿的打包

PowerPoint 中的“打包成 CD”功能可将一个或多个演示文稿随同支持文件复制到 CD 中。在默认情况下，PowerPoint 播放器会包含在其中。这样就可在其他计算机上运行打包的演示文稿，即使未安装 PowerPoint 的计算机上也可运行。

下面介绍一下如何打包。

(1) 在 PowerPoint 的工作环境中打开想要打包的幻灯片文件。

(2) 选择【文件】→【保存并发送】命令，在中间的【文件类型】栏中选择【将演示文稿打包成 CD】命令，再选择【打包成 CD】命令，即出现图 5-35 所示对话框。

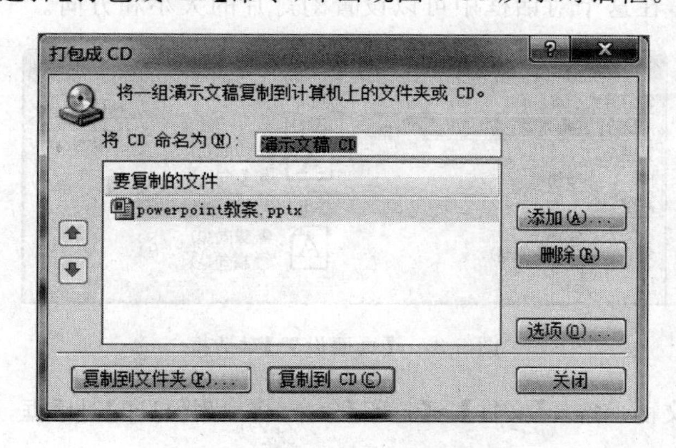

图 5-35　【打包成 CD】对话框

(3) 单击【复制到文件夹】按钮，则会弹出图 5-36 所示的对话框。在这个对话框里选择要保存的路径，最后单击【确定】按钮。于是，幻灯片的播放器与幻灯片一起被打包存放到指定的文件夹中。

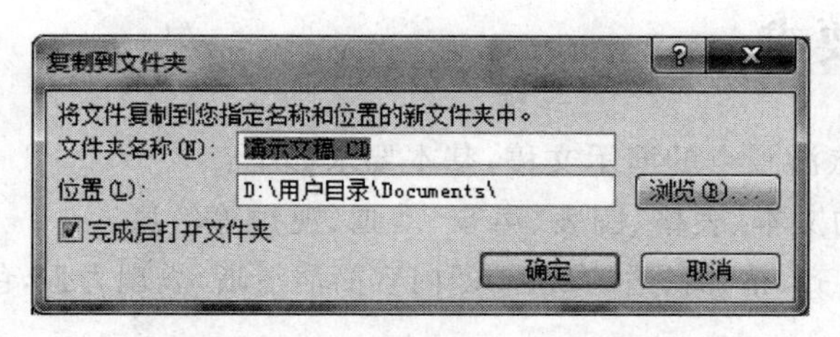

图 5-36　【复制到文件夹】对话框

打开相应的文件夹，文件已经被打包，并包含一个 autorun 自动播放文件，可以完成相应的自动播放功能。

5.6.2 演示文稿的发布

幻灯片的发布就是将重要的幻灯片保存在幻灯片库中,为以后制作类似幻灯片时方便调用。被发布的幻灯片每一张就是一个文件,以文件为单位对幻灯片进行发布保存。

选择【文件】→【保存并发送】命令,在中间的【保存并发送】栏中选择【发布幻灯片】命令。

5.6.3 演示文稿的打印

对 PowerPoint 演示文稿进行打印有很多种方法:以幻灯片形式进行打印、以演讲者备注形式打印、以听众讲义形式打印和以大纲形式打印。

对演示文稿进行打印设置的步骤如下:

(1) 页面设置。选择【设计】→【页面设置】→【页面设置】命令,弹出图 5-37 所示的【页面设置】对话框,在这个对话框中可以设置幻灯片的大小和方向。

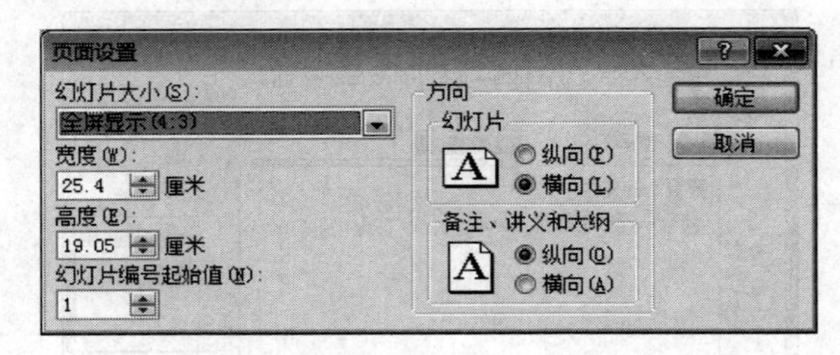

图 5-37 【页面设置】对话框

(2) 打印演示文稿。选择【文件】→【打印】命令,将出现【打印】对话框,从中进行设置。

5.7 技能训练

5.7.1 任务要求

制作一个宣传旅游景点的演示文稿,基本要求如下:

(1) 应用适当的文本、表格、图表、声音、动画、视频等信息。

(2) 要求体现出齐、整、简、适的目标,即内容简洁清晰,表现力强,色彩和谐,动画适当。

5.7.2 知识点

此任务是针对本章所学知识的一个综合训练,涉及的知识点如下:

(1) 熟练掌握 PowerPoint 的基本操作方法。

(2) 演示文稿的主题应用。

(3) 各种对象的插入与设置。

(4) 幻灯片的动画及交互效果的应用,针对本任务的内容,该知识为重点应用。

(5) 演示文稿的播放。

5.7.3 操作步骤

1. 创建适当主题的演示文稿及修改幻灯片母版

(1) 启动 PowerPoint,选择【文件】→【新建】命令,在【可用的模板和主题】栏中选择【主题】,在打开的【主题】栏中选择【奥斯汀】,然后在右边的【奥斯汀】栏中单击【创建】按钮,这样就创建了一个主题为“奥斯汀”的演示文稿。

(2) 此时的演示文稿只有标题幻灯片,再单击【新建幻灯片】按钮插入一张【标题和内容】版式的幻灯片,单击【视图】选项卡中的【幻灯片母版】按钮对此版式的幻灯片母版进行简单调整,如只保留标题与内容占位符,并调整到合适的位置,删除内容占位符的项目符号。

2. 输入文字内容并设置格式

(1) 为标题幻灯片输入文字,如本任务中只是输入主标题“韶关旅游”,将其他所有占位符全部删除。

(2) 在第 2 张幻灯片中进行城市简介,文字介绍可参考素材中的文件“景点介绍.txt”。将介绍标题输入到幻灯片的标题占位符框中,将文字介绍输入到文本占位符框中。

(3) 根据文字内容的多少调整文本占位符框的大小和段落的行距,如第 2 张幻灯片的文本占位符框的段落行距设为“双倍行距”,效果如图 5-38 所示。

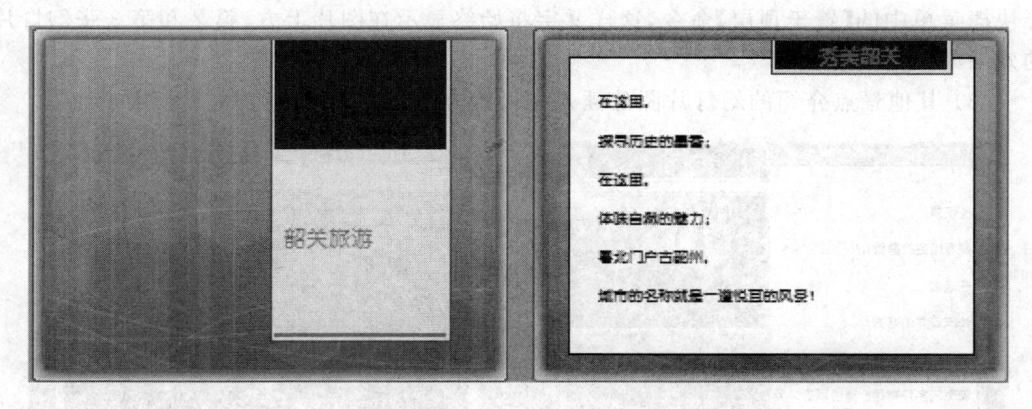

图 5-38 输入文字后的幻灯片

(4) 单击【新建幻灯片】按钮插入第 3 张幻灯片,用于具体景点介绍。此类幻灯片的特色是:文字少、图片大,所以要设置文本占位框的样式,以便能在图片上突出显示。方法是:选中文本占位框,单击【开始】选项卡中的【快速样式】按钮,在打开的下拉列表中选择一个合适的样式,如第三行第三列;再单击【绘图】选项卡中的【编辑形状】按钮,选择

【更改形状】选项选择一个适当的形状，如“剪去对角的矩形”；最后右击文本占位框，选择【设置形状格式】，在弹出的【设置形状格式】对话框的【填充】选项下设置透明度为50％，效果如图5-39所示。

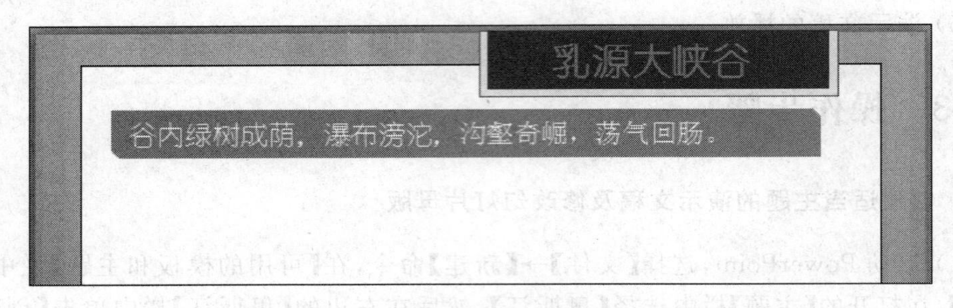

图5-39　设置了文本框格式后的幻灯片

(5) 本任务中具体景点有6个，可在第3张幻灯片格式设置好后直接复制幻灯片粘贴5次，然后再修改其他幻灯片的标题文字和景点介绍文字，对于不同幻灯片的文本占位框的格式也可进行简单的样式更改，以达到区别不同景点的效果；如果文字较多还可创建多个文本框，输入分段文字。

3. 插入图片

(1) 在素材的“秀美韶关”文件夹中有3幅图片，将它们插入到第2张幻灯片中，方法参考添加图形类对象。调整3幅图片的位置和大小，使它们占据在文字的右边并相互并列或叠加。

(2) 在第3张幻灯片中插入素材“大峡谷”文件夹中的3幅图片，调整3幅图片，使其大小一致、相互叠加。按住Ctrl键同时单击标题和文本占位符框，在文本框上方右击，选择快捷菜单中的【置于顶层】命令，这样文字将始终显示在图片上方，第2和第3张幻灯片的效果如图5-40所示。

(3) 其他景点介绍的幻灯片图片插入和设置方法与第2张幻灯片基本相同。

图5-40　插入图片后的幻灯片

4. 使用 SmartArt 图形

(1) 插入第 9 张幻灯片，在标题占位框中输入“特产”，在文本占位框中输入特产介绍，文字可参考素材中的文件“特产. txt”。

(2) 按住 Ctrl 键选中所有除特产名称之外的说明文字，单击【开始】选项卡的【提高列表级别】按钮，此时选中的文字将会向右缩进。

(3) 将文本转换为 SmartArt 图形。方法是：选中文本占位框，单击【开始】选项卡的【转换为 SmartArt 图形】按钮，在下拉列表中选择【其他 SmartArt 图形】按钮，在弹出的【选择 SmartArt 图形】对话框的【列表】区域中选择【垂直框列表】按钮，确定之后即转换成一个 SmartArt 图形。

(4) 更改 SmartArt 图形的颜色和样式。方法是：选中刚生成的 SmartArt 图形，单击【SmartArt 工具设计】选项卡中的【更改颜色】按钮，在下拉列表中选择【彩色范围-强调文字颜色 3 至 4】按钮；再单击【SmartArt 样式】组中的【优雅】按钮，最终效果如图 5-41 所示。

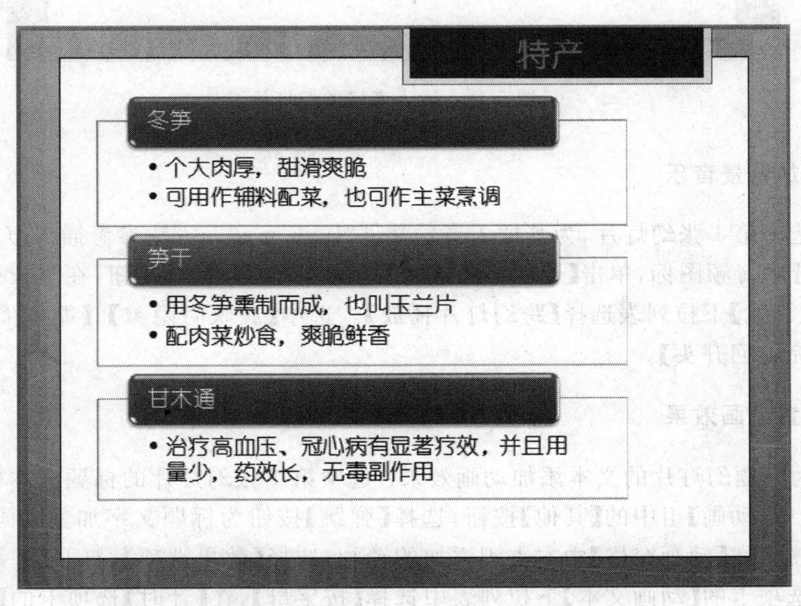

图 5-41　使用了 SmartArt 图形的幻灯片

5. 插入表格

(1) 插入第 10 张幻灯片，在标题占位框中输入“景点门票”，在文本占位框中插入一张 8 行 2 列的表格，表格的数据可参考素材中文件“景点门票. xlsx”中的数值。

(2) 设置表格格式。选中表格，单击【表格工具设计】选项卡中【表格样式】组中的【浅色样式 3-强调 3】按钮；单击【效果】按钮，在下拉列表中选择【单元格凹凸效果】选项中的【艺术装饰】按钮；选中表格的第一行，单击【底纹】按钮，选择【主题颜色】为“浅绿，背景 2，深色 25%”；选中整张表格，单击【表格工具 布局】选项卡中【对齐主式】组中的【居中】与

【垂直居中】按钮。效果如图 5-42 所示。

景点门票

景点	价格（元）
云门峡漂流	168
云门峡野战	88
乳源大峡谷	68
南岭森林公园	100
必背瑶寨	48
通天箩	20
云门寺	5

图 5-42　插入表格的幻灯片

6. 添加背景音乐

（1）选中第 1 张幻灯片，为其插入音乐文件“lxyy. mp3”，方法参考插入声音和视频。

（2）选中音频图标，单击【音频工具播放】选项卡中的【音量】按钮，在下拉列表中选择【低】。在【开始】下拉列表选择【跨幻灯片播放】。选中【放映时隐藏】、【循环播放，直到停止】和【播完返回开头】。

7. 设置动画效果

（1）为标题幻灯片的文本添加动画效果：选中第 1 张幻灯片的标题文本框，单击【动画】选项卡中【动画】组中的【其他】按钮，选择【弹跳】按钮为标题文字加上动画；单击【动画窗格】按钮，在【动画窗格】中右击刚添加的动画，选择【效果选项】，打开【弹跳】对话框，在【效果】选项卡的【动画文本】下拉列表中选择【按字母】，在【计时】选项卡的【开始】下拉列表中选择【上一动画之后】，这样标题文本的动画效果设置完成。

（2）按照同样方法可以完成其他幻灯片文字部分的动画添加及效果设置。根据不同的动画和文字的编排，动画的效果设置会略有不同，设计者可以自行修改：如第 2 张幻灯片中的文字有多个段落，现为其添加的动画为【上浮】，在打开【上浮】对话框后，还需要在【正文文本动画】选项卡的【组合文本】下拉列表中选择【按第一级段落】，这样文字就能一行一行出现。当然还能对动画做更多个性化的设置，如延时、速度等。

（3）为所有幻灯片的图片设置动画效果，方法与上相同。注意由于一张幻灯片中有多幅图片和相应的文字介绍，需要协调好各对象的动画出现的先后顺序及速度，方法是：添加好动画后，再在【动画窗格】中排序或是设置【效果选项】。

（4）为路线幻灯片添加动作路径动画。插入第 10 张幻灯片，输入标题“路线示意图”，并插入一张路线图，可用素材中的文件“地图. jpg”；在路线图的下方插入自选图形“箭头”，并设置其格式，方法参考添加图形类对象；选中插入的“箭头”，为其添加动作路径动画，添加动画的方法与上基本相同，动画选择的是【自定义路径】，单击完此按钮后，鼠标指针变为“＋”号，按下鼠标左键描出运动路径，到终点后双击结束路径，这样动作路径动画添加完成。其他效果设置方法与上相同。设置完成后的效果如图 5-43 所示。

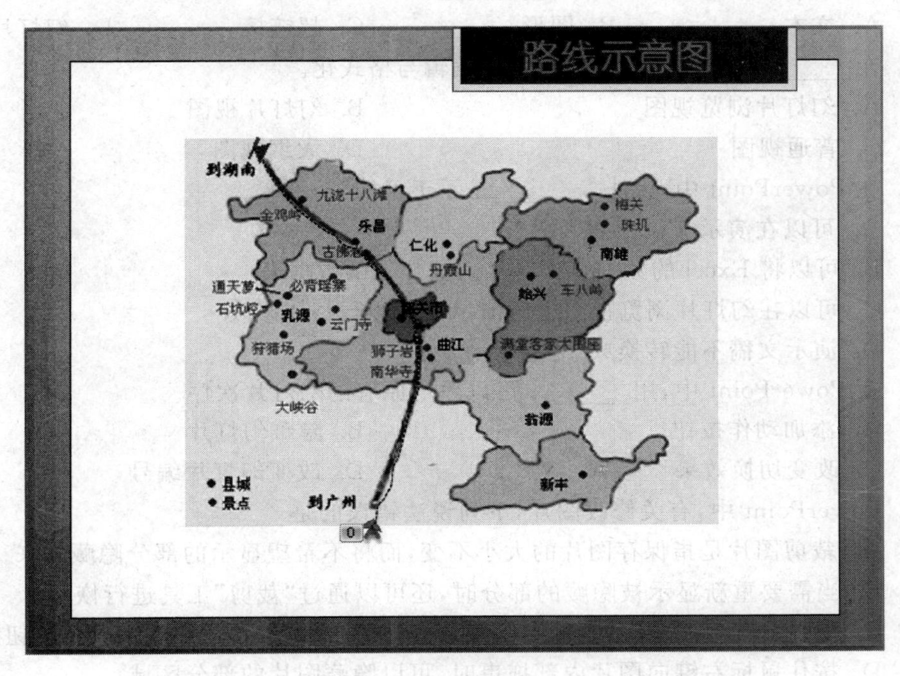

图 5-43 添加了动作路径动画的幻灯片

（5）为所有幻灯片设置幻灯片切换效果。具体方法参考 5.4.1 小节。选中【切换】选项卡中【计时】组中的【设置自动换片时间】，注意将需要长时间停留的幻灯片设置较长的换片时间，例如，将【设置自动换片时间】设为【00:20.00】，即 20 秒钟。

8. 播放控制

（1）最终幻灯片是在展示台上自动展示给观众看，所以要事先做好幻灯片的自动放映工作，如在前面设置幻灯片切换效果时选择【设置自动换片时间】，也可以单击【幻灯片放映】选项卡中的【排练计时】按钮测定每一张幻灯片的停留时间。

（2）设置幻灯片的放映方式。参考图 5-32 的【设置放映方式】对话框，选择【放映类型】为【观众自行浏览（窗口）】；选择【换片方式】中的【如果存在排练时间，就使用它】。

（3）选择【文件】→【另存为】命令，打开【另存为】对话框，在【保存类型】下拉列表框中选择【PowerPoint 放映】类型，保存文件名为“韶关旅游. ppsx”。放映幻灯片时只需双击此文件就会自动播放演示文稿，播放期间，鼠标操作为无效状态，幻灯片自动从头到尾循环播放，终止只能使用 Esc 键。

习　题

选择题

1. 演示文稿的基本组成单元是________。

   A. 文本　　B. 图形　　C. 超链接　　D. 幻灯片

2. 在________方式下,不能进行文字编辑与格式化。

   A. 幻灯片浏览视图　　B. 幻灯片视图

   C. 普通视图　　D. 大纲视图

3. 在 PowerPoint 中,说法________是不正确的。

   A. 可以在演示文稿中插入图表

   B. 可以将 Excel 的数据直接导入幻灯片上的数据表

   C. 可以在幻灯片浏览视图中对演示文稿进行整体修改

   D. 演示文稿不能转换成 Web 页

4. 在 PowerPoint 中,用________可以改变原有的幻灯片次序。

   A. 添加动作按钮　　B. 隐藏幻灯片

   C. 改变切换效果　　D. 改变幻灯片编号

5. PowerPoint 中,有关修改图片,下列说法错误的是________。

   A. 裁剪图片是指保存图片的大小不变,而将不希望显示的部分隐藏起来

   B. 当需要重新显示被隐藏的部分时,还可以通过“裁剪”工具进行恢复

   C. 如果要裁剪图片,单击选定图片,再单击“图片”工具栏中的“裁剪”按钮

   D. 按住鼠标右键向图片内部拖曳时,可以隐藏图片的部分区域

6. 在 PowerPoint 中,插入超链接所链接的目标,不能是________。

   A. 幻灯片中的某个对象　　B. 同一演示文稿的某张幻灯片

   C. 其他应用程序的文档　　D. 另一个演示文稿

7. 幻灯片的________是指某张幻灯片进入或退出屏幕时的特殊视觉效果,目的是为了使前后两张幻灯片之间自然过渡。

   A. 切换方式　　B. 视图方式　　C. 动画方式　　D. 自动方式

8. 在________中,可同时看到演示文稿中的所有幻灯片,而且这些幻灯片是以缩略图显示的。

   A. 普通视图　　B. 幻灯片浏览视图

   C. 大纲视图　　D. 幻灯片视图

9. 利用________功能,可以根据实际情况选择现有演示文稿中相关幻灯片组成一个新的演示文稿,即在现有演示文稿基础上自定义一个演示文稿。

   A. 隐蔽幻灯片　　B. 自定义放映　　C. 设置放映方式　　D. 打包

10. 如要终止幻灯片的放映,可直接按________键。

    A. Ctrl+C　　B. Alt+F4　　C. Esc　　D. End

11. 在 PowerPoint 中，若一个演示文稿有 3 张幻灯片，播放时要跳过第 2 张幻灯片，应________。

A. 取消第 2 张幻灯片的切换效果　　B. 隐藏第 2 张幻灯片
C. 取消第 1 张幻灯片的动画效果　　D. 删除第 2 张幻灯片

12. 幻灯片模板文件默认的文件扩展名是________。

A. .potx　　B. .pptx　　C. .exe　　D. .docx

13. 下列选项中，________属于可以在幻灯片中插入的声音。

A. 其他 3 项都可以　　B. 剪辑管理器中的声音
C. 文件中的声音　　D. 自己录制的声音文件

14. PowerPoint 中，有关备注母版的说法不正确的是________。

A. 备注的最主要功能是进一步提示某张幻灯片的内容
B. 备注母版的下方是备注文本区，可以像在幻灯片母版中那样设置其格式
C. 备注母版的页面共有 4 个设置：页眉区、日期区、幻灯片缩图和数字区
D. 要进入备注母版，可以选择【视图】→【母版视图】→【备注母版】命令

15. 在 PowerPoint 中，有关大纲的说法不正确的有________。

A. 显示图像对象　　B. 仅显示演示文稿的文本内容
C. 不显示图形对象　　D. 不显示图表对象

16. 在 PowerPoint 中，有关选定幻灯片的说法中不正确的是________。

A. 如果要选定多张不连续幻灯片，在浏览视图下，按住 Ctrl 键并单击各张幻灯片
B. 如果要选定多张连续幻灯片，在浏览视图下，按住 Shift 键并单击最后要选定的幻灯片
C. 在浏览视图中单击幻灯片，即可选定
D. 在幻灯片视图下，不可以选定多个幻灯片

17. 单击【幻灯片放映】下拉菜单中的【设置放映方式】命令，在【设置放映方式】的对话框中有几种不同的方式放映幻灯片，在下面选项中________不是对话框中的方式。

A. 观众自行浏览　　B. 投影机浏览　　C. 演讲者放映　　D. 在展台浏览

18. 下列操作中，________不是退出 PowerPoint 的操作。

A. 按组合键 Alt+F4
B. 选择【文件】→【关闭】命令
C. 双击 PowerPoint 窗口的"控制菜单"图标
D. 选择【文件】→【退出】命令

19. 在 PowerPoint 中，下列有关在应用程序间复制数据的说法中，不正确的是________。

A. 可以将幻灯片复制到 Word 2010 中
B. 可以将幻灯片拖动到 Word 2010 中
C. 可以将幻灯片移动到 Excel 工作簿中
D. 只能使用复制和粘贴的方法来实现信息共享

20. 可用绘图笔在演示时对幻灯片作现场勾画的放映方式是________。

A. 展台浏览　　B. 循环放映　　C. 观众自行浏览　　D. 演讲者放映

第6章 计算机网络与 Internet

计算机和通信技术的结合正推动着社会信息化的技术革命。人们通过连接各个部门、地区、国家甚至全世界的计算机网络来获得、存储、传输和处理信息，广泛地利用信息进行生产过程的控制和经济计划的决策。全国乃至全球范围的计算机互联网络迅速发展，并日益深入到国民经济的各个部门和社会生活的各个方面，计算机网络已经成为人们日常生活中必不可少的交流工具。本章主要介绍计算机网络和 Internet 的基本知识。

6.1 计算机网络概述

6.1.1 什么是计算机网络

计算机网络是指将地理位置不同的具有独立功能的多台计算机及其外部设备，通过通信线路连接起来，在网络操作系统、网络管理软件及网络通信协议的管理和协调下，实现资源共享和信息传递的计算机系统。简单地说，计算机网络就是通过电缆、电话线或无线通信将两台以上的计算机互连起来的集合，使其可以进行资源共享和信息传输。

6.1.2 计算机网络的形成与发展

计算机网络出现的历史并不长，但发展很快，经历了一个从简单到复杂的过程，计算机网络的发展可以归纳为以下 4 个阶段。

1. 面向终端的计算机网络

20 世纪 50 年代，由一台中央主机通过通信线路连接大量的地理上分散的终端，构成面向终端的计算机网络，如图 6-1 所示。终端分时访问中心计算机的资源，中心计算机将处理结果返回终端。

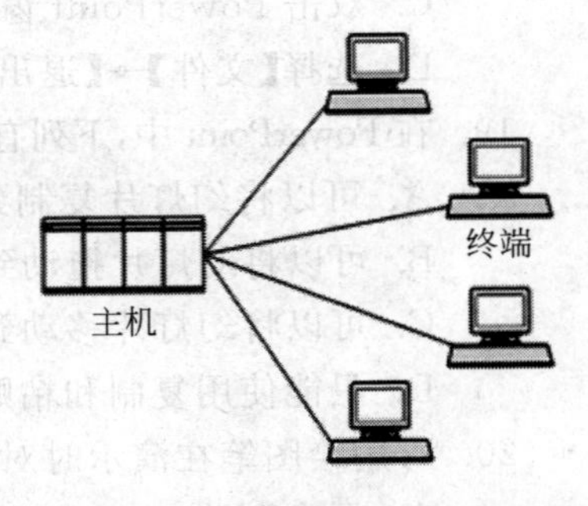

图 6-1 面向终端的计算机网络

2. 共享资源的计算机网络

1969 年，由美国国防部研究组建的 ARPAnet 是世界上第一个真正意义上的计算机网络，ARPAnet 当时只连接了 4 台主机,每台主机都具有自主处理能力,彼此之间不存在主从关系,只是相互共享资源。ARPAnet 是计算机网络技术发展的一个里程碑,它对计算机网络技术的发展作出的突出贡献主要有以下 3 个方面。

(1) 采用资源子网与通信子网组成的两级网络结构,如图 6-2 所示。通信子网负责全部网络的通信工作,资源子网由各类主机、终端、软件、数据库等组成。

(2) 采用报文分组交换方式。

(3) 采用层次结构的网络协议。

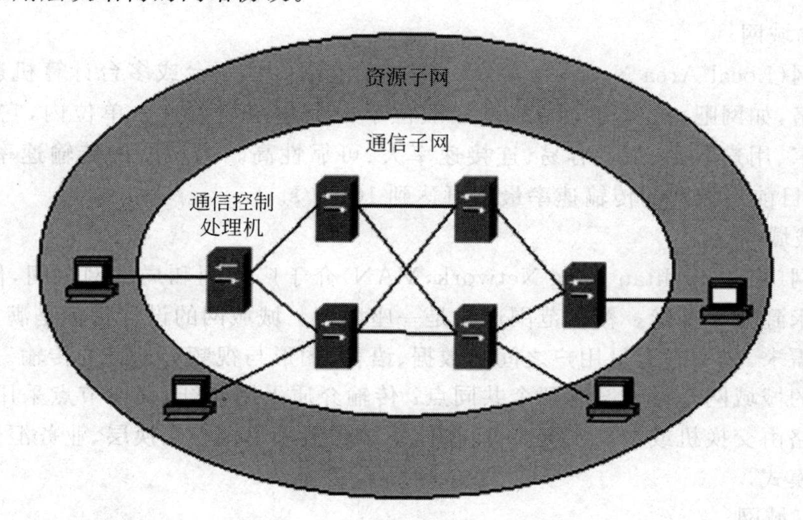

图 6-2 共享资源的计算机网络

3. 标准化的计算机网络

20 世纪 70 年代中期,局域网得到了迅速发展。美国 Xerox、DEC 和 Intel 这 3 个公司推出了以 CSMA/CD 介质访问技术为基础的以太网(Ethernet)产品、其他大公司也纷纷推出自己的产品,如 IBM 公司的 SNA。

但各家网络产品在技术、结构等方面存在着很大差异,没有统一的标准,彼此之间不能互联,从而造成了不同网络之间信息传递的障碍。

为了统一标准,1984 年由国际标准化组织 ISO 制订了一种统一的分层方案——OSI 参考模型(开放系统互联参考模型),将网络体系结构分为 7 层。

4. 全球化的计算机网络

OSI 参考模型为计算机网络提供了统一的分层方案,但事实是世界上没有任何一个网络是完全按照 OSI 模型组建的,这固然与 OSI 模型的 7 层分层设计过于复杂有关,更重要的原因是在 OSI 模型提出时,已经有越来越多的网络使用 TCP/IP 的分层模式加入到了 ARPAnet,并使得它的规模不断扩大,以致最终形成了世界范围的互联网——Internet。

所以,Internet 就是在 ARPAnet 的基础上发展起来的,并且一直沿用着 TCP/IP 的 4 层分层模式。

6.1.3 计算机网络的分类

由于计算机网络应用的广泛性,随着网络技术研究的深入,使各种计算机网络相继建立和发展,计算机网络类型的划分可以从不同的角度进行。

1. 按网络的作用范围划分

(1) 局域网

局域网(Local Area Network,LAN)是在小范围内将两台或多台计算机连接起来所构成的网络,如网吧、机房等。局域网一般位于一个建筑物或一个单位内,它的特点是:连接范围窄、用户数少、配置容易、连接速率大、可靠性高。局域网的传输速率多在10～100Mb/s,目前局域网的传输速率最高可达到10Gb/s。

(2) 城域网

城域网(Metropolitan Area Network,MAN)介于广域网和局域网之间,传输距离通常为几千米到几十千米。覆盖范围通常是一座城市。城域网的设计目标是满足多个局域网互联的需求,以实现大量用户之间的数据、语言、图形与视频等信息的传输。

目前的城域网建设方案有几个共同点:传输介质采用光纤,交换节点采用基于IP交换的高速路由交换机或ATM交换机,在体系结构上采用核心交换层、业务汇聚层与接入层的3层模式。

(3) 广域网

广域网(Wide Area Network,WAN)的覆盖范围从几十千米到几千千米甚至全球,可以把众多的LAN连接起来,具有规模大、传输延迟大的特点。最广为人知的广域网就是因特网。

2. 按网络使用范围划分

(1) 公用网

一般由电信部门组建、管理和控制,网络内的传输和交换装置可以租给任何部门和单位使用,只要符合网络用户的要求就能使用这一网络,这是为社会提供服务的网络。

(2) 专用网

由某个部门或单位拥有,只为拥有者提供服务,不允许他人使用。

3. 按网络的通信介质(媒体)划分

(1) 有线网

采用同轴电缆,双绞线或光纤等物理介质传输数据的网络。

(2) 无线网

采用微波、红外线或激光等无线介质传输数据的网络。

4. 按网络的交换功能划分

(1) 电路交换网络

在通信期间始终使用该路径,并且不允许其他用户使用,通信结束后,断开所建立的路径。

(2) 报文交换网

采用存储转发方式,当源主机和目标主机通信时,网络中的中继节点(交换器)总是先将电源主机发来的一份完整的报文存储到交换器的缓冲区中,并对报文作适当的处理,然后根据报头中的目的地址,选择一条相应的输出链路。若该链路空闲,便将报文转发至下一个中继节点式目的主机;若输出链路忙,则将装有输出信息的缓冲区排在输出队列的末尾等候。

(3) 分组交换网

与报文交换网一样,采用存储转发方式,但它不是以不定长的报文作为传输的基本单位,而是先将一份长的报文划分成若干定长的报文分组,以报文分组作为传输的基本单位。

(4) 混合交换网

在同一个数据中同时采用电路交换和报文分组交换。

5. 按网络拓扑结构划分

按网络拓扑结构分为星状网络、总线型网络、环状网络、树状网络、网状网络。

6. 按通信传播方式划分

(1) 广播式网络。仅有一个公共通信信道,由网络上所有机器共享,任一时间内只允许一个节点使用,某节点利用公用信道发送数据时,其他网络节点都能收听到。

(2) 点到点网络。在采用点到点通信网络中,多条物理线路连接到一对节点上,如果两个节点之间没有直接连接的线路,那么它们之间的通信要通过其他节点转接。

6.1.4 计算机网络的功能

计算机网络有很多用处,其中最重要的4个功能是数据通信、资源共享、分布处理和综合信息服务。

1. 数据通信

数据通信是计算机网络最基本的功能。它用来快速传送计算机与终端、计算机与计算机之间的各种信息,包括文字信息、新闻消息、咨询信息、图片资料、报纸版面等。利用这一特点,可实现将分散在各个地区的单位或部门用计算机网络联系起来,进行统一的调配、控制和管理。

2. 资源共享

"资源"指的是网络中所有的软件、硬件和数据资源。"共享"指的是网络中的用户都能够部分或全部地享受这些资源。例如,某些地区或单位的数据库(如飞机机票、饭店客房等)可供全网使用;某些单位设计的软件可供需要的地方有偿调用或办理一定手续后调用;一些外部设备如打印机,可面向用户,使不具有这些设备的地方也能使用这些硬件设备。如果不能实现资源共享,各地区都需要有一套完整的软、硬件及数据资源,则将大大地增加全系统的投资费用。

3. 分布处理

当某台计算机负担过重时,或该计算机正在处理某项工作时,网络可将新任务转交给空闲的计算机来完成,这样处理能均衡各计算机的负载,提高处理问题的实时性;对大型综合性问题,可将问题各部分交给不同的计算机分头处理,充分利用网络资源,扩大计算机的处理能力,即增强实用性。对解决复杂问题来讲,多台计算机联合使用并构成高性能的计算机体系,这种协同工作、并行处理要比单独购置高性能的大型计算机便宜得多。

4. 综合信息服务

计算机网络的发展使应用日益多元化,即在一套系统上提供集成的信息服务,包括来自社会、政治、经济等各方面的资源,甚至同时还提供多媒体信息,如图像、语音、动画等。在多元化发展的趋势下,许多网络应用形式不断涌现,如电子邮件、网上交易、视频点播、联机会议等。

6.1.5 计算机网络的应用

计算机网络是信息产业的基础,在各行各业都获得了广泛应用。

1. 办公自动化系统

办公自动化是以先进的科学技术(信息技术、系统科学和行为科学)完成各种办公业务。

办公自动化系统(OAS)的核心是通信和信息。通过将办公室的计算机和其他办公设备连接成网络,可充分有效地利用信息资源,以提高生产效率、工作效率和工作质量,更好地辅助作出决策。

2. 管理信息系统

管理信息系统(MIS)是基于数据库的应用系统。在计算机网络的基础上建立管理信息系统,是企业管理的基本前提和特征。例如,使用MIS系统,企业可以实现各部门动态信息的管理、查询和部门间信息的传递,可以大幅提高企业的管理水平和工作效率。

3. 电子数据交换

电子数据交换(EDI)是将贸易、运输、保险、银行、海关等行业信息用一种国际公认的标准格式,通过计算机网络,实现各企业之间的数据交换,并完成以贸易为中心的业务全过程。电子商务系统(EB或EC)是EDI的进一步发展。

我国的"金关"工程就是以EDI作为通信平台。

4. 现代远程教育

远程教育是一种利用在线服务系统,开展学历或非学历教育的全新的教学模式。

远程教育的基础设施是网络,其主要作用是向学员提供课程软件及主机系统的使用,支持学员完成在线课程,并负责行政管理、协同合作等。

5. 电子银行

电子银行也是一种在线服务,是一种由银行提供的基于计算机和计算机网络的新型金融服务系统,其主要功能有金融交易卡服务、自动存取款服务、销售点自动转账服务、电子汇款与清算等。

6. 企业信息化

分布式控制系统(DCS)和计算机集成与制造系统(CIMS)是两种典型的企业网络系统。

6.1.6 计算机网络的拓扑结构

拓扑学(Topology)是一种研究与大小、距离无关的几何图形特性的方法。网络拓扑是由网络节点设备和通信介质构成的网络结构图。在选择拓扑结构时,主要考虑的因素有安装的相对难易程度、重新配置的难易程度、维护的相对难易程度、通信介质发生故障时受到影响的设备的情况。

1. 网络拓扑结构的组成

(1) 节点

节点就是网络单元。网络单元是网络系统中的各种数据处理设备、数据通信控制设备和数据终端设备。

节点分为:转节点,它的作用是支持网络的连接,它通过通信线路转接和传递信息;访问节点,它是信息交换的源点和目标。

(2) 链路

链路是两个节点间的连线。链路分"物理链路"和"逻辑链路"两种,前者是指实际存在的通信连线;后者是指在逻辑上起作用的网络通路。链路容量是指每个链路在单位时间内可接纳的最大信息量。

(3) 通路

通路是从发出信息的节点到接收信息的节点之间的一串节点和链路。也就是说,它是一系列穿越通信网络而建立起的节点到节点的链路。

2. 常见的网络拓扑结构

(1) 星状结构

星状结构是用每条线路将各个节点和中心节点相连的结构。中心节点控制整个网络的通信,任何两个节点之间的通信都要通过中心节点,如图 6-3 所示。

优点:结构简单,易于实现,便于管理。

缺点:中心节点出故障时,整个网络系统就可能瘫痪,可靠性差。

(2) 环状结构

环状结构是网络中的节点通过点到点通信线路连接成闭合环路的结构。环中数据将沿一个方向逐个节点传送,如图 6-4 所示。

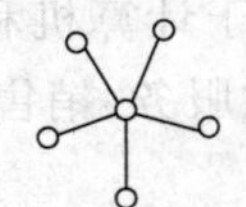

图 6-3　星状结构

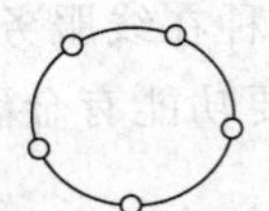

图 6-4　环状结构

优点:环状结构简单,网络中传输延时确定。

缺点:环中任何一个节点出现故障,都可能造成网络瘫痪,而且环状结构的维护较复杂。

(3) 总线型结构

总线型结构是网络中的各个节点连接在一条公共的通信线路上的结构,数据在总线上双向传输,如图 6-5 所示。

优点:结构简单、可靠性较高、易于网络的扩充。

缺点:节点的数量对数据传输速度影响较大,一旦网络出现故障,故障定位困难。

(4) 树状结构

树状结构的特点是节点按层次进行连接,信息交换主要在上、下节点之间进行,同层次的节点之间很少有数据交换。实际上,树状结构是星状结构的扩展,只是有多个中心节点,如图 6-6 所示。

优点:通信线路连接简单,网络容易管理维护。

缺点:资源共享能力差,可靠性也较差。

(5) 网状结构

网状结构的特点是网络中的节点之间的连接是任意、无规律的。节点之间可能有多条路径选择,其中个别节点发生故障对整个网络影响不大,如图 6-7 所示。

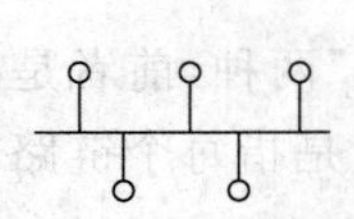

图 6-5　总线型结构

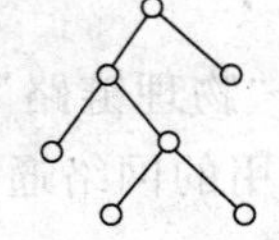

图 6-6　树状结构

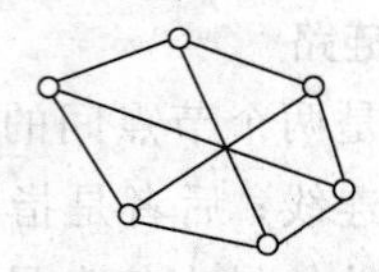

图 6-7　网状结构

优点：系统可靠性高。

缺点：网络系统结构复杂，一般成本较高。

6.2　数据通信技术

6.2.1　几个重要的概念

1. 信息

信息是对客观事物的反映，可以是对物质的形态、大小结构、性能等全部或部分特性的描述，可以是物质与外部的联系。

2. 数据

数据是描述物体、概念、情况、形式的数字、字母和符号，数据可以在物理介质上记录式传输，并通过外围设备被计算机接收，经过处理而获得结果。可分为模拟数据和数字数据两种。

3. 信号

信号是数据的具体表现形式，通信系统中所用的信号指的是电信号，即随着时间而变化的电压和电流。

4. 噪声

噪声是指信号在传输过程中受到的干扰，干扰既可能来自外部，也可能由信号传输过程本身产生。

5. 信道

信道是传输信号的通路，由传输介质及相应的附属设备组成。

6. 信号带宽

信号通常都是以电磁波的形式传送的，电磁波都有一定的频谱范围，该频谱的频率范围称作该信号的带宽。

7. 信道带宽

信道带宽是指信道能够传送的信号的最大频率范围。

6.2.2 两类技术

1. 数据传输技术

(1) 数据编码技术

除了模拟数据的模拟信号发送外，其他3种形式(数字数据的数字信号发送、数字数据的模拟信号发送和模拟数据的数字信号发送)都必须进行适当的编码。

① 数字数据的数字信号编码。

- 不归零制编码。
- 曼彻斯特编码。
- 差分曼彻斯特编码。

② 数字数据的模拟信号编码。

- 幅移键控法。
- 频移键控法。
- 相移键控法。

③ 模拟数据的数字信号编码。

模拟数据的数字信号编码最常用的技术是PCM(脉冲编码调制)。

- 采样定理(香农采样定理)。采样频率大于或等于模拟信号的最高频率的2倍，那么采样后的离散序列就能无失真地恢复出原始的连续信号。
- PCM过程。采样→量化→编码。

(2) 多路复用技术

为了充分利用信道的容量，提高信道的传输效率，将若干彼此无关的信号合并成一路复合信号，并在一条公用信道上传输，达到接收端后再进行分离的方法。

- 频分多路复用：按照频率参量的差别来分割信号。
- 时分多路复用：按照时间参量的差别来分割信号。
- 码分多路复用：用一组包含互相正交的码字的码组携带多路信号。

2. 数据交换技术

(1) 线路交换

线路交换也叫电路交换，其特征是在数据传输期间，在源节点与目的节点之间有一条利用中间节点构成的专用物理连接线路。直到数据传输结束，才撤销这条链路。

(2) 报文交换

报文交换属于存储交换，其原理是：把要传送的数据存储起来，等到线路空闲时再发出去。

(3) 分组交换

将要传输的数据，分成若干固定长度的分组，采用存储—转发技术，每个分组独立到达目的地，重新组合。

(4) 帧中继交换

帧中继交换是在数据链路层上，用简化的方法传送和交换数据的技术，在链路上取消了差错控制和流量控制，其访问速度可达 2Mb/s。

(5) ATM 技术

ATM 的含义是异步传输模式，它是线路交换和分组交换相结合的产物。ATM 传送的数据分组长度，固定为 53 字节称为信元，其中信元头 5 个字节，主要包含信元的网络路由信息，数据长度为 48 个字节。

6.2.3 网络体系结构

计算机网络的体系结构为了不同的计算机之间互连和互相操作提供相应的规范和标准。首先必须解决数据传输问题，包括数据传输方式、数据传输中的误差与出错、传输网络的资源管理、通信地址以及文件格式等问题。解决这些问题需要互相通信的计算机之间以及计算机与通信网之间进行频繁的协商与调整。这些协商与调整以及信息的发送与接收可以用不同的方法设计与实现。

在 20 世纪 70 年代，各大计算机生产商的产品都拥有自己的网络通信协议，但是不同的厂家生产的计算机系统就难以连接。

为了实现不同厂商生产的计算机系统之间以及不同网络之间的数据通信，国际标准化组织 ISO(开放系统互联参考模型)即 OSI/RM 也称为 ISO/OSI，该系统称为开放系统。其核心内容包含高、中、低三大层，高层面向网络应用，低层面向网络通信的各种物理设备，而中间层则起信息转换、信息交换(或转接)和传输路径选择等作用，即路由选择核心。

计算机也拥有 TCP/IP 的体系结构即传输控制协议/网际协议。TCP/IP 包括 TCP/IP 的层次结构和协议集。OSI 与 TCP/IP 有着许多的共同点和不同点，如表 6-1 所示。

表 6-1 OSI 参考模型与 TCP/IP 参考模型对比

OSI 参考模型	TCP/IP 参考模型	TCP/IP 常用协议
应用层	应用层	DNS、HTTP、SMTP、POP、TELNET、FTP、NFS
表示层		
会话层		
传输层	传输层	TCP、UDP
网络层	互联层	IP、ICMP、IGMP、ARP、RARP
数据链路层	主机-网络层	Ethernet、ATM、FDDI、ISDN、TDMA
物理层		

6.3 局域网

6.3.1 局域网的组成

局域网的组成包括硬件和软件。网络硬件包括资源硬件和通信硬件。资源硬件包括构成网络主要成分的各种计算机和输入/输出设备。利用网络通信硬件将资源硬件设备连接起来,在网络协议的支持下,实现数据通信和资源共享。软件资源包括系统软件和应用软件。系统软件主要是网络操作系统。

1. 局域网的资源硬件

(1) 服务器

局域网中至少有一台服务器,允许有多台服务器。对服务器的要求是速度快、硬盘和内存容量大、处理能力强。服务器是局域网的核心,网络中共享的资源大多都集中在服务器上。

由于服务器中安装有网络操作系统的核心软件,它便具有网络管理、共享资源、管理网络通信和为用户提供网络服务的功能。服务器中的文件系统具有容量大和支持多用户访问等特点。

在基于计算机的LAN中,根据服务器在网络中所起的作用,可分为文件服务器、打印服务器、通信服务器和数据库服务器等。

(2) 工作站

联网的计算机中,除服务器以外统称为网络工作站,简称工作站。一方面,工作站可以当作一台普通计算机使用,处理用户的本地事务;另一方面,工作站能够通过网络进行彼此通信,以及使用服务器管理的各种共享资源。

2. 局域网的通信硬件

(1) 网卡

网卡又叫网络适配器(Network Adapter),或叫网络接口板,是计算机接入网络的接口电路板。

网卡是LAN的通信接口,实现LAN通信中物理层和介质访问控制层的功能。一方面,网卡要完成计算机与电缆系统的物理连接;另一方面,它要根据所采用MAC介质访问控制协议实现数据帧的封装和拆封,还有差错校验和相应的数据通信管理。如在总线LAN中,要进行载波侦听和冲突监测及处理。

(2) 通信线路

通信线路是LAN的数据传输通路,它包括传输介质和相应的连接插件。LAN常用的传输介质有同轴电缆、双绞线和光缆。

① 同轴电缆(50Ω、70Ω—CATV)。

50Ω 同轴电缆可以 10Mb/s 的速率将基代数字信号传送 1 千米。

70Ω 同轴电缆又称为宽带同轴电缆,使用频分复用技术,用来传送模拟信号,其频率可高达 300～450MHz 或更高,传输距离可达 100 千米。宽带电缆通常都划分为若干个独立信道,每一个 6MHz 的电缆可以支持传送一路模拟电视信号。当该电缆用来传送数字信号时,速率一般可达 3Mb/s。

② 双绞线。双绞线是布线工程中最常用的一种传输介质,由不同颜色的 4 对 8 根芯线(每根芯线加绝缘层)组成,每两根芯线按一定规则交织在一起(为了降低信号之间的相互干扰),成为一个芯线对,如图 6-8 所示。双绞线分为非屏蔽双绞线和屏蔽双绞线,平时人们接触的大多是非屏蔽双绞线。

图 6-8　双绞线

使用双绞线组网时,双绞线和其他设备连接必须使用 RJ-45 接头(也叫水晶头),RJ-45 水晶头中的线序有两种标准,如图 6-9 所示。

EIA/TIA 568A 标准：绿白-1、绿-2、橙白-3、蓝-4、蓝白-5、橙-6、棕白-7、棕-8。

EIA/TIA 568B 标准：橙白-1、橙-2、绿白-3、蓝-4、蓝白-5、绿-6、棕白-7、棕-8。

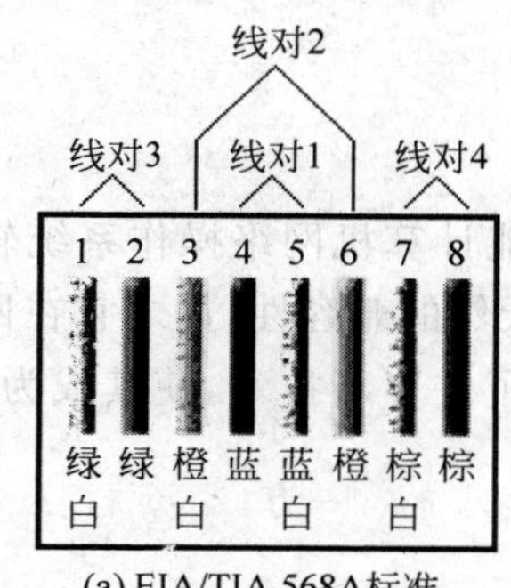

(a) EIA/TIA 568A标准

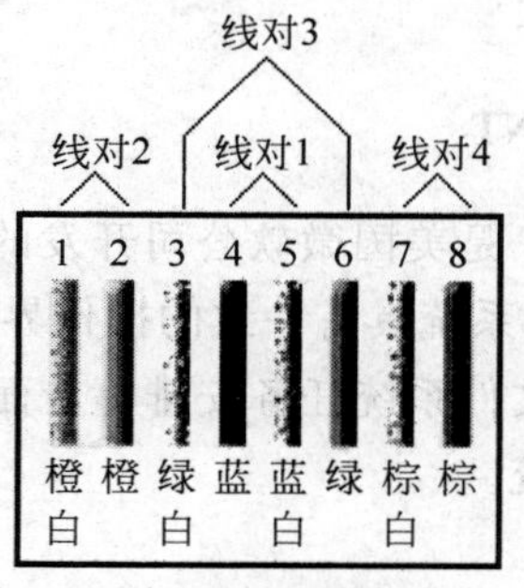

(b) EIA/TIA 568B标准

图 6-9　双绞线线序标准

双绞线的做法分为两种：直通线和交叉线。

直通线：也称直连线,是指双绞线两端线序都为 568A 或 568B,用于不同设备相连。

交叉线：双绞线一端线序为 568A,另一端线序为 568B,用于同种设备相连。

③ 光缆：分为多模光纤和单模光纤。

特点 1：传输损耗小、中继距离长,远距离传输特别经济。

特点 2：抗雷电和电磁干扰性好。

特点 3：无串音干扰,保密性好；体积小,重量轻。

特点 4：通信容量大,每波段都具有 25 000～30 000GHz 的带宽。

一个光传输系统由三部分组成：传输介质、光源和检测器；传输介质是极细的玻璃纤维或石英玻璃纤维；光源是发光二极管或半导体激光器；检测器是一种光电二极管。

(3) 通信设备

LAN 的通信设备主要用于延长传输距离和便于网络布线,主要有如下几种。

① 中继器。对数字信号进行再生放大,以扩展总线 LAN 的传输距离。

② 集线器(Hub)。也叫线路集线器。可提供多个计算机接口,用于工作站集中的地方。

③ 网络互联设备。网络互联设备有中继器、网桥、路由器、交换机、网关等。

6.3.2 网络操作系统

网络操作系统是使网络上各计算机能方便地共享网络资源,为网络用户提供所需的各种服务的软件及相关规程的集合。

目前具有代表性的 3 种网络操作系统是 Netware、Windows NT 以及 UNIX(Linux)。

1. Netware

Netware 是美国 Novell 公司在 20 世纪 80 年代发展起来的,特别适合 DOS 工作站计算机局域网的网络操作系统,在 20 世纪 90 年代,它是全球应用最广泛的网络操作系统。Netware 采用的协议是著名的 SPX/IPX 传输协议集,其中顺序分组交换 SPX 是传输层协议。

2. Windows NT

Windows NT 是美国微软公司开发的高性能计算机网络操作系统软件,由于它与当今流行的 PC 操作系统具有一致的操作界面及天然的兼容性,加之它在网络结构、系统安全性、内存管理、文件系统任务安排等方面采用了许多新技术,使其成为当前局域网最广泛使用的操作系统。

3. UNIX

UNIX 是美国 Bell 实验室在 20 世纪 70 年代开发出来的一种简单通用、高效的多任务、多用户的操作系统,主要运行在大型计算机上。

4. Linux 操作系统

Linux 最初是由芬兰赫尔辛基大学在校学生 Linux Torvalds 根据 UNIX 内核于 1991 年开发出来的一种计算机操作系统。由于 Linux 的源代码是完全公开的,人们可以任意地在原有基础上进行开发、完善。

6.3.3 局域网络组建实例

下面以 Windows 7 为操作系统进行双机互联对等网络组建。

(1) 硬件连接。使用交叉线连接计算机 1 和计算机 2 的网卡,如图 6-10 所示。

图 6-10　双机互联网的硬件连接

（2）计算机名和工作组配置。右击计算机 1 在桌面的图标选择属性打开计算机系统属性，单击“更改设置”按钮，单击“更改”按钮，在对话框中输入网络中的计算机名和工作组，如图 6-11 所示。

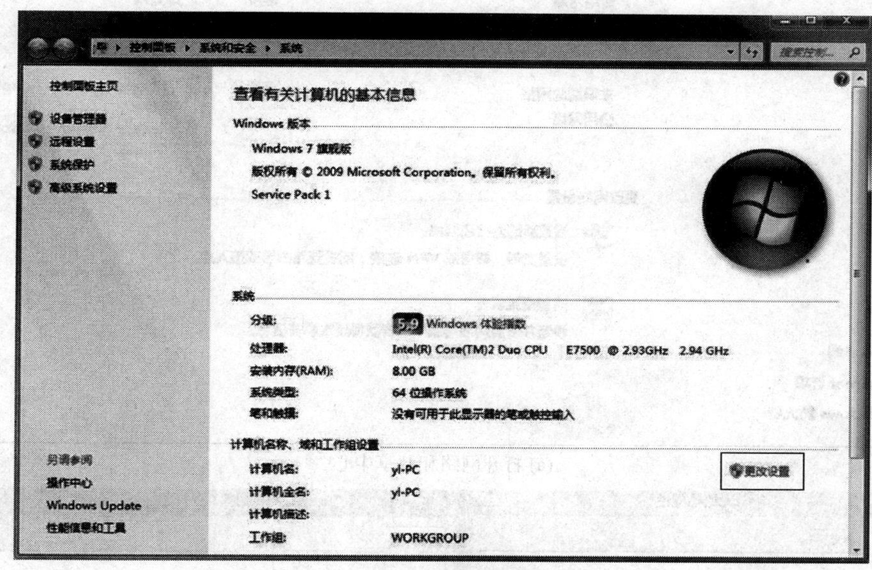

(a) 打开计算机系统属性

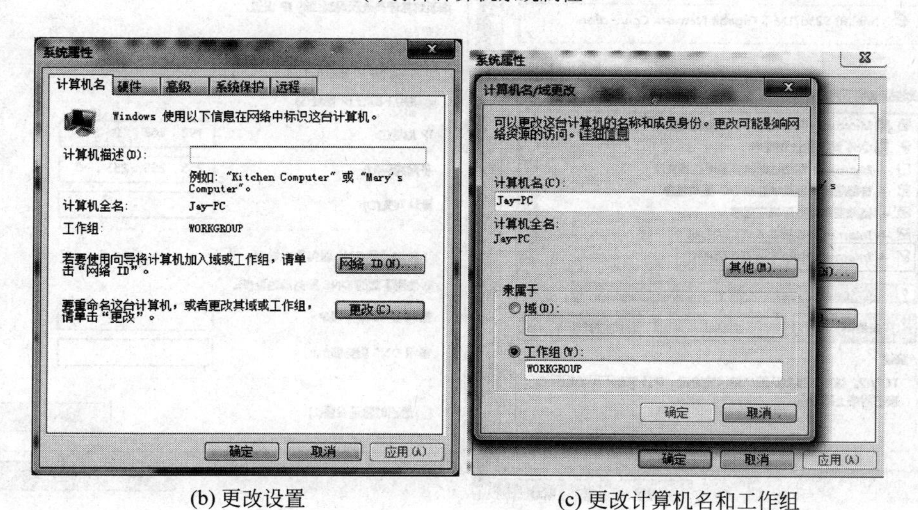

(b) 更改设置　　　　(c) 更改计算机名和工作组

图 6-11　更改计算机名和工作组

(3) 配置 TCP/IP 协议。右击网络图标选择属性打开网络和共享中心，单击更改适配器设置，右击本地连接图标选择属性，选中“TCP/IPv4”单击属性，在对话框里填入 IP 地址(192.168.0.1)、子网掩码(255.255.255.0)，如图 6-12 所示。

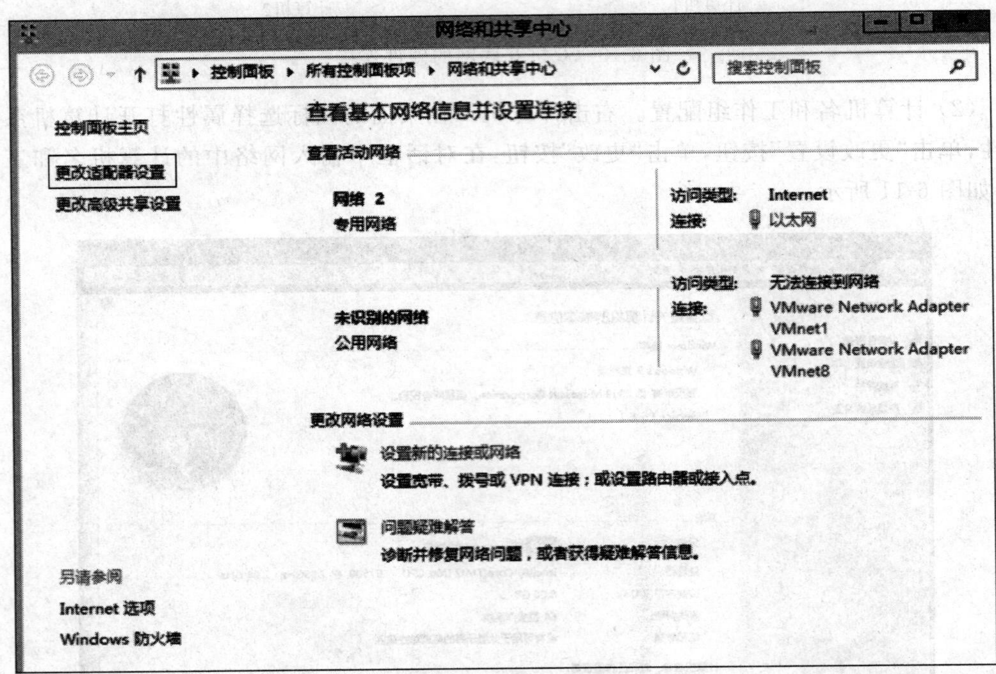

(a) 打开网络和共享中心

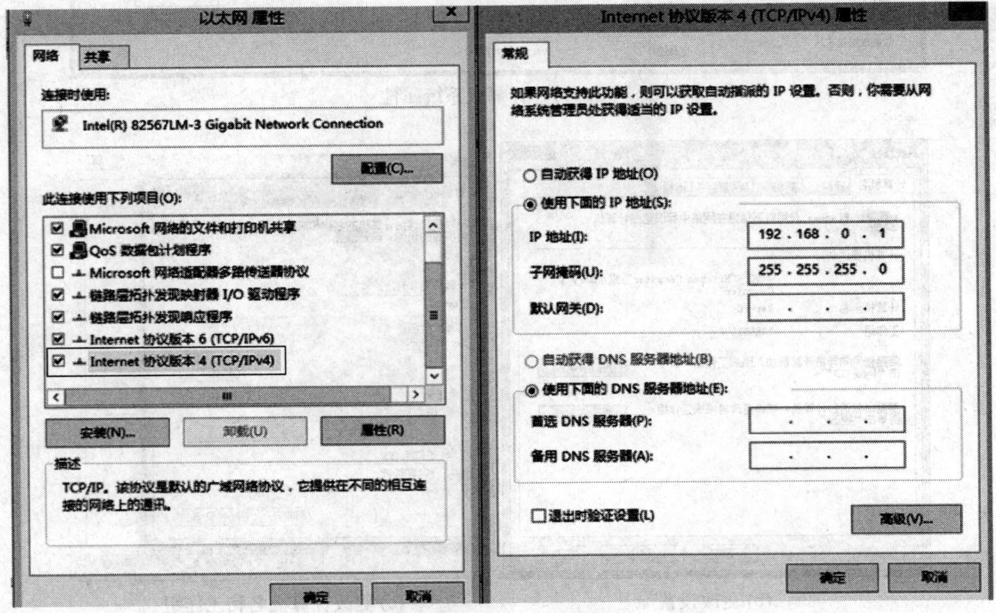

(b) 更改IP地址和子网掩码

图 6-12　配置 TCP/IP 协议

(4) 重复第(3)步配置计算机 2 的 IP 地址(192.168.0.2)、子网掩码(255.255.255.0)。

(5) 测试连通性。在计算机 2 上使用 Windows+R 组合键打开运行对话框，输入 CMD 打开命令提示符，输入 ping 192.168.0.1，按 Enter 键返回测试结果，如图 6-13 所示。

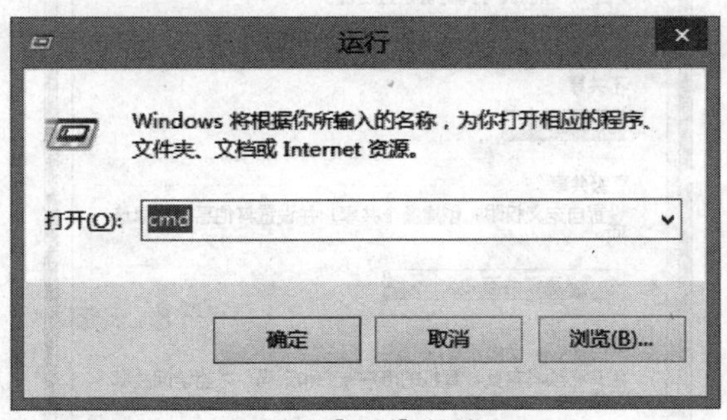

(a) 打开【运行】对话框

(b) 使用ping命令测试网络的连通性

图 6-13　测试网络的连通性

图 6-13(b)返回的结果表示此网络连通性良好。

6.3.4　文件夹共享

要启用文件夹共享功能，可以在需要共享的文件夹上右击，在弹出的菜单中选择【属性】命令，切换到【共享】选项卡，如图 6-14(a)所示。

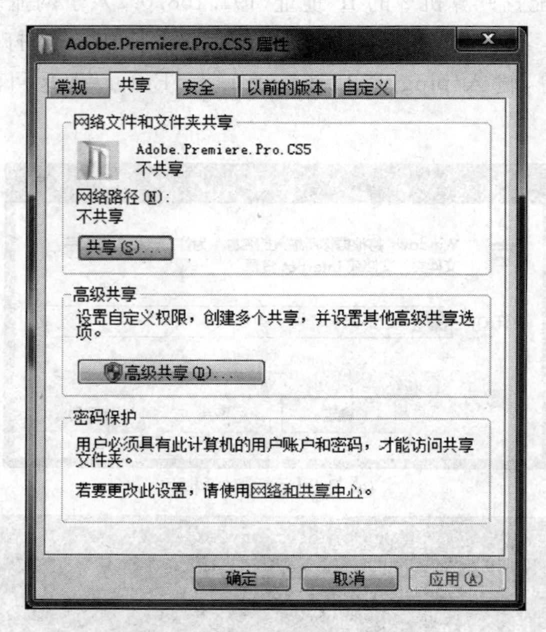

(a) 打开文件夹属性

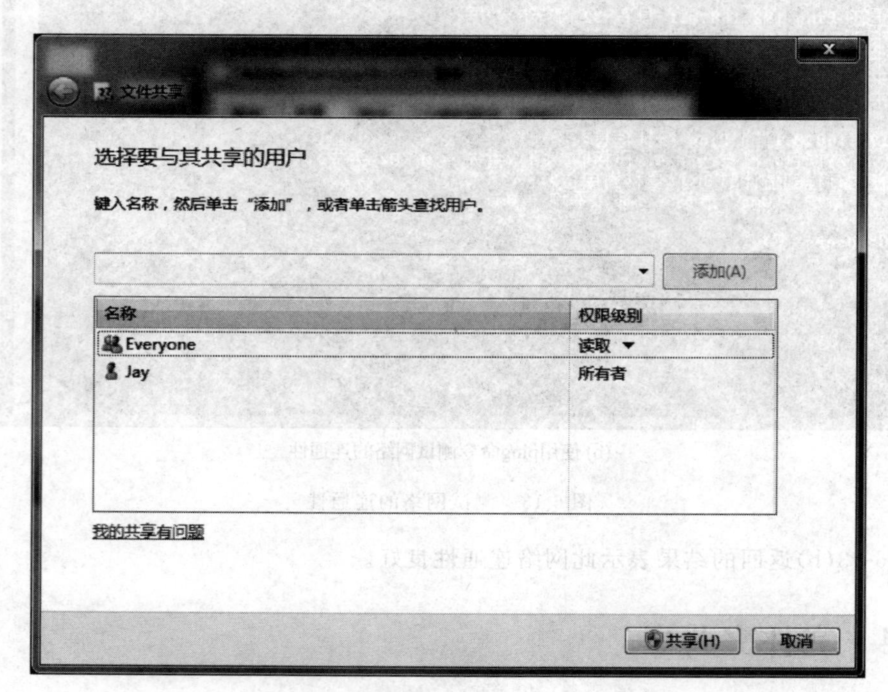

(b) 共享文件夹权限设置

图 6-14　启用共享文件夹

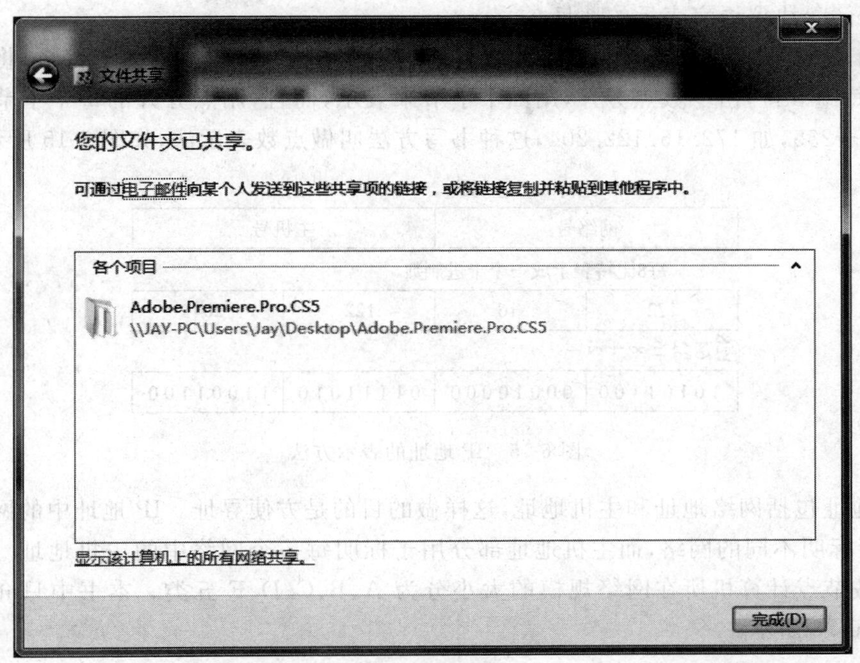

(c) 启用共享

图 6-14(续)

单击【共享】按钮，会弹出图 6-14(b)所示的对话框。在其中的下拉列表框中可选择共享对象进行添加。共享对象可以是用户或组，如果要设置该文件夹为所有人都可访问，可如本图中一样将 Everyone 添加到权限列表中。随后，根据实际需要，可以对列表中的每一组访问者单独进行访问权限级别的设置。可以设置的权限包括“读取”和“读/写”两种方式。也可以选择“删除”命令将该用户或组从访问权限列表中去除。在设置完成后，单击【共享】按钮，并在 Windows 操作系统弹出的操作提示中再次确认，便可成功共享该文件夹，如图 6-14 所示。

6.4 Internet 基础与拨号连接

6.4.1 IP 地址

在 Internet 上连接的所有计算机，从大型机到微型计算机都是以独立的身份出现，称它为主机。为了实现各主机间的通信，每台主机都必须有一个唯一的网络地址。网络地址也唯一地标识一台计算机。

Internet 是由几千万台计算机互相连接而成的。要确认网络上的每一台计算机，靠的就是能唯一地标识该计算机的网络地址，这个地址就叫做 IP(Internet Protocol)地址，即用 Internet 协议语言表示的地址。

目前,在 Internet 里,IP 地址是由一个 32 位的二进制地址,为了便于记忆,将它们分为 4 组,每组 8 位,由小数点分开,用四个字节来表示,而且,用点分开的每个字节的数值范围是 0～255,如 172.16.122.204,这种书写方法叫做点数表示法,如图 6-15 所示。

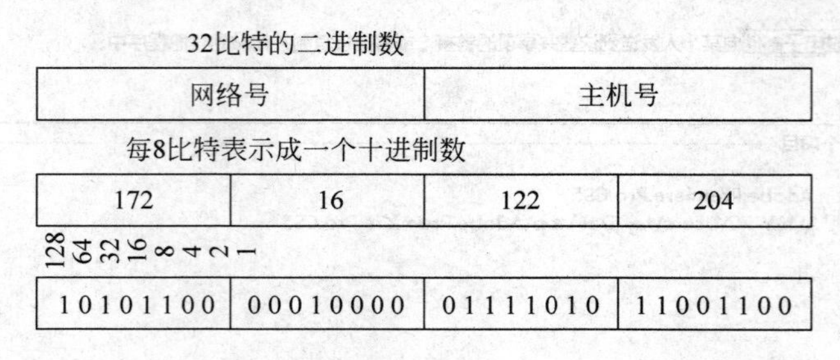

图 6-15　IP 地址的表示方法

IP 地址包括网络地址和主机地址,这样做的目的是方便寻址。IP 地址中的网络地址部分用于标明不同的网络,而主机地址部分用于标明每一个网络中的主机地址。一般将 IP 地址按节点计算机所在网络规模的大小分为 A、B、C、D、E 五类。本书中只介绍前三类,如图 6-16 所示。

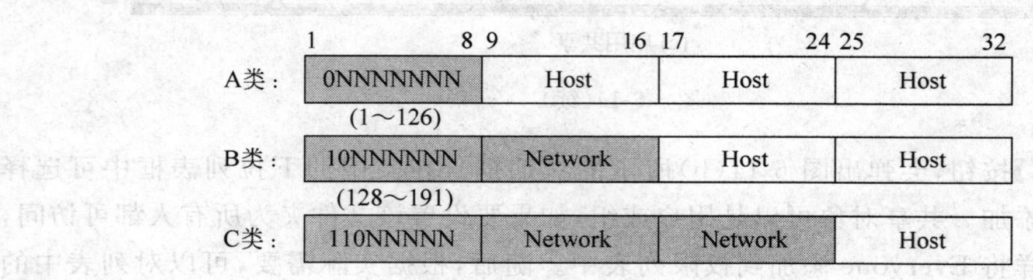

图 6-16　IP 地址的分类

1. A 类地址

A 类地址的第 1 个 8 位代表网络号,后 3 个 8 位代表主机号,网络地址的最高位必须是 0。十进制的第 1 组数值所表示的网络号范围为 0～127,由于 0 和 127 有特殊用途,因此,有效的地址范围是 1～126。每个 A 类网络可连接 16 777 214(=$2^{24}-2$)台主机。

2. B 类地址

B 类地址的前 2 个 8 位代表网络号,后 2 个 8 位代表主机号,网络地址的最高位必须是 10。十进制的第 1 组数值范围为 128～191。每个 B 类网络可连 65 534(=$2^{16}-2$)台主机。

3. C 类地址

C 类地址的前 3 个 8 位代表网络号,最后 1 个 8 位代表主机号,网络地址的最高位必须是 110。十进制的第 1 组数值范围为 192～223,每个 C 类网络可连接 254(=$2^{8}-2$)台主机。

4. 特殊的IP地址

(1) 网络地址。网络地址用于表示网络本身。具有正常的网络号部分,而主机号部分全部为0的IP地址称为网络地址。如129.5.0.0就是一个B类网络地址。

(2) 广播地址。广播地址用于向网络中的所有设备进行广播。具有正常的网络号部分,而主机号全部为1的IP地址称为直接广播地址。如129.5.255.255就是一个B类的广播地址。

(3) 回送地址。网络地址不能以十进制127开头,在地址中数字127保留给系统作诊断用,称为回送地址。如127.0.0.1用于回路测试。

(4) 私有地址。只能在局域网中使用,不能在Internet上使用的IP地址称为私有地址,私有IP地址有:10.0.0.0～10.255.255.255,表示1个A类地址;172.16.0.0～172.31.255.255,表示16个B类地址;192.168.0.0～192.168.255.255,表示256个C类地址。

在Internet中,一台计算机可以有一个或多个IP地址,就像一个人可以有多个通信地址一样,但两台或多台计算机却不能共用一个IP地址。如果有两台计算机的IP地址相同,则会引起异常现象,两台计算机都将无法正常工作。

6.4.2 子网掩码

子网掩码用于识别IP地址中的网络地址和主机地址。子网掩码也是32位二进制数字,在子网掩码中,网络地址部分用1表示,主机地址部分用0表示。由此可知,A类网络的默认子网掩码是255.0.0.0;B类网络的默认子网掩码是255.255.0.0;C类网络的默认子网掩码是255.255.255.0。还可以用网络前缀法表示子网掩码,即"/<网络地址位数>",如138.96.0.0/16表示B类网络138.96.0.0的子网掩码为255.255.0.0。

6.4.3 域名系统

在Internet上,对于众多以数字表示的一长串IP地址,人们记忆起来是很困难的。为此,Internet引入了一种字符型的主机命名机制,即域名系统DNS(Domain Name System),用来表示主机的IP地址。Internet设有一个分布式命名体系,它是一个树状结构的DNS服务器网络。每个DNS服务器保存有一张表,用来实现域名和IP地址的转换,当有计算机要根据域名访问其他计算机时,它就自动执行域名解析,根据这张表,把已经注册的计算机的域名转换为IP地址。如果此DNS服务器在表中查不到该域名,它会向上一级DNS服务器发出查询请求,直到最高一级的DNS服务器返回一个IP地址或返回未查到的信息。

Internet的域名采用分级的树状结构,此结构称为"域名空间",如图6-17所示。

计算机域名的命名方法是,以圆点隔开若干级域名。从左到右,从计算机名开始,域的范围逐步扩大,域名的典型结构如下:

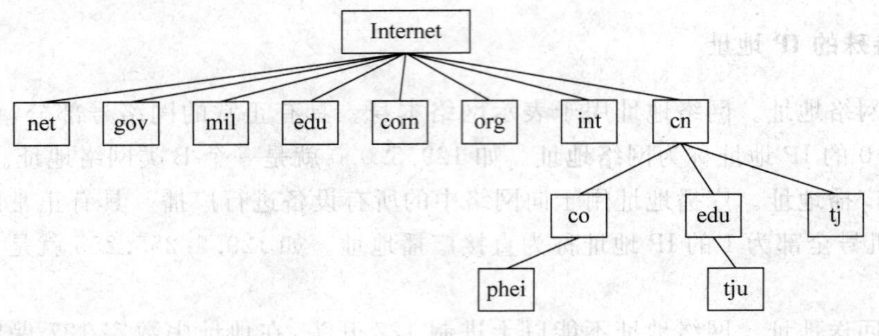

图 6-17　域名空间

计算机名.机构名.网络名.顶级域名

例如,www.tsinghua.edu.cn 指的是中国(cn)教育网(edu)清华大学(tsinghua)Web 主机(www)。

为保证域名系统的通用性,Internet 规定了一些正式的通用标准,从最顶层至最下层,分别称为顶级域名、二级域名、三级域名等。

表 6-2 给出了一些常用的域名及其含义。

表 6-2　常用的域名及其含义

域　名	含　义	域　名	含　义	域　名	含　义
gov	政府部门	ca	加拿大	edu	教育类
com	商业类	fr	法国	net	网络机构
mil	军事类	hk	中国香港	arc	康乐活动
cn	中国	info	信息服务	org	非营利组织
jp	日本	int	国际机构	web	与 WWW 有关的单位

6.4.4　Internet 接入方式

1. 拨号上网方式

拨号上网方式又称为拨号 IP 方式,因为采用拨号上网方式,在上网之后会被动态地分配一个合法的 IP 地址。用拨号方式上网的投资不大,但是能使用的功能比拨号仿真终端方法连入要强得多。拨号上网就是通过电话拨号的方式接入 Internet 的,但是用户的计算机与接入设备连接时,该接入设备不是一般的主机,而是称为接入服务(Access Server)的设备,同时在用户计算机与接入设备之间的通信必须用专门的通信协议 SLIP 或 PPP。

拨号上网的特点:投资少,适合一般家庭及个人用户使用;速度慢,因为其受电话线及相关接入设备的硬件条件限制,一般在 56kb/s 左右。

2. ISDN 专线接入

ISDN 专线接入又称为一线通、窄带综合业务数字网业务(N-ISDN)。它是在现有电话网上开发的一种集语音、数据和图像通信于一体的综合业务形式。

一线通利用一对普通电话线即可得到综合电信服务：边上网边打电话、边上网边发传真、两部计算机同时上网、两部电话同时通话等。

通过 ISDN 专线上网的特点：方便，速度快，最高上网速度可达到 128kb/s。

3. ADSL 宽带入网

ADSL 是一种异步传输模式(ATM)。

在电信服务提供商端，需要将每条开通 ADSL 业务的电话线路连接在数字用户线路访问多路复用器(DSLAM)上。而在用户端，用户需要使用一个 ADSL 终端(因为和传统的调制解调器(Modem)类似，所以也被称为“猫”)来连接电话线路。由于 ADSL 使用高频信号，所以在两端还都要使用 ADSL 信号分离器将 ADSL 数据信号和普通音频电话信号分离出来，避免打电话的时候出现噪声干扰。

通常的 ADSL 终端有一个电话 Line-In，一个以太网口，有些终端集成了 ADSL 信号分离器，还提供一个连接的 Phone 接口。

某些 ADSL 调制解调器使用 USB 接口与计算机相连，需要在计算机上安装指定的软件以添加虚拟网卡来进行通信。

4. DDN 专线入网

DDN 即数字数据网，是利用数字传输通道(光纤、数字微波、卫星)和数字交叉复用节点组成的数字数据传输网。可以为用户提供各种速率的高质量数字专用电路和其他新业务，以满足用户多媒体通信和组建中高速计算机通信网的需要。

DDN 专线的特点：采用数字电路，传输质量高，时延小，通信速率可根据需要选择；电路可以自动迂回，可靠性高。

5. 帧中继方式入网

帧中继是在 OSI 第二层上用简化的方法传送和交换数据单元的一种技术。通过帧中继入网需申请帧中继电路，配备支持 TCP/IP 协议的路由器，用户必须有 LAN(局域网)或 IP 主机，同时需申请 IP 地址和域名。入网后用户网上的所有工作站均可享受 Internet 的所有服务。

帧中继上网的特点：通信效率高，租费低，适用于 LAN 之间的远程互联，传输速率在 2 048～9 600kb/s。

6. 局域网接入

局域网连接就是把用户的计算机连接到一个与 Internet 直接相连的局域网 LAN 上，并且获得一个 IP 地址。不需要 Modem 和电话线，但是需要有网卡才能与 LAN 通信。同时用户计算机软件的配置要求比较高，一般需要专业人员为用户的计算机进行配置，计算机中还应配有 TCP/IP 软件。

局域网接入的特点：传输速率高，对计算机配置要求高，需要有网卡，需要安装配有

TCP/IP 的软件。

6.5 电子邮箱的配置

电子邮件是 Internet 应用最广的服务之一。通过电子邮件系统，可以用非常低廉的价格，以非常快速的方式(几秒钟之内可以发送到世界上任何指定的目的地)，与世界上任何一个角落的网络用户联络系，这些电子邮件可以是文字、图像、声音等各种方式。同时，用户可以得到大量免费的新闻、专题邮件，并实现轻松的信息搜索。这是任何传统的方式无法相比的。正是由于电子邮件的使用简易、投递迅速、收费低廉、易于保存、全球畅通无阻，使得电子邮件被广泛地应用，它使人们的交流方式得到了极大的改变。

6.5.1 电子邮件概述

电子邮件来源于专有电子邮件系统。早在 Internet 流行以前很久，电子邮件就已经存在了，是在主机对多终端的主从式体系中从一台计算机终端向另一台计算机终端传送文本信息的相对简单的方法而发展起来的。

经历了漫长的过程之后，它现在已经演变成为一个更加复杂并丰富得多的系统，可以传送声音、图片、影像、文档等多媒体信息，以至于如数据库或账目报告等更加专业化的文件都可以用电子邮件附件的形式在网上分发。现在，电子邮件已成为许多商家和组织机构的生命血脉。电子邮件的地址格式一般为：用户名@域名。

常见的电子邮件协议有以下几种：SMTP(简单邮件传输协议)、POP3(邮局协议)、IMAP(Internet 邮件访问协议)。这几种协议都是由 TCP/IP 协议定义的。

SMTP(Simple Mail Transfer Protocol)：SMTP 主要负责底层的邮件系统如何将邮件从一台机器传至另一台机器。

POP(Post Office Protocol)：版本为 POP3，POP3 是把邮件从电子邮箱中传输到本地计算机的协议。

IMAP(Internet Message Access Protocol)：版本为 IMAP4，是 POP3 的一种替代协议，提供了邮件检索和邮件处理的新功能，这样用户可以完全不必下载邮件正文就可以看到邮件的标题摘要，从邮件客户端软件就可以对服务器上的邮件和文件夹目录等进行操作。IMAP 协议增强了电子邮件的灵活性，减少了垃圾邮件对本地系统的直接危害，同时相对节省了用户察看电子邮件的时间。除此之外，IMAP 协议可以记忆用户在脱机状态下对邮件的操作(如移动邮件、删除邮件等)，在下一次打开网络连接的时候会自动执行。

在大多数流行的电子邮件客户端程序里面都集成了对 SSL 连接的支持。

除此之外，很多加密技术也应用到电子邮件的发送、接收和阅读过程中。它们可以提供 128 位到 2 048 位不等的加密强度。无论是单向加密还是对称密钥加密也都得到广泛支持。

6.5.2　电子邮箱的申请与使用

1. 电子邮箱的申请

免费邮箱是大型门户网站常见的互联网服务之一，新浪、搜狐、网易、雅虎、QQ 等网站均提供免费邮箱申请服务。

申请电子邮箱的过程一般分为三步，登录邮箱提供商的网页，填写相关资料，确认申请。下面以申请网易的 163 免费电子邮箱为例申请一个属于我们自己的邮箱。

例 6-1　在网易免费申请一个邮箱。

(1) 打开 IE 浏览器，在地址栏中输入 mail. 163. com。

(2) 单击【注册】按钮，在打开的网页中单击【注册字母邮箱】，按照提示输入合法的邮箱名、密码等信息，单击【立即注册】按钮。

(3) 当出现图 6-18 所示的界面时，申请就成功了。

图 6-18　申请邮箱成功界面

2. 电子邮箱的使用

(1) 登录邮箱

在浏览器中输入邮箱首页地址 mail. 163. com。在登录窗口中输入用户名和密码，单击【登录】按钮，便可登录到图 6-19 所示的邮箱界面。

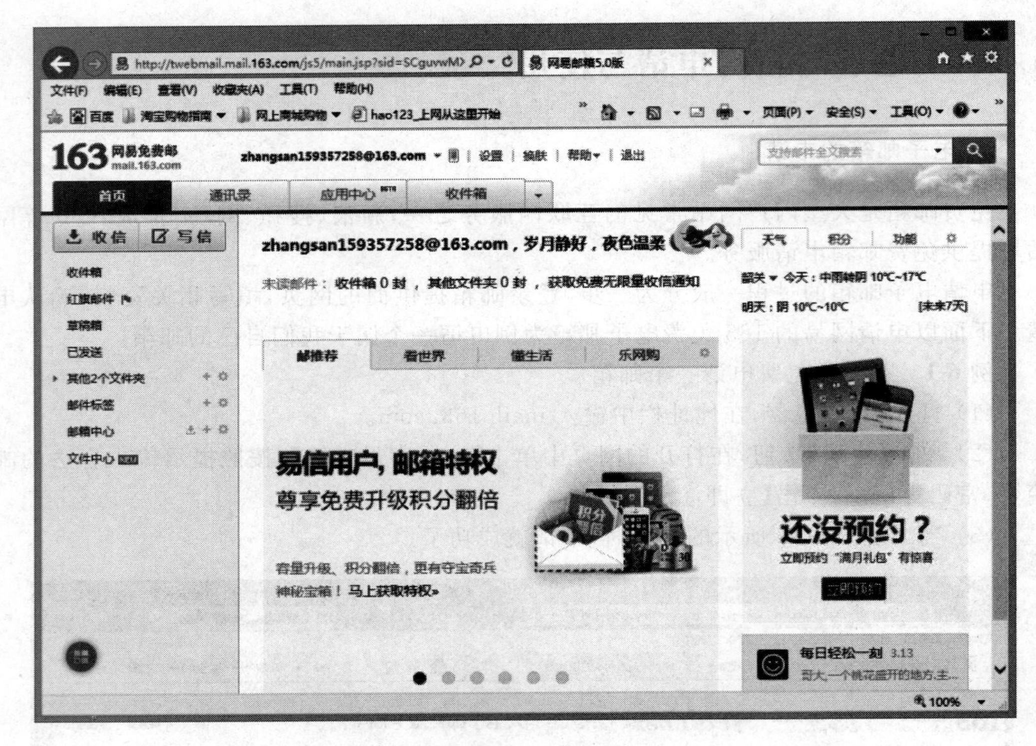

图 6-19　登录邮箱

(2) 邮件的接收

登录邮箱主页后，可以在【收件箱】旁边看到未读的邮件。单击【收件箱】查看邮件。在收件箱中，可以查看收到邮件的标题、发件人、主题、大小等，如图 6-20 所示。单击邮件的主题，可以查看邮件详情。

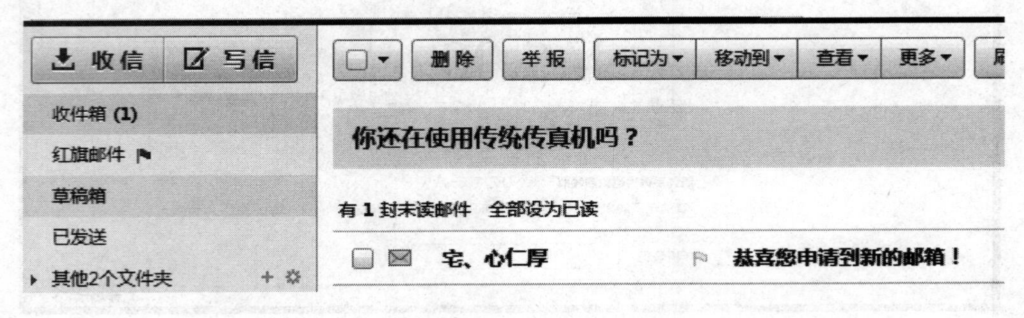

图 6-20　收件箱

(3) 邮件的发送

单击【写信】按钮，填写收件人(必填)、邮件主题以及邮件内容后，如果需要，还可以添加附件。单击【发送】按钮，便可把邮件发送到指定的地址。如果要发送给多个人，可在收件人输入框中使用分号隔开每个邮箱地址，这样邮件就可以同时发送给多人。

6.5.3 Outlook Express 的使用

例 6-2　使用 Outlook Express 建立一个 QQ 邮箱的账户。

操作步骤如下：

(1) 选择【文件】→【信息】→【添加账户】命令，如图 6-21 所示。

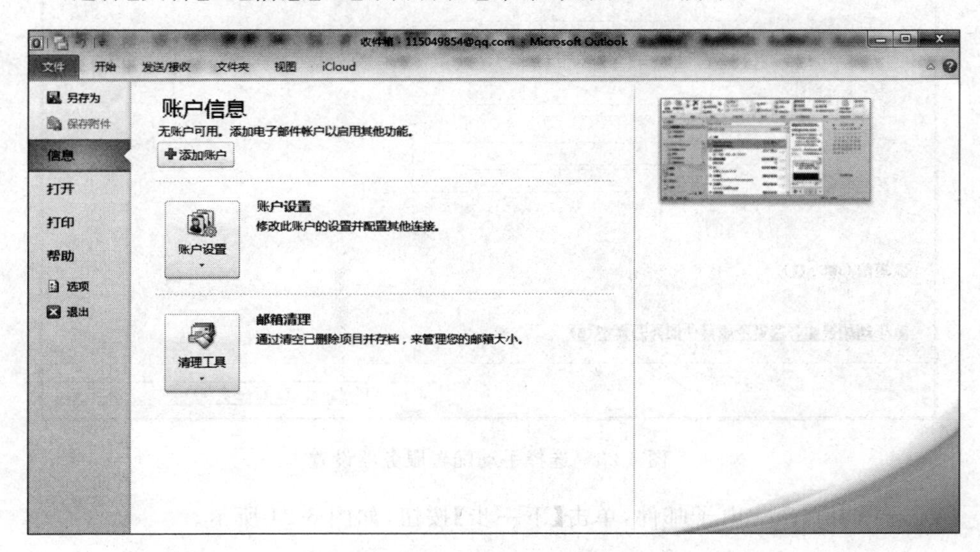

图 6-21　Outlook 界面

(2) 选择电子邮件账户，单击【下一步】按钮，如图 6-22 所示。

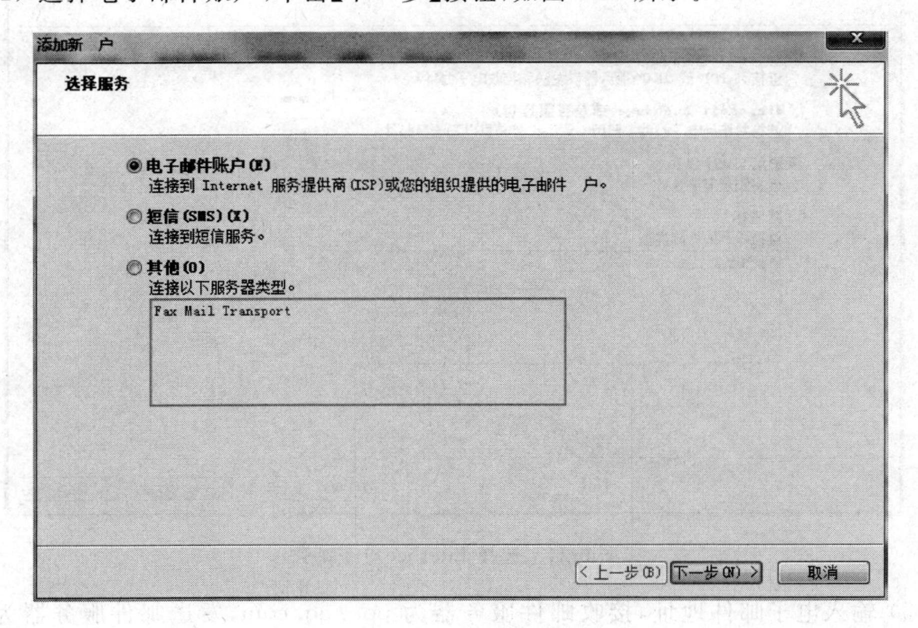

图 6-22　新建账户

(3) 选择手动配置服务器设置或其他服务器类型,单击【下一步】按钮,如图 6-23 所示。

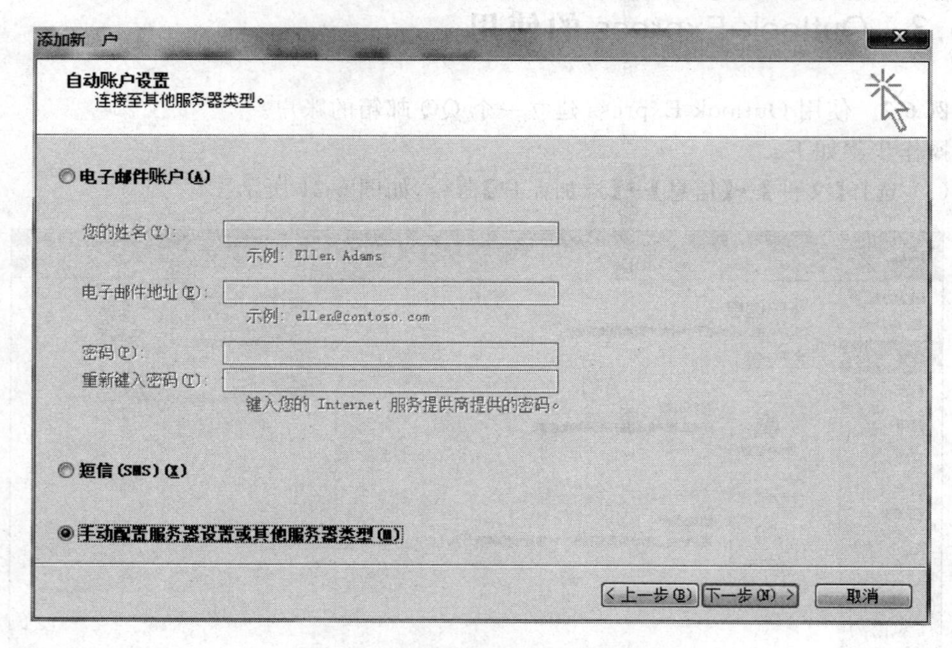

图 6-23 选择手动配置服务器设置

(4) 选择 Internet 电子邮件,单击【下一步】按钮,如图 6-24 所示。

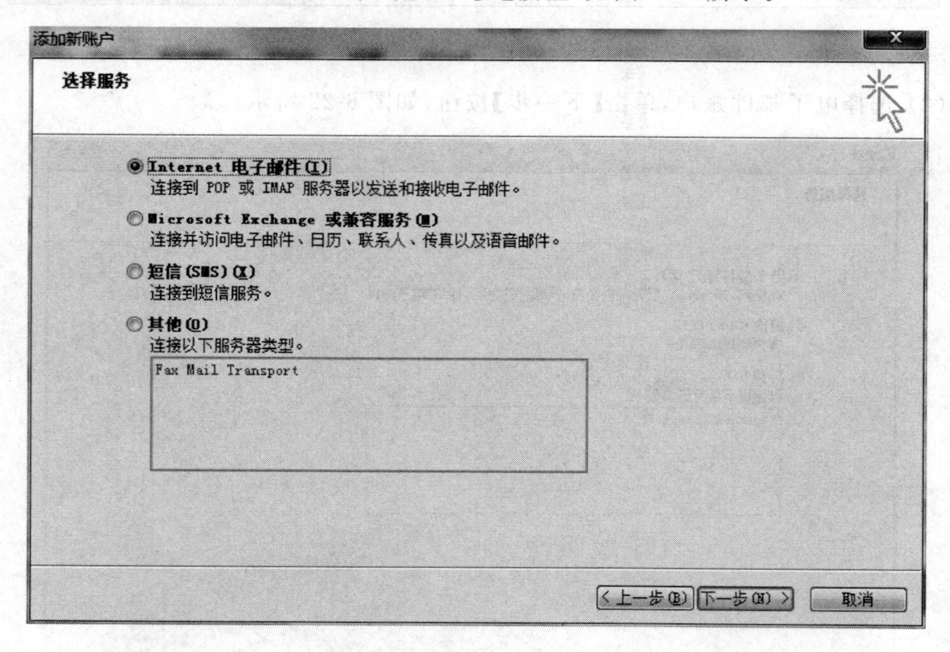

图 6-24 选择 Internet 电子邮件

(5) 输入电子邮件地址,接收邮件服务器为 pop. qq. com,发送邮件服务器为 smtp. qq. com,在登录信息栏输入 QQ 的用户名和密码,如图 6-25 所示。

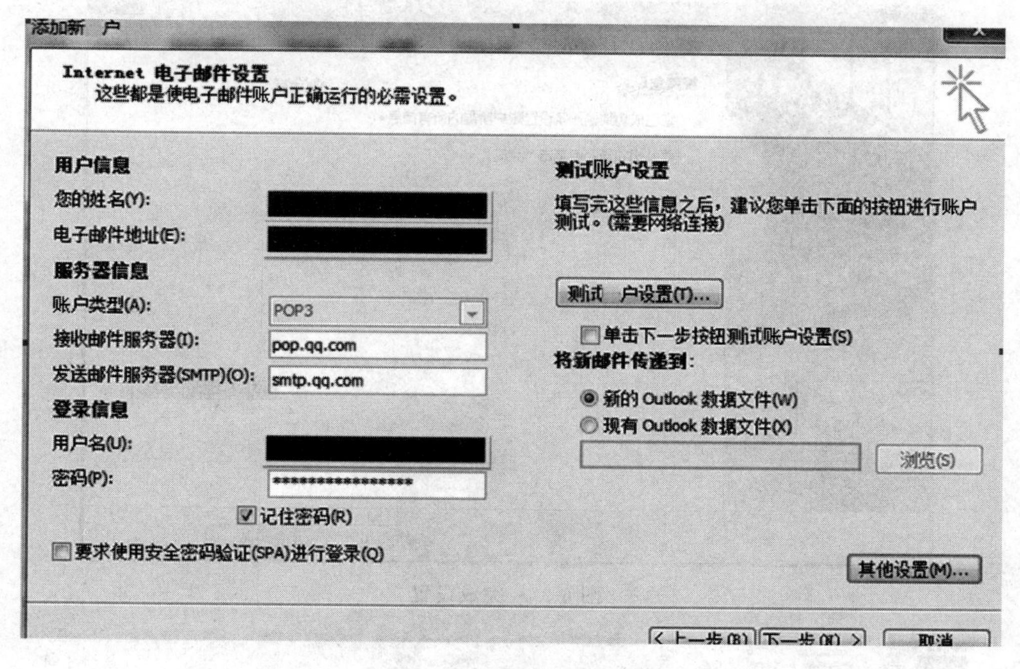

图 6-25　电子邮件服务器设置

(6) 输入设置完账号单击【其他设置】按钮，切换到【高级】选项卡，按图 6-26 进行设置。

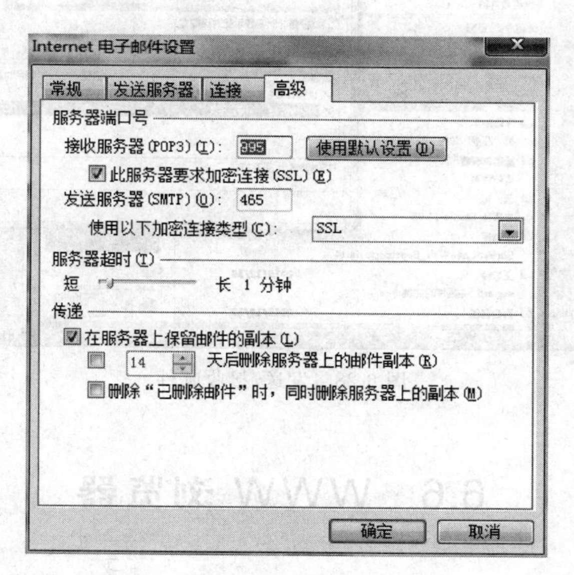

图 6-26　电子邮件高级设置

(7) 设置好后单击【下一步】按钮，再单击【完成】按钮，如图 6-27 所示。

(8) 选择【发送/接收】选项卡，单击【发送/接收所有文件夹】按钮，开始收发邮件，如图 6-28 所示。

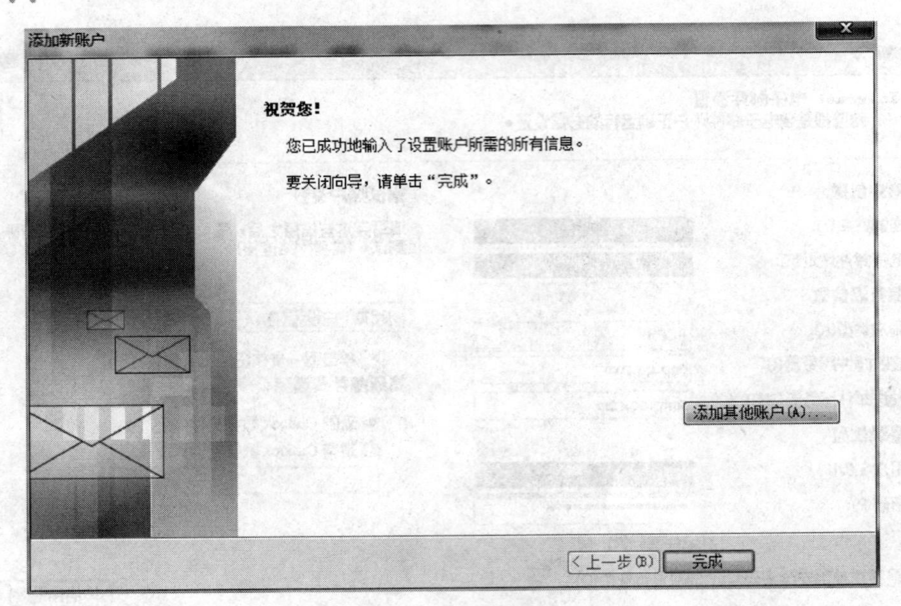

图 6-27　完成设置

图 6-28　发送/接收邮件

6.6　WWW 浏览器

6.6.1　IE 浏览器概述

在 Internet 网络上浏览和获取信息，通常是通过浏览器来进行的。目前网络上流行的浏览器有很多种，比较著名的有 IE、Google Chrome、Safari 等。国内也开发了一些浏览器,如 360 浏览器等。不管使用何种浏览器,都要考虑该浏览器能否提供良好的上网环境。本节介绍的是 IE 浏览器。

IE 浏览器能够完成站点信息的浏览、搜索等功能。IE 具有使用方便、操作友好的用户界面,另外 IE 还具有多项人性化的特色功能。启动 IE 浏览器的方法有多种,常用的是通过双击放置在桌面上的 IE 快捷图标启动。

图 6-29 为 IE 浏览器的【新选项卡】界面。

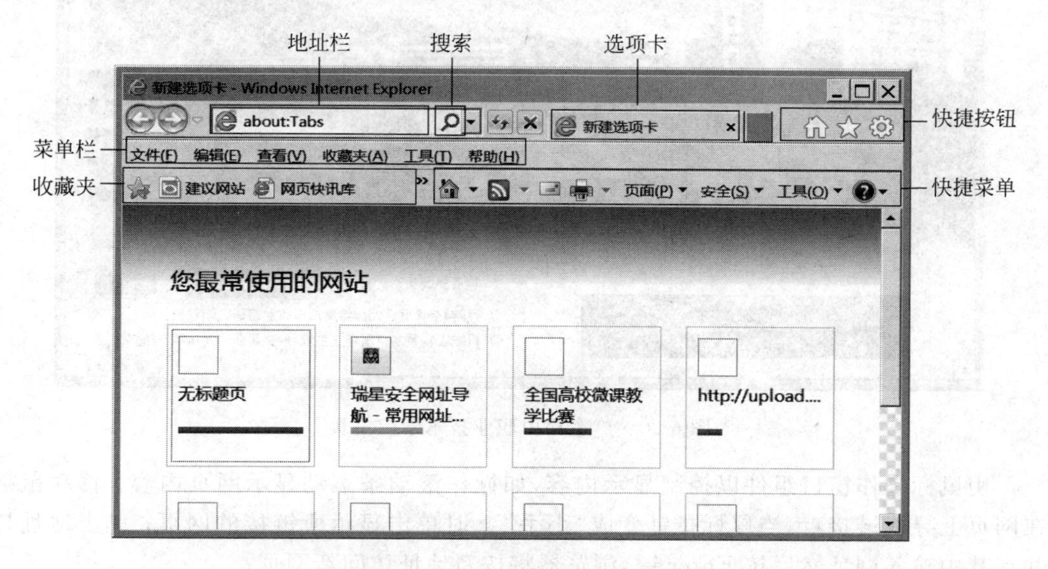

图 6-29 IE 浏览器的【新选项卡】界面

浏览器一般在主工作界面上存放一个网站信息,还提供了菜单栏、地址栏、工具栏等常用菜单或工具,协助用户提高使用网页的效率和质量。具体作用如下:

(1) 菜单栏。提供了文件、编辑、查看、收藏夹、工具等菜单。可以选择【工具】→【工具栏】→【菜单栏】命令,将其打开或关闭。

(2) 地址栏。供用户直接输入需访问的网站的网址。单击右端的下三角按钮,可以显示近期进入、打开过的网站。

(3) 快捷菜单。提供刷新和停止等阅读视图时的操作工具。

6.6.2 浏览操作

双击 IE 浏览器,在【地址】栏填写网页地址,格式为: http://网址。

例 6-3 浏览广东松山职业技术学院网站,该网站地址是 www. gdsspt. net。

操作步骤如下:

(1) 双击打开 IE 浏览器。

(2) 在地址栏输入“www. gdsspt. net”。

(3) 按 Enter 键,如图 6-30 所示。

图 6-30　广东松山职业技术学院主页

用鼠标操作窗口组件以控制显示内容,如操作滚动条滚动显示网页内容;移动鼠标在网页上寻找链接点,当鼠标指针变成“小手”时单击显示所链接的网页;单击地址栏并在其中输入网址然后按 Enter 键,浏览器将按新地址访问新网页。

在工具栏上单击【后退】或【前进】按钮,控制显示曾经访问过的上一网页或下一网页。单击【刷新】按钮重读数据更新网页。单击【主页】按钮返回显示 IE 的默认网页。单击【停止】按钮可终止当前网页的数据传输。

6.6.3　使用 IE 信息检索

1. 信息检索

信息检索是指知识有序化识别和查找的过程。广义的信息检索包括信息检索与存储,狭义的信息检索是根据用户查找信息的需要,借助于检索工具,从信息集合中找出所需信息的过程。

Internet 是一个巨大的信息库,它是将分布在全世界和个角落的主机通过网络连接在一起。通过信息检索,可以了解和掌握更多的知识,了解行业内外的技术状况。搜索引擎是随着 Web 信息技术的应用迅速发展起来的信息检索技术,它是一种快速浏览和检索信息的工具。

2. 搜索引擎的基本工作原理

搜索引擎是 Internet 上的某个站点,有自己的数据库,保存了 Internet 上很多网页的检索信息，并且不断地更新。当用户查找某个关键词时，所有在页面内容中包含了该关键词的网页都将作为搜索结果被搜索出来，再经过复杂的算法进行排序后，按照与搜索关键词的相关度的高低，依次排列，呈现在结果网页中。

目前，常用较大的 Internet 搜索引擎有 Google、百度、Yahoo、搜狗等，图 6-31 为百度的主页。

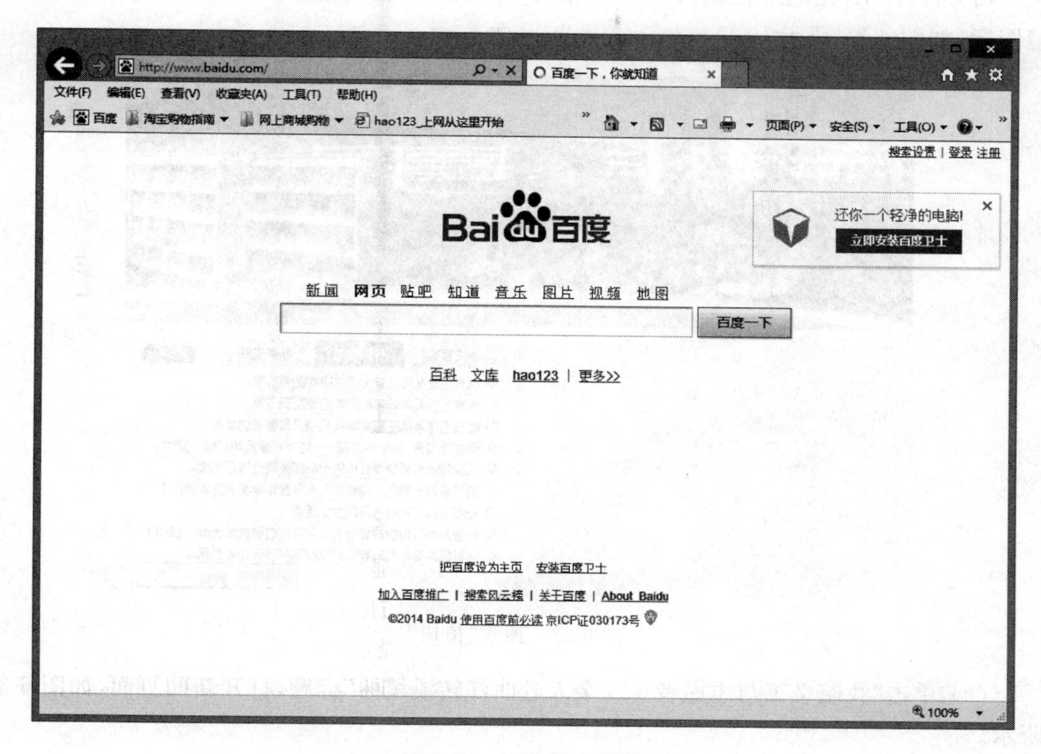

图 6-31 百度搜索引擎

3. 利用搜索引擎搜索信息

使用搜索引擎搜索信息，其实是一种很简单的操作，只要在搜索引擎的文字输入框中输入你需要搜索的文字就可以了，搜索引擎会根据你列出的关键字找出一系列的搜索结果供你参考。本节介绍一些搜索技巧以提高搜索的精确度。

(1) 选择能较确切描述你所要寻找的信息或概念的词，这些词称为关键词。不要使用错别字，关键词不要口语化。关键词的组合也要准确。关键词越多，搜索结果越精确。有时候不妨用不同的词语组合进行搜索，如搜索广州动物园有关信息，用“广州动物园”比用“广东省广州市的动物园”搜索结果要好。

(2) 使用“-”号可以排除部分的搜索结果。如要搜索古龙的武侠小说，可以输入：武侠小说-古龙。“-”号前要留一个空格。

(3) 使用英文双引号括住的短语，表明要查找这个短语。

(4) 在指定网站上查找：用“site：”，如在指定的网站上查“电话”：电话 site：www.

baidu.com。

【例 6-4】 打开广东松山职业技术学院主页(www.gdsspt.net),搜索“植树”的新闻,进入“我院义工与志愿者 110 余人赴曲江转溪植树”首页,保存些页面中的图片为 JPG 格式到桌面。并保存新闻网页到桌面。

(1) 打开 IE,在地址栏输入“www.gdsspt.net”,在新闻搜索里输入“植树”,单击放大镜图标,如图 6-32 所示。

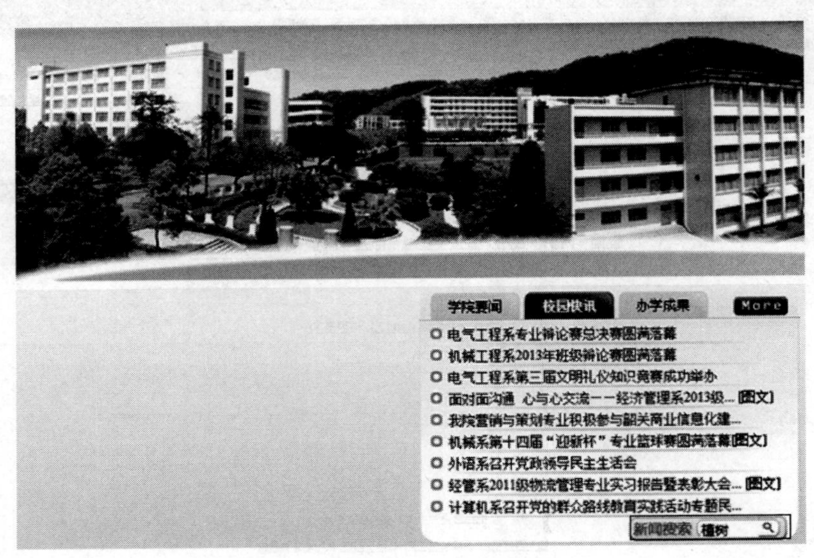

图 6-32 搜索“植树”

(2) 单击“我院义工与志愿者 110 余人赴曲江转溪植树”标题,打开新闻页面,如图 6-33 所示。

图 6-33 搜索结果

(3) 右击新闻页面中的图片,选择【图片另存为】命令,选择路径、更改文件名为植树、选择保存格式为 JPG,单击【保存】按钮,如图 6-34 所示。

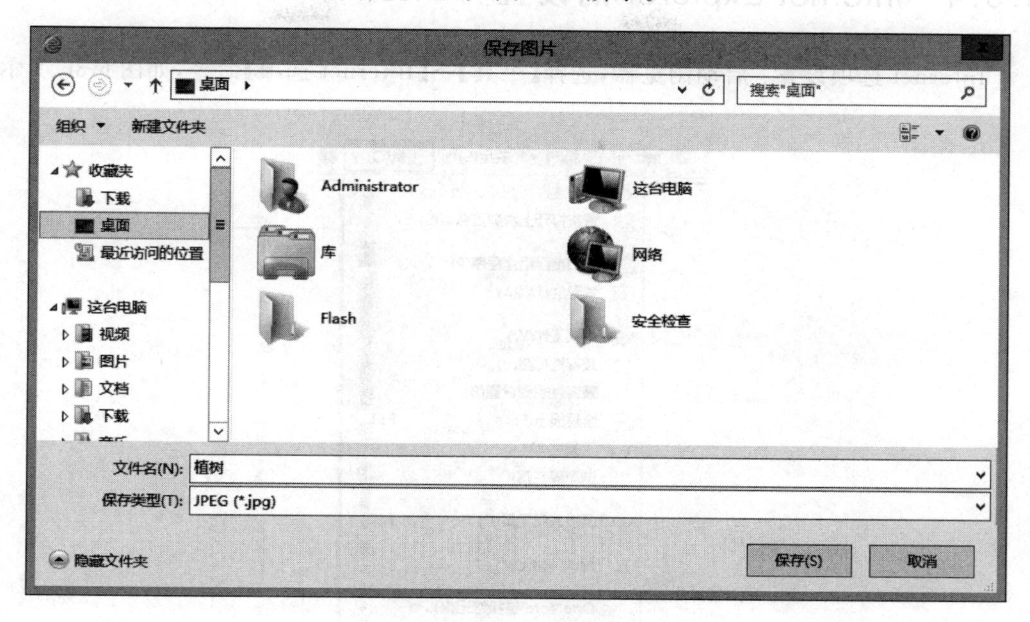

图 6-34 保存图片

(4) 选择【文件】→【另存为】命令,选择路径,单击【保存】按钮,如图 6-35 所示。

图 6-35 保存网页

6.6.4 Internet Explorer 的设置

Internet 选项设置：启动浏览器，选择【工具】→【Internet 选项】命令，如图 6-36 所示。

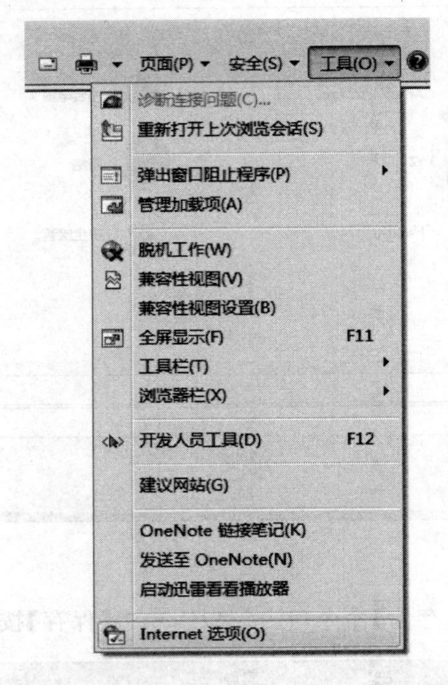

图 6-36　从工具菜单进入 Internet 选项

1. "常规"设置

改变浏览器的主页位置在"主页"项目中可以更改起始主页。可以选择使用当前页、默认页(微软的主页 http://home.microsoft.com/intl/cn/)或者空白页。当然，也可以自己填入任何一个喜欢的地址，之后单击浏览器工具栏中的【主页】按钮即可到这个主页。临时文件可以设置临时文件所在的路径、大小；设置校验方法；查看临时文件。另外，还可以设置浏览时的字体、颜色、语言等，如图 6-37 所示。

单击【浏览历史记录】选项区的【设置】按钮时，出现如图 6-38 所示的界面，在此可以设置 Internet 临时文件占用的空间。

2. 应用程序设置

在【程序】一栏里，可以设置默认的电子邮件和新闻组阅读等程序，一般都使用 Outlook Express，如图 6-39 所示，以后单击有 E-mail 地址的链接就会自动运行 Outlook Express 了。

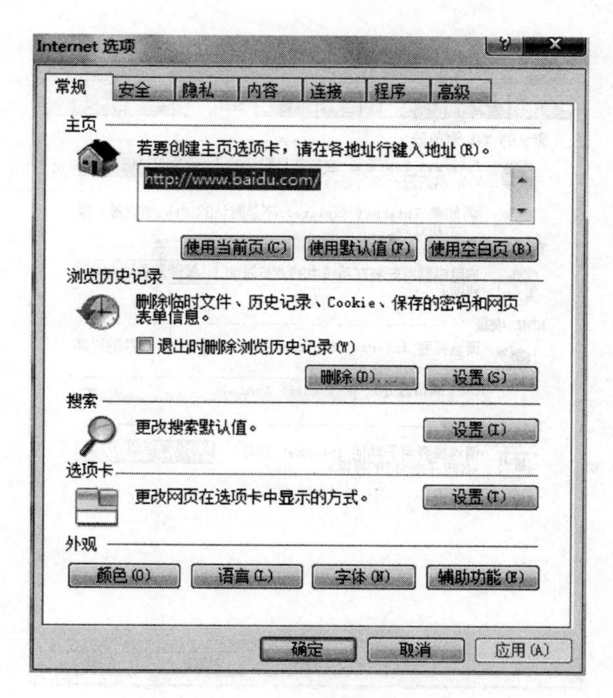

图 6-37 【常规】选项卡

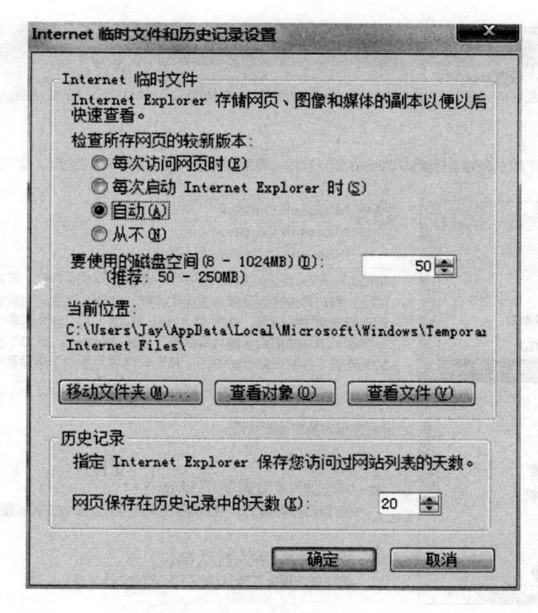

图 6-38 临时文件和历史记录

3. 高级设置

在【高级】里可以针对个人情况做一些具体的浏览器设置，比如想加快浏览速度可以禁用播放动画、播放声音、播放视频，如图 6-40 所示。

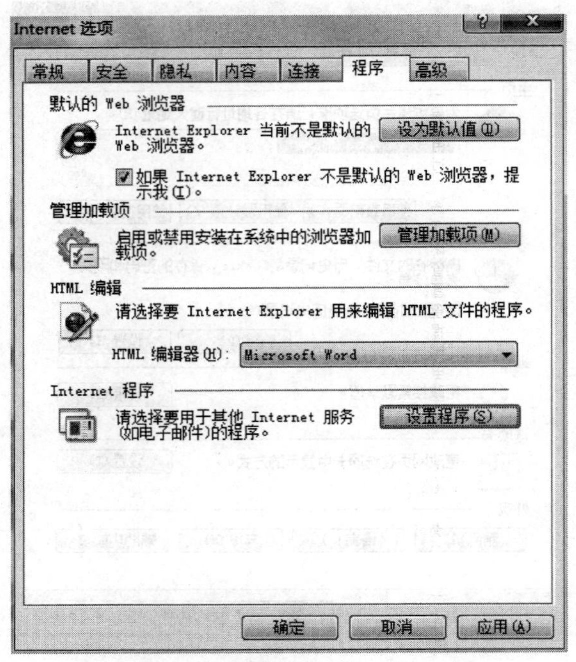

(a) 程序选项

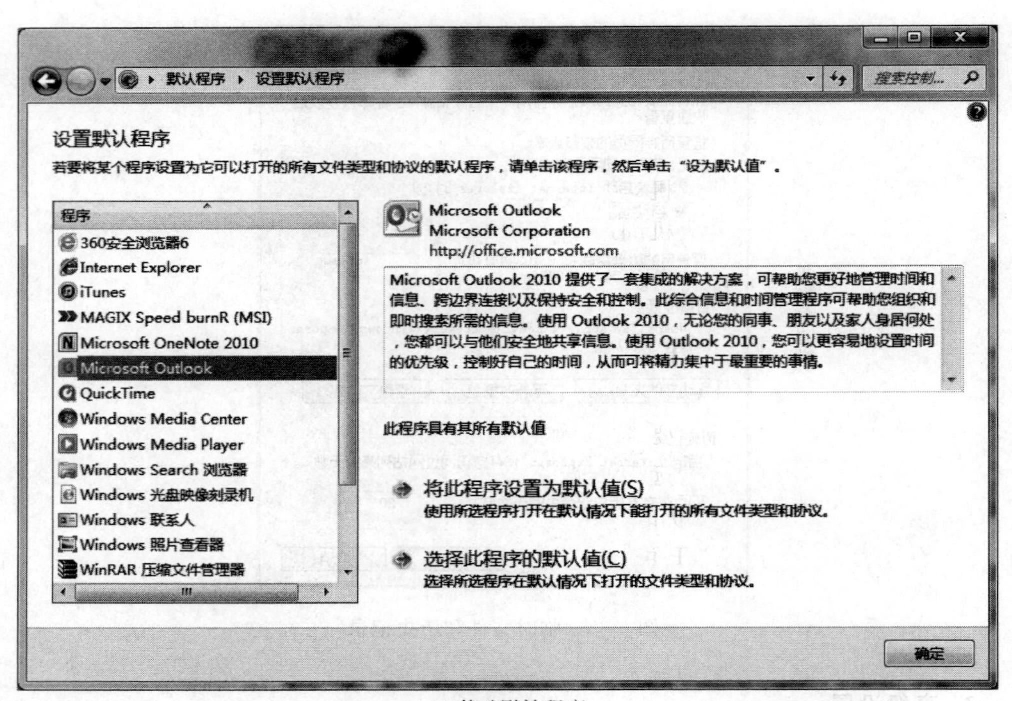

(b) 修改默认程序

图 6-39　默认程序设置

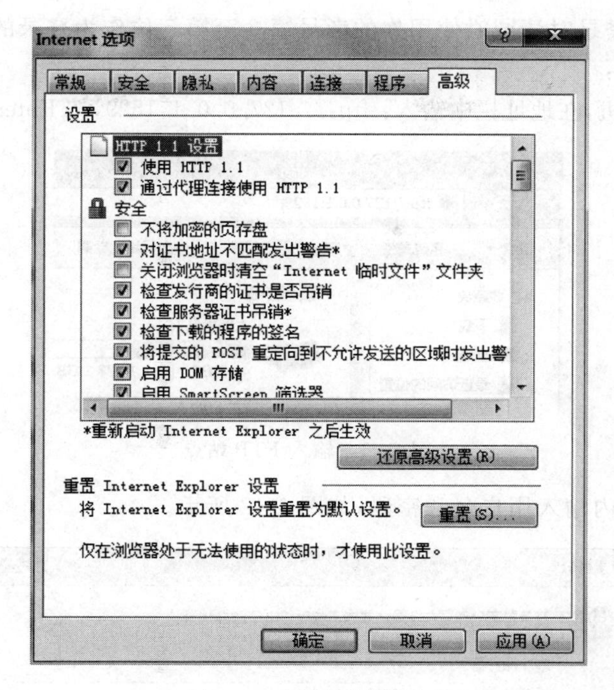

图 6-40　【高级】选项卡

6.7　上传和下载

“下载”文件就是从远程主机拷贝文件至自己的计算机上；“上传”文件就是将文件从自己的计算机中复制至远程主机上。用 Internet 语言来说，用户可通过客户机程序从远程主机上传(下载)文件。

6.7.1　使用资源管理器访问 FTP

FTP(文件传输协议)的主要作用，就是让用户连接上一个远程计算机(这些计算机上运行着 FTP 服务器程序)查看远程计算机有哪些文件，然后把文件从远程计算机上复制到本地计算机，或把本地计算机的文件传输到远程计算机。

通过资源管理器访问 FTP 可进行上传和下载。

1. 上传

操作方法：打开资源管理器，在地址栏里输入 ftp://地址，填写用户名和密码后进入，复制本机中需要上传的文件，粘贴在相应位置。

【例 6-5】　在 D:\SHITI\WIN 文件夹下有一文件，名称为：info. doc，请使用文件传输协议把该文件上传到“考试管理中心”网站下的 user/lw/doc 文件夹，网站地址是：

127.0.0.1:1529,登录时请同时使用你的考号第2至第5位作为登录的密码和用户名。

操作步骤如下:

(1) 打开计算机,在地址栏中输入:ftp:// 127.0.0.1:1529,按Enter键,如图6-41所示。

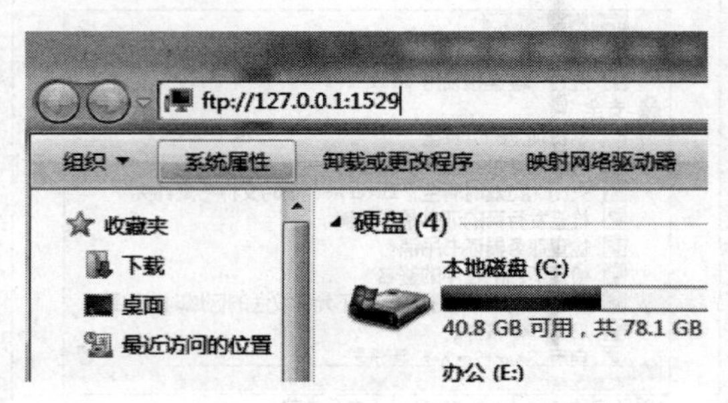

图6-41　输入FTP站点

(2) 在登录框内输入用户名和密码,如图6-42所示。

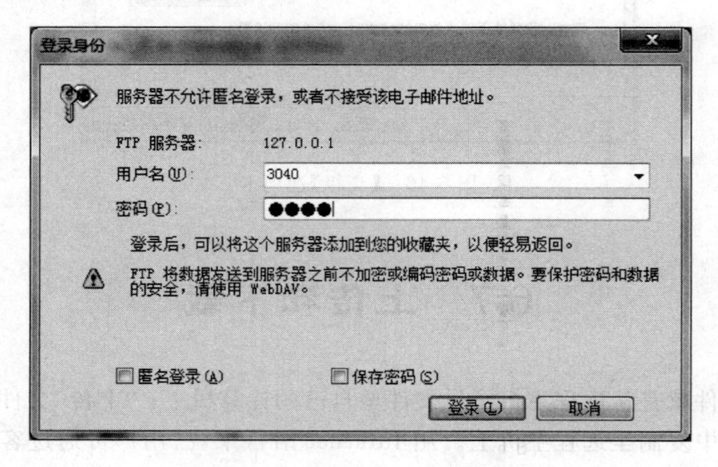

图6-42　输入用户名和密码

(3) 登录成功后,按题目给出的路径,找到doc文件夹并双击打开,如图6-43所示。

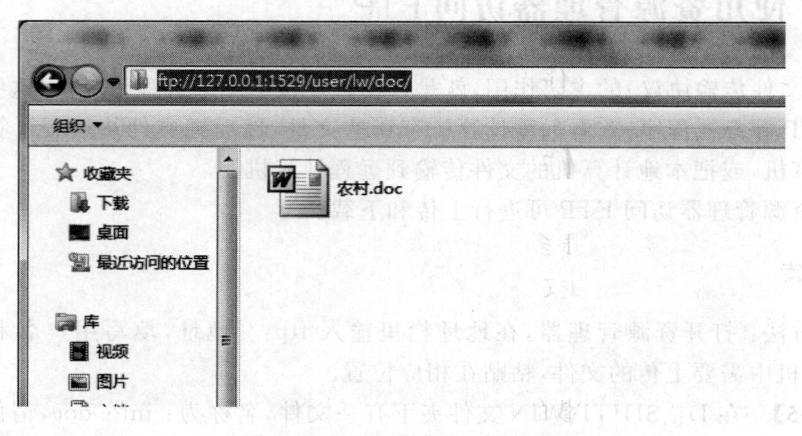

图6-43　FTP服务器上的文件

(4) 在不关闭 IE 浏览器的同时,打开【我的电脑】,找到 D:\SHITI\WIN 文件夹下的 info. doc 文件,复制该文件,如图 6-44 所示。

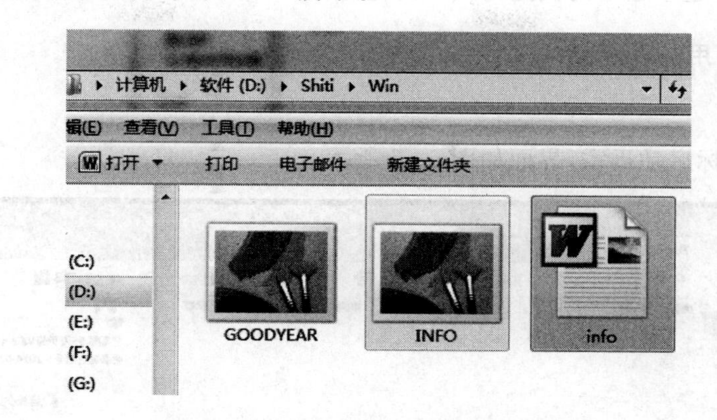

图 6-44　复制文件至 FTP 服务器(1)

(5) 切换回 IE 浏览器 FTP 窗口,将复制的文件进行粘贴,这样就把 info. doc 文件成功上传,如图 6-45 所示。

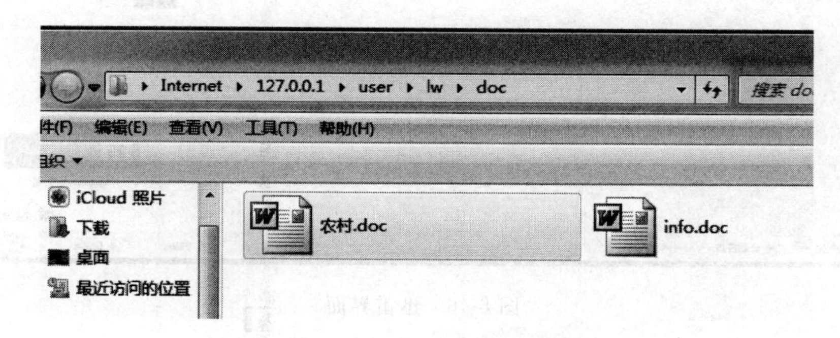

图 6-45　复制文件至 FTP 服务器(2)

2. 下载

下载的操作与上传的操作类似,不同的是上传是把本地文件复制到 FTP 服务器上,下载是把 FTP 服务器上的文件复制到本地磁盘。

6.7.2　常用下载软件的安装和使用

现在常用的下载软件有很多,例如迅雷、网际快车、FlashGet、Netant 等,下面就以迅雷软件为例,介绍下载软件的安装和使用。

1. 迅雷的安装

运行安装文件。如果下载的是 Zip 文件,首先用 WinRAR 解压。运行迅雷的 EXE 文件后,按照安装向导提示的安装过程进行安装。首先要看软件许可协议,同意协议后,选择安装位置(推荐的默认位置为 C:\Program files\Thunder Network)。在文件复制后,可选在桌面上建立迅雷的快捷方式以简化操作。

2. 迅雷的使用

(1) 启动

双击桌面图标启动迅雷,界面如图 6-46 所示。

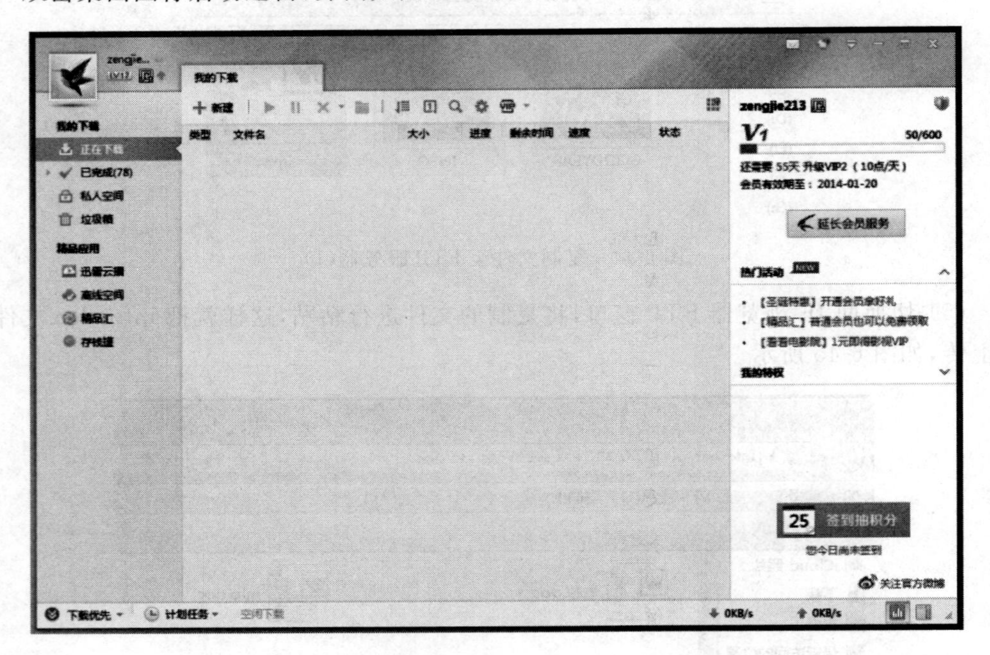

图 6-46　迅雷界面

(2) 新建下载任务

单击【新建】按钮弹出新建任务对话框,把网络上的 URL 复制到下载链接对话框里,迅雷会自动解析出文件名、文件大小等信息。选择下方的保存位置后,单击立即下载,或者打开立即下载右边的小箭头选择手动下载,如图 6-47 所示。

(3) 新建批量下载任务

批量下载功能可以方便地创建多个包含共同特征的下载任务。例如,网站 A 提供了 10 个这样的下载链接。

```
http://www.a.com/01.zip
http://www.a.com/02.zip
⋮
http://www.a.com/10.zip
```

这 10 个地址只有数字部分不同,如果用(*)表示不同的部分,这些地址可以写成:

```
http://www.a.com/( * ).zip
```

同时,通配符长度指的是这些地址不同部分数字的长度,例如:

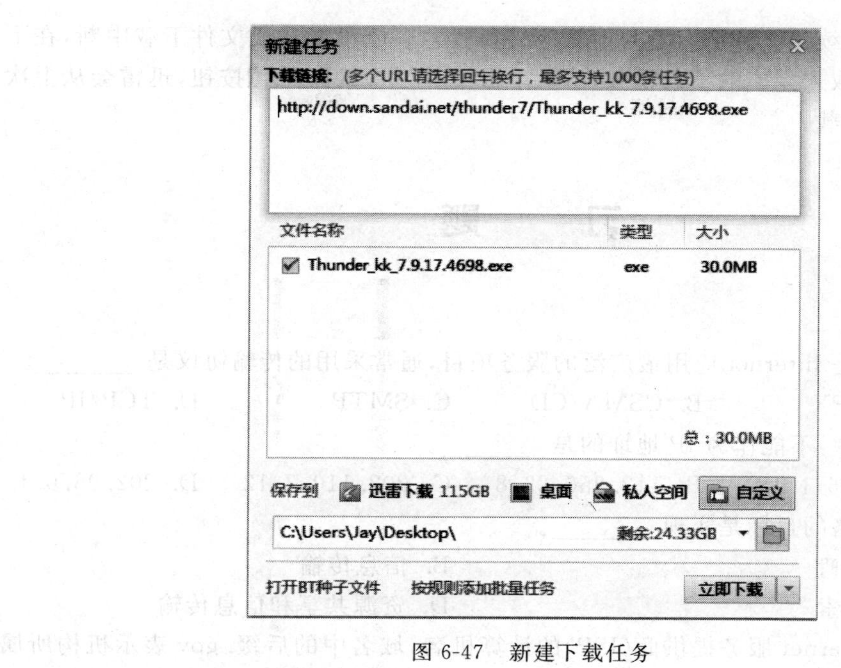

图 6-47　新建下载任务

01.zip～10.zip，通配符长度是 2。

001.zip～010.zip，通配符长度是 3。

注意：在填写从×××到×××的时候，虽然是从 01 到 10 或者是 001 到 010，但是，当设定了通配符长度以后，就只需要填写成从 1 到 10。填写完成后，在示意窗口会显示第一个和最后一个任务的具体链接地址，可以检查是否正确，然后单击【确定】按钮完成操作，如图 6-48 所示。

图 6-48　批量下载

迅雷支持断点续传。由于网络的不稳定或者紧急事故可能造成文件下载中断,在下次开启迅雷后,选取未完成的下载任务,然后单击工具栏中的【开始】按钮,迅雷会从上次中断的地方继续下载。

习　题

选择题

1. 电子邮件是 Internet 应用最广泛的服务项目,通常采用的传输协议是________。
   A. IPX/SPX　　B. CSMA/CD　　C. SMTP　　D. TCP/IP
2. 下列各项中,不能作为 IP 地址的是________。
   A. 159.226.1.18　　B. 112.256.23.8　　C. 202.110.7.12　　D. 202.96.0.1
3. 计算机网络的目标是实现________。
   A. 数据处理　　B. 信息传输
   C. 文献检索　　D. 资源共享和信息传输
4. 域名是 Internet 服务提供商(ISP)的计算机名,域名中的后缀.gov 表示机构所属类型为________。
   A. 政府机构　　B. 军事机构　　C. 教育机构　　D. 商业公司
5. 就计算机网络分类而言,下列说法中规范的是________。
   A. 网络可分为公用网、专用网、远程网
   B. 网络可分为数字网、模拟网、通用网
   C. 网络可分为局域网、广域网、城域网
   D. 网络可分为光缆网、无线网、局域网
6. OSI 参考模型的最底层是________。
   A. 应用层　　B. 传输层　　C. 物理层　　D. 网络层
7. Internet 能提供的最基本服务有________。
   A. Gopher,finger,WWW　　B. Telnet,FTP,WAIS
   C. Newsgroup,Telnet,E-mail　　D. E-mail,WWW,FTP
8. 为了实现 ADSL 上网方式连接 Internet,除了要具备一条电话线和一台计算机外,另一个关键的硬件设备是________。
   A. 网卡　　B. 路由器　　C. Modem　　D. 服务器
9. 关于电子邮件,下列说法中错误的是________。
   A. 必须知道收件人的 E-mail 地址　　B. 收件人必须有自己的邮政编码
   C. 发送电子邮件需要 E-mail 软件支持　　D. 发件人必须有自己的 E-mail 账号
10. 电子邮件地址的一般格式为________。
    A. 用户名@域名　　B. 域名@用户名
    C. IP 地址@域名　　D. 域名@IP 地址
11. 关于网页中"链接",下列说法中正确的是________。

A. 链接是指将约定的设备用线路连通
B. 单击链接就会转向链接指向的地方
C. 链接将指定的文件与当前文件合并
D. 链接为发送电子邮件做好准备

12. 下列各指标中，________是数据通信系统的主要技术指标之一。
A. 分辨率　B. 重码率　C. 时钟主频　D. 传输速率

13. IP 地址根据网络 ID 的不同分为________类。
A. 5　B. 3　C. 2　D. 4

14. 根据域名代码规定，域名为 gzschool. com 表示的网站类别应是________。
A. 军事部门　B. 教育机构　C. 商业组织　D. 国际组织

15. ________类 IP 地址的前 8 位表示的是网络号，后 24 位表示的是主机号。
A. C　B. A　C. D　D. B

16. 为了解决 IP 数字地址难以记忆的问题，引入了域名解析服务________。
A. MNS　B. PNS　C. SNS　D. DNS

17. 在下列选项中，关于域名书写正确的一项是________。
A. gdoa,edu1,cn　B. gdoa,edu. cn　C. gdoa. edu1,cn　D. gdoa. edu1. cn

18. IP 地址是一个四字节的________位二进制数。
A. 8　B. 16　C. 32　D. 64

19. FTP 协议是一种用于________的协议。
A. 网络互联　B. 传输文件
C. 提高计算机速度　D. 提高网络传输速度

习题参考答案

第1章

一、1. (1) 11101011,353,EB

(2) 1525.27,355.53

(3) 101101000101.11000011,5505.603

2. 61

3. 2,1

4. 8,11111111,255

二、1. C 2. C 3. B 4. C 5. C 6. C 7. C 8. B 9. A 10. A 11. A 12. D 13. B 14. D 15. A 16. A 17. B 18. D 19. D 20. C 21. B 22. D 23. A 24. D 25. A 26. C 27. D 28. D 29. C 30. B 31. D 32. C 33. C 34. C 35. C 36. A 37. C 38. B 39. B

三、1. 大型机阶段、小型机阶段、微型机阶段、客户机/服务器阶段、互联网阶段。

2. (1) 数值计算。

(2) 数据处理。

(3) 自动控制。

(4) 计算机辅助系统。

(5) 人工智能。

(6) 多媒体技术应用。

3. 计算机由运算器、控制器、存储器、输入设备和输出设备五个基本部分组成,各部分的功能如下:

(1) 运算器。运算器又称算术逻辑单元(Arithmetic Logic Unit,ALU),是计算机对数据进行加工处理的部件。

(2) 控制器。控制器主要由指令寄存器、译码器、程序计数器和操作控制器等组成,控制器是用来控制计算机各部件协调工作,并使整个处理过程有条不紊地进行。

(3) 存储器。存储器具有记忆功能,用来保存信息,如数据、指令和运算结果等。

(4) 输入/输出设备。输入/输出设备简称I/O(Input/Output)设备。用户通过输入设备将程序和数据输入计算机,输出设备将计算机处理的结果(如数字、字母、符号和图形)显示或打印出来。

第 2 章

一、

1. D　2. D　3. D　4. B　5. B　6. B　7. C　8. C　9. C
10. D　11. D　12. A　13. B　14. D　15. B　16. D　17. B　18. B
19. B　20. A

二、(略)

第 3 章

一、

1. C　2. A　3. D　4. B　5. B　6. B　7. C　8. B　9. A
10. A　11. C　12. C　13. C　14. B　15. C　16. B　17. D　18. D
19. D　20. A　21. C　22. A　23. B　24. B　25. B　26. C　27. C
28. C　29. B　30. C　31. A　32. B　33. A　34. C　35. A

二、(略)

第 4 章

1. D　2. C　3. D　4. D　5. B　6. C　7. D　8. D　9. A
10. D　11. D　12. B　13. D　14. D　15. D　16. C　17. D　18. D
19. D　20. D

第 5 章

1. D　2. A　3. C　4. D　5. D　6. A　7. A　8. B　9. B
10. C　11. B　12. A　13. A　14. C　15. A　16. D　17. B　18. B
19. A　20. D

第 6 章

1. C　2. B　3. D　4. A　5. C　6. C　7. D　8. C　9. B
10. A　11. B　12. D　13. A　14. C　15. B　16. D　17. D　18. C
19. B

参考文献

[1] 陈永松.计算机基础应用教程[M].2版.广州：中山大学出版社，2008.
[2] 刘文平.大学计算机基础(Windows 7+Office 2010)[M].北京：中国铁道出版社，2012.
[3] 九州书源.Windows 7 操作详解[M].北京：清华大学出版社，2011.
[4] 龙马工作室.Word 2010 中文版完全自学手册[M].北京：人民邮电出版社，2011.
[5] 龙马工作室.Excel 2010 中文版完全自学手册[M].北京：人民邮电出版社，2011.
[6] 李斌等.Excel 2010 应用大全[M].北京：机械工业出版社，2010.
[7] 华诚科技.Office 2010 从入门到精通[M].北京：机械工业出版社，2011.
[8] 龙马工作室.Office 2010 办公应用从新手到高手[M].北京：人民邮电出版社，2011.
[9] 黄林国.计算机网络技术项目化教程[M].北京：清华大学出版社，2011.